PSpice를 이용한 **회로 시뮬레이션**

(OrCAD PSpice 사용)

조준익 저

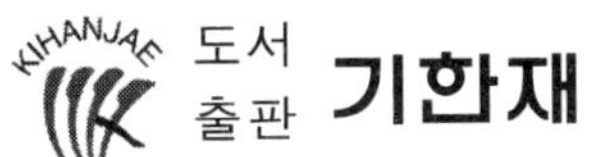

대학 강단에서 여러 해 동안 전자 회로를 강의하면서, 학생들과 전자 회로를 쉽게 이해하고 편리하게 접근할 수 있는 방법을 항시 생각하고 시도해 왔다. 처음 전자 회로를 접하는 많은 학생들은 이론에 치우친 설명으로 그 원리를 이해하는 고통을 누구보다도 잘 알고 있으며, 그 어려움도 또한 통감한다.
그래서 학생들이 쉽게 이해할 수 있는 방법으로 가장 보편적인 방법이 바로 시뮬레이션이라고 생각하여 본 교재를 작성하게 되었으며, 학생들이 배우는 회로를 깊이 있게 이해하기 위하여 시뮬레이션 프로그램을 사용하고 실행함으로써 회로를 친밀하고 쉽게 터득할 수 있으리라 생각한다.
또한 실험실에서 회로를 완성하여 입력과 그 출력을 측정할 때 결과에 대한 올바른 예측을 미리 시뮬레이션 함으로써 잘못된 실험을 보완하고 회로의 동작과 특성 파악을 확실하게 할 수 있게 되리라 믿는다.
본 교재는 전기 · 전자 · 통신을 공부하는 많은 학생들이 전기 회로, 전자 회로, 디지털 회로를 이해하고 실험하기에 앞서 시뮬레이션으로 그 동작을 이해하는데 도움이 되리라 생각한다.
본 교재는 OrCAD 데모 버전을 사용하여 대학 교재 수준의 시뮬레이션을 무난히 수행할 수 있는 범위 내에서 구성하였으며, 그 범위를 초과하는 영역은 OrCAD 정품을 사용하여 실행하여야 할 것이다.
본 교재는 대학과정의 전자 회로의 전 과정을 수록하였기 때문에 전자 회로의 부교재로 사용하면 전자 회로를 이해하는데 많은 도움이 되리라 믿는다.
본 교재를 사용하다가 의문이 나거나 필요한 경우는 다음 사이트를 참고하기 바란다.

http://radiocom.kunsan.ac.kr/

위 사이트에서 '자료방'과 '공부방'에 자료가 준비되어 있고 여러분에게 개방되어 있으므로 참조하며, 미약한 부분이 있으면 다음 주소로 지도와 편달을 바랍니다.

jijoe@kunsan.ac.kr

끝으로 작은 글을 잘 가다듬어 완성된 책으로 출간하도록 협조해 주신 기한재 출판사 사장님이하 임직원 여러분께 진심으로 감사드립니다.

저자 씀

제5장 전원 회로의 시뮬레이션 ▸ 103

제6장 다이오드 회로의 시뮬레이션 ▸ 123

제12장 발진 회로의 시뮬레이션 ▸ 331

제13장 디지털 회로의 시뮬레이션 I ▸ 375

제14장 디지털 회로의 시뮬레이션 II ▸ 419

제 1 장 OrCAD PSpice 개론

전자 회로 설계에서 회로설계의 정확성 여부를 알아볼 필요가 있다. 최근의 전자 회로는 매우 정밀한 해석이 요구되므로 컴퓨터를 이용하여 해석하는 것이 바람직하다. 이와 같이 시뮬레이션을 위해서 만들어진 프로그램이 SPICE(Simulation program with integrated circuit emphasis)이다. SPICE는 1972년에 UC Berkeley대학에서 만들었으며, 1970년대 중반에 SPICE2로 개량되어 중형컴퓨터에 사용되도록 하였으나 1984년에 MicroSim사에서 SPICE2를 개인용 컴퓨터로 시뮬레이션 할 수 있도록 만든 프로그램이 PSpice이다. MicroSim사와 OrCAD사가 1998년 봄에 합병하였기 때문에 지금은 OrCAD사에서 PSpice를 업그레이드하고 있으며, PSpice가 별도로 발표되지만, OrCAD Ver10부터 PSpice는 OrCAD에 포함시켰다.

OrCAD에 내포된 unison 프로그램에 따라 그 유틸리티를 다음과 같이 분류한다.

1) UNISON DESIGN SUITES

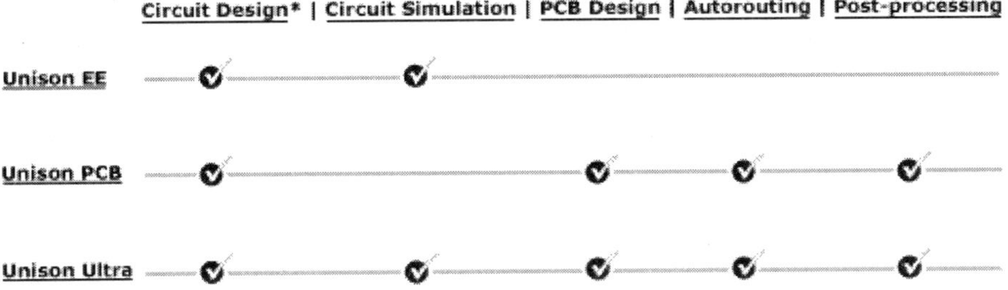

Unison EE의 동작

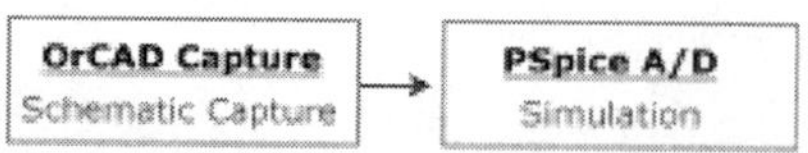

Unison PCB의 동작

Unison ULTRA의 동작

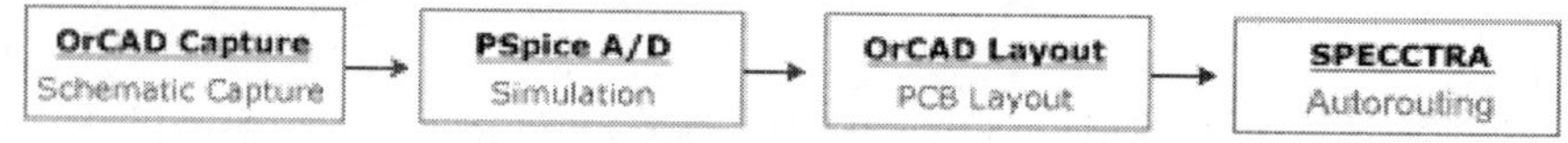

2) 설치환경

- Pentium II 300[MHz](or faster)
- 64MB physical memory(RAM)
- 256MB swap space
- 256 color Windows display with a minimum of
- 800×600 resolution(1024×768 recommended)

3) OrCAD 데모버전 다운로드

OrCAD 최신 데모버전을 다운 받을 수 있는 인터넷 사이트는 다음과 같다.

http://www.orcad.com

위 사이트에 접속하여 downloads→OrCAD 10.0 Demo Software를 클릭하고 들어가면 등록하도록 지시한다.

DOWNLOAD REGISTRATION FORM
For OrCAD 10.0 Demo

After completing the information below and clicking 'Submit', you will receive a confirmation email with a passcode for accessing the requested download.

(**Bold** = Required field)

First Name
Last Name
Job Title
Company
Work Phone Number Format: 2156589236
Fax Number
Email
Address 1
Address 2
Address 3
City
State
PostalCode
Country USA

Submit

등록 폼을 작성하여 발송시키면 등록 때 지정한 전자우편 주소로 등록에 필요한 passcode와 접속할 주소지가 적힌 전자우편이 도착한다.

위에 전자우편에 주어진 사이트에 웹브라우저로 접속하면 OrCAD 데모판이 준비되어 있으므로 이를 내려 받거나, 또는 CD-ROM을 주문하면 무상으로 우송해 준다. 다음은 그 예이다.

보낸 날짜 2004년 12월 05일(일) 오전 08:25
보낸 사람 pins@orcad.com | 주소록 추가 | 스팸 등록 |
받는 사람 jijoe@kunsan.ac.kr
메일 제목 OrCAD.Com Passcode Request

Thank you for your interest in OrCAD.

Your passcode allowing you to download the requested software is: **ujepo**

Click on the link below, then enter your and passcode to download.
http://www.orcad.com/downloads/form/go.asp?dl_name=ciswizard&z=162035

위 그림에서 보는 바와 같이 전자메일로 도착한 passcode와 접속할 곳은 다음과 같다.

passcode : UJEPO

http://www.orcad.com/downloads/form/go.asp?이_name=ciswizard&z=162035

4) OrCAD 데모버전의 구성

Capture CIS Demo : 회로작성, Schematic, CIS(Component Information System)
Layout Demo : PCB 디자인
PSpice A/D Demo : 아날로그와 디지털 시뮬레이션
SPECCTRA Demo : PCB autorouting 관련

회로작성을 위해서는 Capture가 필요하고, 시뮬레이션은 PSpice A/D가 필요하며, Capture CIS와 Layout, SPECCTRA는 단지 도면 작성을 통한 PCB 설계를 위해서 사용된다. 본 교재에서는 PCB부분은 다루지 않기 때문에 PCB 부분은 취급하지 않고 Capture와 PSpice만 취급하여 회로 작성과 시뮬레이션에 관련하여 다룬다.

5) OrCAD Demo 버전의 제약

데모버전은 다음과 같은 제약사항이 있다.
zNode 수 : 64개
Transistor 수 : 10개
디지털 부품 수 : 65개
Model Editor가 가능한 부품 : diode
Stimulus generation이 가능한 부품 : sine waves(analog), clocks(digital)
sample library 수
analog 부품 수 : 39개
digital 부품 수 : 134개
시뮬레이션 데이터 호환성 : 정품 버전과 데모버전 사이에 데이터 호환 없음

6) OrCAD 인스톨

OrCAD demo 버전을 인스톨하는 과정을 보자.

① setup.exe를 실행한다.

② user information을 입력한다.

User name : joe

Company name : knu

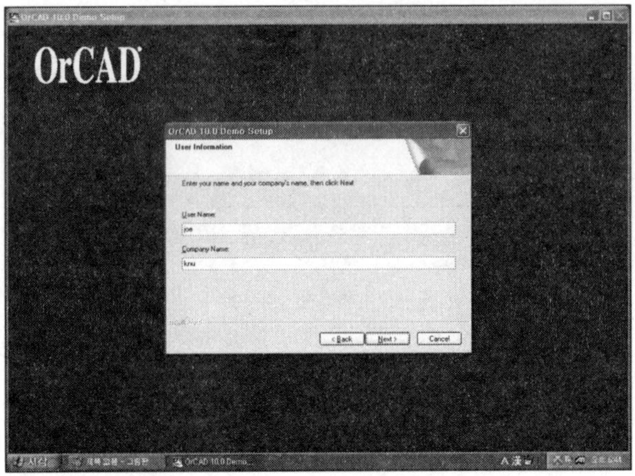

③ Select Product를 선택한다.

☑ PO1120 OrCAD Capture CIS Option

☑ PO1530 OrCAD Unison Ultra

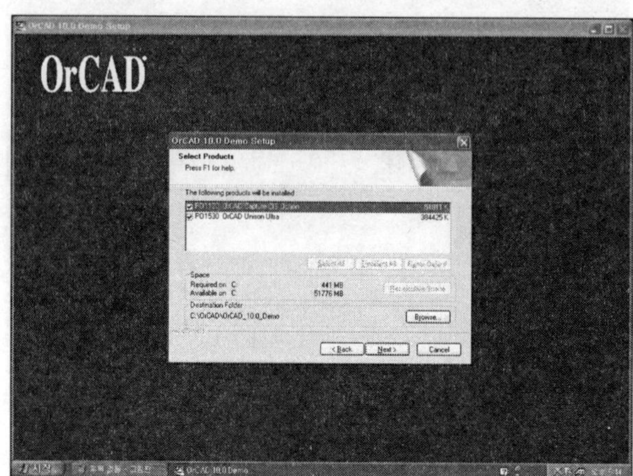

④ 인스톨 과정이 진행된다.

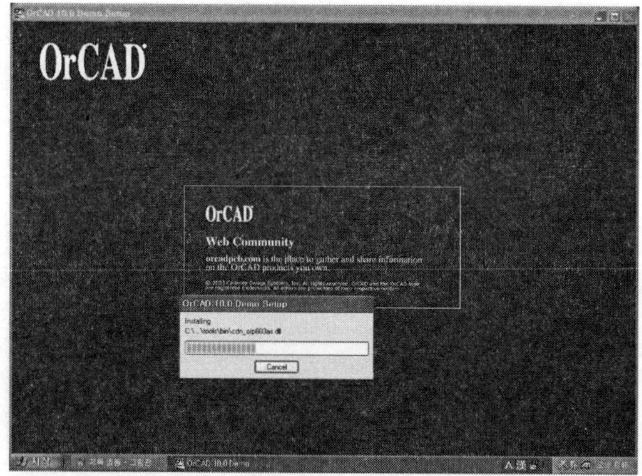

⑤ 인스톨이 완료된다.

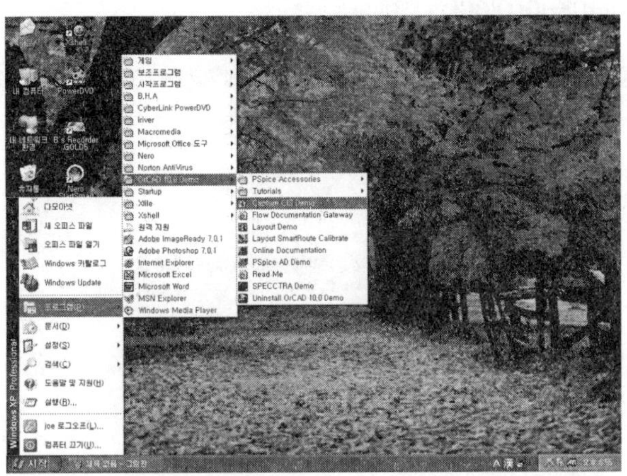

7) OrCAD PSpice 시작

OrCAD PSpice를 시작하는 과정을 살펴보자.

① File → New → Project를 차례로 클릭한다.
Name : **project 이름 지정**
Create a New Project Using에서
- Analog or Mixed A/D를 체크인

Location : **저장할 위치 지정**

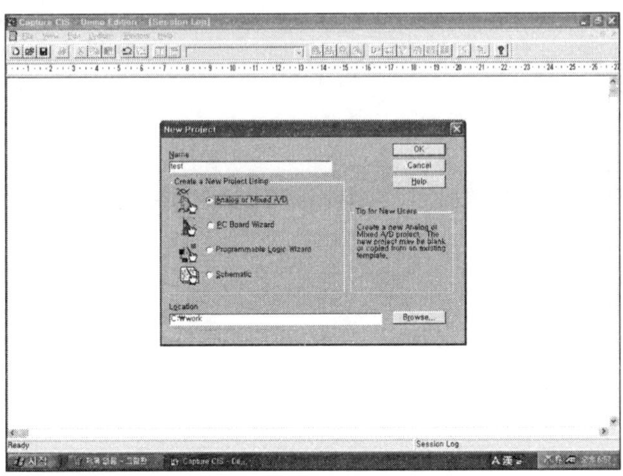

② Create Pspice project에서

- Create a blank project를 체크인한다.

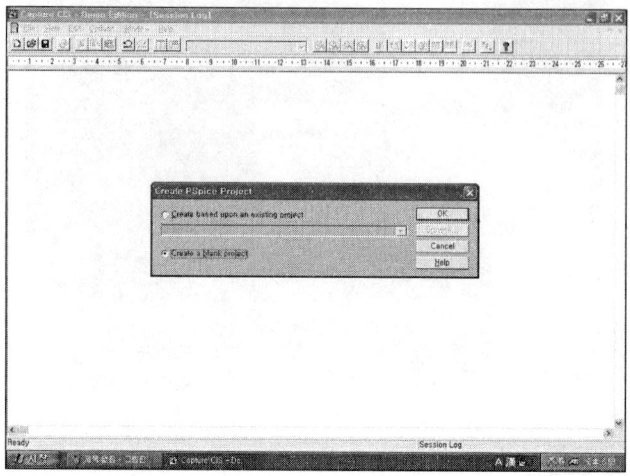

③ 메뉴바에 PSpice **메뉴**가 보이고 화면 오른쪽에 작업 툴바가 나타난다.

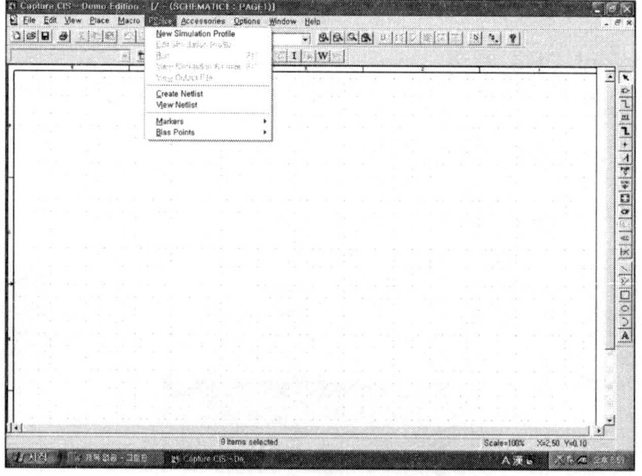

8) OrCAD PSpice 실행 예제

OrCAD PSpice 실행하는 과정을 살펴보자.

① 오른쪽 툴바에서 Place part를 선택하면 필요한 부품목록을 선택한다.

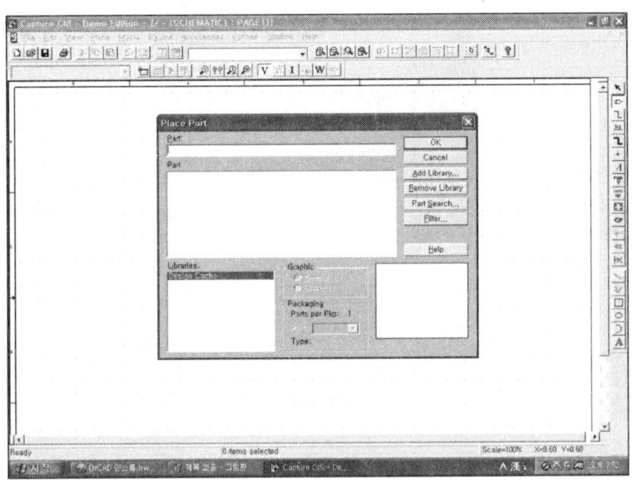

② 필요한 Library를 등록 또는 삭제한다.

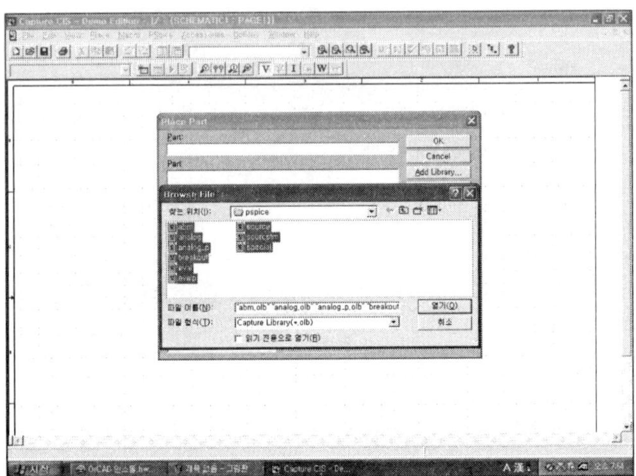

③ Library가 등록된 화면

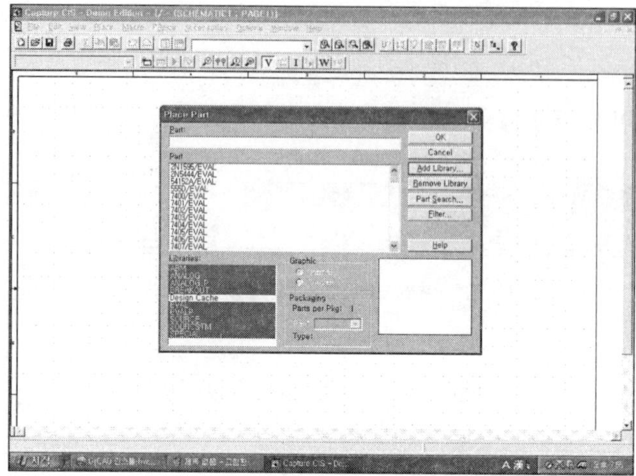

④ SOURCE 라이브러리에서 VSIN을 선택한다.

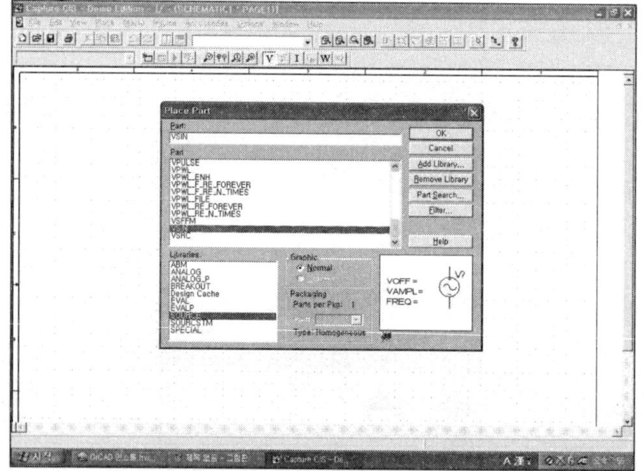

⑤ 작업도면에 왼쪽 마우스를 클릭하여 선택한 부품을 필요한 위치에 필요한 수요만큼 놓고, 더 이상 필요하지 않을 경우에 오른쪽 마우스를 클릭하여 place part를 해제한다.

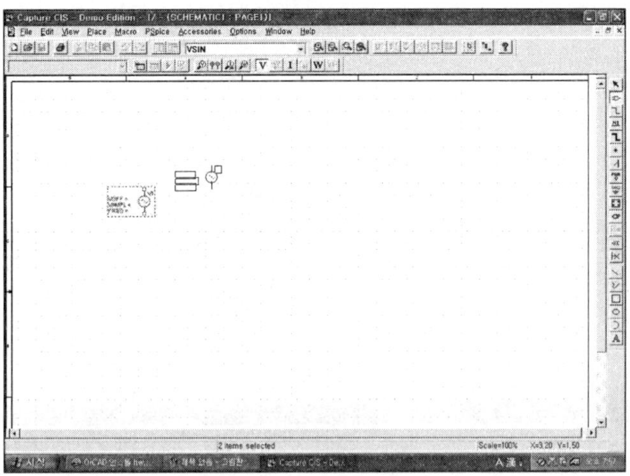

⑥ EVAL 라이브러리에서 D1N914 부품을 가져다 놓는다.

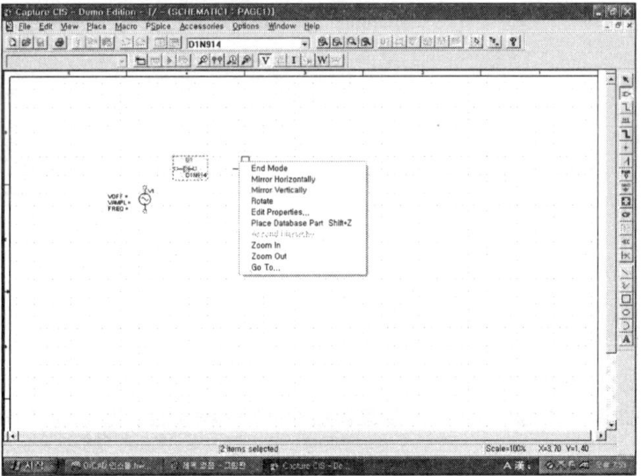

⑦ ANALOG 라이브러리에서 **저항** R을 가져다 놓는다.
툴바의 place ground에서 **접지**를 가져다 놓는다.

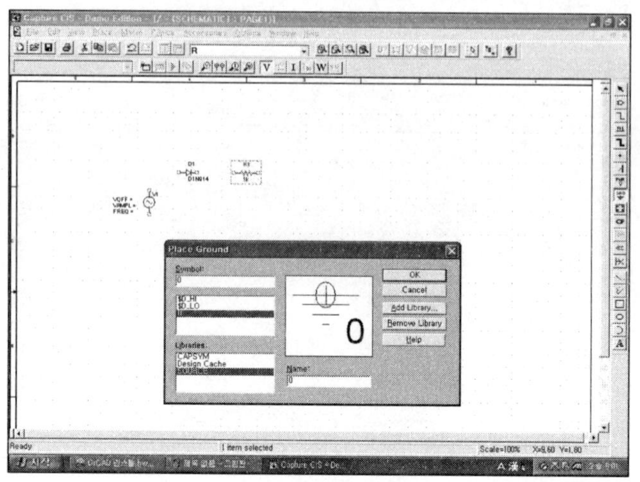

⑧ 툴바의 place wire로 선을 긋는다.

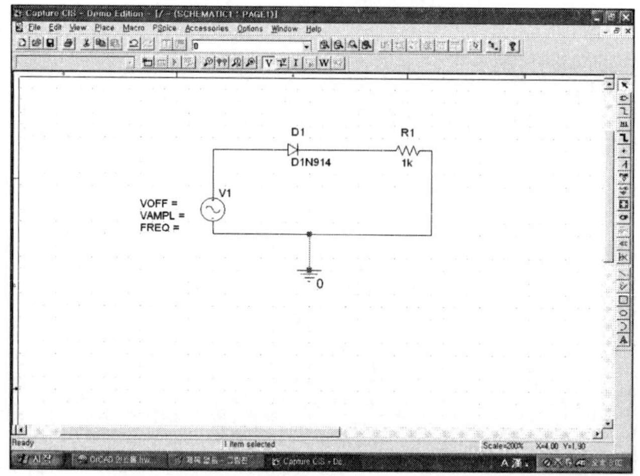

⑨ 전원의 voff=0, Vampl=20, freq=1k로 값을 지정한다.

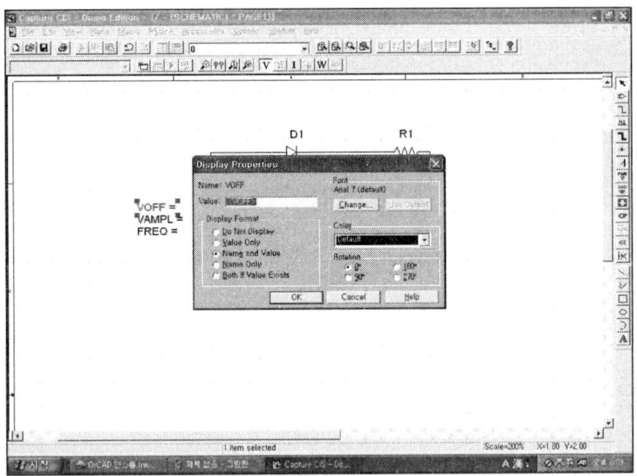

⑩ Voltage/Level Marker 프로브를 측정 위치에 가져다 놓는다.

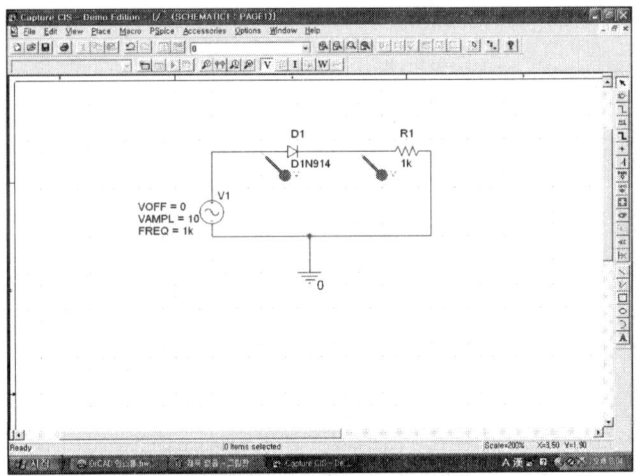

⑪ New Simulation profile에 이름을 지정한다.

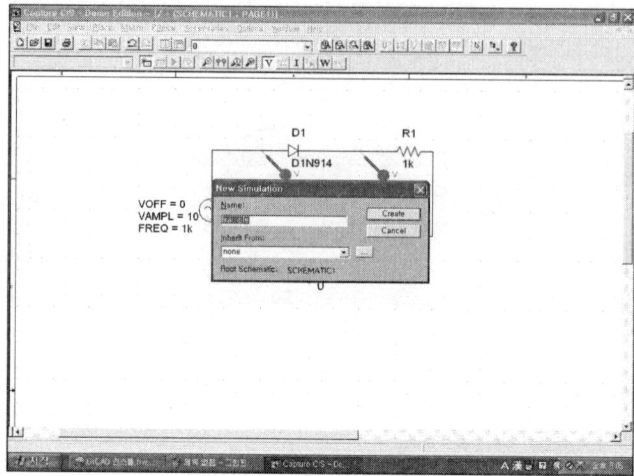

⑫ Edit Simulation setting에서 run to time를 지정한다.

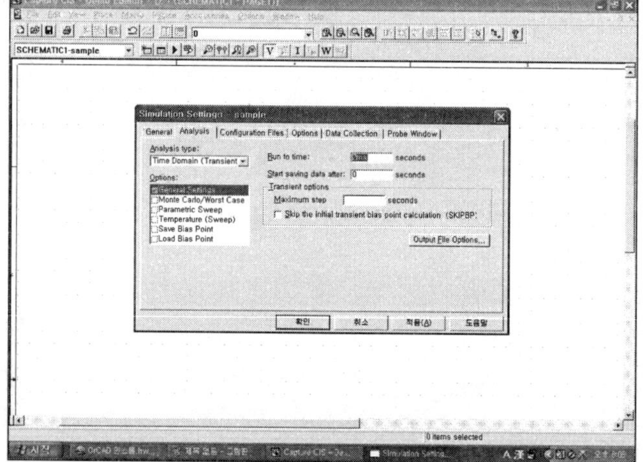

⑬ Run PSpice를 클릭하여 시뮬레이션을 수행한다.

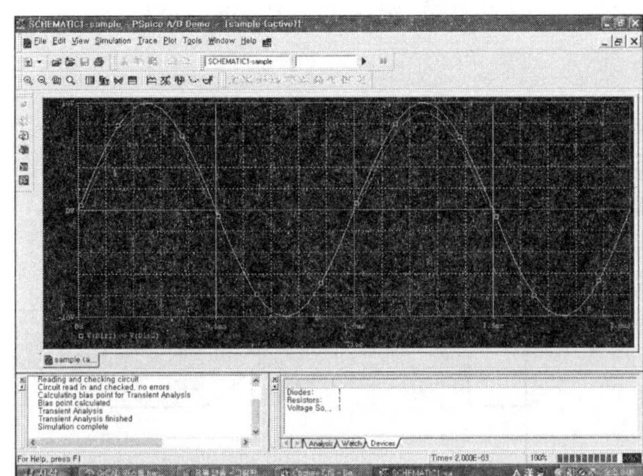

SPICE에서 사용하는 명령어를 요약하면 다음 표 1-1과 같다.

표 1-1 Analysis command summary

형 식	해석 형태	도트 명령어	비 고
Standard Analyses	DC Sweep	.DC	DC sweep
	Bias point detail	.OP	Bias point
	Transfer function	.TF	Small-signal transfer
	Sensitivity	.SENS	DC sensitivity
	AC sweep	.AC	Frequency response
	AC sweep/Noise Enabled	.NOISE	Noise
	Transient	.TRAN	Transient
	Transient/Enable Fourier	.FOUR	Fourier components
Simple Multi-Run analyses	Parametric	.STEP	Parametric
	Temperature	.TEMP	Temperature
Statistical analyses	Monte Carlo	.MC	Monte Carlo
	Worst Case	.WCASE	Sensitivity/Worst-Case
General setup	Save Bias point	.SAVEBIAS	Store unclamped bias point
	Load bias point	.LOADBIAS	Restore unclamped bias point
	Options	.OPTIONS	Set miscellaneous

9) SPICE에서 사용되는 전원의 형식

Spice에서 사용되는 독립전원의 형식은 다음과 같다.

① 지수함수 파형

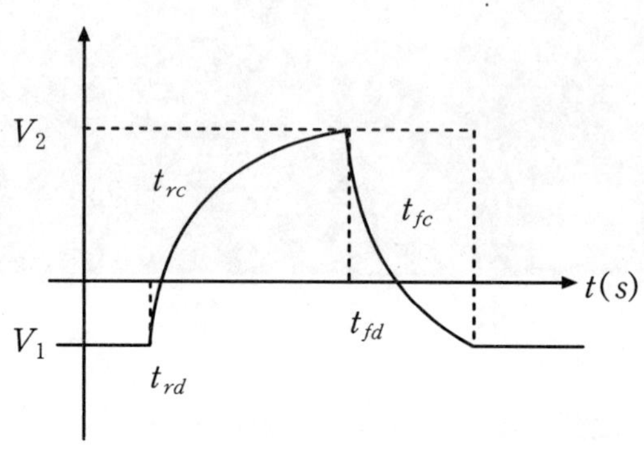

EXP(<v1> <v2> <td1> <tc1> <td2> <tc2>)

변수 값	의미	단위	기본 값
<v1>	initial voltage	volt	none
<v2>	peak voltage	volt	none
<td1>	rise delay	sec	0
<tc1>	rise time constant	sec	TSTEP
<td2>	fall delay	sec	<td1>+TSTEP
<tc2>	fall time constant	sec	TSTEP

② 펄스 파형

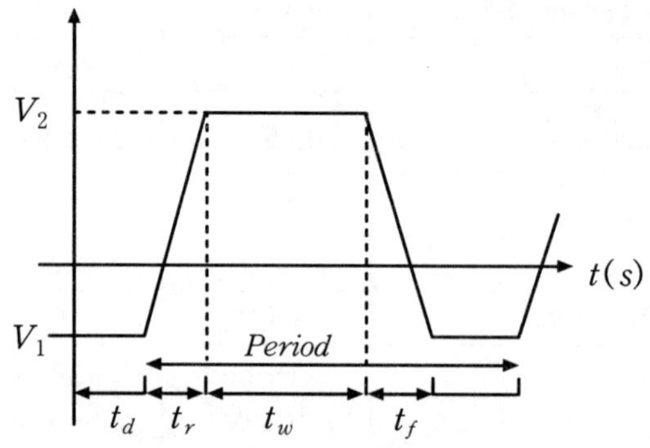

PULSE(<v1> <v2> <td> <tr> <tf> <pw> <per>)

변수 값	의미	단위	기본 값
<v1>	initial voltage	volt	none
<v2>	pulsed voltage	volt	none
<td>	delay time	sec	0
<tr>	rise time	sec	TSTEP
<tf>	fall delay	sec	TSTEP
<pw>	pulse width	sec	TSTOP
<per>	period	sec	TSTOP

③ piecewise 파형

PWL(<t1> <v1> <t2> <v2>.....<tn> <vn>)

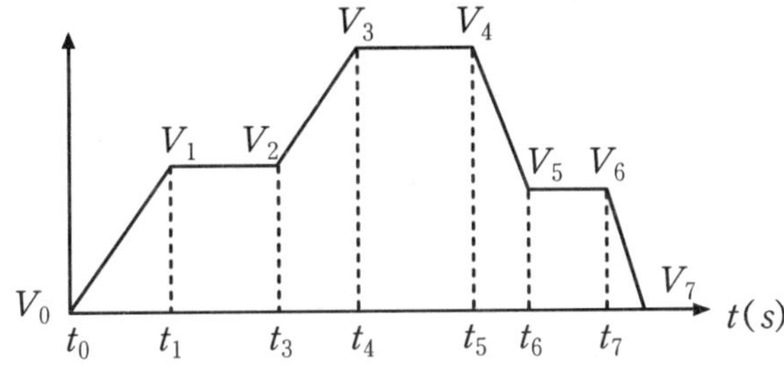

④ 주파수 변조 파형

SFFM(<voff> <vampl> <mod> <fm>)

변수 값	의미	단위	기본 값
<voff>	offset voltage	volt	none
<vampl>	peak voltage	volt	none
<fc>	carrier frequency	hertz	1/TSTOP
<mod>	modulation index		0
<fm>	modulation frequency	hertz	1/TSTOP

⑤ 정현 파형

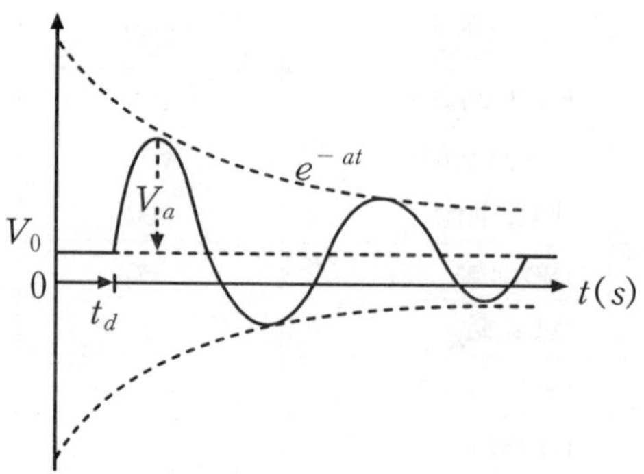

SIN(<voff> <vmapl> <freq> <td> <df> <phase>)

변수 값	의미	단위	기본 값
<voff>	offset voltage	volt	none
<vampl>	peak voltage	volt	none
<freq>	frequency	hertz	1/TSTOP
<td>	delay	sec	0
<df>	damping factor	1/sec	0
<phase>	phase	degree	0

OrCAD PSpice의 사용법

PSpice가 출시되던 초창기 버전에는 schematic 기능이 없어 수작업으로 회로를 구성하였으나 최근에 발표된 버전(버전 6.3 이상)은 윈도우 환경에서 사용할 수 있도록 하였다. 윈도우 버전에서는 필요한 소자만 적당한 위치에 가져다 놓고 선으로 연결시키면 자동으로 절점(node)이 지정되고, 또한 소자의 일련번호도 부여된다. 지금부터는 윈도우 환경에서 사용하는 방법에 대하여 간략히 익혀 보자.

현재 인터넷에서 다운 받을 수 있는 평가 버전은 비록 라이브러리에 제한이 있지만 학생들이 회로를 시뮬레이션 하는데 큰 불편 없이 사용할 수 있고 대학교재 수준의 시뮬레이션은 무난하게 수행할 수 있다. 그러므로 이 책에서는 평가 버전을 이용하여 그 사용법을 알아본다.

2.1 Schematic의 세부 사양

화면에서 회로도를 그리거나 제반 사항을 수행하기 위해서 단축키를 사용해도 되지만 윈도우에서 거의 모든 작업의 지시는 마우스로 지시하게 되므로 마우스의 기능은 다음 표 2-1과 같다.

표 2-1 Using the MOUSE Mode

Button	Action	Result
Left	Single-click	Select an item
Left	Double-click	End a mode
Left	Double-click on a selected object	Edit the selected object
Left	Shift+Single-click	Select/Deselect one or more items
Right	Single-click	Abort the mode
Right	Double-click	Repeat previous action
Right	Shift+drag	Strech/Resize an item

Capture CIS Demo를 클릭하면 OrCAD의 작업창이 열리게 된다.

OrCAD의 메인 메뉴에는 다음과 같은 메뉴가 들어 있다.

Capture CIS - Demo Edition - [/ - (SCHEMATIC1 : PAGE1)]

File Edit View Place Macro PSpice Accessories Options Window Help

① ② ③ ④ ⑤ ⑥ ⑦ ⑧ ⑨

① File : 파일을 열거나 저장하고 Schematic을 인쇄함

② Edit : 작업도면에서 아이템을 변경하거나 삭제함

③ View : 작업도면의 축척도를 바꾸거나 다시 그린다.

④ Place : 부품 가져오기 또는 그리기

⑤ Macro : 매크로 기능
⑥ PSpice : Orcad PSpice에 의한 시뮬레이션 기능
⑦ Accessories
⑧ Options : 화면과 하드카피의 환경을 셋업한다.
⑨ Window : 윈도우를 만들거나 닫는다.

메인 메뉴의 세부 항목을 나열하면 다음과 같다.

1) File 메뉴

File 메뉴는 파일을 열거나 닫으며, 새로운 작업공간을 준비하고, 작업도면을 인쇄하며 세부 항목은 다음과 같다.

- New : 새로 시작
- Open : 기존의 작업을 열다.
- Close : 현재의 작업을 닫다.
- Save : 작업도면의 바뀐 내용을 같은 이름으로 저장
- Export Selection... : 선택영역 export하기
- Import Selection... : 선택영역 import하기
- Print preview... : 인쇄 미리보기
- Print... : 작업도면을 인쇄
- Print setup... : 프린터를 새로이 지정
- Print Area : 인쇄 영역 지정/해제
- Import Design : 도면 import하기
- Export Design : 도면 export하기
- Exit : OrCAD 종료

2) Edit 메뉴

Edit 메뉴는 그래픽이나 부품 정의를 편집하며, 그에 대한 세부 항목은 다음과 같다.

- UndoRotate : 직전에 수행한 행위의 취소
- Redo : Undo했던 행위를 다시 수행
- Repeat Rotate : 반복 회전

- Label State : 라벨 지정/삭제
- Cut : 선택된 부분을 삭제하고 paste 버퍼에 저장함
- Copy : 어느 부분을 복사하여 paste 버퍼에 저장함
- Paste : paste 버퍼에 저장된 것을 가져옴
- Delete : 선택된 부분을 삭제함(Paste 불가능)
- Select All : 도면상의 모든 부품을 선택
- Properties .... : 소자의 속성을 편집함
- Link Database Part....
- Derive Database part....
- Part : 부품 편집
- PSpice Model : 모델 편집기
- PSpice Stimulus : 스티뮬러스 편집기를 가져옴
- Mirror : 거울 대칭 이동
- Rotate : 90도 반시계방향 회전
- Find ..... : 작업도면의 부품을 찾아냄
- Global Replace ..... : 지정한 부품을 찾아 새로운 부품으로 모두 바꿈
- Add Part(s) To Group : 부품을 지정한 그룹에 소속시킴
- Remove Part(s) From Group : 부품의 소속 그룹을 해지함

3) View 메뉴

View 메뉴는 작업도면에서 축척도를 바꾸는 기능, 툴바의 표시여부를 지정한다.

- Ascend Hierarchy
- Descend Hierarchy
- Synchronize Up
- Synchronize Down
- Synchronize Across
- Go To..... : 지정한 위치로 이동
- Zoom : 도면의 줌 기능
- Tool palette : 화면 오른쪽에 툴 기능 표시 지정
- Toolbar : 화면상에 툴바의 표시 여부를 지정함

- Status Bar : 화면하단에 현재의 상태를 표시
- Grid : 화면에 그리드 기능 지정
- Grid References : 작업도면의 위치 참조 표시 기능 지정
- Database Part : 부품 DB

4) Place 메뉴

작업도면에 부품을 가져다 놓거나 wire나 bus 선으로 부품을 연결하며, 작업도면에 도형 따위를 작도하는데 사용되는 중요한 기능이다.

- Part... : 부품 가져오기
- Parameterized Part ... : PARAM 부품
- Database part : DB에서 부품 가져오기
- Wire : 부품과 부품 사이를 선으로 연결
- Bus : 작업도면에 버스선 긋기
- Junction : 선 위에 접속점 놓기
- Bus Entry : 버스선에 인입선 놓기
- Net Alias : 네트에 별칭 넣기
- Power... : 전원소자 넣기
- Ground... : 접지소자 넣기
- Off-page Connector... : off-page 연결자 넣기
- Hierarchical Block : 계층 구조의 블록 지정
- Hierarchical Port... : 계층 구조 포트 넣기
- Hierarchical Pin... : 계층 구조 핀 넣기
- No Connect : 부품의 단자가 연결되지 않음(x 표기)
- Title Block... : 작업도면에 타이틀 블록 넣기
- Bookmark... : 작업도면에 북마크 넣기
- Text... : 작업도면에 글자 넣기
- Line : 작업도면에서 선긋기
- Rectangle : 작업도면에서 사각형 그리기
- Ellipse : 작업도면에서 타원형 그리기
- Arc : 작업도면에서 원호 그리기

- Polyline : 작업도면에서 다각선 그리기
- Picture... : 작업도면에 그림 놓기

5) PSpice 메뉴

PSpice 시뮬레이션을 실행 조건을 지정하고, 시뮬레이션을 실행하고 그 결과를 볼 수 있도록 한다.

- New Simulation Profile : 시뮬레이션 프로파일을 새로 지정
- Edit Simulation Profile : 시뮬레이션 프로파일을 수정
- Run : 시뮬레이션 실행
- View Simulation Results : 시뮬레이션 데이터 다시 보기
- View Output File : 시뮬레이션 회로에 대한 파일 내용 보기
- Create Netlist : 회로목록 만들기
- View netlist : netlist 내용 보기
- Markers : 프로브 가져다 놓기
- Bias Points : 바이어스 표시 지정

6) Options 메뉴

Options 메뉴는 디스플레이나 하드카피의 환경을 셋업하고 Automatic feature를 동작케 하며 세부 사항은 다음과 같다.

- Preferences... : 선의 색상 따위를 지정
- Design Template... : 폰트, 페이지 크기 따위를 지정
- Autobackup... : 자동 백업시간 지정
- product Configuration... : 사용할 Product를 지정
- Schematic page Properties... : 작업도면 크기 지정
- CIS Configuration... : CIS 구성 셋업
- Design Properties...

▸ Edit Simulation profile의 내용 보기

PSpice 메뉴의 Edit Simulation profile에는 다음과 같은 세부 사항이 있다.

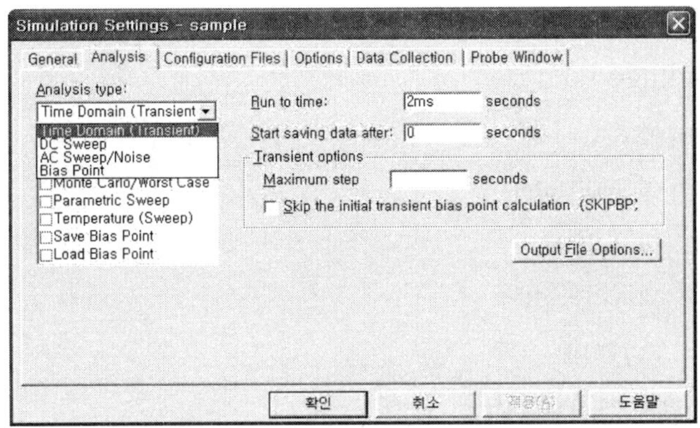

- Transient : .TRAN 해석으로 과도해석
- DC Sweep : .DC 해석 지정
- AC Sweep : .AC 해석 지정, .NOISE 해석 지정
- Bias Point : .OP 해석으로 바이어스 점의 데이터를 계산

·· Monte Carlo/Worst Cas : .MC 해석 지정

·· Parametric Sweep : .STEP 해석 지정

·· Temperature : .TEMP 해석 지정

·· Save Bias Point : 바이어스 점의 데이터를 파일로 저장

·· Load Bias Point : 파일에서 바이어스 점의 데이터를 읽어옴

Transient Analysis 셋업의 의미는 다음과 같다.

Maximum step : 과도해석 시간간격 지정

Run to Time : 시뮬레이션이 끝나는 시간(default : 1000ns)

Start saving data after : 데이터를 저장하지 않는 동안의 시간을 설정

▸Markers의 내용보기

PSpice 메뉴의 Markers의 세부 사항은 다음과 같다.

- Voltage level
- Voltage Differential
- Current Into Pin
- Power Dissipation
- dB magnitude of voltage

- dB magnitude of Current
- Phase of voltage
- Phase of current
- Group delay of voltage
- Group delay of current
- Real part of voltage
- Real part of current
- Imaginary part of voltage
- Imaginary part of current

▸Toolbar의 기능

툴바는 자주 사용하는 명령을 쉽게 사용할 수 있도록 버튼화시켜 마우스의 클릭으로 작업을 수행하도록 한다. 툴바는 View 메뉴에서 Toolbar를 선택하여 툴바를 감추거나 보이게 할 수 있다.

① ② ③ ④ ⑤ ⑥ ⑦ ⑧ ⑨ ⑩ ⑪ ⑫

① File/New : 새로운 설계 및 라이브러리 작성
② File/Open : 기존의 설계 및 라이브러리를 열다.
③ File/Save : 작업도면 또는 부품을 저장
④ File/Print : 작업도면 또는 부품을 인쇄
⑤ Edit/Cut : 선택한 객체를 삭제하고 클립보드에 저장
⑥ Edit/Copy : 선택한 객체를 클립보드에 저장
⑦ Edit/paste : 클립보드에 저장되어 있는 내용을 문서에 붙임
⑧ Edit/Undo : 가장 최근에 실행한 명령을 취소
⑨ Edit/Redo : 가장 최근에 실행한 명령을 다시 실행
⑩ Auto tiling on

⑪ Auto tiling off

⑫ Place part : 최근에 사용했던 부품 목록

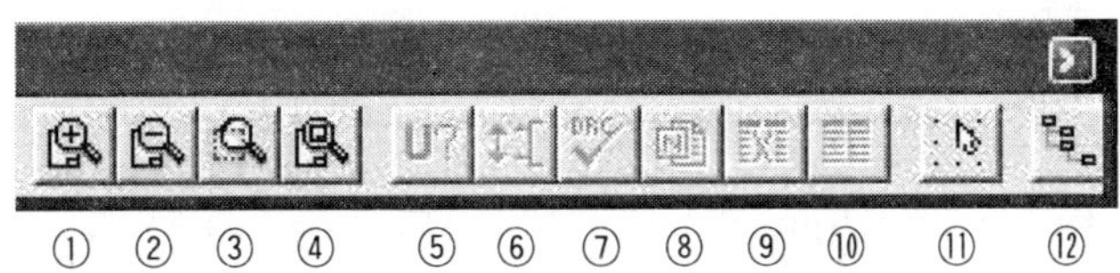

① View/Zoom/In : 한번 클릭할 때마다 작업도면 2배씩 확대

② View/Zoom/Out : 한번 클릭할 때마다 작업도면 1/2씩 축소

③ View/Zoom/Area : 작업도면에서 드래그하여 지정한 영역을 확대

④ View/Zoom/All : 모든 객체가 한 화면에 보이게 함

⑤ Annotate : 작업도면상에서 부품의 참조를 갱신

⑥ Back Annotate : 작업도면상에서 갱신된 부품의 참조를 처음 상태로

⑦ Design Rule check : 도면의 설계 오류를 체크

⑧ Create Netlist : 사용된 부품 목록을 작성

⑨ Cross Reference parts : 교차 참조된 부품 목록을 작성

⑩ Bill of Material : 재료 청구서 작성

⑪ Snap to grid : 부품을 grid 점 위에 놓이게 함

⑫ Project manager : 설계 내용에 대한 개요가 표시됨

① Active profile : 작업 중인 프로파일 목록

② New simulation profile : 프로파일을 새로 시작

③ Edit simulation settings : 시뮬레이션 조건을 다시 입력

④ Run PSpice : PSpice 실행

⑤ View simulation results : 시뮬레이션 결과를 다시 보기

⑥ Voltage/Level Marker : 전압 표시자

⑦ Voltage differential marker : 양단간 전압 표시자

⑧ Current marker : 흐르고 있는 전류 표시자
⑨ Power dissipation marker : 소비전력 표시자
⑩ Enable bias voltage display : 직류 전압 표시자
⑪ Toggle voltages on selected net(s) : 선택된 네트만 전압 표시 토글
⑫ Enable bias current display : 직류 전류 표시자
⑬ Toggle currents on selected part(s)/pin(s) : 선택된 핀만 전류 표시 토글
⑭ Enable bias power display : 직류 전력 표시자
⑮ Toggle power on selected part(s) : 선택된 부품만 전력 표시 토글

▸Tool palette의 기능

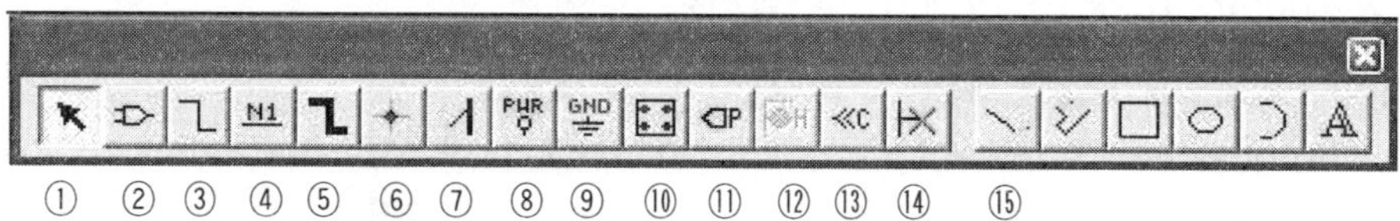

① select : 선택 버튼
② Place part : 부품 가져다 놓기
③ Place wire : 선긋기
④ Place net alias : 네트에 이름 주기
⑤ Place bus : 버스선 긋기
⑥ Place junction : 접합 점 놓기
⑦ Place bus entry : 버스 인입선 놓기
⑧ Place power : 전원 가져다 놓기
⑨ Place ground : 접지 가져다 놓기
⑩ Place hierarchical block : 계층 블록 가져다 놓기
⑪ Place port : 포트 단자 가져다 놓기
⑫ Place pin : 핀 가져다 놓기
⑬ Place off-page connector : off-page 연결자 가져다 놓기
⑭ Place no connect : 핀에 연결 없음을 표시
⑮ Place line, polyline, rectangle, ellipse, arc, text : 도형, 문자 넣기

2.2 Probe의 세부 사양

일반적으로 오실로스코우프(oscilloscope)의 측정 리드 단자를 프로브(probe)라고 하는데, 이런 의미에서 여기서도 프로브라 부른다.

프로브는 PSpice, PSpice A/D와 PLogic에서 고해상도 그래픽으로 시뮬레이션 결과를 대화식(Interactive)으로 파형을 분석하는데 사용한다. 프로브란 실험실에서 사용하는 오실로스코우프(Oscilloscope)나 스펙트럼 신호 해석기(Spectrum Analyzer), 또는 로직 신호 해석기(Logic Analyzer)와 똑같은 구실을 하는 소프트웨어적인 브레드 보드(bread board)와 같다. 회로를 작성하여 시뮬레이션을 수행하면 그 결과를 화면에 나타내기 위하여 자동으로 Probe상태로 들어간다.

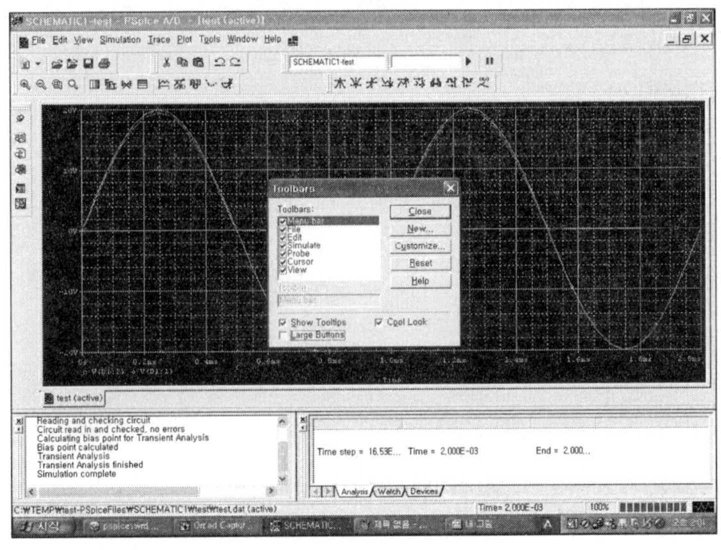

Probe의 메인 메뉴에는 다음 항목이 들어 있다.

File Edit View Simulation Trace Plot Tools Window Help

File : 프로브 파일 관리

Edit : 프로브 파일 편집

View : 화면 줌, 툴바, 회로/출력/시뮬레이션 파일
Simulation : 시뮬레이션 Run
Trace : 트레이스 추가, 삭제
Plot : x-y축 지정, 화면 분할, 라벨
Tools : 메뉴바, 툴바 조정
Windows : 출력 화면(Copy to clipboard...)
Alternate Display : probe 화면만 보이는 창으로 토글

1) File 메뉴

- New
- Open..... : 새로운 plot 윈도우를 열다.
- Append waveform(.DAT) : 현재의 윈도우에 다른 probe 데이터를 첨부한다.
- Close : Plot 윈도우를 닫는다.
- Open Simulation...
- Close Simulation
- Save
- Save AS...
- Export
  - Probe data(.dat file)
  - Stimulus Library(.stl file)
  - Text(.txt file)
- Page Setup..... : 프린터를 설정한다.
- Printer Setup..... : 프린터를 선택한다.
- Print Preview : 인쇄 전 확인한다.
- Print.... : Plot 윈도우 화면을 인쇄한다.
- Log Commands..... : Command Logging을 온-오프한다.
- Run Commands..... : Log commands에서 만든 명령을 사용하도록 한다.
- Recent Simulations
- Recent Files
- Exit : Probe에서 빠진다.

2) Edit 메뉴

- Undo : 최근에 실행한 delete 취소
- Redo : 최근에 실행한 undo 취소
- Cut : 선택한 항목을 삭제한다.
- Copy : 선택한 항목을 복사한다.
- Paste : 클립보드에 있는 것을 가져다 놓는다.
- Delete : 선택한 trace나 label을 지운다.
- Select All
- Find...
- Find Next
- Replace
- Goto line...
- Insert File...
- Toggle Bookmark
- Next Bookmark
- Previous Bookmark
- Clear Bookmarks
- Modify Object..... : 선택한 목적물의 내용을 수정한다.

3) View 메뉴

- Zoom : 줌 기능
- Measurement Results : 측정결과로 산출 계산
- Circuit File : 회로구성 텍스트 파일
- Output File : 출력 텍스트 파일
- Simulation Results : 시뮬레이션 결과
- Simulation Messages : 요약 대화상자
- Simulation Queue : 시뮬레이션 관리창에 시뮬레이션 정보 표시
- Output window : 시뮬레이션 진행과정에 대한 정보창 표시
- Simulation status windows : 시뮬레이션 실행 상태에 대한 정보창 표시
- Toolbars... : 툴바 표시여부 지정

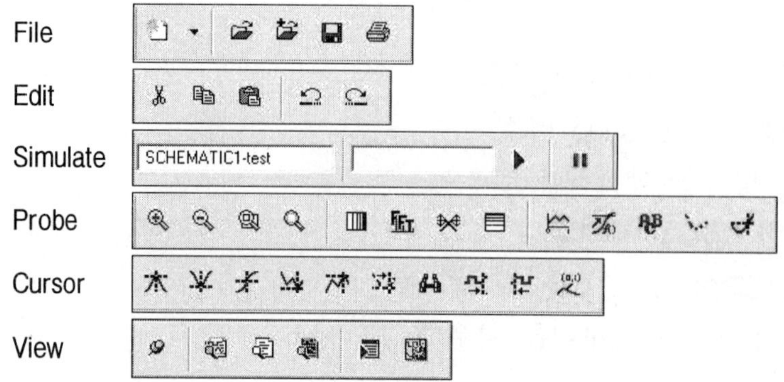

- Status bar : 상태 바 표시여부 지정
- Workbook Mode
- Alternate Display : probe 화면만 보이는 창으로 토글
- Always On Top

4) Simulation 메뉴

- Run : 시뮬레이션 실행
- Pause
- Stop
- Edit profile... : 시뮬레이션 setting을 다시 지정함
- Edit Runtime Settings...

5) Trace 메뉴

- Add Trace..... : Trace를 추가한다.
- Delete All Traces
- Undelete Traces : trace 삭제를 취소함
- Fourier : 현재 trace 파형을 푸리에 해석으로 표시
- Performance Analysis... : multiple simulation에서 사용
- Curso : 커서 툴바 기능

  Display : probe cursor창이 나타나며 좌-우 커서 위치표시
  (이것이 active로 되어야 아래 항목도 active로 됨)

  Freeze : 커서 display를 이동하지 않게 함

  Peak : 다음 peak로 커서를 이동

Trough : 다음 trough로 커서를 이동

Slope : 최대 경사지로 커서를 이동(변곡점)

Min : 최소치 자리로 커서를 이동

Max : 최대치 자리로 커서를 이동

Point : 다음 데이터 위치로 커서를 이동

Search Commands.....

Next Transition : 다음 transition으로 이동한다.

Previous Transition

Mark labe : 현 커서 위치의 값을 표시

- Macro..... : π와 같은 정의된 dialog를 만든다.
- Measurements... : 내장함수로 측정
- Evaluate Measurements... : 내장함수로 측정

6) Plot 메뉴

- Axis Settings..... : X-Y축 및 그리드를 지정한다.
- Add Y Axis : 새로운 Y축을 덧붙인다.
- Delete Y Axis : 선택한 Y축을 삭제한다.
- Add Plot to window : 현재의 윈도우에 plot을 하나 더 만든다.
- Delete Plot : 현재의 윈도우에서 선택된 plot을 삭제한다.
- Unsynchronize X axis : add plot한 경우 플롯마다 각각의 X-축 값을 표시
- Digital Size..... : trace 이름의 길이나 plot의 백분율을 지정한다.
- Label : 라벨 툴바 기능

Text..... : 화면에 글자를 넣는다.

Line : 화면에 선을 넣는다.

Poly-line : 화면에 다중선을 넣는다.

Arrow : 선을 긋고 그 끝에 화살표를 넣는다.

Box : 화면에 사각을 만든다.

Circle : 화면에 원을 만든다.

Ellipse : 화면에 타원을 만든다.

Mark : 최근에 이동한 커서 자리에 커서 마크를 넣는다.

- AC.... : AC 해석 형태를 선택한다.
- DC..... : DC 해석 형태를 선택한다.
- Transient..... : 과도 해석 형태를 선택한다.

7) Tools 메뉴

- Customize...
  Toolbars : 툴바 추가 및 삭제
  Commands : 툴바 그룹 내의 아이콘 추가 및 삭제
  Keyboards : 키보드 명령의 추가 및 삭제
- Options... : 선택사항을 지정한다.
  Use Symbols
  Use Scrollbars
  Trace color scheme
  Auto-update interval
  Max Data points
  Display evaluation
  Display statistics
  Highlight Error states

8) Window 메뉴

- New window : 출력 파형을 지움
- Close : 출력 파형창을 닫음
- Close All
- Cascade : 출력 파형이 다중창으로 표시
- Tile Horizontally : 출력 파형이 다른 창으로 표시
- Tile Vertically : 출력 파형이 다른 창으로 표시
- Title... : 윈도우창 이름 지정
- Display Control..... : configuration을 저장하도록 한다.
- Copy to Clipboard : 클립보드로 복사한다(tile로 크기 조정하면 조정된 화면이 클립보드에 저장됨).

Probe/Add Traces에서 사용되는 Operators, Functions와 Macros는 다음과 같다.

▸ Analog Operators

#

() : Grouping

*/ : Multiplication/Division

+- : Addition/Subtraction

@ : At a specific section and/or data file

▸ Functions

ABS(x) : |x|

ARCTAN(x) : arc tangent of x results in radians

ATAN(x) : arc tangent of x results in radians

AVG(x) : running average of x over the range of the X axis variable

AVGX(x,d) : running average of x from X_axis_value(x)-d to X_axis_value(x)

COS(x) : cos(x) with x in radians

d(x) : derivative of x with respect to the X axis variable

DB(x) : magnitude in decibels of x

ENVMAX(,)

ENVMIN(,)

EXP(x) : the natural exponential function of x

G(x) : group delay of x with results in seconds

IMG(x) : imaginary part of x

LOG(x) : ln(x) with log base e

LOG10(x) : log(x) with log base 10

M(x) : magnitude of x

MAX(x) : maximum value of x

MIN(x) : minimum value of x

P(x) : phase of x with results in degrees

PWR(x,y) : x to the power of y

R(x) : real part of x

RMS(x) : running RMS average of x over the range of the X axis variable

s(x) : integral of x over the range of the x axis variable

SGN(x) : 1 (if x>0), 0 (if x=0), -1 (if x<0)

SIN(x) : sin(x) with x in radians

SQRT(x) : the square root of x

TAN(x) : tan(x) with x in radians

▸ **macros**

pi=3.14159265

▸ **Digital Operators**

() : grouping

~ : logical complement

*/ : multiplication/division(bus values only)

+- : addition/subtraction(bus values only)

& : and

| : or

^ : exclusive or

▸ **Digital constants**

'0 : low

'1 : high

'F : falling

'R : rising

'X : unknown

'Z : high impedance

▸ **Bus constant radix**

h or x : hexadecimal(예 : x'3FFFF)

d : decimal(예 : d′79)
o : octal(예 : o′177400)
b : binary(예 : b′011011)

2 2.1 Probe/Plot의 axis settings 예제

예제에서 사용한 회로는 다음과 같다.

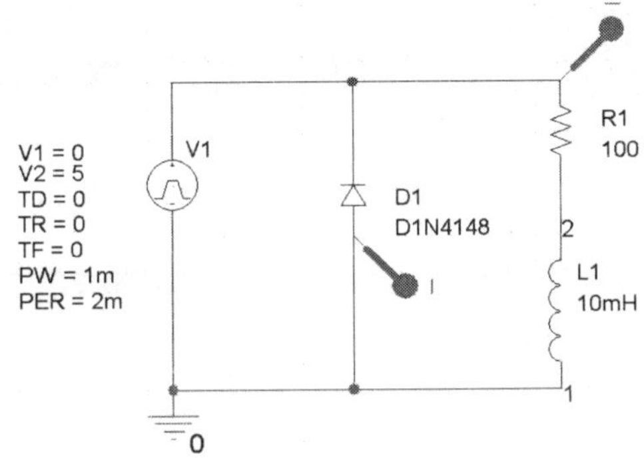

Axis setting 기능은 X-축, Y-축의 좌표 단위를 변경하거나, 또는 그래프에서 X-축과 Y-축의 그리드를 지정한다.

① 그리드를 지정하기 전의 모습

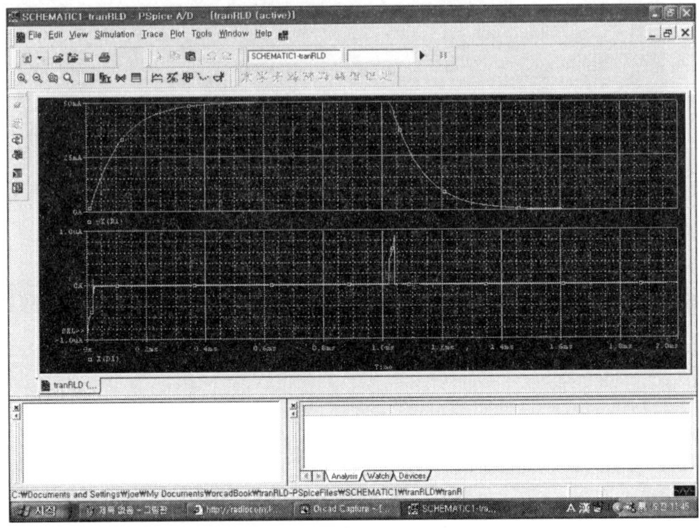

② Y-축 그리드를 지정한다.

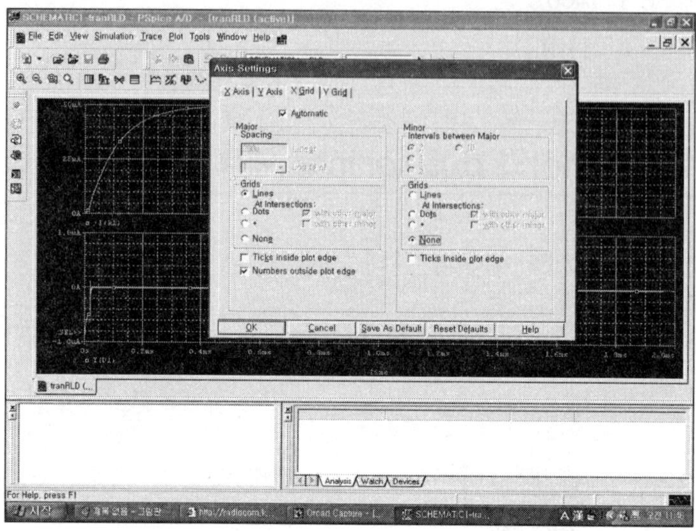

③ Y-축 그리드가 변경된 모습

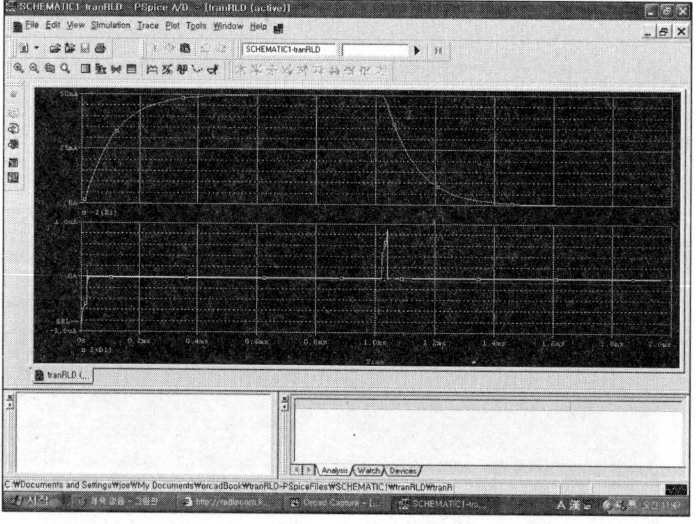

④ X-축 그리드를 지정한다.

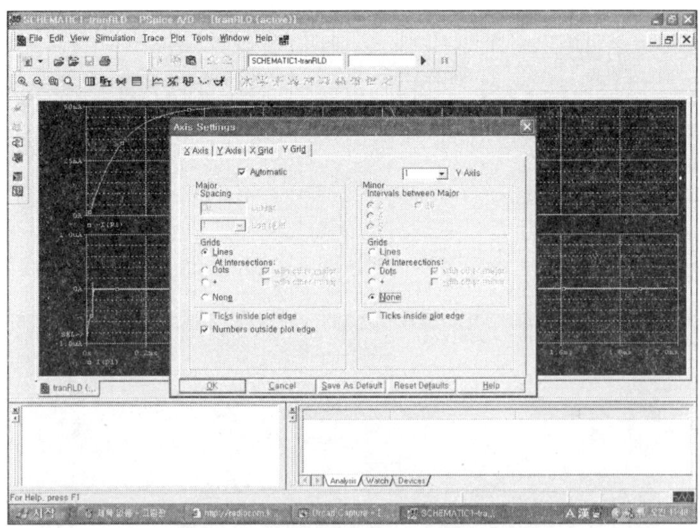

⑤ SEL>로 선택된 그래프에서 X-축 그리드가 변경된 모습

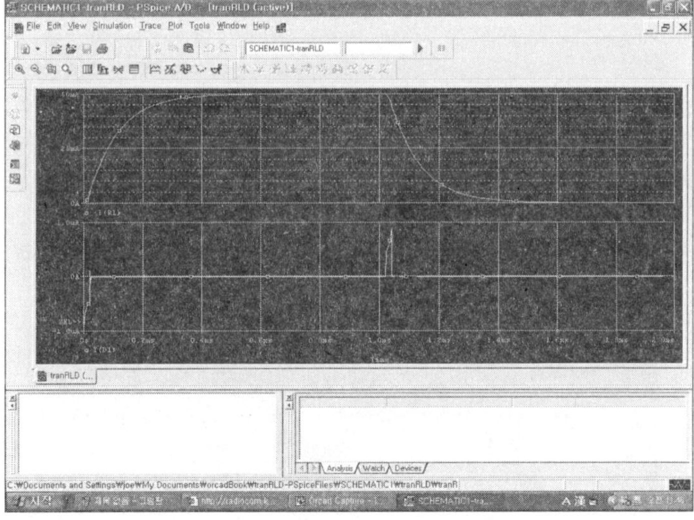

② 2.2 Probe/Plot의 add Y axis 예제

add Y axis 기능은 Probe 화면에서 출력의 진폭 따위의 단위가 서로 다른 경우 작은 쪽의 단위가 큰 쪽의 단위에 비하여 아주 작기 때문에 화면에서는 수평선으로 보인다. 이를 해결하기 위하여 각각의 단위를 따로 적용하는데 유용하다.

① Y축의 값을 동일하게 사용하기 때문에 작은 쪽은 거의 수평선처럼 보인다.

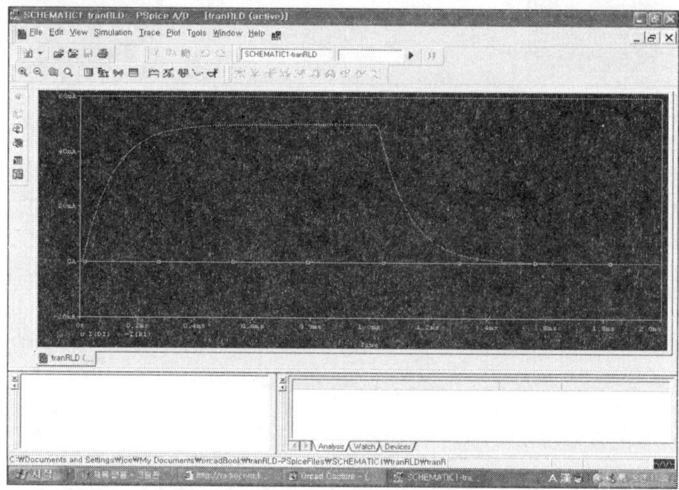

② Probe/Plot/add Y axis를 클릭하여 Y축의 단위를 추가한다.

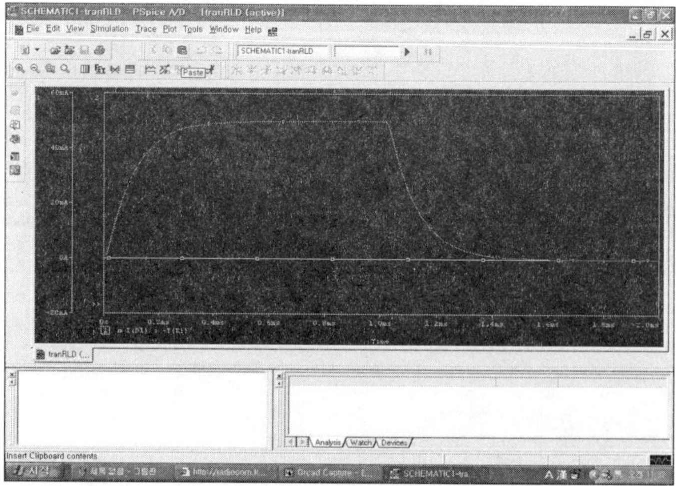

③ probe/trace/add trace를 사용하여 새로운 트레이스를 추가하고, 기존의 trace에서 중복되는 트레이스를 삭제한다.

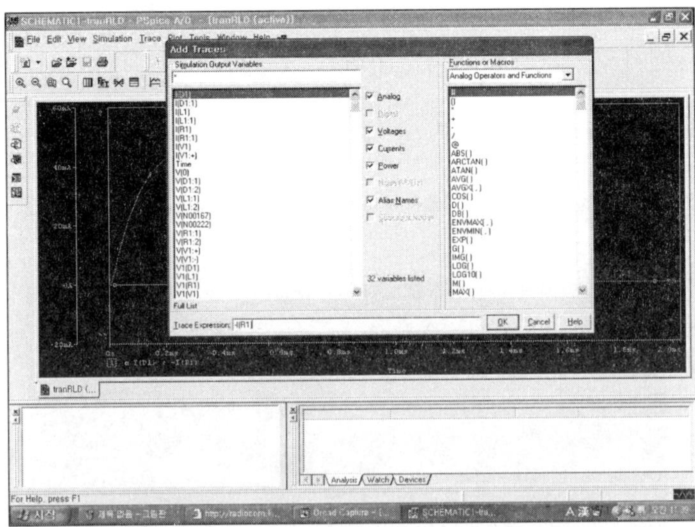

④ Y축의 (1)은 I(D1)의 값을 표시하고, (2)는 -I(R1)의 값을 표시한다.

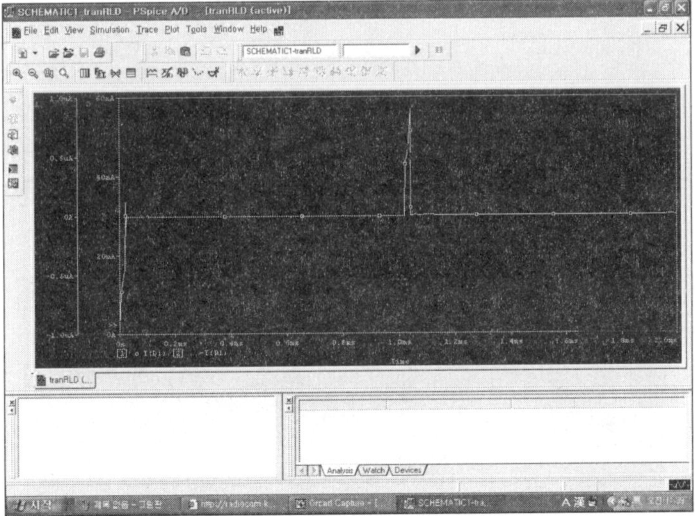

② 2.3 Probe/Plot의 add plot to window 예제

add plot to window 기능은 probe점의 파형이 동일 그래프에 표시되는 것을 여러 개의 그래프로 나타내는 기능이다.

① 두 probe가 하나의 그래프에 표기되므로 파형 관측이 곤란하다.

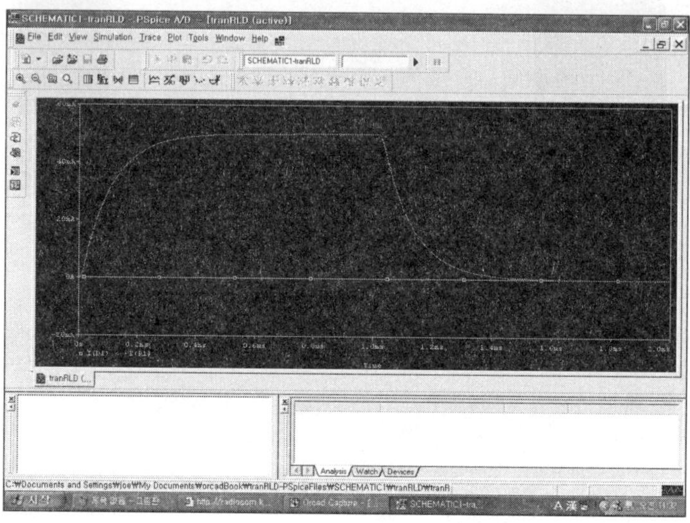

② probe/plot/add plot to window를 차례로 클릭하여 그래프를 추가한다.

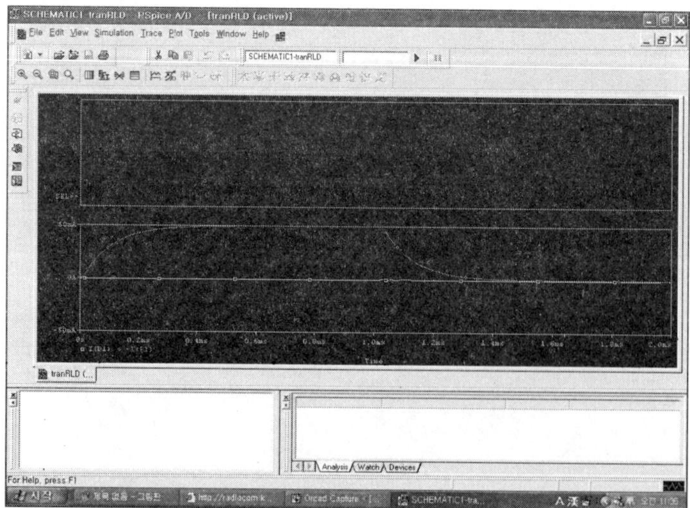

③ 기존의 그래프에서 삭제할 probe를 선택하고 툴바의 가위를 사용하여 잘라낸 다음, SEL>을 다른 그래프로 옮기고 나서 edit/paste를 사용하여 잘랐던 파형을 다시 넣으면 SEL> 그래프에 probe 파형이 나타난다.

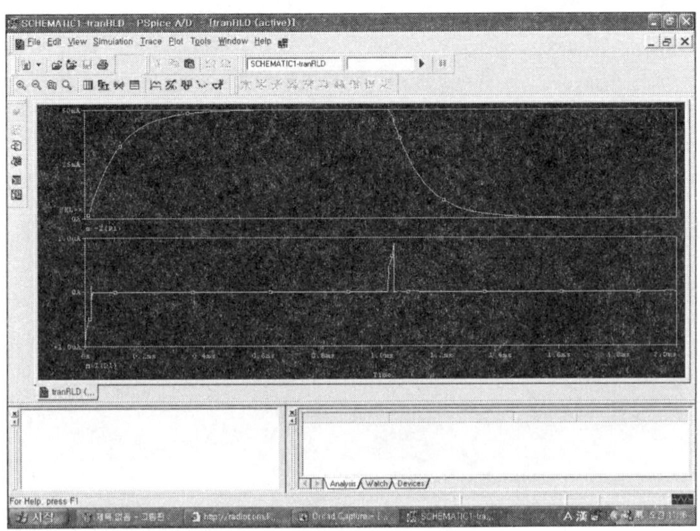

제 3 장

시뮬레이션 연습

3.1 Parametric 해석

parametric 해석이란 회로 내의 소자 값을 변경하면서 해석 특성이 어떻게 변하는가 알 수 있는 해석 방법이다.
다음과 같은 순서로 진행하자.

① 회로 도면과 같이 부품을 가져다 놓는다.

② SPECIAL 라이브러리의 PARAM 소자를 가져다 놓는다.

③ 저항 R_1의 1K를 더블 클릭하여 {Rval}로 변경한다(반드시 **중괄호**를 사용해야 함).

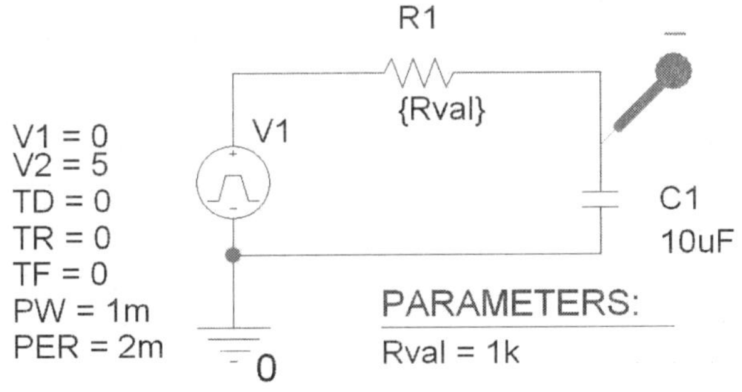

그림 3-1(a) 시뮬레이션 회로도

④ PARAMETERS 소자를 더블 클릭하여 property editor를 연다.

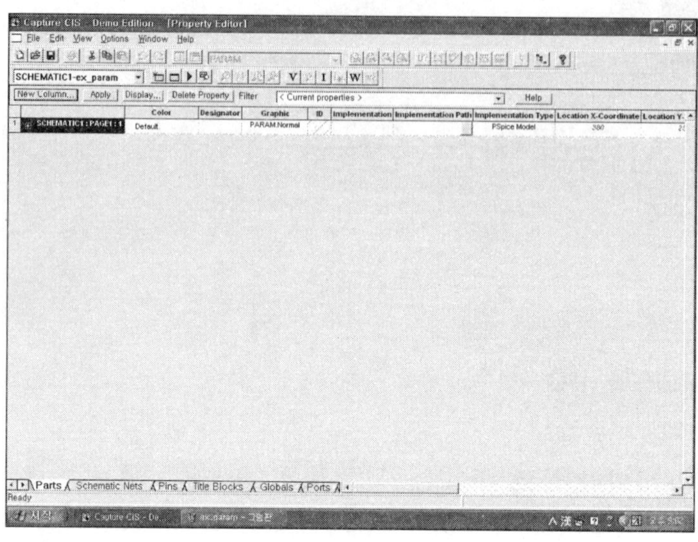

그림 3-1(b) property editor가 열린 화면

⑤ New Column 값이 넣어진 내용을 parametric에 나타내도록 하려면, Rval 1K로 표시된 필드를 드래그한 후 오른쪽 마우스를 클릭하여 대화창을 연다.

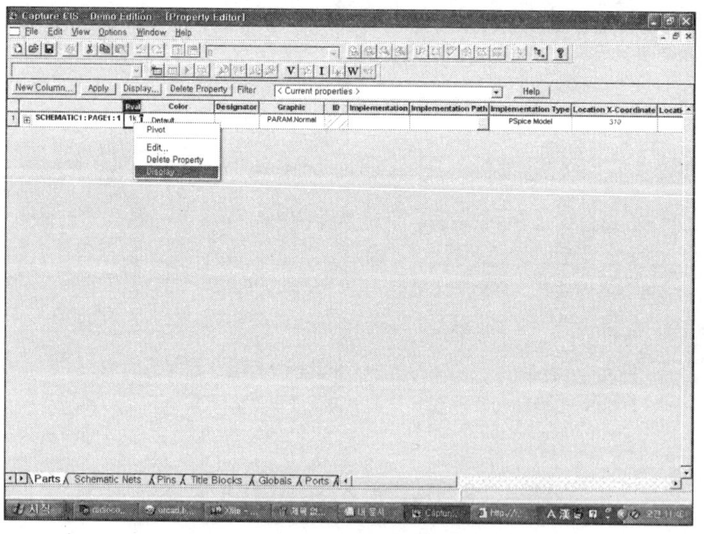

⑥ 대화창에서 Name and Value를 체크인한다.

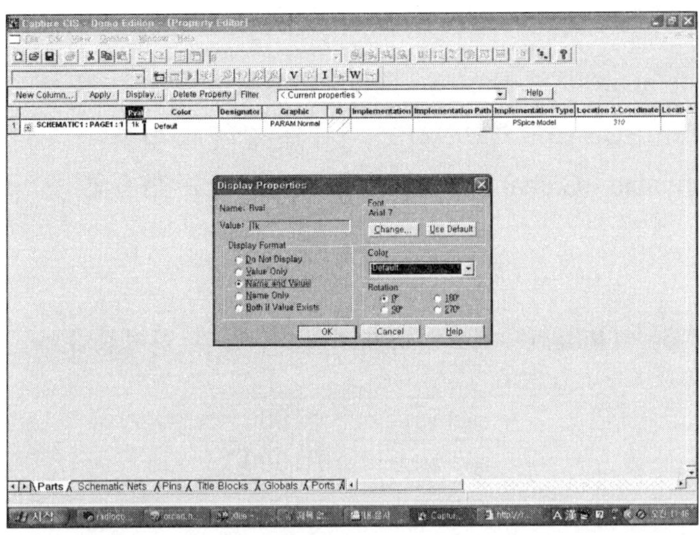

⑦ New Column을 클릭하여 Add New Column에서 다음과 같이 입력한다.

Name	Rval
Value	1k

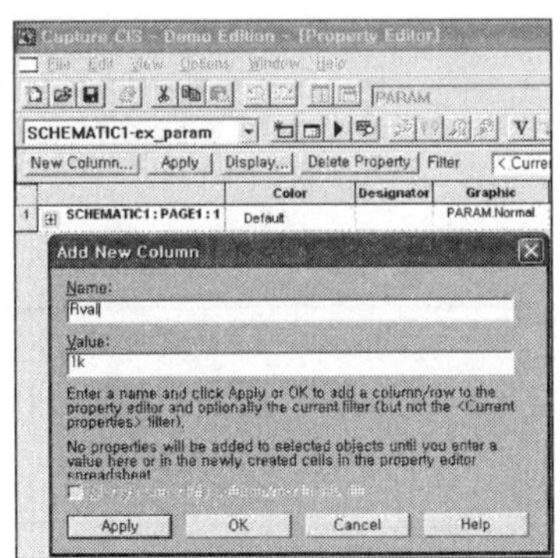

그림 3-1(c) Add New Column가 열린 화면

⑧ PSpice→New Simulation Profile을 열고 파일명을 입력한다.

⑨ PSpice→Edit Simulation Profile을 열고 다음 두 항을 체크인한다.

☑ Transient	과도 해석
☑ parametric Sweep	parameter 해석

⑩ Transient analysis의 Run to Time : **4ms로 지정한다.**

⑪ Parametric Sweep를 체크인하고 다음과 같이 입력한다.

Sweep variable : Global parameter를 체크인하고 다음과 같이 입력한다.

parameter	Rval

Sweep Type : Linear를 체크인하고 다음과 같이 입력한다.

start value	100
end value	1000
increment	100

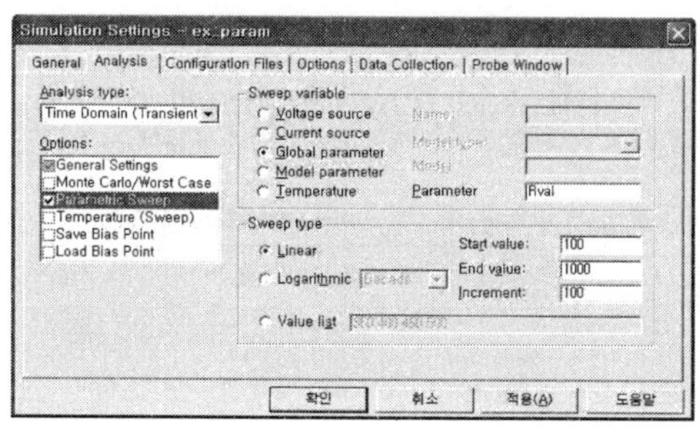

그림 3-1(d) Parametric Sweep가 열린 화면

⑫ PSpice→Run을 실행한다.

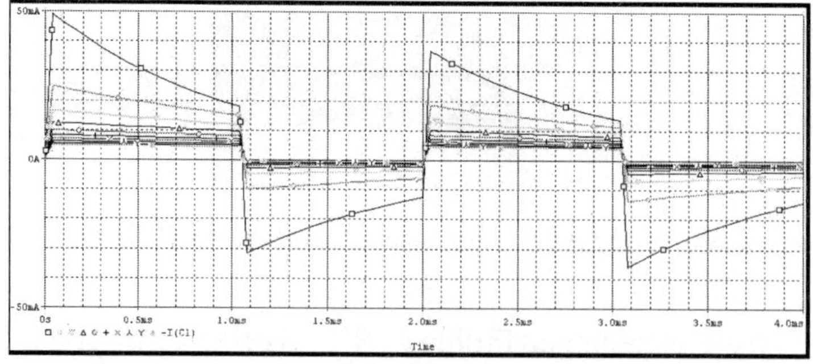

그림 3-1(e) 시뮬레이션 결과 화면

시뮬레이션 결과는 다음과 같다.

```
.lib "nom.lib"
.TRAN  0 4ms 0
.STEP LIN PARAM Rval 100 1000 100
.PROBE V(alias(*)) I(alias(*)) W(alias(*)) D(alias(*)) NOISE(alias(*))
* source MARKERS
V_V1          N00149 0  PULSE 0 5 0 0 0 1m 2m
C_C1          0 N00158  10uF
R_R1          N00149 N00158  {Rval}
.PARAM  Rval=1k
.END
```

3.2 Harmonics(고조파) 해석

PSpice에서 제공하는 주파수 분석 방법은 두 가지 방법이 있다.

① FFT(Fast Fourier Transform)에 의한 분석

② Fourier Analysis에 의한 분석

1) FFT에 의한 고조파 분석

FFT는 출력 데이터를 가지고 FFT 버튼을 클릭하여 주파수 스펙트럼을 출력한다. 이는 주파수 스펙트럼 성분을 그래프로 나타내준다.

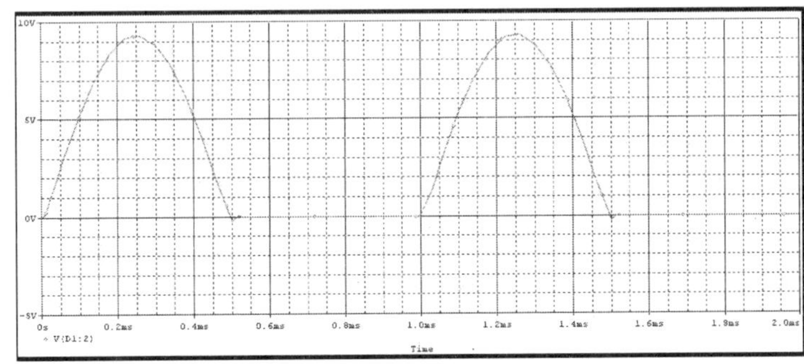

그림 3-2(a) FFT 분석 전의 출력 파형

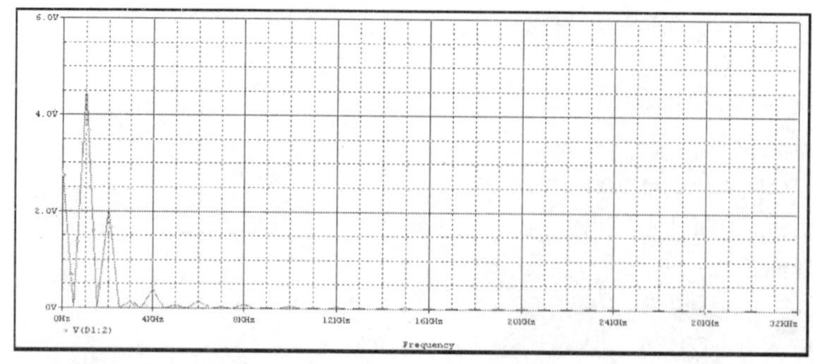

그림 3-2(b) FFT에 의한 스펙트럼 분석 결과

2) Perform Fourier analysis에 의한 고조파 분석

이 방법은 주파수 스펙트럼 성분을 그래프가 아닌 데이터로 나타내준다. Edit simulation profile에서 Transient의 output file options 버튼을 클릭하여 Perform Fourier Analysis를 체크인하고 다음 사항을 입력한다.

Center	1000[Hz]
Number of	9
Output	V(R1)

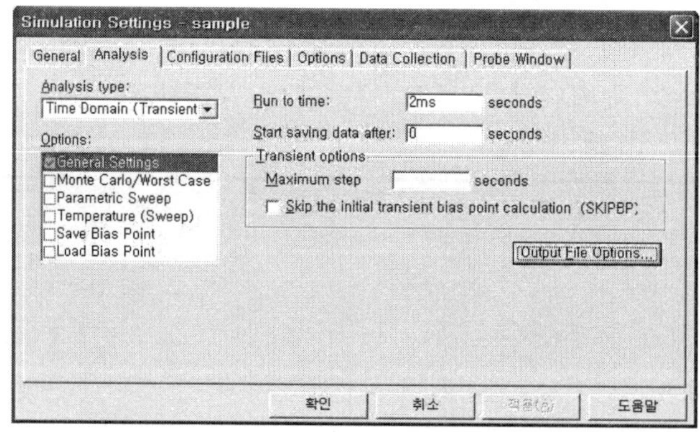

그림 3-2(c) Output file options가 열리기 전의 화면

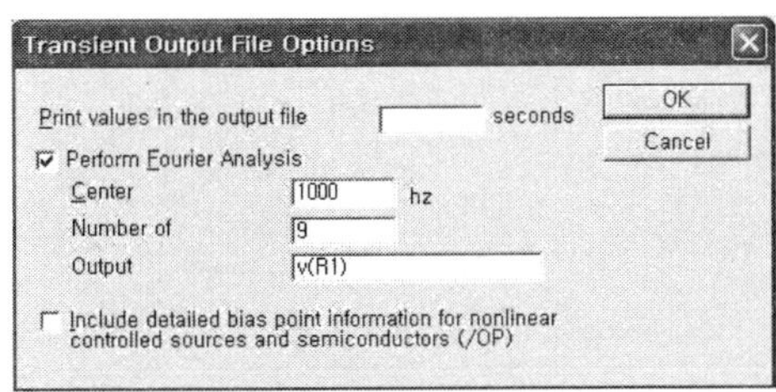

그림 3-2(d) Output file options가 열린 화면

이렇게 수정한 다음 시뮬레이션을 실행하고 나면, PSpice→View output file의 파일 내용에 고조파 성분이 다음과 같이 출력된다.

**** FOURIER ANALYSIS TEMPERATURE = 27.000 DEG C

****

FOURIER COMPONENTS OF TRANSIENT RESPONSE V(R_R1)

DC COMPONENT = 2.846418E+00

HARMONIC NO	FREQUENCY (HZ)	FOURIER COMPONENT	NORMALIZED COMPONENT	PHASE (DEG)	NORMALIZED PHASE (DEG)
1	1.000E+03	4.549E+00	1.000E+00	-1.640E-01	0.000E+00
2	2.000E+03	2.074E+00	4.559E-01	-9.003E+01	-8.970E+01
3	3.000E+03	1.214E-01	2.669E-02	-1.729E+02	-1.724E+02
4	4.000E+03	4.014E-01	8.825E-02	-9.044E+01	-8.979E+01
5	5.000E+03	6.513E-02	1.432E-02	-1.670E+02	-1.662E+02
6	6.000E+03	1.673E-01	3.678E-02	-9.173E+01	-9.075E+01
7	7.000E+03	4.160E-02	9.145E-03	-1.608E+02	-1.596E+02
8	8.000E+03	9.192E-02	2.021E-02	-9.422E+01	-9.290E+01
9	9.000E+03	2.881E-02	6.334E-03	-1.547E+02	-1.533E+02

TOTAL HARMONIC DISTORTION = 4.674191E+01 PERCENT

JOB CONCLUDED

3.3 DC Sweep 해석

이 해석은 회로에 직류를 반복적으로 인가하는 경우 지정한 소자에 직류 전압이 어떻게 변하는지 알 수 있는 것이다.

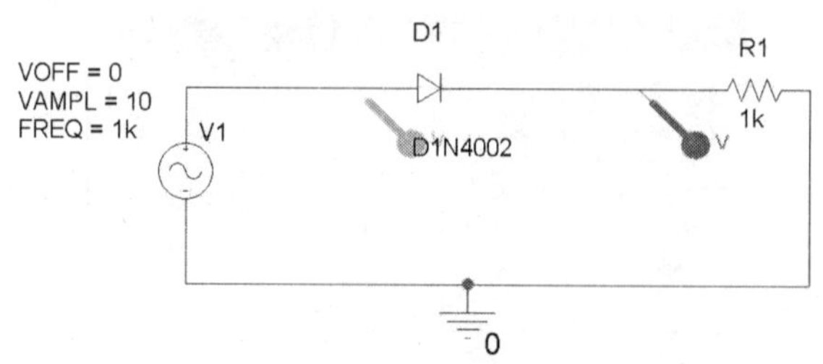

그림 3-3(a) 시뮬레이션 회로도

위 회로에서 PSpice → **Edit Simulation Setting**을 다음과 같이 설정한다.

Analysis type : **DC Sweep**

Sweep Variable 항목

Voltage source : **V1**

Sweep type항목

Start value : **0**, End value : **10**, Increment : **1**

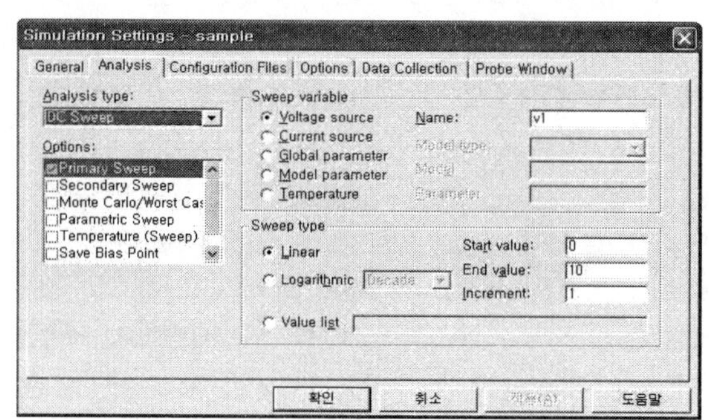

그림 3-3(b) Edit simulation setting이 열린 화면

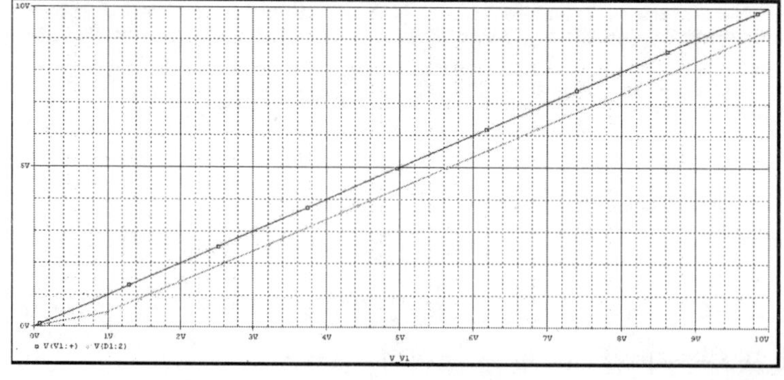

그림 3-3(c) DC Sweep 시뮬레이션 결과 화면

3.4 AC Sweep 해석

이 해석은 회로에 교류를 반복적으로 인가하는 경우 지정한 소자에 교류 전압이 어떻게 변하는지 알 수 있는 것이다.

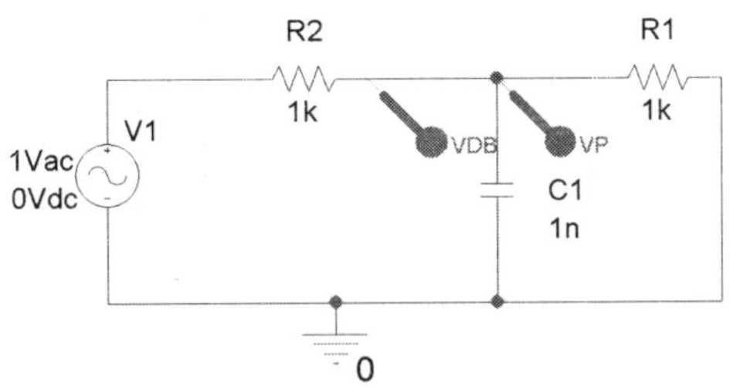

그림 3-4(a) 시뮬레이션 회로도

AC 해석은 주파수에 따른 해석이므로 측정결과는 PSpice→Markers→Advance에서 dB Magnitude of Voltage와 Phase of Voltage를 가져다 놓는다.
다음으로 PSpice→Edit Simulation Setting을 다음과 같이 설정한다.

Analysis type : AC Sweep

AC Sweep type : Linear

start frequency : 10

End : 1k

Total points : 101

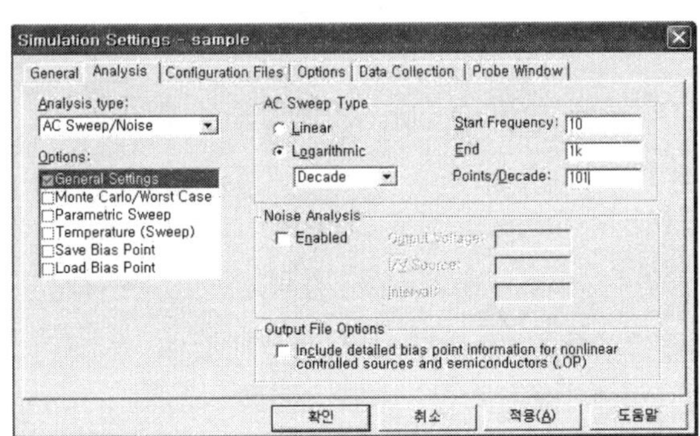

그림 3-4(b) Edit simulation setting이 열린 화면

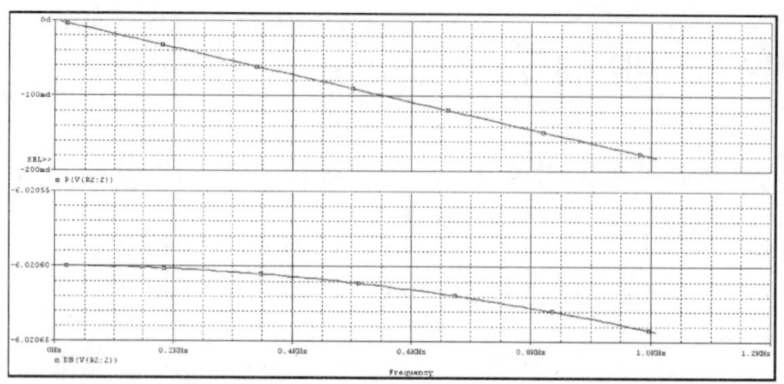

그림 3-4(c) AC Sweep 시뮬레이션 결과 화면

3.5 Noise 해석

이 해석은 회로에 AC Sweep의 noise analysis이다. 교류해석의 각 주파수에 대하여 회로 내의 각각의 소자에 발생하는 잡음량을 계산하고 출력 노드에 미치는 영향을 분석하여 입력 전원과 출력 전압 사이의 이득을 계산하고 이 계산을 토대로 하여 특정 전원에서의 등가 입력 잡음의 양을 계산한다.

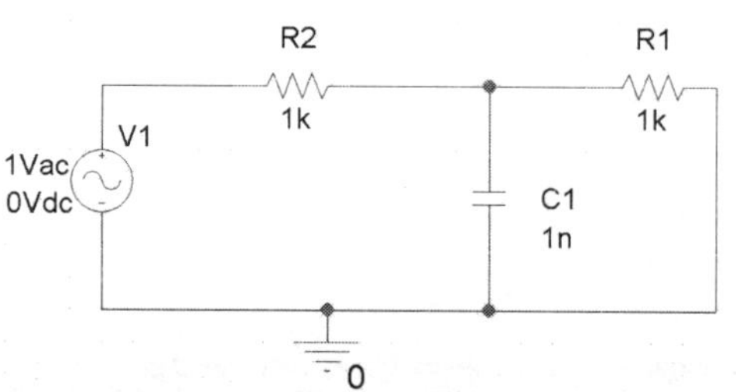

그림 3-5(a) 시뮬레이션 회로도

Noise analysis에서 I/V source는 등가 잡음 발생원으로 동작하는 전원명을 입력한다. 주의할 점은 I/V source로 입력된 V1은 잡음 발생원이 아니고 V/sqrt([Hz])로 환산한 잡음 발생원이다. 이와 같이 등가 잡음 발생원을 입력하여 출력되는 잡음량을 해석한다.

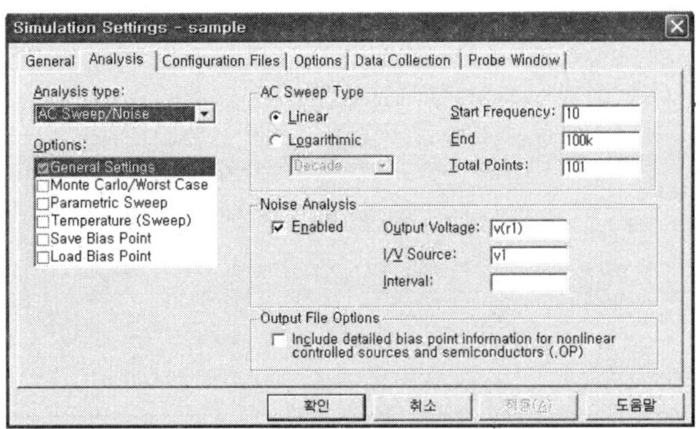

그림 3-5(b) Edit simulation setting 화면

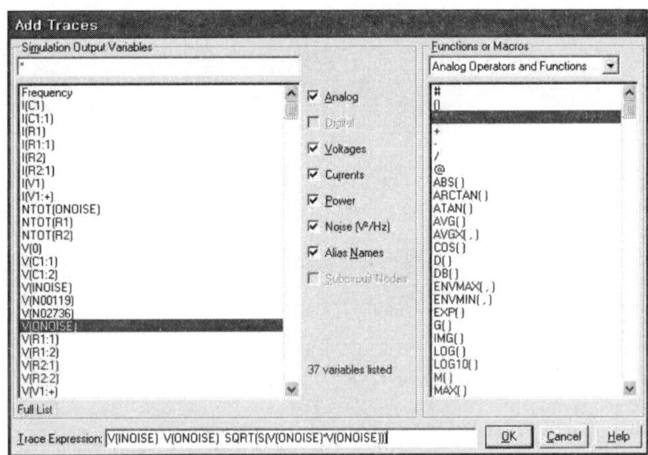

그림 3-5(c) Trace add 화면

출력 화면의 Trace→Add Trace에서 다음 사항을 지정한다.

① V(Inoise) : 잡음 입력 실효치

② V(Onoise) : 출력 실효치

③ SQRT(S(V(Onoise)*V(Onoise))) : 잡음 총량

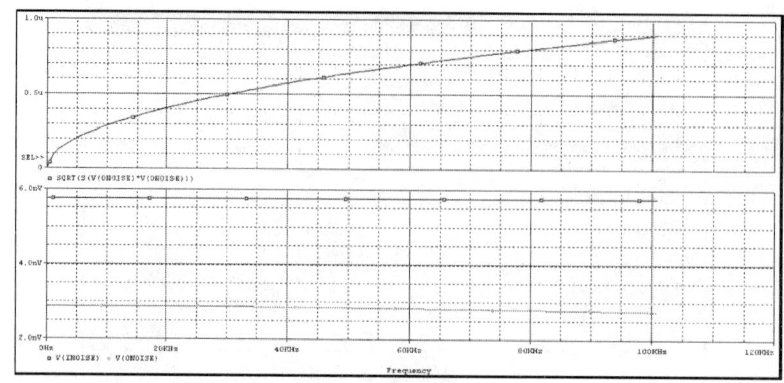

그림 3-5(d) 시뮬레이션 결과 회로

제 4 장 회로망 회로의 시뮬레이션

4.1 키르히호프의 법칙

1) 전류법칙(KCL)

Kirchhoff의 전류법칙(KCL)을 확인하기 위해서 Enable Bias Current Display을 사용하였다. 입력전류가 6[mA]이므로 저항 R_2와 R_3에 분기되어 흐르는 전류는 저항 값이 $R_3=2 \cdot R_2$이므로 R_3에 흐르는 전류가 R_2에 흐르는 전류의 1/2 배이다.

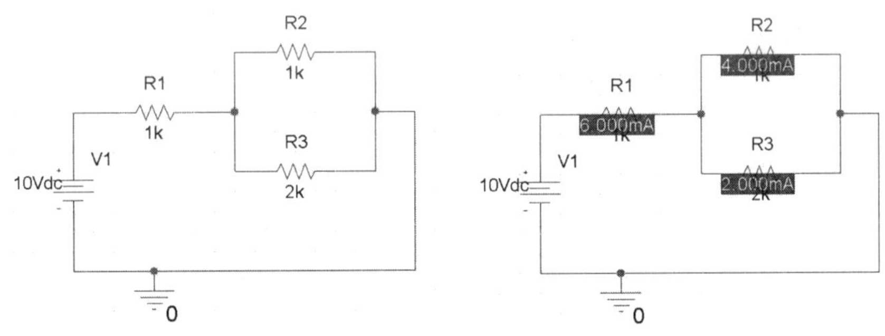

그림 4-1(a) 시뮬레이션 회로　　그림 4-1(b) 시뮬레이션 결과

해석 설정

특별히 Analysis setup을 설정하지 않고 기본설정을 그대로 사용하며, Enable Bias current display 툴바 **I** 를 체크인하여 활성화 시킨다.

회로 구성

```
.TRAN   0 1000ns 0
.PROBE V(alias(*)) I(alias(*)) W(alias(*)) D(alias(*)) NOISE(alias(*))
V_V1          N00114 0 10Vdc
R_R1          N00114 N00123   1k
R_R2          N00123 0   1k
R_R3          N00123 0   2k
.END
```

2) 전압 법칙(KVL)

Kirchhoff의 전압법칙(KVL)을 확인하는 것으로 KVL을 확인하기 위해서 Enable Bias Voltage Display를 이용하였다.

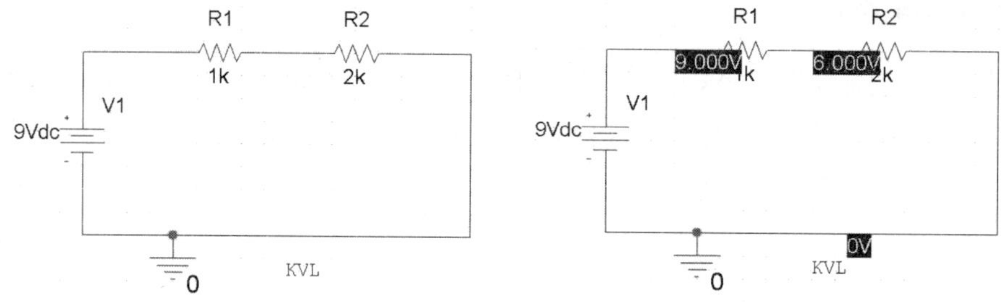

그림 4-1(c) 시뮬레이션 회로　　그림 4-1(d) 시뮬레이션 결과

해석 설정

특별히 Analysis setup을 설정하지 않고 기본설정을 그대로 사용하며, Enable Bias voltage display 툴바 **V**를 체크인하여 활성화 시킨다.

회로 구성

```
.TRAN   0 1000ns 0
.PROBE V(alias(*)) I(alias(*)) W(alias(*)) D(alias(*)) NOISE(alias(*))
V_V1          N00114 0 9Vdc
R_R1          N00114 N00153   1k
R_R2          N00153 0   2k
.END
```

4.2 R-C 직렬 회로의 과도현상

R-C 직렬 회로에 구형과 펄스를 인가하는 경우에 대한 과도현상을 확인한다. 시정수 $\tau=R_1 \cdot C_1$ 값에 따라서 회로에 흐르는 전류는 서서히 감소되고, 또한 커패시터 양단의 전압은 서서히 증가됨을 알 수 있다. R_1, C_1 값을 변경하면서 전류와 전압곡선의 변화를 확인해 본다.

저항을 R, 커패시터 C, 입력 직류 전압을 E라고 하면 다음 식이 성립된다.

회로 방정식 : $Ri+\frac{1}{C}\int_0^t idt+\frac{1}{C}q_0=E$에서

전류 : $i=\frac{E}{R}e^{-\frac{1}{RC}t}$

커패시터 양단의 전압 : $V_c=E(1-e^{-\frac{1}{RC}t})$

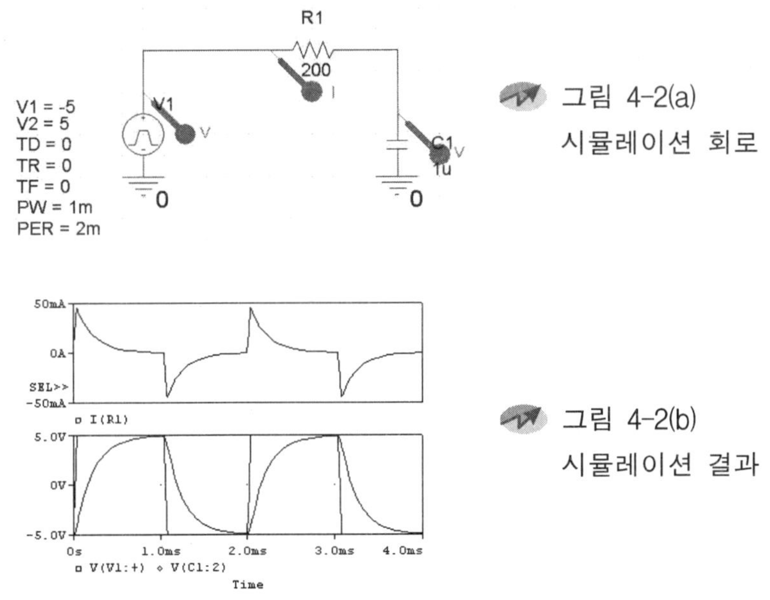

그림 4-2(a)
시뮬레이션 회로

그림 4-2(b)
시뮬레이션 결과

Analysis setup

Transient Analysis	Maximum Step	20us
	Run to Time	4ms

circuit file

```
.TRAN   0 4ms 0 20us
.PROBE V(alias(*)) I(alias(*)) W(alias(*)) D(alias(*)) NOISE(alias(*))
V_V1          N00170 0   PULSE -5 5 0 0 0 1m 2m
R_R1          N00170 N00180   200
C_C1          0 N00180   1u
.END
```

4.3 R-L 회로의 과도현상

R-L 직렬 회로에 구형파 펄스를 인가할 경우의 과도현상을 확인한다. 시정수 τ=L/R 값에 따라서 회로에 흐르는 전류는 서서히 증가하고, 또한 인덕터 양단의 전압은 서서히 감소됨을 알 수 있다. R_1, L_1 값을 변경하면서 전류와 전압곡선의 변화를 확인해 본다. 저항을 R, 인덕터 L, 입력 직류 전압을 E라고 하면 다음 식이 성립된다.

회로 방정식 : $L\frac{di}{dt}+Ri=E$

흐르는 전류 : $i=\frac{E}{R}(1-e^{-\frac{R}{L}t})$

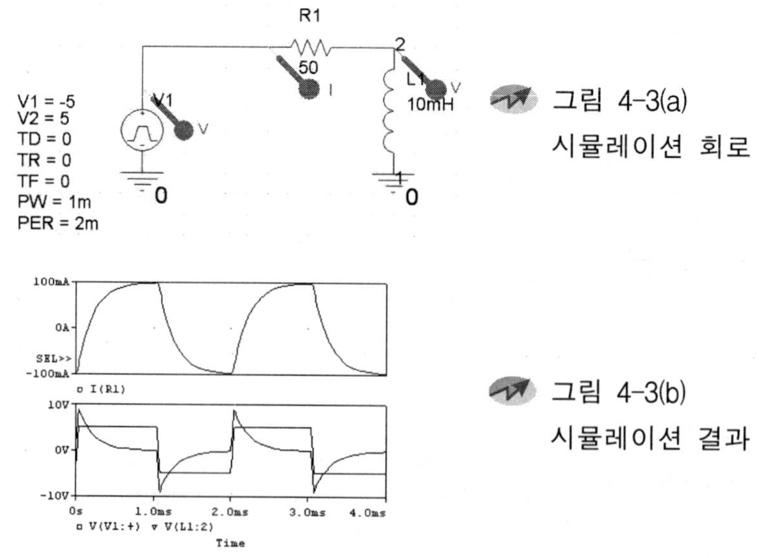

그림 4-3(a) 시뮬레이션 회로

그림 4-3(b) 시뮬레이션 결과

Analysis setup

Transient Analysis	Maximum Step	20us
	Run to Time	4ms

circuit file

```
.TRAN   0 4ms 0
.PROBE V(alias(*)) I(alias(*)) W(alias(*)) D(alias(*)) NOISE(alias(*))
V_V1          N00170 0   PULSE -5 5 0 0 0 1m 2m
R_R1          N00170 N00180   50
L_L1          0 N00180   10mH
.END
```

4.4 R-L 직렬 회로의 병렬 프리휠링 다이오드

과도현상을 파악하기 위한 가장 간단한 회로인 R-L 직렬 회로에 구형파 펄스를 인가할 경우, 과격한 전류의 변화로부터 회로를 보호하기 위하여 부하 인덕터와 병렬로 삽입하는 다이오드를 free(또는 fly) wheeling diode라고 한다. 시뮬레이션 결과 파형에서 프리휠링 다이오드에 흐르는 전류는 구형파가 온-오프하는 순간에만 동작됨을 알 수 있으며, 이는 과도시간에 인덕터에 유기되는 전압이 프리휠링 다이오드로 흐르는 현상이다. 인덕터를 사용하는 회로와 병렬로 다이오드를 삽입하여 렌츠의 법칙에 의해서 인덕터에 유기되는 전압을 freewheeling diode 회로에 순환시켜서 제거하는 것이 회로를 보호하는 방법이다.

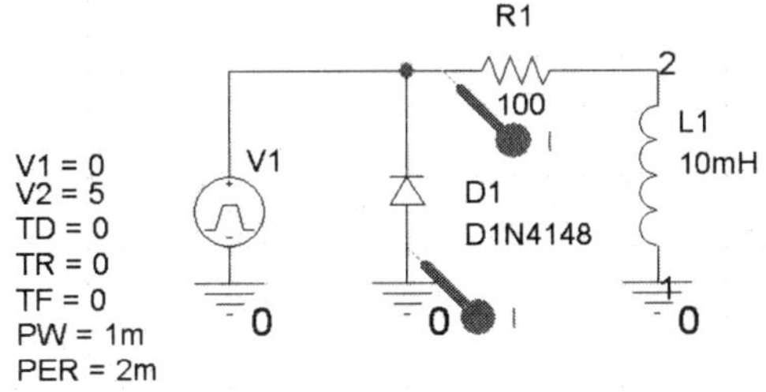

그림 4-4(a) 시뮬레이션 회로

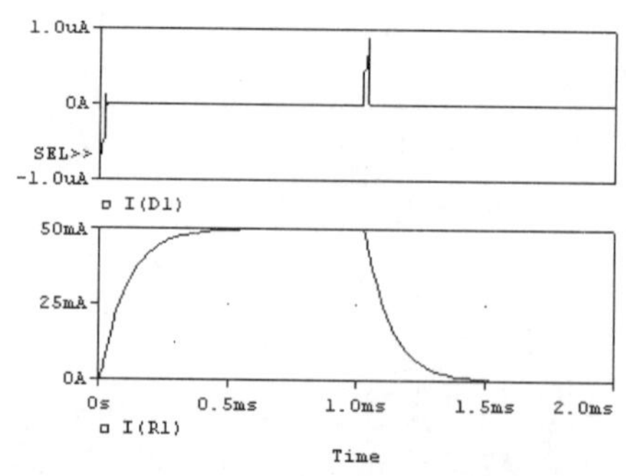

그림 4-4(b) 시뮬레이션 결과

Analysis setup

Transient Analysis	Maximum Step	
	Run to Time	2ms

circuit file

```
.TRAN  0 2ms 0
.PROBE V(alias(*)) I(alias(*)) W(alias(*)) D(alias(*)) NOISE(alias(*))
D_D1          0 N00170 D1N4148
V_V1          N00170 0   PULSE 0 5 0 0 0 1m 2m
R_R1          N00170 N00180   100
L_L1          0 N00180   10mH
.END
```

4.5 R-L-C 회로의 과도현상

R-L-C 직렬 회로에 구형파 펄스를 인가할 경우의 과도현상을 확인하기 위한 회로이다. 인덕터 L과 커패시터 C의 크기에 따라 공진을 일으키는데 그 값의 크기에 따라 감쇄진동, 임계진동 또는 발산하는 형태가 된다. 본 회로에서는 저항 R 값을 가변시킴으로써 임피던스 값이 변하게 된다. 본 회로에서는 감쇄진동을 확인할 수 있다.

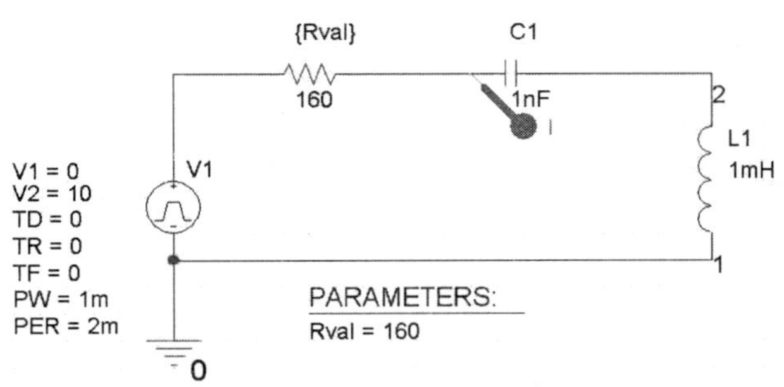

그림 4-5(a) 시뮬레이션 회로

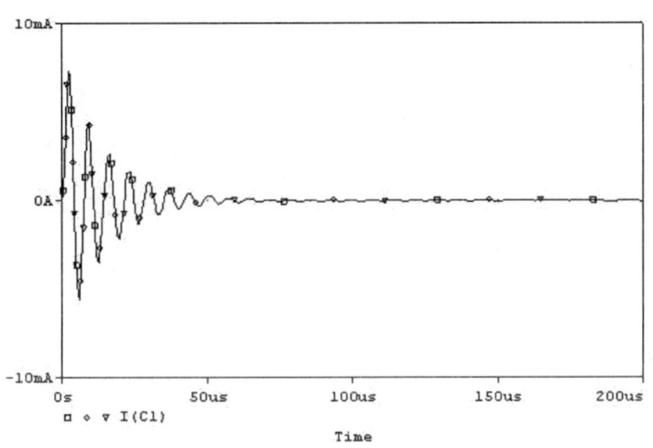

그림 4-5(b) 시뮬레이션 결과

Analysis setup

Parametric	Global Parameter Name		Rval
	Value list		160 500 1000
Transient	Transient analysis	save data after	0
		Run to Time	0.1ms

circuit file

```
.lib "nom.lib"
.TRAN   0 0.1ms 0 0
.STEP PARAM Rval LIST 160 500 1000
.PROBE V(alias(*)) I(alias(*)) W(alias(*)) D(alias(*)) NOISE(alias(*))
V_V1         N00181 0   PULSE 0 10 0 0 0 1m 2m
```

```
R_{Rval}        N00181 N00190   160
C_C1            N00190 N00199   1nF
L_L1            0 N00199   1mH
.PARAM   Rval=160
.END
```

4.6 R-C 직렬 회로의 주파수응답

R-C직렬 회로에서 임계주파수는 $f_c = \frac{1}{2\pi RC}$ 이므로 커패시터의 리액턴스 값을 가변시킴으로써 주파수 응답을 알 수 있다. 회로에서 커패시터의 용량을 가변하며 시뮬레이션을 수행하도록 special.slb 라이브러리에서 PARAM라는 사용하였다. 진행과정은 다음과 같다.

① 회로도의 PARAMETERS 소자를 두 번 클릭한다.

② add new column/row 툴바를 클릭하여 name=VAL, vlaues=10uF라 입력한다.

③ 추가된 컬럼 **VAL을 드래그**하여 선택한 다음 **오른쪽 마우스를 클릭**한다.

④ Display를 선택하여 Display Format에서 **Named and Value를 체크인**한다.

⑤ 회로도의 PARAMETERS에 VAL=10uF가 표시된다.

⑥ Edit simulation setting 툴바를 클릭하여 대화창을 연다.

⑦ Analysis setup 표에 제시된 항을 설정한다.

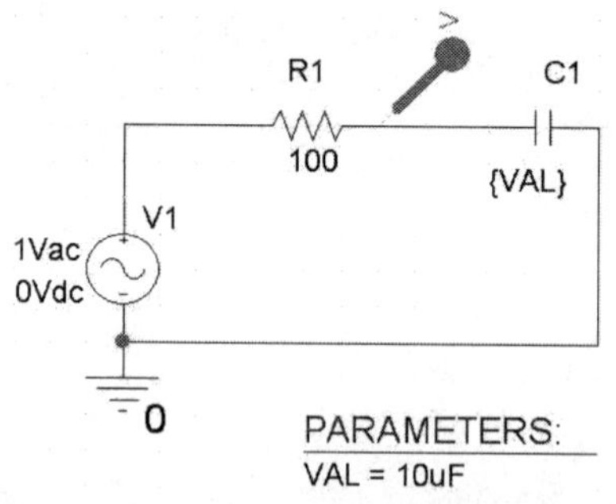

그림 4-6(a) 시뮬레이션 회로

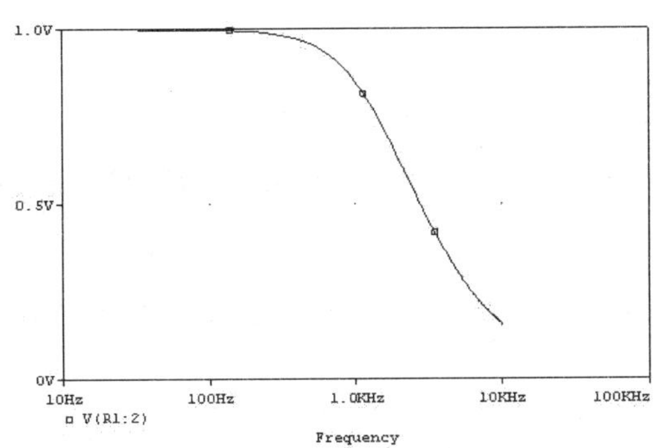

그림 4-6(b) 시뮬레이션 결과

Analysis setup

<table>
<tr><td rowspan="2">Parametric</td><td colspan="2">Global Parameter Name</td><td>VAL</td></tr>
<tr><td colspan="2">Value list</td><td>1u 20u 100u</td></tr>
<tr><td rowspan="3">AC sweep</td><td rowspan="3">ac Sweep type
• Linear</td><td>Start Freq</td><td>10</td></tr>
<tr><td>End Freq</td><td>10K</td></tr>
<tr><td>Total Pts</td><td>101</td></tr>
</table>

circuit file

```
.AC LIN 101 10 10k
.STEP PARAM VAL LIST 1u 20u 100u
.PROBE V(alias(*)) I(alias(*)) W(alias(*)) D(alias(*)) NOISE(alias(*))
V_V1          N00118 0 DC 0Vdc AC 1Vac
R_R1          N00118 N00127  100
C_C1          N00127 0  {VAL}
.PARAM  VAL=10uF
.END
```

4.7 R-L-C 직렬 회로의 주파수응답 1

R-L-C 직렬 회로에서 인덕턴스 값을 가변시킴으로써 주파수 응답을 알 수 있다. 진행과정은 다음과 같다.

① 회로도의 L_1의 10uH를 더블 클릭하여 Value={INDUC}라 지정한다.
② PARAMETERS 소자를 두 번 클릭하여 창을 연다.
③ add new column 툴바를 클릭하여 name=INDUC, vlaues=10[mH]라 입력한다.
④ 추가된 컬럼 **INDUC을 드래그**하여 선택한 다음 **오른쪽 마우스를 클릭**한 다음 Display창을 연다.
⑤ Display Properties에서 **Named and Value를 체크인**한다.
⑥ 회로도의 PARAMETERS에 INDUC=10[mH]가 표시된다.
⑦ Edit simulation setting 툴바를 클릭하여 대화창을 열고, Analysis setup 표에 제시한 값으로 설정한다.

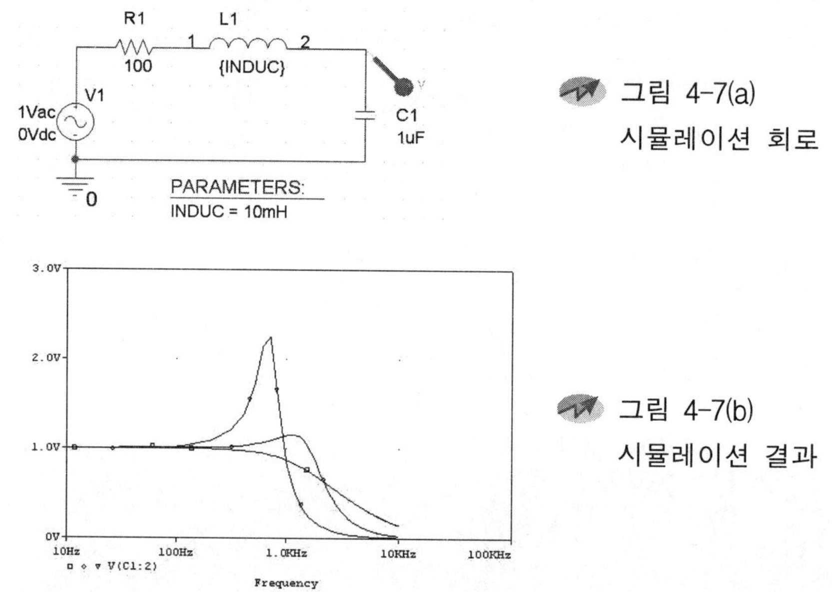

그림 4-7(a) 시뮬레이션 회로

그림 4-7(b) 시뮬레이션 결과

Analysis setup

Parametric	Global Parameter Name		INDUC
	Value list		1m 10m 50m
AC sweep	ac Sweep type • Linear	Start Freq	10
		End Freq	10K
		Total Pts	101

circuit file

```
.AC LIN 101 10 10k
.STEP PARAM INDUC LIST 1m 10m 50m
.PROBE V(alias(*)) I(alias(*)) W(alias(*)) D(alias(*)) NOISE(alias(*))
V_V1        N00154 0 DC 0Vdc AC 1Vac
R_R1        N00154 N00163  100
L_L1        N00163 N00172  {INDUC}
C_C1        0 N00172  1uF
.PARAM  INDUC=10mH
.END
```

4.8 R-L-C 직렬 회로의 주파수응답 2

R-L-C 부하를 갖는 경우에 대해서 주파수 응답을 확인하는 회로의 시뮬레이션이다. 인덕터를 가변함에 따라 출력의 진폭 값이 변함을 확인하기 위하여 special.slb 라이브러리에서 PARAM를 사용하였다. 또한 전압의 위상각 변화도 동시에 확인할 수 있다. 위상각을 측정하기 위해서 PSpice\Marks\Advanced\Vphase를 선택하였다. 진행과정은 다음과 같다.

① 회로도의 L_1의 10uH를 더블 클릭하여 Value={INDUC}라 지정한다.

② PARAMETERS 소자를 두 번 클릭하여 창을 연다.

③ new column/row 툴바를 클릭하여 name=INDUC, vlaues=10[mH]라 입력한다.

④ 추가된 컬럼 **INDUC을 드래그**하여 선택한 다음 **오른쪽 마우스를 클릭**한 다음 Display창을 연다.

⑤ Display Properties에서 **Named and Value를 체크인**한다.

⑥ 회로도의 PARAMETERS에 INDUC=10[mH]가 표시된다.

⑦ Edit simulation setting 툴바를 클릭하여 대화창을 열고, Analysis setup 표에 제시한 값으로 설정한다.

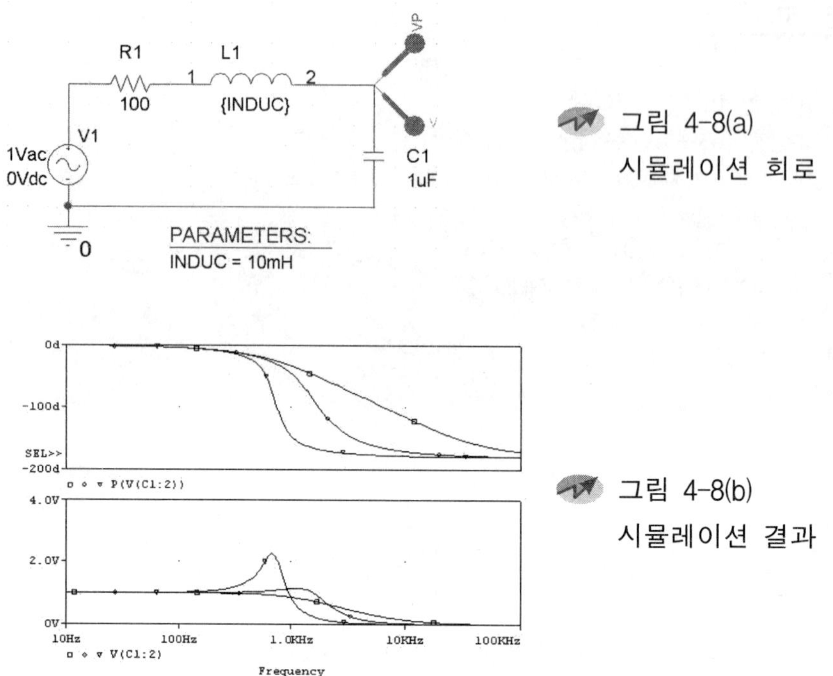

그림 4-8(a)
시뮬레이션 회로

그림 4-8(b)
시뮬레이션 결과

Analysis setup

AC sweep	ac Sweep type • Decade	Total Pts	101
		Start Freq	10
		End Freq	100k
Parametric	Global Parameter Name		INDUC
	Value list		1m 10m 50m

circuit file

```
.AC DEC 101 10 100k
.STEP PARAM INDUC LIST 1m 10m 50m
.PROBE V(alias(*)) I(alias(*)) W(alias(*)) D(alias(*)) NOISE(alias(*))
V_V1        N00154 0 DC 0Vdc AC 1Vac
R_R1        N00154 N00163  100
L_L1        N00163 N00172  {INDUC}
C_C1        0 N00172  1uF
.PARAM  INDUC=10mH
.END
```

4.9 계단함수응답

구형파 입력을 가하면 R, L, C 값에 따라 과도현상을 확인할 수 있는 회로이다. 인덕턴스 값을 가변시킴으로써 수렴하는 시간을 조정할 수 있으며, R-L-C 회로의 과도응답을 이해할 수 있다.

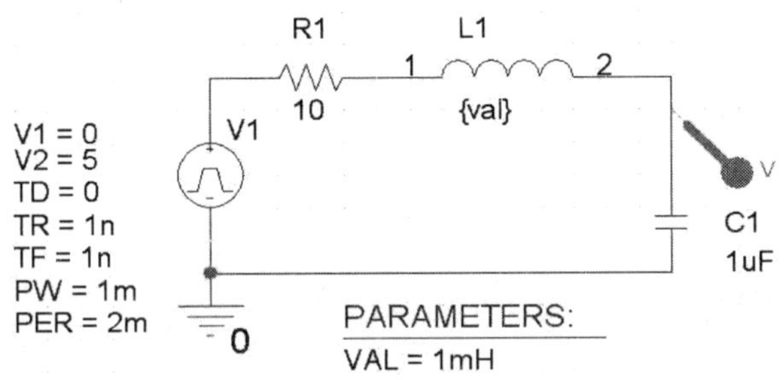

그림 4-9(a) 시뮬레이션 회로

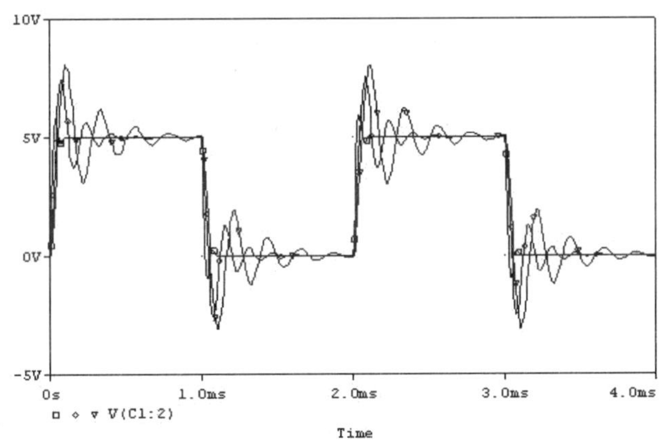

그림 4-9(b) 시뮬레이션 결과

Analysis setup

Parametric	Global Parameter Name		val
	Value list		0.1m 0.5m 1m
Transient	Transient analysis	saving data after	0
		Run to Time	4ms

circuit file

```
.TRAN   0 4ms 0
.STEP PARAM val LIST 0.1m 0.5m 1m
.PROBE V(alias(*)) I(alias(*)) W(alias(*)) D(alias(*)) NOISE(alias(*))
L_L1          N00189 N00198  {val}
C_C1          0 N00198  1uF
R_R1          N00180 N00189  10
V_V1          N00180 0
+PULSE 0 5 0 1n 1n 1m 2m
.PARAM  val=1mH
.END
```

4.10 R-C 직렬 회로의 위상차

R-C 직렬 회로에서 전류와 전압의 위상차 각을 확인한다. 시정수 시간 τ=R·C 만큼 늦어짐을 알 수 있다. 입력단에 교류 전압을 인가하고 R-C 회로에 흐르는 전류와 위상차 각을 측정하는 시뮬레이션이다. 시정수 값 만큼 위상차가 나타남을 알 수 있다.

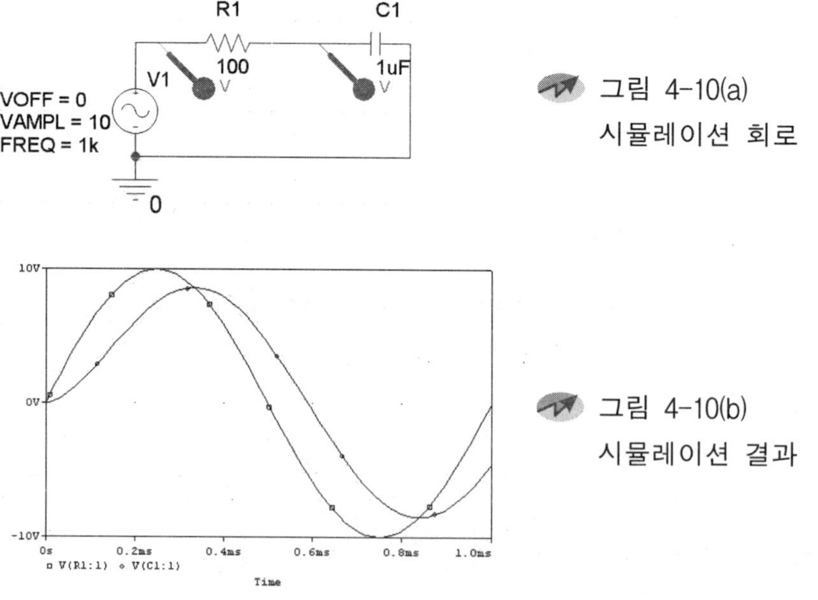

그림 4-10(a) 시뮬레이션 회로

그림 4-10(b) 시뮬레이션 결과

Analysis setup

Transient Analysis	saving data after	0
	Run to Time	1ms

circuit file

```
.TRAN   0 1ms 0
.PROBE V(alias(*)) I(alias(*)) W(alias(*)) D(alias(*)) NOISE(alias(*))
V_V1          N00118 0   SIN 0 10 1k 0 0 0
C_C1          N00127 0   1uF
R_R1          N00118 N00127   100
.END
```

4.11 R-L 직렬 회로의 위상차

R-L 직렬 회로의 전압과 전류의 위상차 각을 확인한다. R-L 직렬 회로에서는 전류는 전압보다 위상이 $\theta = \tan^{-1}(\frac{X_L}{R})$ 만큼 늦으며, 그 상 차는 0°와 90°사이이다.

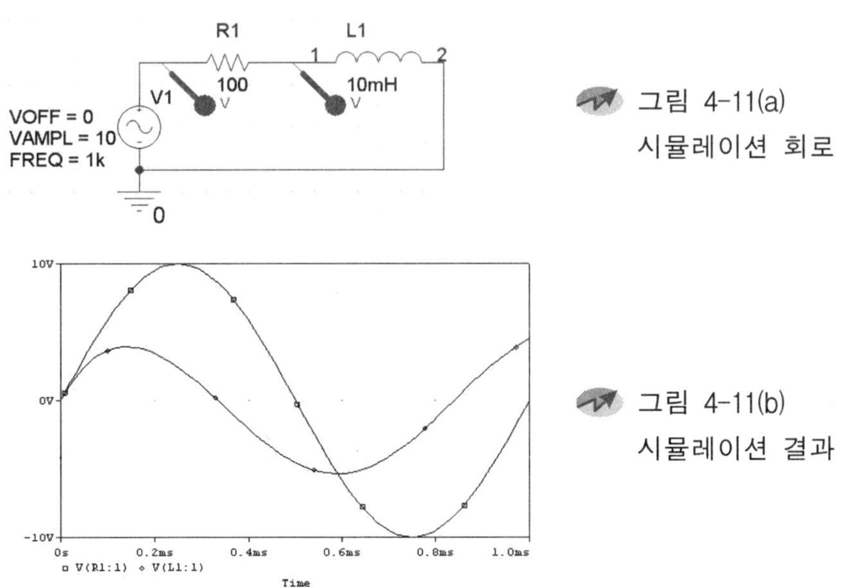

그림 4-11(a) 시뮬레이션 회로

그림 4-11(b) 시뮬레이션 결과

Analysis setup

Transient Analysis	saving data after	0
	Run to Time	1ms

circuit file

```
.TRAN   0 1ms 0
.PROBE  V(alias(*)) I(alias(*)) W(alias(*)) D(alias(*)) NOISE(alias(*))
V_V1          N00118 0   SIN 0 10 1k 0 0 0
L_L1          N00436 0   10mH
R_R1          N00118 N00436   100
.END
```

4.12 교류 회로의 Lead, Lag 위상각

리액턴스 부하에서의 위상각을 소자 값에 따라 변하는 것을 확인한다. 커패시터와 인덕터의 용량에 따라 위상각이 앞서면 진상 회로, 위상각이 뒤지면 지상 회로가 된다.

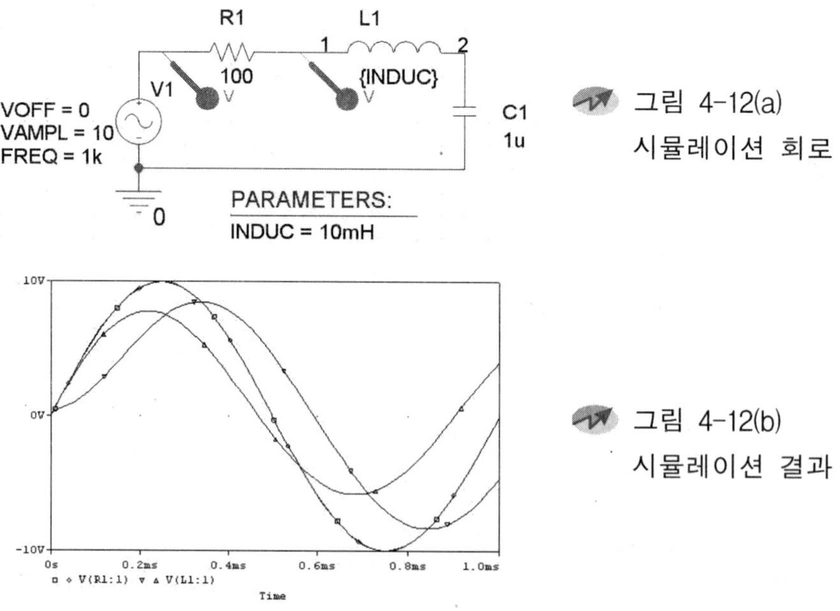

그림 4-12(a) 시뮬레이션 회로

그림 4-12(b) 시뮬레이션 결과

Analysis setup

Parametric	Global Parameter Name		INDUC
	Value list		1m 50m
Transient	Transient analysis	saving data after	0
		Run to Time	1ms

circuit file

```
.TRAN  0 1ms 0
.STEP PARAM INDUC LIST 1m 50m
.PROBE V(alias(*)) I(alias(*)) W(alias(*)) D(alias(*)) NOISE(alias(*))
C_C1         0 N00532  1u
V_V1         N00118 0  SIN 0 10 1k 0 0 0
L_L1         N00436 N00532  {INDUC}
R_R1         N00118 N00436  100
.PARAM  INDUC=10mH
.END
```

4.13 리사쥬 도형

입력 교류 신호원에 대한 출력 전압의 위상차를 관측하는 것이다. 리사쥬 도형에 의해 2개의 동일 주파수의 정현 신호간의 위상차를 측정하기 위해서 두 신호를 수직 입력과 수평입력에 각각 입력함으로써 나타나는 도형이다. 리사쥬(Lissajous) 도형이 정사각형 안에 나타나면, 수직축의 최대치를 B, 수직축과 교차하는 점의 값을 A라 하면 다음과 같은 계산식에 의해서 위상차 각을 구할 수 있다.

$$\theta = \sin^{-1}\frac{A}{B}$$

R-C 회로에 정현파 교류를 입력하고 C의 값을 변화시키면서 그 때의 위상차 각을 관측할 수 있다. 측정하기 위해서 입력 전압 파형과 출력 전압 파형이 화면에 위상차가 나타나는 것처럼 보이지만 이것은 리사쥬 도형이 아니므로 Probe의 메뉴바 중에서 Plot을 클릭하여 X Axis Settings...을 선택하고 Axis

Variable을 클릭한 후, 출력단의 전압을(예 : V[C_1:2]) 선택하여 OK한다. 그런 다음 다시 X Axis Settings에서도 OK하면 리사쥬 도형이 나타난다. 리사쥬 도형은 반드시 수직축은 입력 전압(예 : V(V_1:+)), 수평축은(예 : V(C_1:2))처럼 되어야 한다. 시뮬레이션 회로에서는 C의 값을 가변형으로 주었지만 리사쥬 도형은 하나씩만 관측된다.

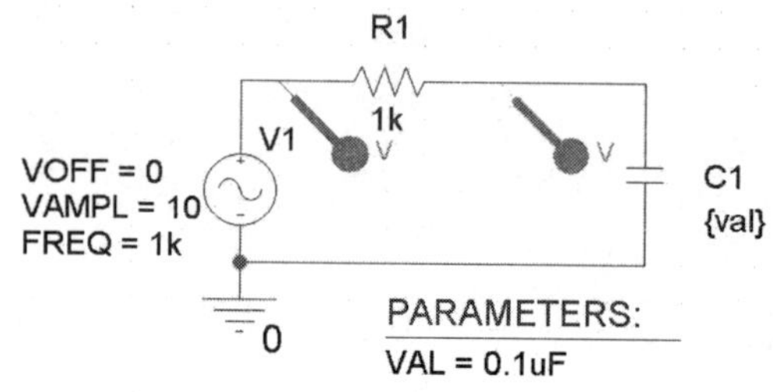

그림 4-13(a) 시뮬레이션 회로

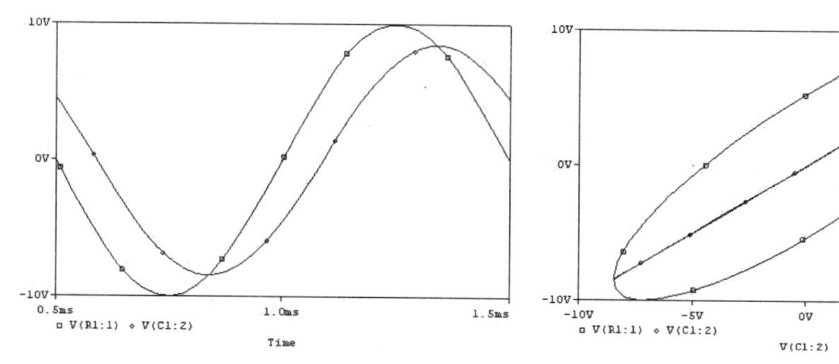

그림 4-13(b) 시뮬레이션 결과

그림 4-13(c) 리사쥬 파형

Analysis setup

Parametric	Global Parameter Name		val
	Value list		50n 100n 200n
Transient	Transient analysis	Save Data after	0
		Run to Time	1.5ms
		No-Print Delay	.5ms

circuit file

```
.TRAN  0 1.5ms 0.5ms
.STEP PARAM val LIST 50n 100n 200n
.PROBE V(alias(*)) I(alias(*)) W(alias(*)) D(alias(*)) NOISE(alias(*))
C_C1          0 N00436  {val}
V_V1          N00118 0   SIN 0 10 1k 0 0 0
R_R1          N00118 N00436  1k
.PARAM  VAL=0.1uF
.END
```

4.14 최대전력 전송

회로에서 최대 전력 전송 조건은 전원의 내부 저항과 부하 저항이 같을 때이다.

$$R_{val} = R_s$$

그러므로 최대전력 전송에서 전력의 반은 내부저항, 나머지 반은 부하에서 소비되므로 효율은 50%이다. 시뮬레이션에서 최대전력 곡선을 얻으려면, Probe에서 Traces/Add를 클릭하고 val*PWR(i(R_1), 2)를 지정하면 최대 전력($P=Ri^2$) 곡선을 구할 수 있다.

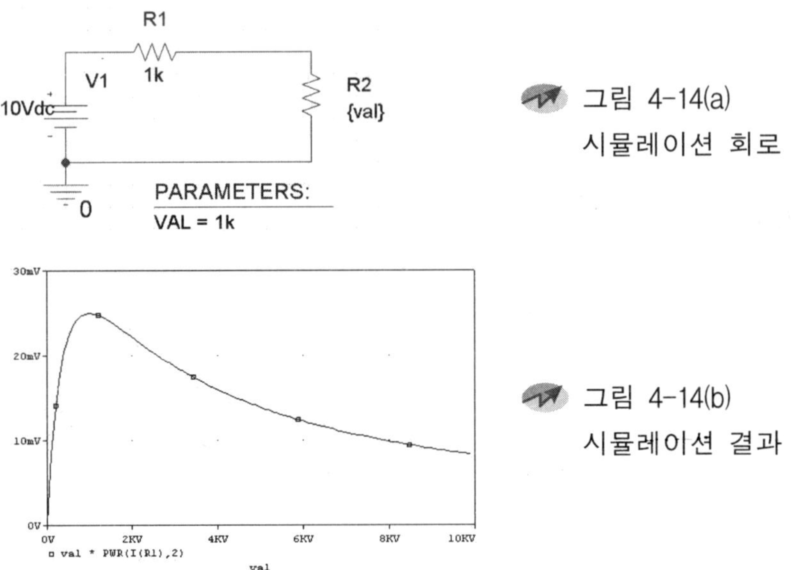

그림 4-14(a) 시뮬레이션 회로

그림 4-14(b) 시뮬레이션 결과

Analysis setup

DC Sweep			
Swept Var. Type	• Global Parameter	Name	val
Sweep Type	• Linear	Start value	0.1
		End value	10k
		Increment	0.1k

circuit file

```
.DC LIN PARAM val 0.1 10k 100
.PROBE V(alias(*)) I(alias(*)) W(alias(*)) D(alias(*)) NOISE(alias(*))
R_R1          N00118 N00436  1k
V_V1          N00118 0 10Vdc
R_R2          0 N00436  {val}
.PARAM  VAL=1k
.END
```

4.15 중첩의 원리

중첩의 원리(superposition's theorem)에 관한 시뮬레이션으로서, 두 개 이상의 전압원이 한 회로에 인가할 때 각각의 전원으로 인하여 회로에 흐르는 전류는 각각의 전원을 동시에 인가한다면 각각에 의해서 흐르는 전류의 합과 같다.
회로에서 전압원 V_1만 인가하였을 때 R_3에 흐르는 전류는 0.0482[A]이고(V_2는 short시켜야 함), 전압원 V_2만 인가하였을 때 R_3에 흐르는 전류는 0.0361[A]이다(V_1은 short시켜야 함). 그러므로 전압원 V_1과 V_2를 동시에 인가하였을 때 저항 R_3에 흐르는 전류는 0.0843[A]=0.0482[A]+0.0361[A]이다.

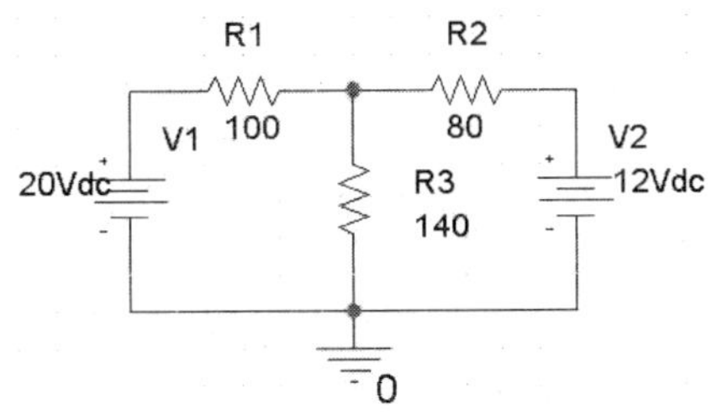

그림 4-15(a) 시뮬레이션 회로

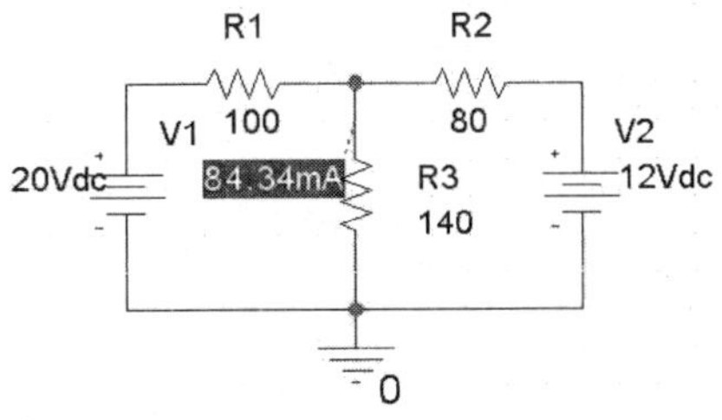

그림 4-15(b) 시뮬레이션 결과

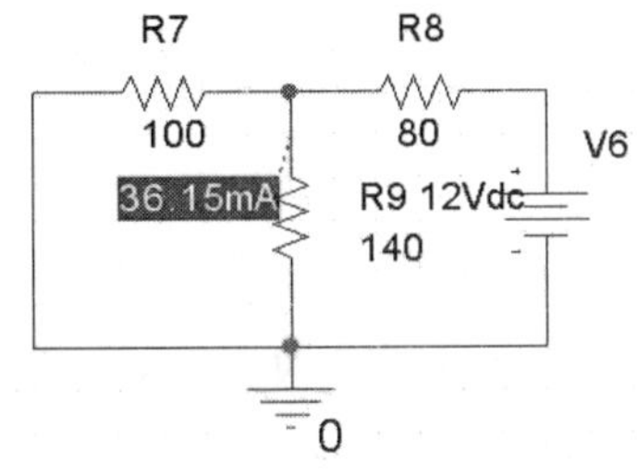

그림 4-15(c) 12Vdc만 있는 경우

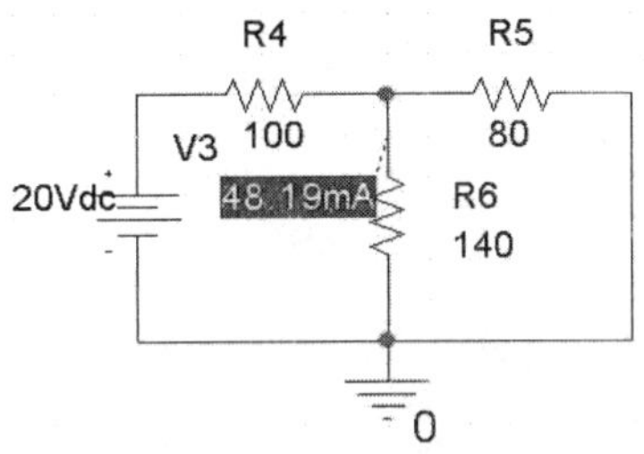

그림 4-15(d) 20Vdc만 있는 경우

Analysis setup

Transient Analysis	Maximum Step	20ns
	Run to Time	1000ns

circuit file

```
.TRAN   20ns 1000ns
.PROBE V(alias(*)) I(alias(*)) W(alias(*)) D(alias(*)) NOISE(alias(*))
V_V1          N00129 0 20Vdc
V_V2          N00147 0 12Vdc
R_R1          N00129 N00138   100
R_R2          N00138 N00147   80
R_R3          0 N00138   140
.END
```

4.16 테브난 정리

이 회로는 테브난 정리(Thevenin's theorem)에 관한 시뮬레이션이다. 테브난 정리란 회로에서 임의의 소자 양단에 걸리는 전압을 테브난 등가 전압이라 하고, 소자 양단에서 바라본 총 임피던스를 테브난 등가 임피던스라고 한다. 테브난 정리가 쓰이는 이유는 테브난 등가 회로를 구했다면 이제 부하 저항을 임의로 변경하더라도 곧바로 회로도 (b)에서와 같이 직렬 회로를 사용하여 쉽게 부하 저항 변화에 따른 부하 저항에 흐르는 전류 $I=V_{TH}/(R_{TH}+R_L)$로 구할 수 있다.

회로도 (a)에서 부하 저항 R_L에서 바라본 테브난 등가 저항 $R_{th}=150+\frac{100\cdot 200}{100+200}$ $=216.67[\Omega]$이다. 또한 테브난 등가 전압 V_{th}는 부하 저항 R_L에 걸리는 전압이므로 R-L을 제거하면 R_2에는 전류가 흐르지 않으므로 결국 R_3에 걸리는 전압이 테브난 등가 전압이 되므로 $V_{th}=\frac{75}{100+200}\cdot 200=50[V]$가 된다. 그림에서 보듯이 회로도 (a), (b)의 부하 저항에 흐르는 전류 값이 같음을 알 수 있다.

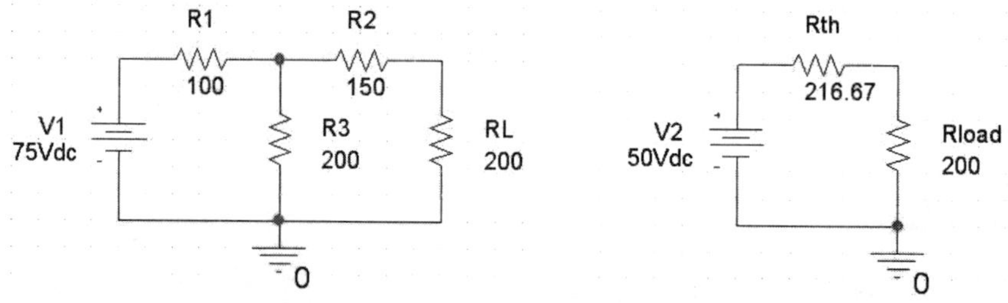

그림 4-16(a) 시뮬레이션 회로　　그림 4-16(b) 테브난 등가 회로

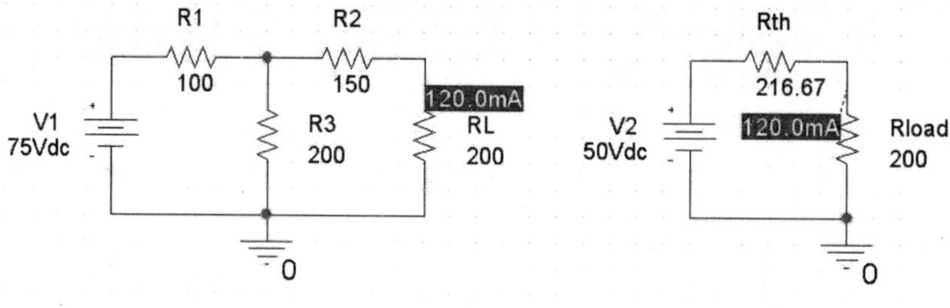

그림 4-16(c) 부하에 흐르는 전류비교

Analysis setup

Transient Analysis	Maximum Step	20ns
	Run to Time	1us

circuit file

```
.TRAN   0 1us 0
.PROBE  V(alias(*)) I(alias(*)) W(alias(*)) D(alias(*)) NOISE(alias(*))
R_RL         0 N00147   200
V_V1         N00129 0 75Vdc
V_V2         N04711 0 50Vdc
R_R1         N00129 N00138   100
R_R2         N00138 N00147   150
R_Rth        N04711 N04721   216.67
R_R3         0 N00138   200
R_Rload      0 N04721   200
.END
```

4.17 위상 천이

이 회로는 위상 천이(phase-shift)에 관한 시뮬레이션이다. 회로도에서 .ac 해석을 수행한 후, probe에서 입력저항에서의 전류 위상과 출력 소자에서의 위상 곡선을 확인해 볼 수 있다. 최대 위상 천이는 f=284.2[kHz]에서 29.67°임을 알 수 있다.

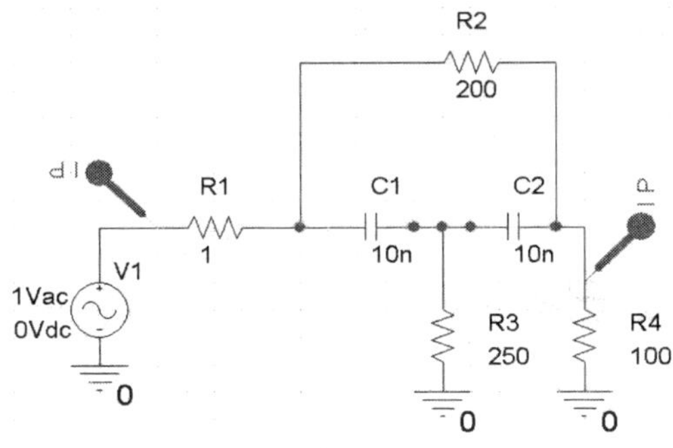

그림 4-17(a) 시뮬레이션 회로

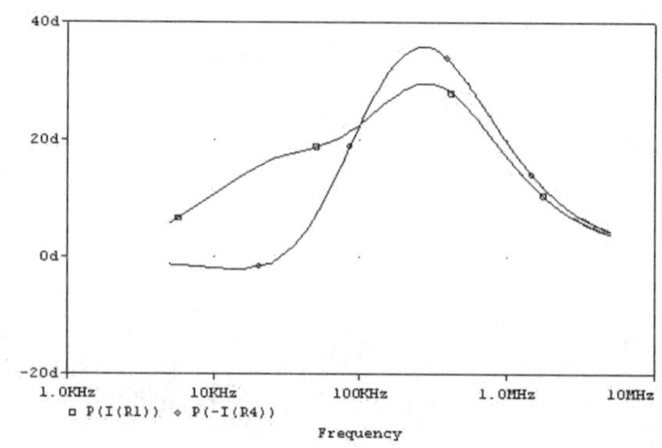

그림 4-17(b) 시뮬레이션 결과

Analysis setup

AC sweep	ac Sweep type • Linear	Total Pts	501
		Start Freq	5[kHz]
		End Freq	5000[kHz]

circuit file

```
.AC LIN 501 5k 5000k
.PROBE V(alias(*)) I(alias(*)) W(alias(*)) D(alias(*)) NOISE(alias(*))
V_V1        N00208 0 DC 0Vdc AC 1Vac
R_R1        N00208 N00220  1
R_R2        N00220 N00246  200
R_R3        0 N00526  250
R_R4        0 N00246  100
C_C1        N00220 N00526  10n
C_C2        N00526 N00246  10n
.END
```

4.18 어드미턴스 근궤적 1

이 회로는 어드미턴스 근궤적(Locus of Admittances)에 관한 시뮬레이션이다. 회로도에서 .ac 해석을 수행한 후, probe에서 근궤적을 보려면 다음과 같이 설정해 주어야 한다. Trace\Add를 클릭하여 II(R_1)이라 입력하면 그림 (b) 처럼 보이며(다른 방법으로 imaginary current mark를 도면에 가져다 놓고 시뮬레이션을 수행해도 동일함), 다시 Plot에서 X axis settings를 열고 Axis_ Variable를 클릭한 후 IR(R_1)을 입력하면 그림(c)처럼 근궤적이 보인다.

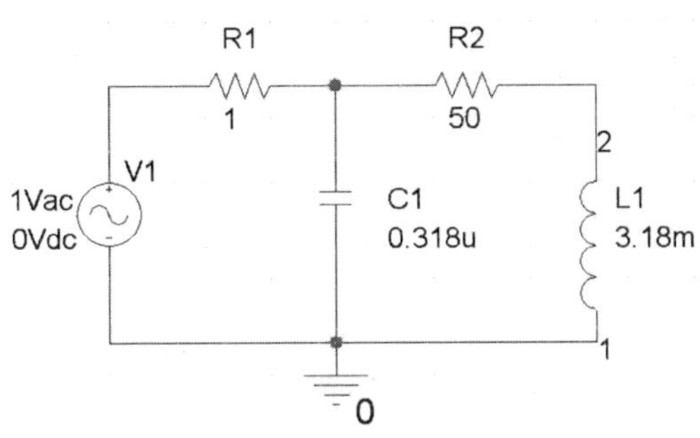

그림 4-18(a) 시뮬레이션 회로

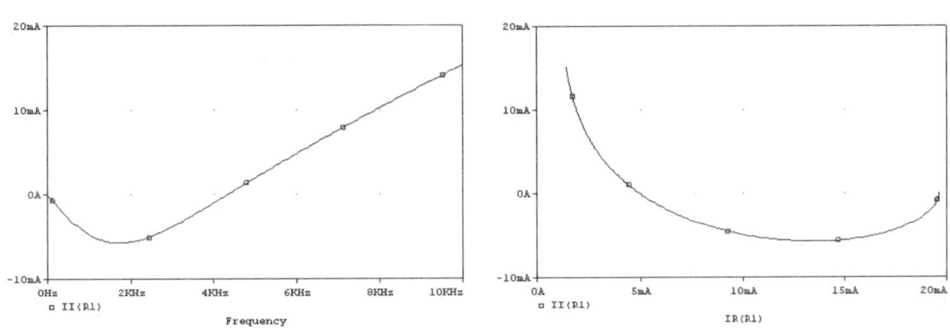

그림 4-18(b) 시뮬레이션 결과

Analysis setup

AC sweep	ac Sweep type • Linear	Total Pts	201
		Start Freq	5
		End Freq	10.0k

circuit file

```
.AC LIN 201 5 10k
.PROBE V(alias(*)) I(alias(*)) W(alias(*)) D(alias(*)) NOISE(alias(*))
V_V1        N00139 0 DC 0Vdc AC 1Vac
C_C1        0 N00146  0.318u
L_L1        0 N00166  3.18m
R_R1        N00139 N00146  1
R_R2        N00146 N00166  50
.END
```

4.19 어드미턴스 근궤적 2

R-L-C 직렬 회로의 어드미턴스 근궤적(Locus of Admittances)에 관한 시뮬레이션이다. 회로에서 .ac 해석을 수행한 후, probe에서 근궤적을 보려면 다음과 같이 설정해 주어야 한다. Marks\Mark Advanced\IImaginary을 가져다 놓거나, 또는 probe없이 시뮬레이션을 수행한 다음에 prob의 add trace에서 II(R1)으로 지정하여도 된다. 시뮬레이션을 수행하면 그림 (b)처럼 보이지만, Probe의 Plot에서 X axis settings를 열고 Scale을 Linear로 지정하고 나서, Axis_Variable을 클릭한 후, IR(R_1)이라 입력하고 OK하면 근궤적이 화면이 그림 (c)처럼 나타난다.

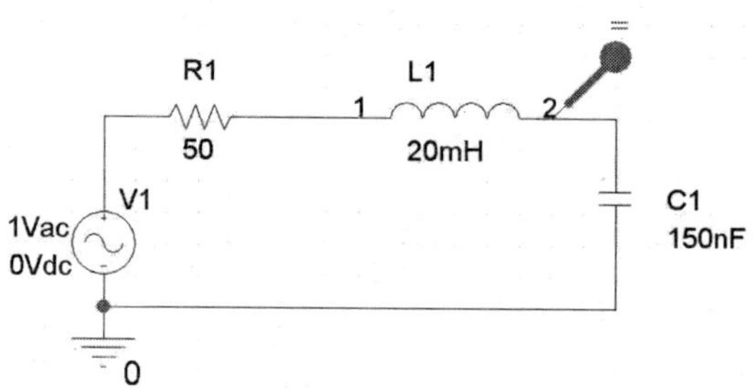

그림 4-19(a) 시뮬레이션 회로

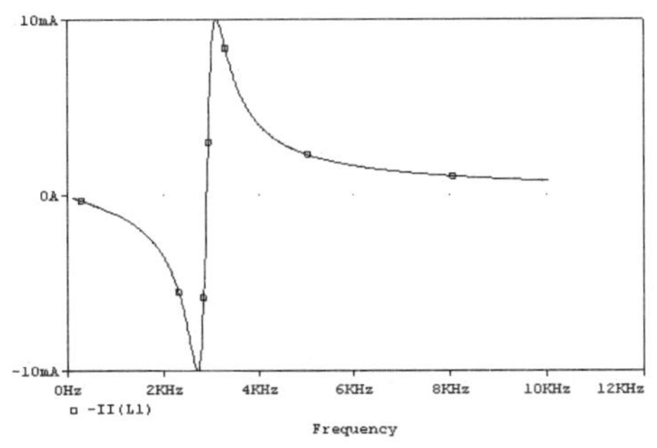

그림 4-19(b) 시뮬레이션 결과

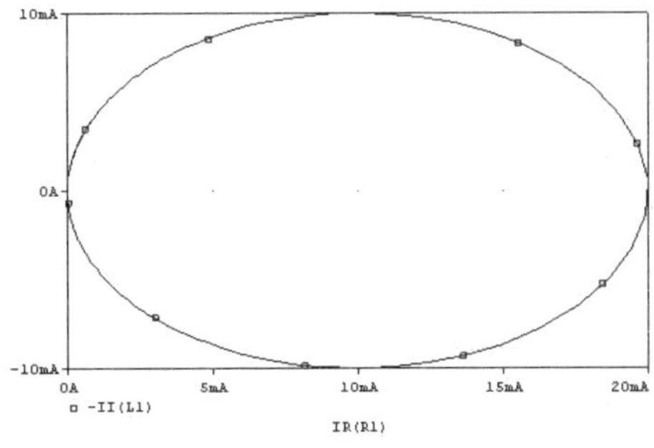

그림 4-19(c) 시뮬레이션 결과

Analysis setup

AC sweep	ac Sweep type • Linear	Total Pts	501
		Start Freq	100
		End Freq	10.0k

circuit file

```
.AC LIN 501 100 10k
.PROBE V(alias(*)) I(alias(*)) W(alias(*)) D(alias(*)) NOISE(alias(*))
R_R1        N00687 N00698  50
L_L1        N00698 N00709  20mH
C_C1        0 N00709  150nF
V_V1        N00687 0 DC 0Vdc AC 1Vac
.END
```

4.20 조파합성과 고조파 스펙트럼

조파합성에 대하여 시뮬레이션 하는 회로이다. 어떠한 임의의 파형이라도 푸리에 급수(Fourier Series)로 나타낼 수 있게 된다. 그러므로 기본파와 제3고조파를 합성하여 출력되는 파형을 살펴보고, 출력 파형에 대하여 FFT를 수행하여 진폭 스펙트럼을 확인하여 고조파 성분의 스펙트럼을 알 수 있다.

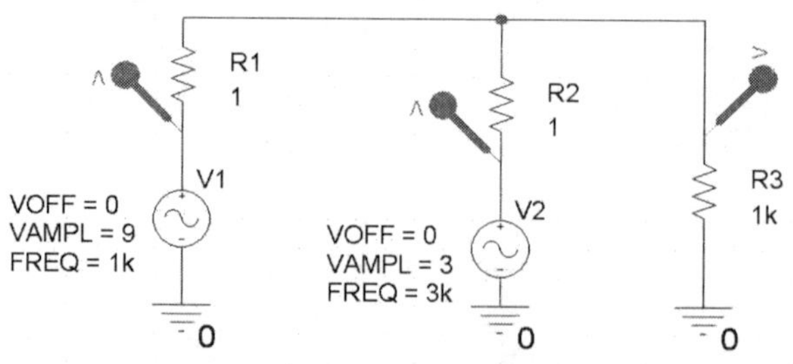

그림 4-20(a) 시뮬레이션 회로

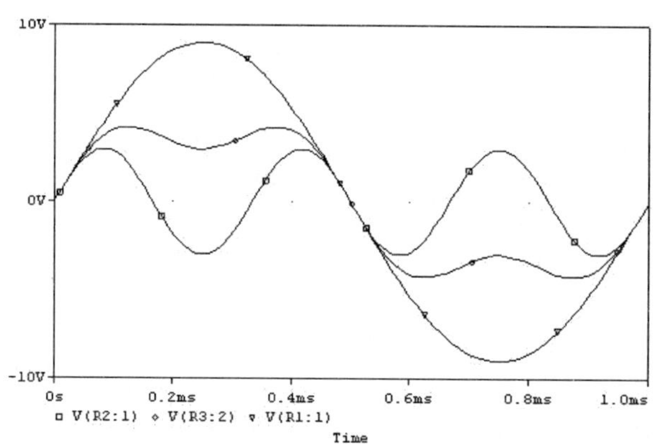

그림 4-20(b) 시뮬레이션 결과 1

Analysis setup

Transient Analysis	Maximum Step	20us
	Run to Time	1ms

circuit file

```
.TRAN   0 1ms 0
.PROBE V(alias(*)) I(alias(*)) W(alias(*)) D(alias(*)) NOISE(alias(*))
V_V1        N00217 0   SIN 0 9 1k 0 0 0
V_V2        N00205 0   SIN 0 3 3k 0 0 0
R_R1        N00217 N00181   1
R_R2        N00205 N00181   1
R_R3        0 N00181   1k
.END
```

4.21 Gate 함수의 Fourier 변환

이 회로는 Gate 함수를 Fourier 변환하는 시뮬레이션이다. 게이트 함수란 오직 하나의 펄스만 존재하는 경우이므로 펄스의 주기를 무한대로 확장하면 하나의 펄스만 존재하게 되며, Probe에서 게이트 함수를 나타내는 펄스의 FFT를 수행하면 표본화 함수(Sampling function), 즉 $Sa(x) = \frac{\sin x}{x}$ 의 파형을 관찰할 수 있다.

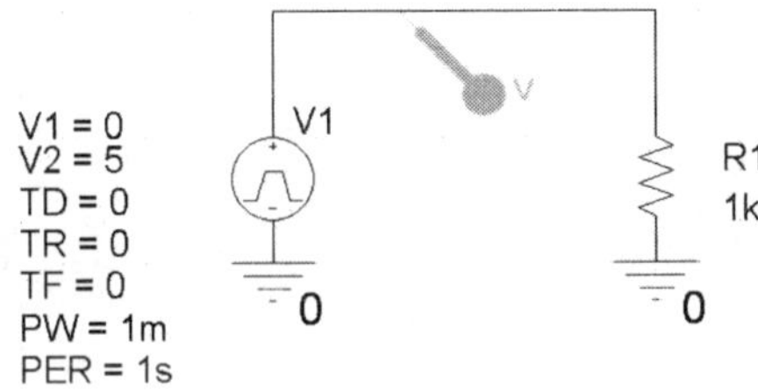

그림 4-21(a) 시뮬레이션 회로

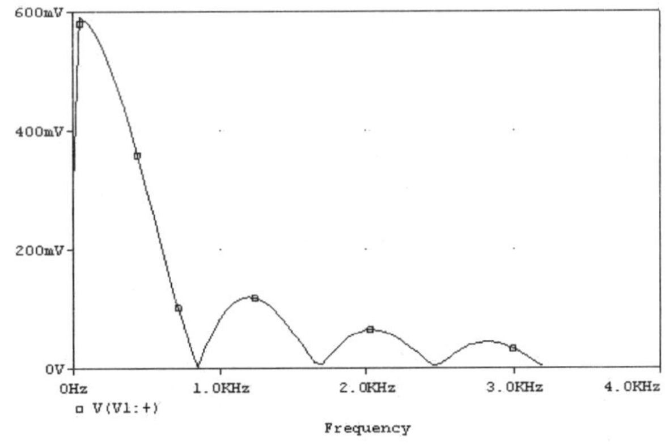

그림 4-21(b) 시뮬레이션 결과

Analysis setup

Transient Analysis	Maximum Step	0.2ms
	Run to Time	20ms

circuit file

```
.TRAN   0 20ms 0
.PROBE V(alias(*)) I(alias(*)) W(alias(*)) D(alias(*)) NOISE(alias(*))
R_R1          0 N00131   1k
V_V1          N00131 0   PULSE 0 5 0 0 0 1m 1s
.END
```

4.22 옴의 법칙과 직류해석

이 회로는 옴의 법칙과 직류해석에 대해서 살펴본다. V=R·I가 성립되며, 입력 전압 V_1을 0~10[V]까지 선형적으로 증가하면 R_2 양단의 전압도 선형적으로 증가됨을 알 수 있다. Probe 화면에서 Trace\Cursor\Display를 선택하거나 Toggle Cursor 툴바를 선택하면 화면 우측 하단에 창이 열리고, A_1, A_2, Dif 값이 나타나며 첫 항은 x-좌표 값이고, 둘째 항은 y-좌표 값을 나타낸다. 화면의 좌측하단에는 □ V(R_2:2)와 ◇ V(V_1:2)가 보이면서 R_2와 V_1 값이 사선으로 화면에 나타나 있다. 그런데, 마우스 왼쪽 버튼을 스크롤하면 R_2 값 선상을 이동하게 되고 이때 A_1 값은 x-, y-축의 좌표 값이 된다. 그리고 마우스 오른쪽 버튼으로 화면 좌측 하단의 ◇을 클릭하고 마우스 오른쪽 버튼을 스크롤하면 V_1 값을 나타내는 선상을 이동하면서 A_2항에 그 좌표 값이 나타낸다. 만약 같은 선상에서 좌표 값의 차를 알고 싶다면 해당 선에 일치하는 심볼만 선택한 후, 마우스의 두 버튼을 각각의 값으로 읽어들일 수도 있으며, 그 기능은 다음 표와 같다.

Probe Cursor

```
A1 =    2.9425,     1.4713
A2 =    6.8736,     3.4368
dif=   -3.9310,    -1.9655
```

선택한 마크	A1의 표시 값	A2의 표시 값
□나 ◇중 하나만 선택	왼쪽 버튼의 좌표 값	오른쪽 버튼의 좌표 값
□와 ◇를 동시에 선택	□를 선택한 버튼의 좌표 값	◇를 선택한 버튼의 좌표 값

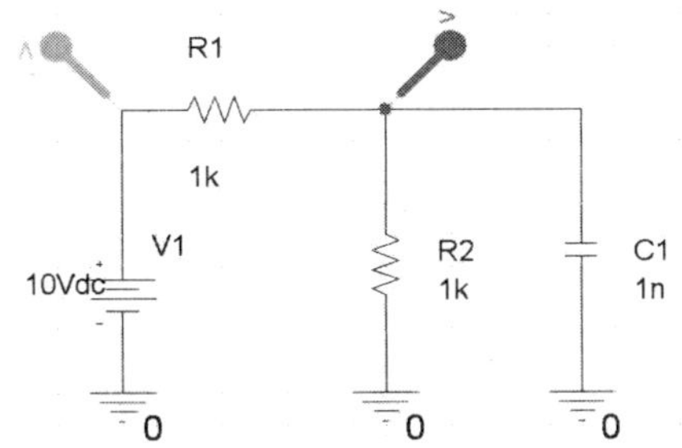

그림 4-22(a) 시뮬레이션 회로

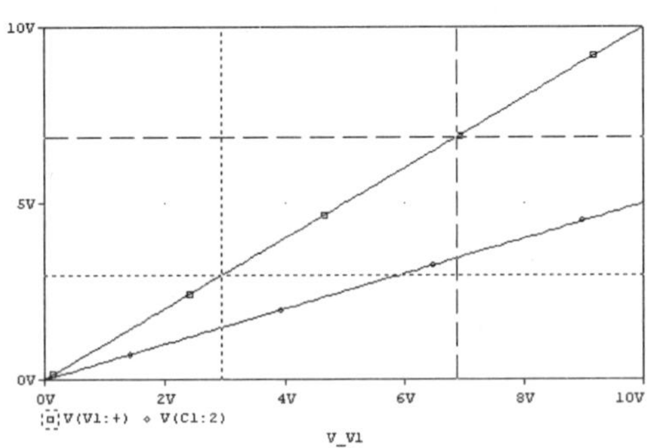

그림 4-22(b) 시뮬레이션 결과

Analysis setup

DC Sweep			
Swept Var. Type	• Voltage Source	Name	V1
Sweep Type	• Linear	Start value	0
		End value	10
		Increment	0.1

circuit file

```
.DC LIN V_V1 0 10 0.1
.PROBE V(alias(*)) I(alias(*)) W(alias(*)) D(alias(*)) NOISE(alias(*))
V_V1         N00168 0 10Vdc
R_R1         N00179 N00168  1k
R_R2         0 N00179  1k
C_C1         0 N00179  1n
.WATCH        TRAN V([N00179])
.END
```

4.23 Laplace 변환 1

라플라스 변환(Laplace Transform : LT)에 대한 시뮬레이션이다. 라플라스 변환에는 NUM과 DENUM의 변수를 지정해 줄 수 있다. 기본 값은 NUM=1, DENUM=1+s이며, 필요에 따라 바꾸어 주면 된다. 이때의 이득(gain) 곡선을 알아 볼 수 있다. 본 예제에서는 LAPLACE 소자를 사용하였지만 ELAPLACE를 사용해도 같으며, 출력에는 위상이득을 나타냈다.

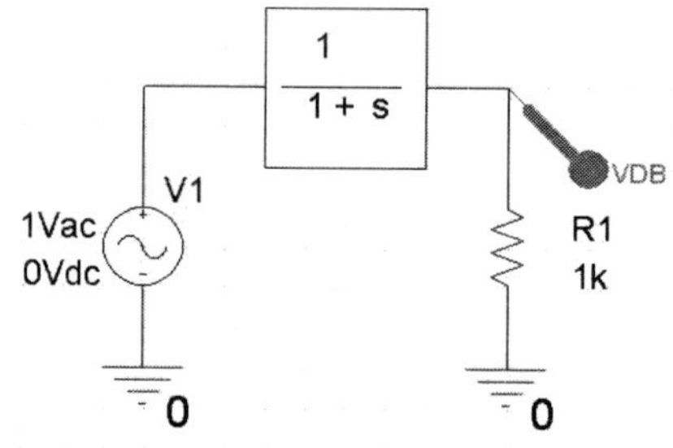

그림 4-23(a) 시뮬레이션 회로

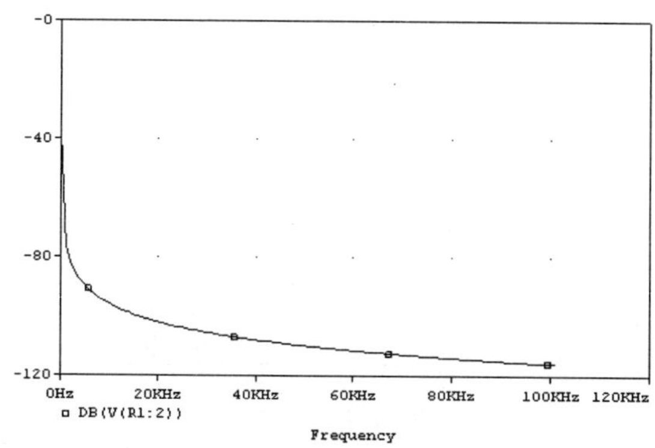

그림 4-23(b) 시뮬레이션 결과

Analysis setup

AC sweep	ac sweep type • linear	Total pts	101
		Start Freq	10
		End Freq	100[kHz]

circuit file

```
.AC LIN 101 10 100k
.PROBE V(alias(*)) I(alias(*)) W(alias(*)) D(alias(*)) NOISE(alias(*))
E_LAPLACE1   N00209 0 LAPLACE {V(N00197)} {(1)/(1 + s)}
R_R1         0 N00209  1k
V_V1         N00197 0 DC 0Vdc AC 1Vac
.END
```

4.24 Laplace 변환 2

라플라스 변환(LT)에 대한 시뮬레이션이다. 입력에 구형 펄스가 입력된다. 그때 시스템은 $H_1(s)=\dfrac{5}{s^2+s+5}$ 과 $H_2(s)=\dfrac{5}{s^2+s+10}$ 을 갖는다. 시스템의 결과를 구해보자. ELAPLACE를 LAPLACE로 바꾸어도 같은 결과가 나온다.

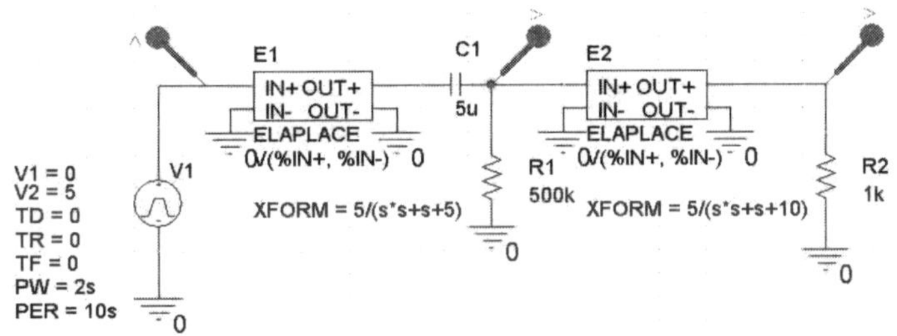

그림 4-24(a) 시뮬레이션 회로

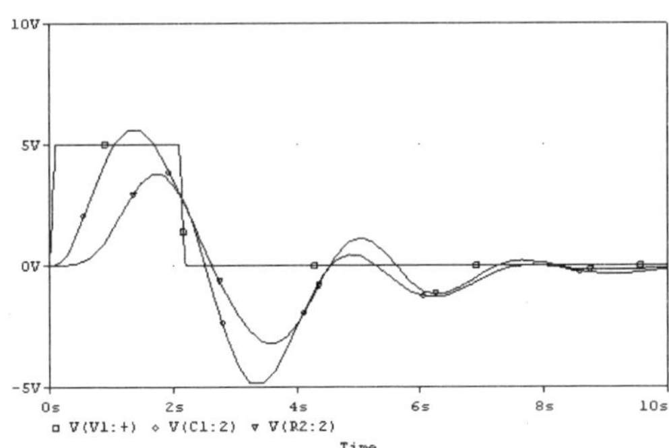

그림 4-24(b) 시뮬레이션 결과

Analysis setup

Transient Analysis	Maximum Step	20μs
	Run to Time	10s

circuit file

```
.TRAN   0 10s 0
.PROBE V(alias(*)) I(alias(*)) W(alias(*)) D(alias(*)) NOISE(alias(*))
V_V1          N00425 0   PULSE 0 5 0 0 0 2s 10s
E_E1          N00440 0 LAPLACE { V(N00425, 0) } = { 5/(s*s+s+5) }
E_E2          N00492 0 LAPLACE { V(N00455, 0) } = { 5/(s*s+s+10) }
C_C1          N00440 N00455   5u
R_R1          0 N00455   500k
R_R2          0 N00492   1k
.END
```

제 5 장 전원 회로의 시뮬레이션

5.1 강압 변압기

시뮬레이션에 사용할 수 있는 변압기는 XFRM_LINEAR와 XFRM_NONLINEAR가 있으며 각각에 대한 특징은 다음과 같다.

Symbol Name	Attribute	Description
XFRM_LINEAR	L1_VALUE L2_VALUE	winding inductances in Henries
	COUPLING	coefficient of mutual coupling (must lie between 0 and 1)
XFRM_NONLINEAR	L1_TURNS L2_TURNS	number of turns on each winding
	COUPLING	coefficient of mutual coupling (must lie between 0 and 1)
	MODEL	nonlinear CORE model name

여기서 사용한 예는 XFRM_NONLINEAR이다. 변압기 1차 권선수 20000[turns], 2차 권선수 10000[turns]를 사용한 경우이므로 2차 측에 유기되는 전압은 1차 측에 인가한 전압의 반절이 된다. 변압기의 권수비 $a=\frac{N_2}{N_1}=\frac{V_2}{V_1}\approx\frac{I_1}{I_2}$ 이 된다.

Schematic의 메뉴바 중에서 Analysis → Setup → Transient를 선택하면 Transient Analysis가 열리게 되며 이때 ☑Detailed Bias Pt를 체크해야 한다. 그렇게 하여야 과도해석항(.tran)에 .tran/OP가 나타난다.

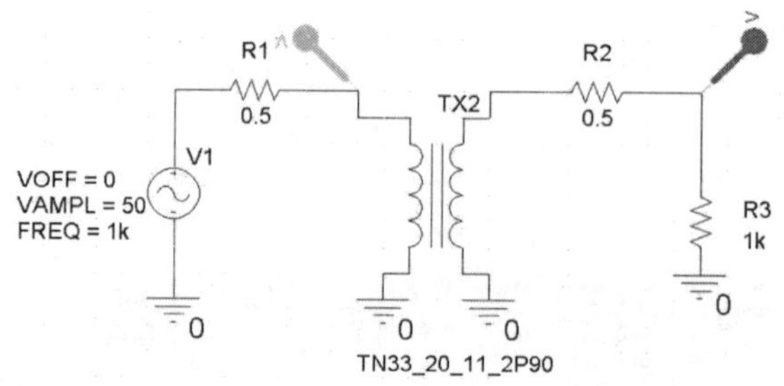

그림 5-1(a) 시뮬레이션 회로

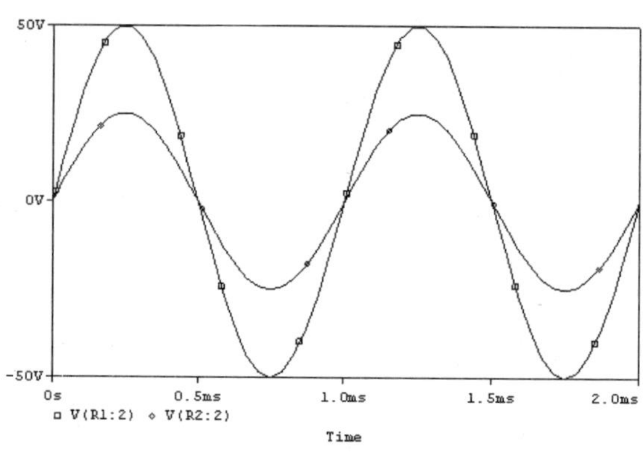

그림 5-1(b) 시뮬레이션 결과

Analysis setup

Transient Analysis	Maximum Step	0.2ms
	Run to Time	2ms

circuit file

```
.TRAN   0 2ms   0
.PROBE  V(alias(*)) I(alias(*)) W(alias(*)) D(alias(*)) NOISE(alias(*))
V_V1          N00198 0   SIN 0 50 1k 0 0 0
R_R1          N00198 N00210   0.5
X_TX2         N00210 0 N00225 0 SCHEMATIC1_TX2
R_R2          N00225 N00245   0.5
R_R3          0 N00245    1k
```

```
.subckt SCHEMATIC1_TX2 1 2 3 4
K_TX2         L1_TX2 L2_TX2 0.99 TN33_20_11_2P90
L1_TX2         1 2 20000
L2_TX2         3 4 10000
.ends SCHEMATIC1_TX2
.END
```

5.2 E-전원 변압기

변압기 동작을 E-전원에 의해서 동작됨을 확인해 볼 수 있다. E-전원의 Gain 값의 변경에 의해서 출력의 크기를 조정할 수 있다. E_1 소자를 더블 클릭하여 GAIN=1을 0.5로 변경한 예이다.

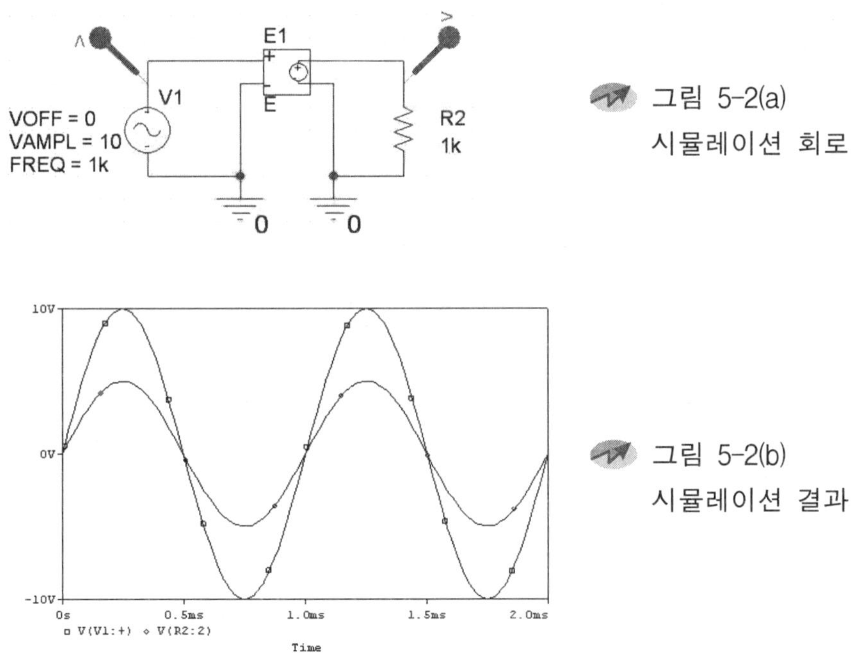

그림 5-2(a) 시뮬레이션 회로

그림 5-2(b) 시뮬레이션 결과

Analysis setup

Transient Analysis	Maximum Step	20us
	Run to Time	2ms

circuit file

```
.TRAN  0 2ms 0
.PROBE V(alias(*)) I(alias(*)) W(alias(*)) D(alias(*)) NOISE(alias(*))
E_E1         N00554 0 N00235 0 0.5
R_R2         0 N00554  1k
V_V1         N00235 0  SIN 0 10 1k 0 0 0
.END
```

5.3 단상 반파 정류기 1

입력 전압의 정(positive)의 반주기 동안 다이오드 D_1은 도통되고, 부하 양단에는 입력 전압이 나타난다. 입력 전압의 부(negative)의 반주기 동안은 다이오드는 저지상태로 되며, 출력 전압은 0이 된다. 또한 저항부하를 사용한 경우에 대하여 분석하면 다음과 같다. 트랜스의 1차 권선수 100[TURNS], 2차 권선수 50[TURNS]로 지정한다.

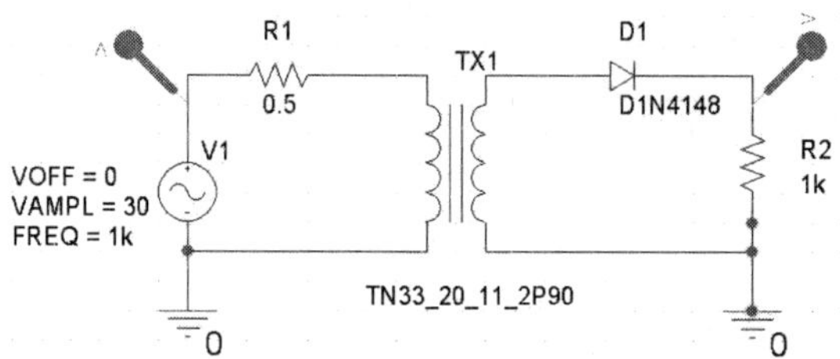

그림 5-3(a) 시뮬레이션 회로

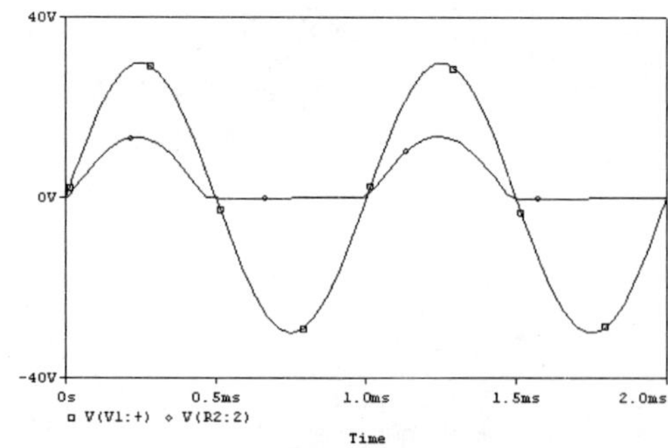

그림 5-3(b) 시뮬레이션 결과

Analysis setup

Transient Analysis	Maximum Step	0.2ms
	Run to Time	20ms

circuit file

```
.TRAN   0 2ms 0
.PROBE  V(alias(*)) I(alias(*)) W(alias(*)) D(alias(*)) NOISE(alias(*))
X_TX1          N00199 0 N00231 0 SCHEMATIC1_TX1
V_V1           N00190 0   SIN 0 30 1k 0 0 0
R_R1           N00190 N00199   0.5
R_R2           0 N00243   1k
D_D1           N00231 N00243 D1N4148

.subckt SCHEMATIC1_TX1 1 2 3 4
K_TX1          L1_TX1 L2_TX1 0.99 TN33_20_11_2P90
L1_TX1         1 2 100
L2_TX1         3 4 50
.ends SCHEMATIC1_TX1
.END
```

5.4 단상 반파 정류기 2

반파 정류의 기본 동작을 이해할 수 있도록 하기 위하여 변압기를 사용하지 않고 독립전원에 의해서 반파 정류가 이루어짐을 확인할 수 있다.

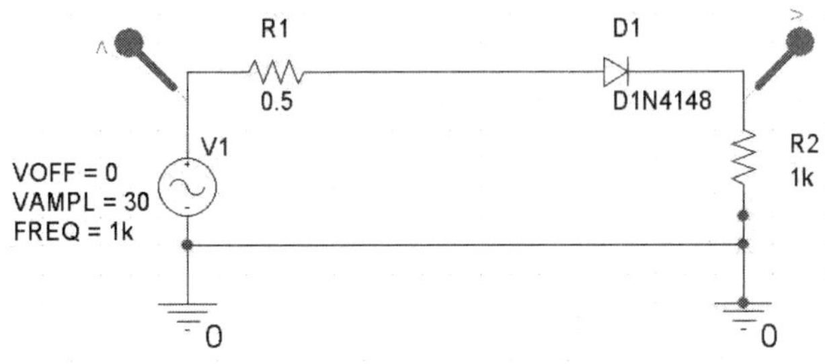

그림 5-4(a) 시뮬레이션 회로

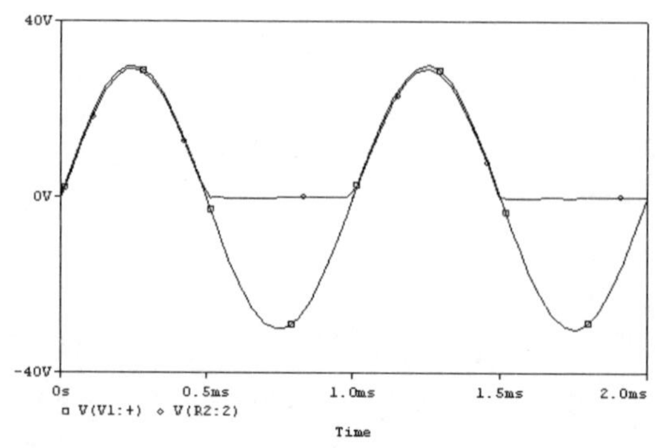

그림 5-4(b) 시뮬레이션 결과

Analysis setup

Transient Analysis	Maximum Step	10us
	Run to Time	2ms

circuit file

```
.TRAN   0 2ms 0
.PROBE V(alias(*)) I(alias(*)) W(alias(*)) D(alias(*)) NOISE(alias(*))
V_V1            N00190 0   SIN 0 30 1k 0 0 0
R_R1            N00190 N00231   0.5
R_R2            0 N00243   1k
D_D1            N00231 N00243 D1N4148
.END
```

5.5 단상 전파 정류기 1

변압기의 중간탭(center-tapped) 변압기를 이용한 전파 정류 회로가 있다. 다이오드가 연결된 변압기의 반쪽은 각각 반파 정류기로서 동작한다. 변압기를 통하여 흐르는 dc전류가 존재하지 않기 때문에 변압기 철심의 dc포화문제가 없다. Schematic의 메뉴바 중에서 Analysis → Setup → Transient를 선택하면 Transient Analysis가 열리게 되며 이때 ☑Detailed Bias Pt를 체크해야 한다. 그렇게 하여야 과도해석항(.tran)에 .tran/OP가 나타난다.

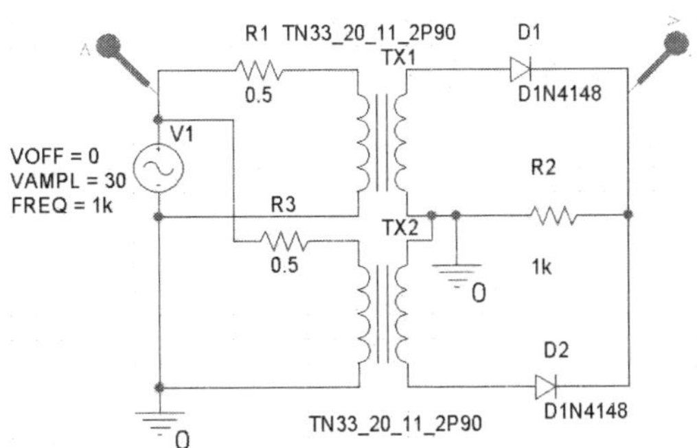

그림 5-5(a) 시뮬레이션 회로

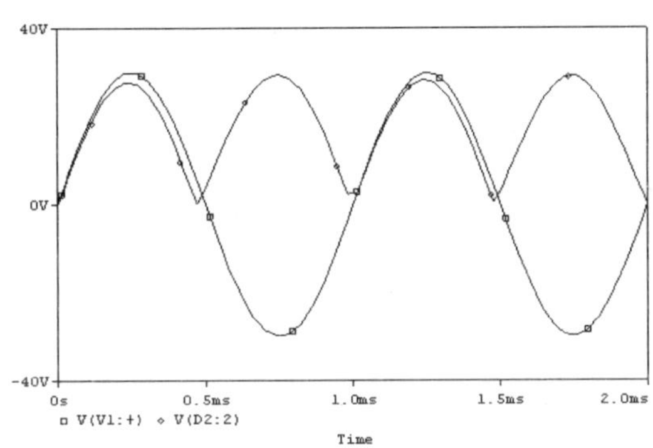

그림 5-5(b) 시뮬레이션 결과

Analysis setup

Transient Analysis	Maximum Step	0.2ms
	Run to Time	2ms

circuit file

```
.TRAN  0 2ms 0
.PROBE V(alias(*)) I(alias(*)) W(alias(*)) D(alias(*)) NOISE(alias(*))
X_TX1        N01022 0 N01190 0 SCHEMATIC1_TX1
D_D2         N01375 N00243 D1N4148
X_TX2        N009980 0 0 N01375 SCHEMATIC1_TX2
V_V1         N00190 0  SIN 0 30 1k 0 0 0
R_R3         N00190 N009980  0.5
R_R1         N00190 N01022  0.5
```

```
R_R2            N00243 0  1k
D_D1            N01190 N00243 D1N4148

.subckt SCHEMATIC1_TX1 1 2 3 4
K_TX1           L1_TX1 L2_TX1 0.99 TN33_20_11_2P90
L1_TX1          1 2 100
L2_TX1          3 4 100
.ends SCHEMATIC1_TX1

.subckt SCHEMATIC1_TX2 1 2 3 4
K_TX2           L1_TX2 L2_TX2 0.99 TN33_20_11_2P90
L1_TX2          1 2 100
L2_TX2          3 4 100
.ends SCHEMATIC1_TX2
.END
```

5.6 단상 전파 정류기 2

전파 정류기의 동작을 E-전원을 사용하여 수행해 본다. E-전원의 Gain=1로 이를 조정하여 출력 값을 변경할 수 있다.

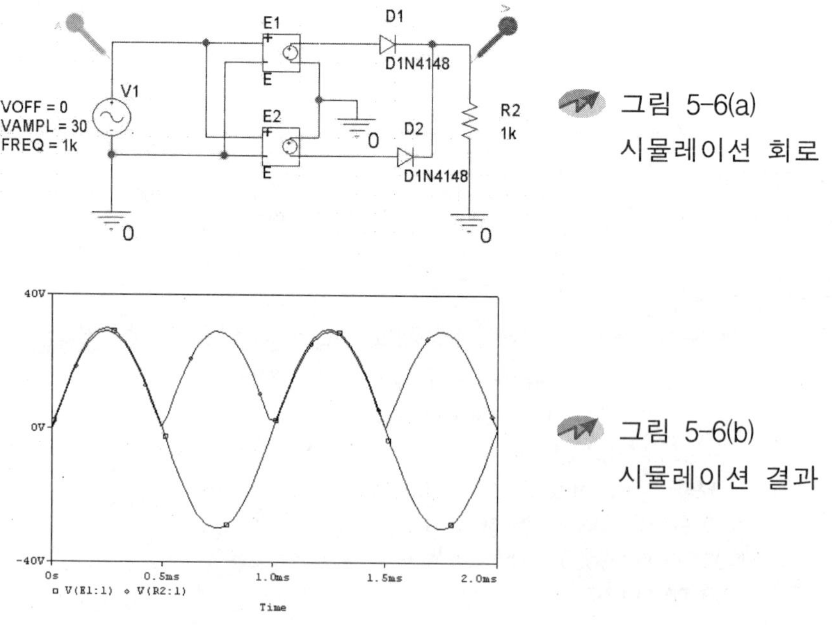

그림 5-6(a) 시뮬레이션 회로

그림 5-6(b) 시뮬레이션 결과

Analysis setup

Transient Analysis	Maximum Step	1us
	Run to Time	2ms

circuit file

```
.TRAN  0 2ms 0
.PROBE V(alias(*)) I(alias(*)) W(alias(*)) D(alias(*)) NOISE(alias(*))
D_D2        N03182 N00243 D1N4148
V_V1        N00192 0  SIN 0 30 1k 0 0 0
R_R2        N00243 0  1k
D_D1        N01190 N00243 D1N4148
E_E1        N01190 0 N00192 0 1
E_E2        0 N03182 N00192 0 1
.END
```

5.7 단상 브리지 정류기

변압기의 중간탭(center-tapped)을 이용하는 대신 4개의 다이오드를 이용한 회로를 브리지 정류기이다. 입력 전압의 정(+)의 반주기 동안, 전류는 D_3과 D_2를 통하여 부하로 흐른다. 부(−)의 주기 동안에는 다이오드 D_1와 D_4가 도통한다. 모든 수치는 단상 전파 정류기의 변압기 중간탭 방법과 같지만 오직 다이오드의 피이크 역전압은 V_m이다.

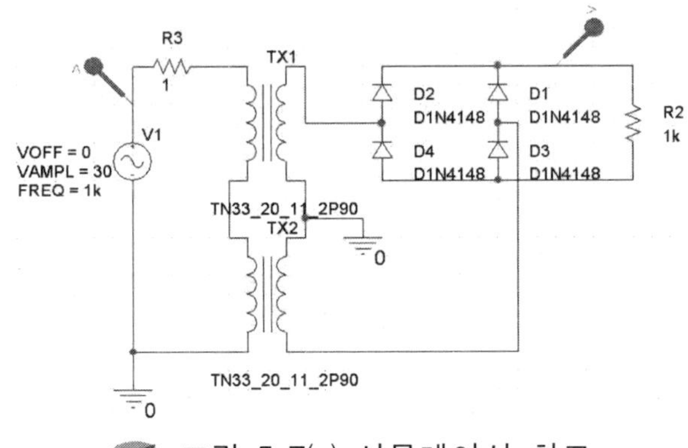

그림 5-7(a) 시뮬레이션 회로

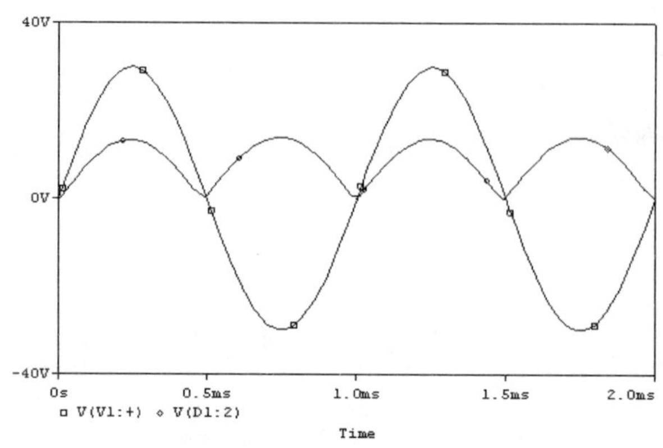

그림 5-7(b) 시뮬레이션 결과

Analysis setup

Transient Analysis	Maximum Step	0.2us
	Run to Time	2ms

circuit file

```
.TRAN   0 2ms 0
.PROBE V(alias(*)) I(alias(*)) W(alias(*)) D(alias(*)) NOISE(alias(*))
D_D3          N05368 N05451 D1N4148
D_D2          N05398 N05342 D1N4148
D_D4          N05368 N05398 D1N4148
V_V1          N00192 0  SIN 0 30 1k 0 0 0
X_TX1         N04262 N04435 N05398 0 SCHEMATIC1_TX1
R_R2          N05342 N05368  1k
X_TX2         N04435 0 0 N05451 SCHEMATIC1_TX2
R_R3          N00192 N04262  1
D_D1          N05451 N05342 D1N4148

.subckt SCHEMATIC1_TX1 1 2 3 4
K_TX1         L1_TX1 L2_TX1 0.99 TN33_20_11_2P90
L1_TX1        1 2 100
L2_TX1        3 4 100
.ends SCHEMATIC1_TX1

.subckt SCHEMATIC1_TX2 1 2 3 4
K_TX2         L1_TX2 L2_TX2 0.99 TN33_20_11_2P90
```

```
L1_TX2          1 2 100
L2_TX2          3 4 100
.ends SCHEMATIC1_TX2
.END
```

5.8 3상 성형 정류기

다상 회로의 정류 회로 중에서 3상 성형으로 결선된 출력에 대하여 정밀하게 분석한다.

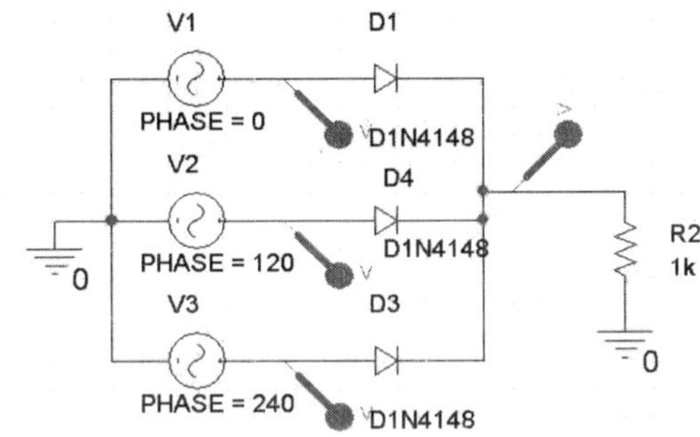

그림 5-8(a) 시뮬레이션 회로

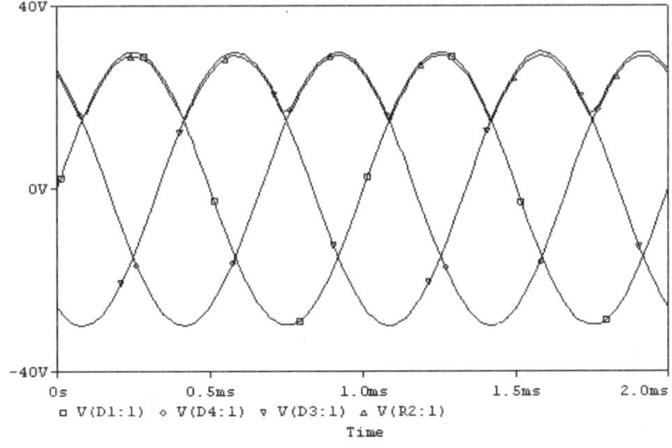

그림 5-8(b) 시뮬레이션 결과

Analysis setup

Transient Analysis	Maximum Step	20us
	Run to Time	2ms

circuit file

```
.TRAN  0 2ms 0
.PROBE V(alias(*)) I(alias(*)) W(alias(*)) D(alias(*)) NOISE(alias(*))
D_D3         N07066 N07078 D1N4148
V_V1         N07040 0   SIN 0 30 1k 0 0 0
V_V2         N07052 0   SIN 0 30 1k 0 0 120
V_V3         N07066 0   SIN 0 30 1k 0 0 240
R_R2         N07078 0   1k
D_D1         N07040 N07078 D1N4148
D_D4         N07052 N07078 D1N4148
.END
```

5.9 3상 브리지 정류기

3상 브리지 정류기는 변압기의 유무에 관계없이 동작할 수 있으며, 출력 전압에는 6펄스리플이 나타난다. 다이오드는 도통순서에 따라 번호가 정해졌으며, 각 다이오드는 120° 동안 도통한다. 가장 높은 값의 순시 선간 전압을 갖는 공급선 사이에 연결된 다이오드 쌍이 도통하게 된다. 선간 전압은 3상 Y 결선된 전원의 상전압의 $\sqrt{3}$배이다.

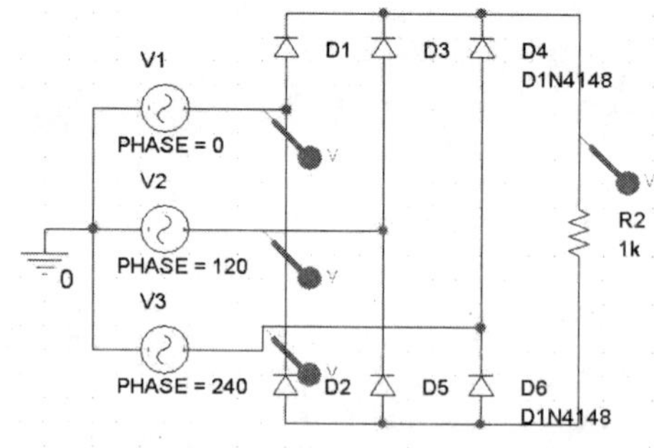

그림 5-9(a) 시뮬레이션 회로

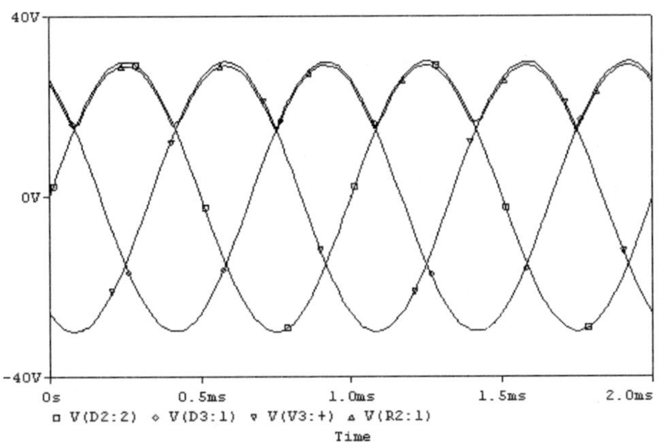

그림 5-9(b) 시뮬레이션 결과

Analysis setup

Transient Analysis	Maximum Step	20us
	Run to Time	2ms

circuit file

```
.TRAN   0 2ms 0
.PROBE V(alias(*)) I(alias(*)) W(alias(*)) D(alias(*)) NOISE(alias(*))
D_D3          N08538 N08419 D1N4148
V_V1          N08516 0   SIN 0 30 1k 0 0 0
V_V2          N08538 0   SIN 0 30 1k 0 0 120
V_V3          N08562 0   SIN 0 30 1k 0 0 240
D_D2          N07905 N08516 D1N4148
R_R2          N08419 N07905  1k
D_D5          N07905 N08538 D1N4148
D_D1          N08516 N08419 D1N4148
D_D6          N07905 N08562 D1N4148
D_D4          N08562 N08419 D1N4148
.END
```

5.10 전파 브리지 정류 회로의 필터

전파 브리지 정류 회로로써 필터를 접속하였으며 필터의 용량에 따라 충전과 방전을 반복 수행하는 결과를 얻을 수 있다. 필터의 크기에 따라 시정수가 길어짐을 알 수 있다. Parametric해석을 위하여 라이브러리 Special.slb에서 PARAM을 가져다 회로도 내의 적당한 위치에 놓고 PARAMETERS를 두 번 클릭하여 대화창이 열리면 NAME1=val, VALUE1=1[μF]라 입력해 준다. 그리고 커패시터 C_1의 기본 값이 1[nF]이므로 1n이라 쓰여진 부분을 두 번 클릭하여 1n을 지우고 대신 {val}이라고 입력한다. 이때 주의할 사항은 반드시 중괄호를 사용해야 한다.

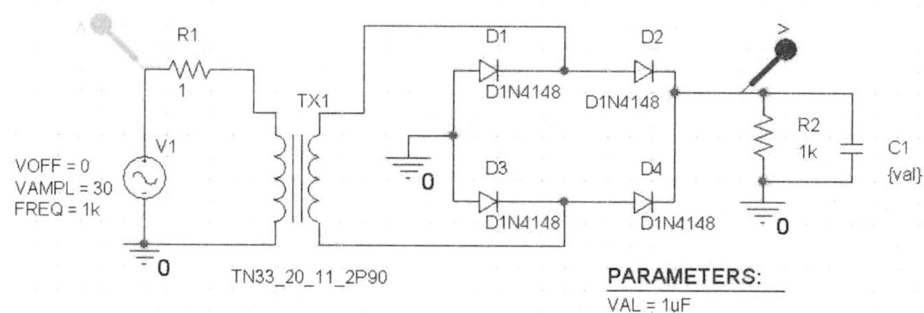

그림 5-10(a) 시뮬레이션 회로

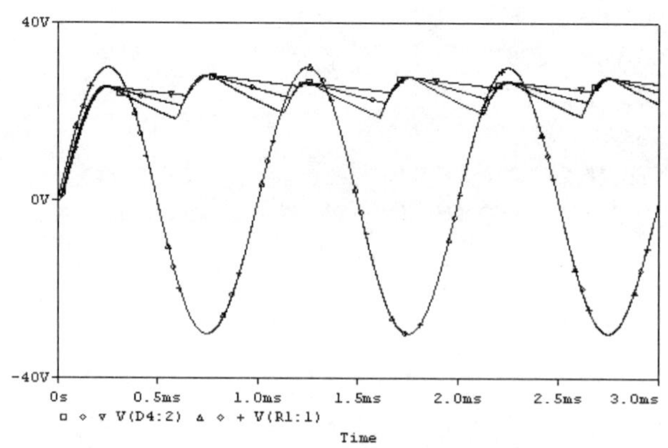

그림 5-10(b) 시뮬레이션 결과

Analysis setup

<table>
<tr><td>Parametric</td><td colspan="2">Value list : 1uF 2uF 5uF</td></tr>
<tr><td rowspan="2">Transient Analysis</td><td>Maximum Step</td><td>1us</td></tr>
<tr><td>Run to Time</td><td>3ms</td></tr>
</table>

circuit file

```
.TRAN   0 3ms 0 1us
.STEP PARAM val LIST 1u 2u 5u
.PROBE V(alias(*)) I(alias(*)) W(alias(*)) D(alias(*)) NOISE(alias(*))
V_V1          N00201 0   SIN 0 30 1k 0 0 0
C_C1          0 N00294   {val}
X_TX1         N00205 0 N00245 N00278 SCHEMATIC1_TX1
D_D1          0 N00245 D1N4148
D_D2          N00245 N00294 D1N4148
D_D3          0 N00278 D1N4148
D_D4          N00278 N00294 D1N4148
R_R1          N00201 N00205   1
R_R2          0 N00294   1k
.PARAM   val=1uF

.subckt SCHEMATIC1_TX1 1 2 3 4
K_TX1         L1_TX1 L2_TX1 0.99 TN33_20_11_2P90
L1_TX1        1 2 100
L2_TX1        3 4 100
.ends SCHEMATIC1_TX1
.END
```

5.11 반파 정류 회로의 필터

반파 정류 회로로써 필터를 접속하였으며 필터의 용량에 따라 충전과 방전을 반복 수행하는 결과를 얻을 수 있다. 필터의 크기에 따라 시정수가 길어짐을 알 수 있다. Parametric해석을 위하여 라이브러리 Special.slb에서 PARAM을 가져다 회로도 내의 적당한 위치에 놓고 PARAMETERS를 두 번 클릭하여 대화창이 열리면 NAME1=val, VALUE1=1[nF]라 입력해 준다. 그리고 커패시터 C_1의 기본 값이 1[nF]이므로 1n이라 쓰여진 부분을 두 번 클릭하여 1n을 지우고 대신 {val}이라고 입력한다. 이때 주의할 사항은 반드시 중괄호를 사용해야 한다.

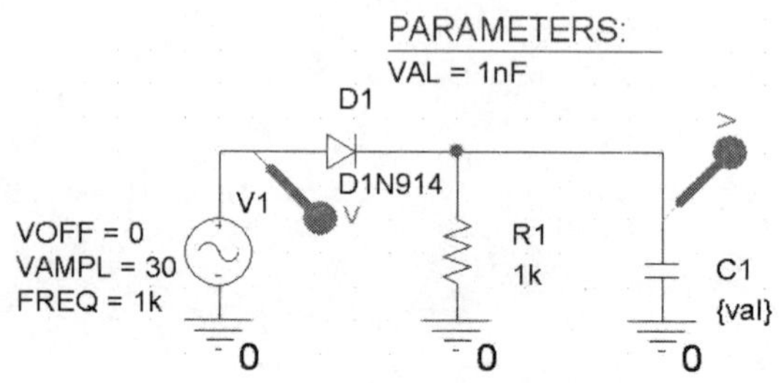

그림 5-11(a) 시뮬레이션 회로

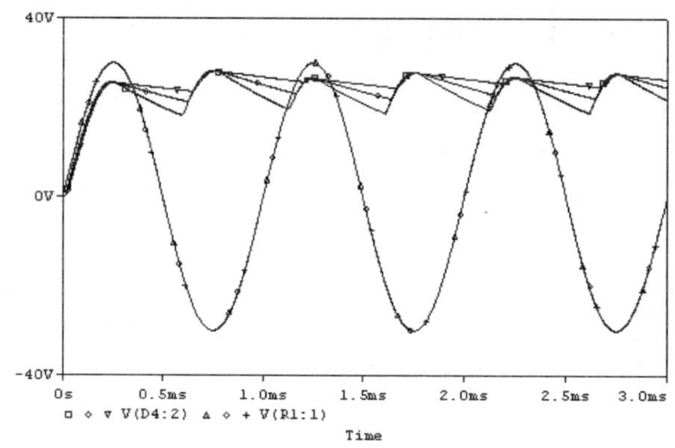

그림 5-11(b) 시뮬레이션 결과

Analysis setup

Parametric	Value list : 1nF 2nF 5nF	
Transient Analysis	Maximum Step	20ns
	Run to Time	2ms

circuit file

```
.TRAN  0 2ms 0 20ns
.STEP PARAM val LIST 1nF 2nF 5nF
.PROBE V(alias(*)) I(alias(*)) W(alias(*)) D(alias(*)) NOISE(alias(*))
```

```
V_V1        N00190 0   SIN 0 30 1k 0 0 0
D_D1        N00190 N00201 D1N914
C_C1        0 N00201  {val}
R_R1        0 N00201  1k
.PARAM  val=1nF
.END
```

5.12 정류 회로의 C 필터

브리지 정류의 출력 전압은 리플을 많이 포함하고 있다. 그러므로 이러한 리플을 제거하는 방법 중의 하나가 바로 간단히 커패시터를 삽입함으로써 가능하다. 출력 파형을 비교하여 그 기능을 확인할 수 있다. 출력단에 용량이 큰 커패시터를 접속하면 커패시터의 시정수(Time Constant)가 매우 크므로 리플이 많이 제거된 안정된 출력을 얻게 된다.

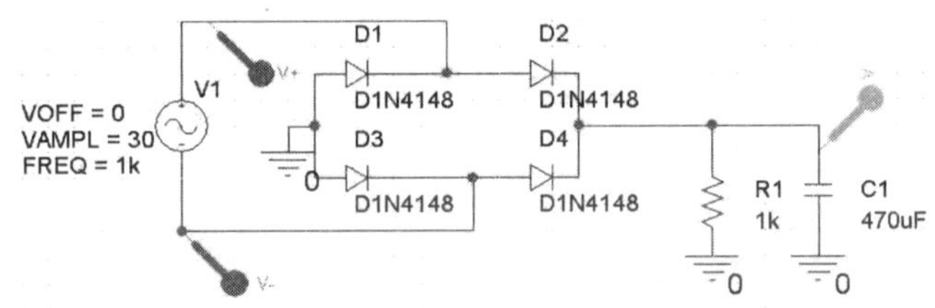

그림 5-12(a) 시뮬레이션 회로

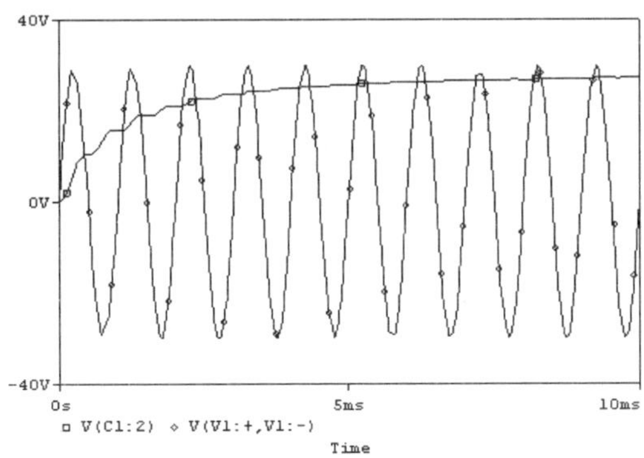

그림 5-12(b) 시뮬레이션 결과

Analysis setup

Transient Analysis	Maximum Step	10us
	Run to Time	10ms

circuit file

```
.TRAN   0 10ms 0 10us
.PROBE V(alias(*)) I(alias(*)) W(alias(*)) D(alias(*)) NOISE(alias(*))
V_V1          N00226 N00479   SIN 0 30 1k 0 0 0
D_D1          0 N00226 D1N4148
D_D2          N00226 N00256 D1N4148
D_D3          0 N00479 D1N4148
D_D4          N00479 N00256 D1N4148
C_C1          0 N00256   470uF
R_R1          0 N00256   1k
.END
```

5.13 정류 회로의 L-C 필터

브리지 정류의 출력 전압에는 리플이 많이 포함되어 있기 때문에 리플을 제거하기 위해서 인덕터를 회로와 직렬로 삽입하거나, 또는 커패시터를 회로와 병렬로 삽입함으로써 효과적으로 리플을 제거할 수 있게 된다. 출력 전압 파형에는 리플이 대부분 제거되고 거의 직류 성분만이 출력됨을 알 수 있다.

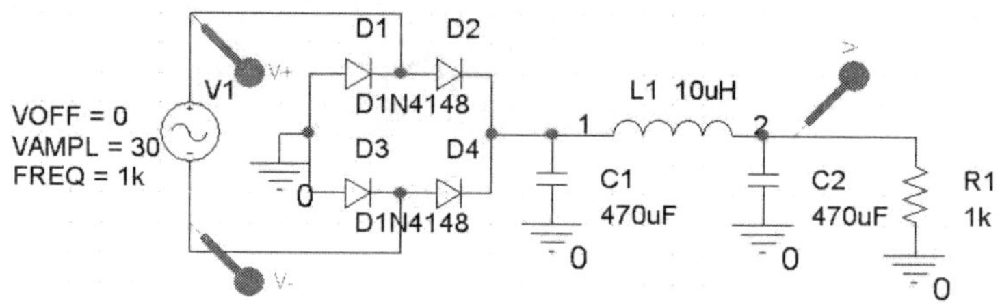

그림 5-13(a) 시뮬레이션 회로

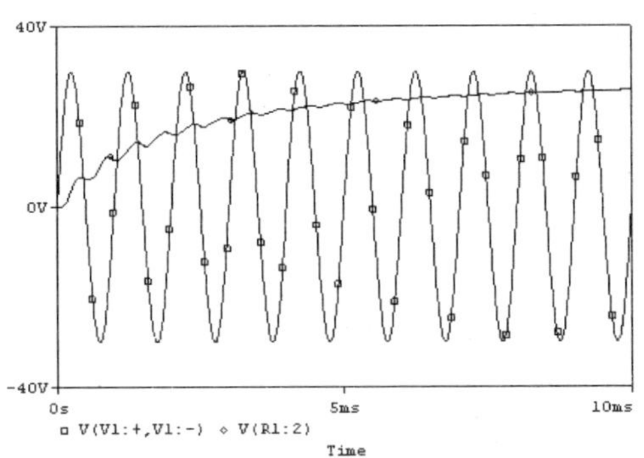

그림 5-13(b) 시뮬레이션 결과

Analysis setup

Transient Analysis	Maximum Step	10us
	Run to Time	10ms

circuit file

```
.TRAN  0 10ms 0 10us
.PROBE V(alias(*)) I(alias(*)) W(alias(*)) D(alias(*)) NOISE(alias(*))
V_V1          N00226 N00479  SIN 0 30 1k 0 0 0
L_L1          N00256 N01590  10uH
D_D1          0 N00226 D1N4148
D_D2          N00226 N00256 D1N4148
D_D3          0 N00479 D1N4148
D_D4          N00479 N00256 D1N4148
C_C2          0 N01590  470uF
C_C1          0 N00256  470uF
R_R1          0 N01590  1k
.END
```

5.14 R-L 부하를 갖는 반파 정류 회로

R-L 부하를 갖는 반파 정류 회로에서 다이오드 양단간의 전압 파형과 저항의 양단에 걸리는 전압 파형과 그리고 인덕터 양단에 걸리는 전압 파형을 분석함

으로써 회로를 깊이 있게 이해한다. 이 회로의 전류와 전압의 파형은 인덕터 때문에 위상차를 나타낸다.

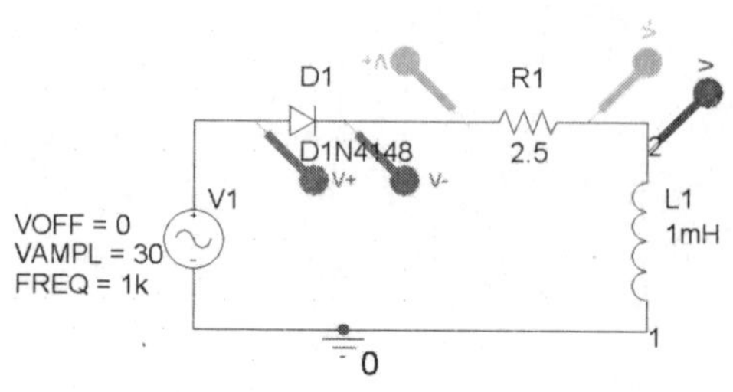

그림 5-14(a) 시뮬레이션 회로

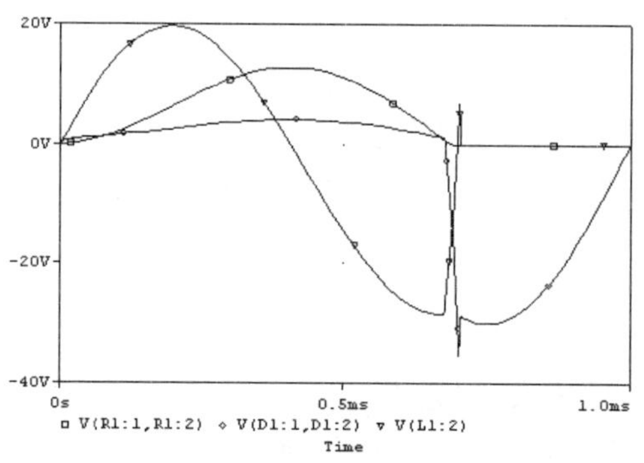

그림 5-14(b) 시뮬레이션 결과

Analysis setup

Transient Analysis	Maximum Step	20us
	Run to Time	1ms

circuit file

```
.TRAN  0 1ms 0 20us
.PROBE V(alias(*)) I(alias(*)) W(alias(*)) D(alias(*)) NOISE(alias(*))
V_V1        N00129 0  SIN 0 30 1k 0 0 0
D_D1        N00129 N00136 D1N4148
R_R1        N00136 N00143  2.5
L_L10       N00143  1mH
.END
```

제 6 장 다이오드 회로의 시뮬레이션

6.1 다이오드 특성곡선

다이오드 D1N4148은 항복 전압이 -100[V]이므로 회로에서 입력 전압을 -101[V]에서 +1[V]까지 0.01[V] 간격으로 증가하면서 부하에 걸리는 전압을 측정한다. 다이오드의 문턱 전압(Knee Voltage)이 0.7[V]이므로 0.5[V]를 지나서 부하 전류가 급격히 증가함을 알 수 있다. 다이오드의 Breakdown 전압은 디폴트 값이 -100[V]으로 돼 있기 때문에 항복 전압은 -100[V]이다. 출력 파형에서 x-축을 계속 확대해 보면 역바이어스의 누설 전류도 확인해 볼 수 있다. 다이오드의 전류 특성을 측정해야 하므로 Current Marker를 부하 저항에 위치시킨다.

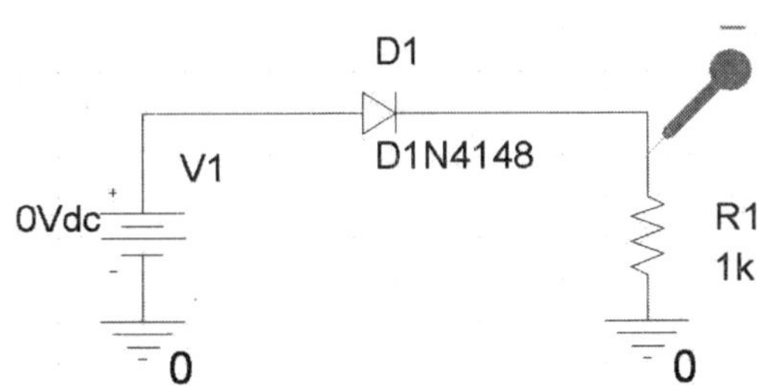

그림 6-1(a) 시뮬레이션 회로

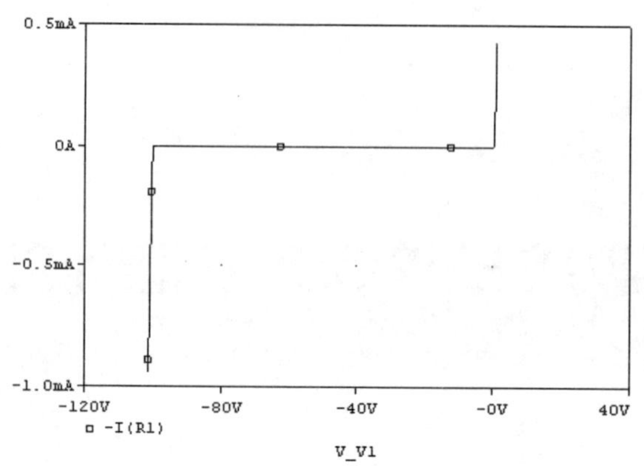

그림 6-1(b) 시뮬레이션 결과

Analysis setup

DC Sweep			
Swept Variable	· Voltage Source	Name	V1
Sweep Type	· Linear	Start value	-101
		End value	1
		Increment	0.2

circuit file

```
.DC LIN V_V1 -101 1 0.2
.PROBE V(alias(*)) I(alias(*)) W(alias(*)) D(alias(*)) NOISE(alias(*))
V_V1        N00122 0 0Vdc
D_D1        N00122 N00133 D1N4148
R_R1        0 N00133  1k
.END
```

6.2 다이오드의 온도 변화 특성곡선

반도체 소자의 온도변화 특성을 알아보기 위해서 다이오드 D1N4148을 선택했다. 직류 해석을 수행하게 되므로 직류 전원 V_1의 전압 값은 지정할 필요가 없으며, Analysis Setup에서 DC Sweep을 다음 표와 같이 지정해 준다. 그리고 온도 값을 지정해 주기 위해서 Temperature는 -100, 27, +100을 설정함으로써, 출력 파형에서 좌측이 +100℃, +27℃, -100℃의 순바이어스 곡선을 볼 수 있다.

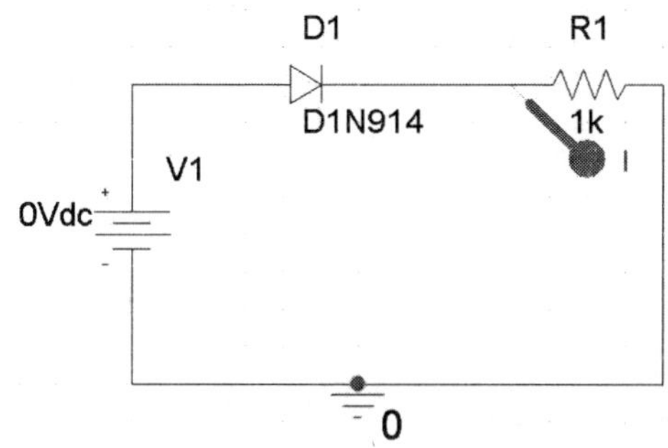

그림 6-2(a) 시뮬레이션 회로

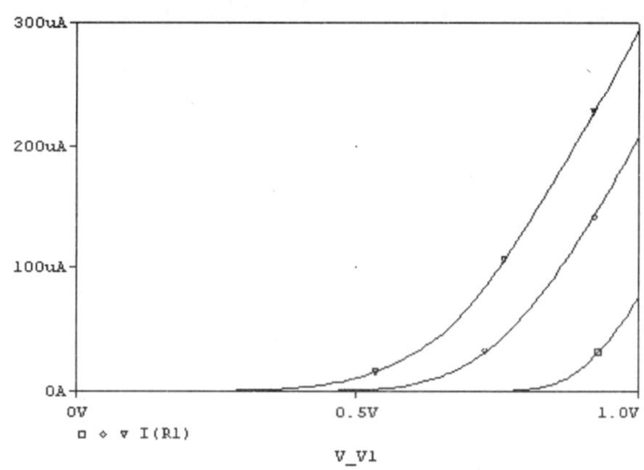

그림 6-2(b) 시뮬레이션 결과

Analysis setup

<table>
<tr><td>Temperature</td><td colspan="4">-100 27 +100</td></tr>
<tr><td rowspan="4">DC Sweep</td><td>Swept Var. Type</td><td>• Voltage Source</td><td>Name</td><td>V1</td></tr>
<tr><td rowspan="3">Sweep Type</td><td rowspan="3">• Linear</td><td>Start value</td><td>0</td></tr>
<tr><td>End value</td><td>1</td></tr>
<tr><td>Increment</td><td>0.01</td></tr>
</table>

circuit file

```
.DC LIN V_V1 0 1 0.01
.TEMP -100 27 100
.PROBE V(alias(*)) I(alias(*)) W(alias(*)) D(alias(*)) NOISE(alias(*))
V_V1          N00106 0 0Vdc
D_D1          N00106 N00099 D1N914
R_R1          N00099 0  1k
.END
```

6.3 다이오드의 역전압 회복시간

다이오드가 순바이어스 되어 도통되다가 곧바로 역바이어스 될 때의 회복시간을 나타내는 것으로 회복시간이 짧을수록 고속용으로 사용할 수 있다. Reverse recovery time은 전류가 감소되기 시작하여 처음으로 0[A]가 되고 나서 계속 감소하다가 역전류의 최저치(Irr)가 된 뒤에 서서히 역전류가 증가되어 0.25[Irr]이 될 때까지의 시간을 뜻한다.

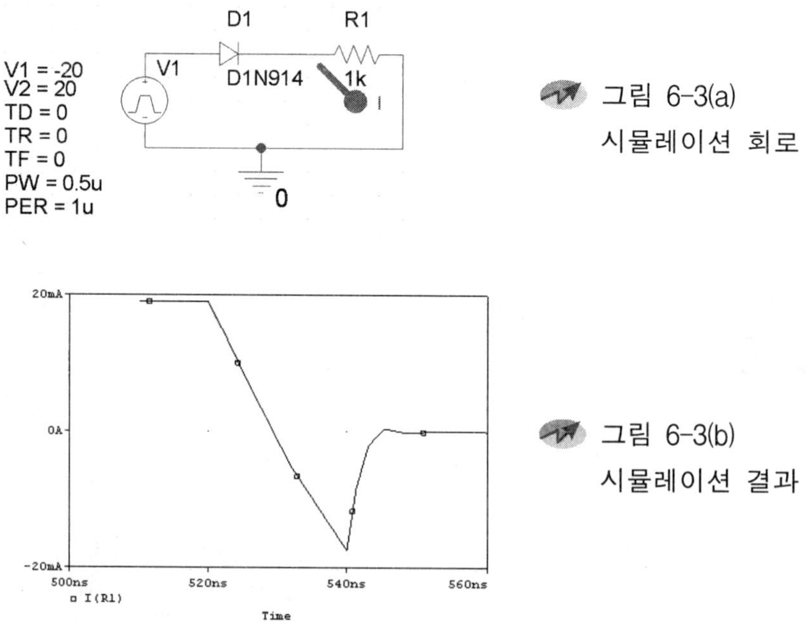

그림 6-3(a) 시뮬레이션 회로

그림 6-3(b) 시뮬레이션 결과

Analysis setup

Transient Analysis	Maximum Step	20ns
	Run to Time	560ns
	No-print Delay	510ns

circuit file

```
.TRAN   0 560ns 510ns 20ns
.PROBE V(alias(*)) I(alias(*)) W(alias(*)) D(alias(*)) NOISE(alias(*))
R_R1          N00132 0   1k
D_D1          N00128 N00132 D1N914
V_V1          N00128 0   PULSE -20 20 0 0 0 0.5u 1u
.END
```

6.4 다이오드 (+)전압 제한기

다이오드와 병렬로 부하 저항을 연결하고 교류 전원을 인가하면, 교류전원의 (+)쪽 반주기는 다이오드에 순바이어스가 되어 다이오드 쪽으로 흐르며, (−)쪽 반주기는 다이오드에 역바이어스가 되어 부하 저항 쪽으로 흐르게 되어 출력 파형은 (+)쪽은 문턱 전압(Knee Voltage) 만큼 나타나고 (−)쪽은 그대로 출력되어 마치 (+)쪽이 잘리어 나타난 것과 같다. 만약 입력 전압이 문턱 전압 0.7[V]보다 상대적으로 크다면 문턱 전압은 거의 무시할 수 있다.

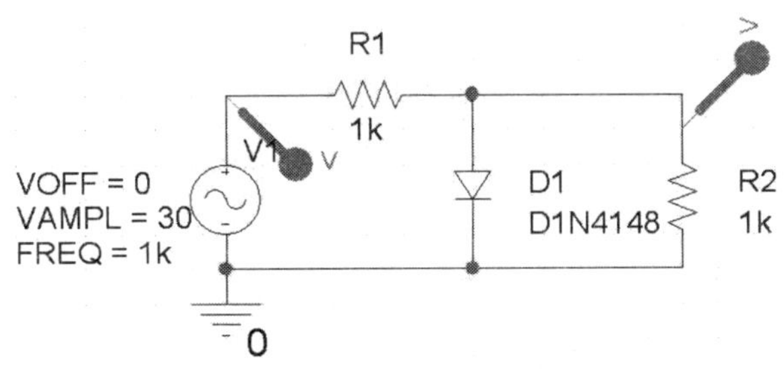

그림 6-4(a) 시뮬레이션 회로

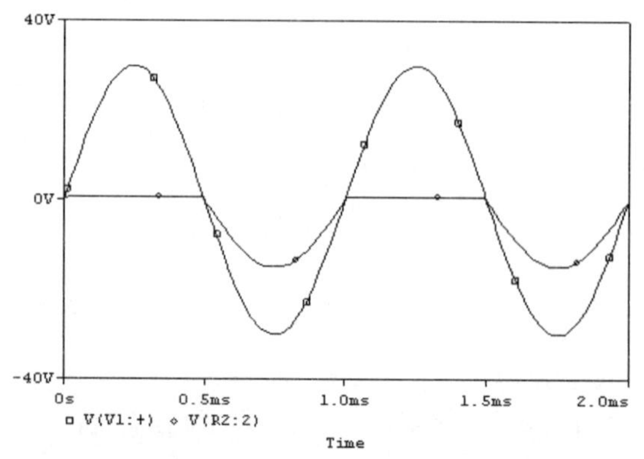

그림 6-4(b) 시뮬레이션 결과

Analysis setup

Transient Analysis	Maximum Step	20us
	Run to Time	2ms

circuit file

```
.TRAN  0 2ms 0 20us
.PROBE  V(alias(*)) I(alias(*)) W(alias(*)) D(alias(*)) NOISE(alias(*))
V_V1        N00120 0  SIN 0 30 1k 0 0 0
R_R1        N00120 N00127  1k
R_R2        0 N00127  1k
D_D1        N00127 0 D1N4148
.END
```

6.5 다이오드의 바이어스된 (+)전압 제한기

다이오드 D_1의 캐소드에 직류전원 V_1의 (+)극성을 접속하여 부하에 병렬로 접속하면, 정현파 입력 V_1를 인가하면 부하 저항에는 위로는 $(V_1+0.7)$[V]가, 아래로는 V_1의 정현파 반주기가 나타나게 되어 (+)쪽으로 잘린 것처럼 보이게 된다. 여기서 다이오드의 문턱 전압(knee voltage)는 0.7[V]라고 가정한다.

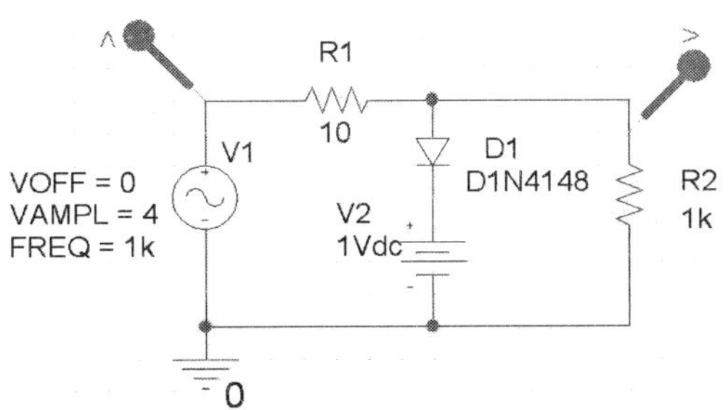

그림 6-5(a) 시뮬레이션 회로

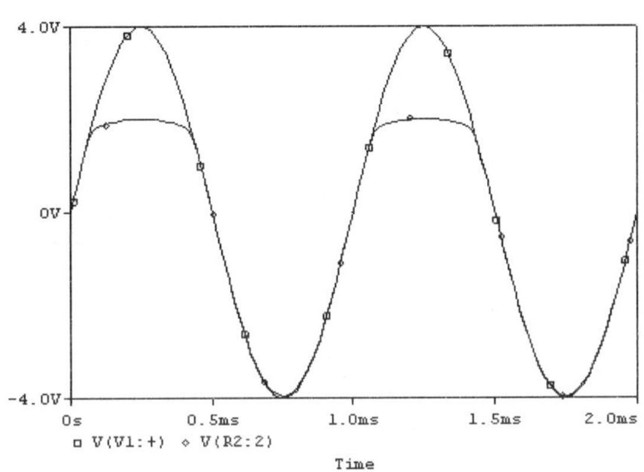

그림 6-5(b) 시뮬레이션 결과

Analysis setup

Transient Analysis	Maximum Step	20us
	Run to Time	2ms

circuit file

```
.TRAN  0 2ms 0 20us
.PROBE V(alias(*)) I(alias(*)) W(alias(*)) D(alias(*)) NOISE(alias(*))
V_V1          N00120 0   SIN 0 4 1k 0 0 0
V_V2          N001141 0 1Vdc
R_R1          N00120 N00129   10
R_R2          0 N00129   1k
D_D1          N00129 N001141  D1N4148
.END
```

6.6 다이오드의 두 방향 전압 제한기

다이오드 D_1과 D_2를 병렬로 접속하여 D_1의 캐소드 쪽에 직류전원 V_1의 (+)극이 접속되고, D_2의 애노드 쪽에 직류전원 V_2의 (−)극이 오도록 각각 직렬로 접속하면, 정현파 입력전원 V_1를 V_2, V_3보다 큰 전압을 인가하면 위로는 $(V_2+0.7)$[V], 아래로는 $(V_3+0.7)$[V] 만큼 잘리어 나타난다.

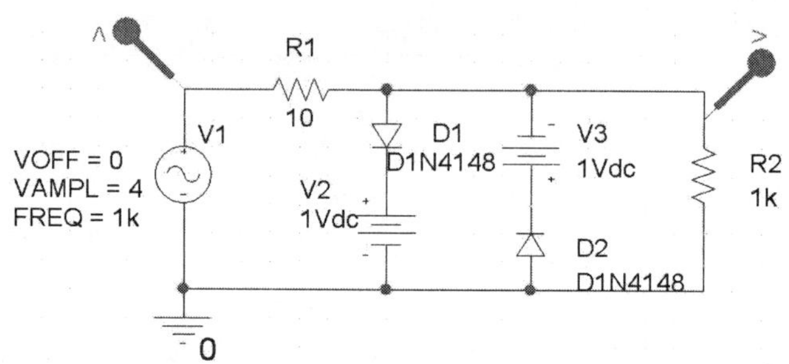

그림 6-6(a) 시뮬레이션 회로

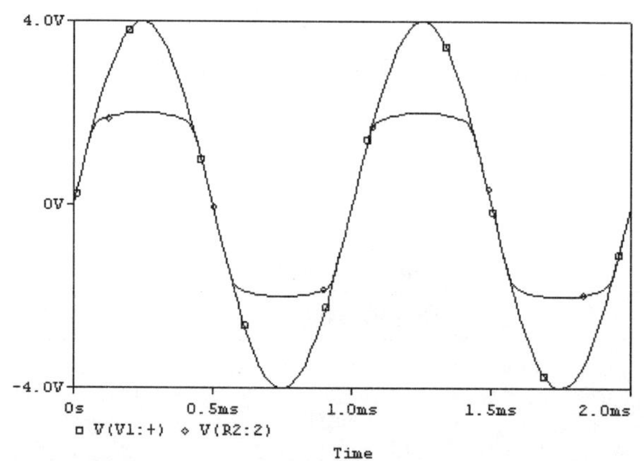

그림 6-6(b) 시뮬레이션 결과

Analysis setup

Transient Analysis	Maximum Step	20us
	Run to Time	2ms

circuit file

```
.TRAN   0 2ms 0 20us
.PROBE V(alias(*)) I(alias(*)) W(alias(*)) D(alias(*)) NOISE(alias(*))
V_V1          N00120 0   SIN 0 4 1k 0 0 0
V_V2          N001141 0 1Vdc
R_R1          N00120 N00129   10
R_R2          0 N00129   1k
D_D1          N00129 N001141 D1N4148
D_D2          0 N011671 D1N4148
V_V3          N011671 N00129 1Vdc
.END
```

6.7 제너다이오드를 이용한 두 방향 전압 제한기

제너항복 전압이 4.7[V]인 제너다이오드(1N750)를 서로 맞대어 부하 저항에 병렬로 연결하고, 교류 전원을 인가하면, 입력 전압이 제너항복 전압 이상이 되면 제너다이오드 쪽으로 전류가 흐르게 되어 부하에는 전압이 나타나지 않는다.

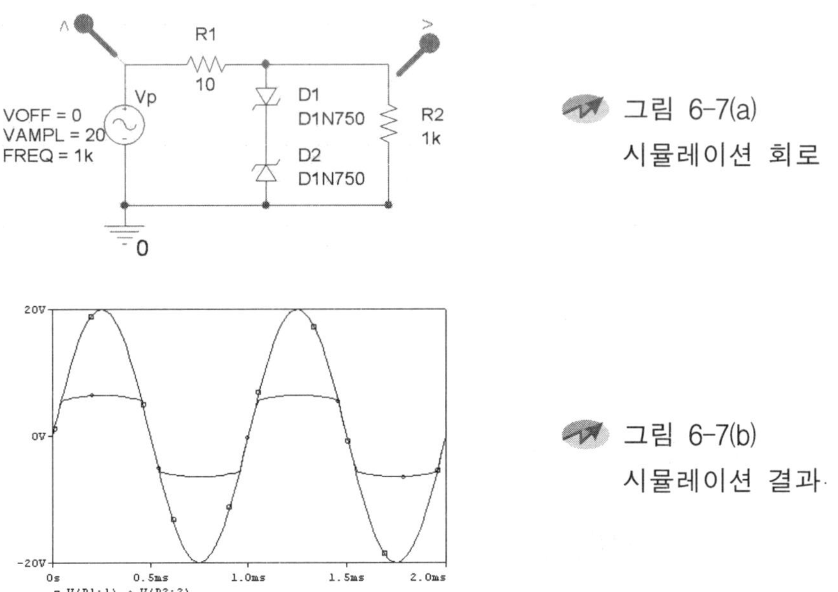

그림 6-7(a) 시뮬레이션 회로

그림 6-7(b) 시뮬레이션 결과

Analysis setup

Transient Analysis	Maximum Step	20us
	Run to Time	2ms

circuit file

```
.TRAN   0 2ms 0 20us
.PROBE V(alias(*)) I(alias(*)) W(alias(*)) D(alias(*)) NOISE(alias(*))
D_D1            N00129 N02219 D1N750
D_D2            0 N02219 D1N750
V_Vp            N00120 0   SIN 0 20 1k 0 0 0
R_R1            N00120 N00129   10
R_R2            0 N00129   1k
.END
```

6.8 피크-피크 검출기(반파 전압 배율기)

교류 입력 전압의 피크에서 피크까지 즉 입력 전압의 2배의 전압을 검출하는 회로이다. 커패시터 C_1에 반주기 전압이 충전되고 다른 입력 반주기의 전압과 C_1에 충전된 전압이 C_2에 충전되며 그 값이 부하에 나타나게 된다.

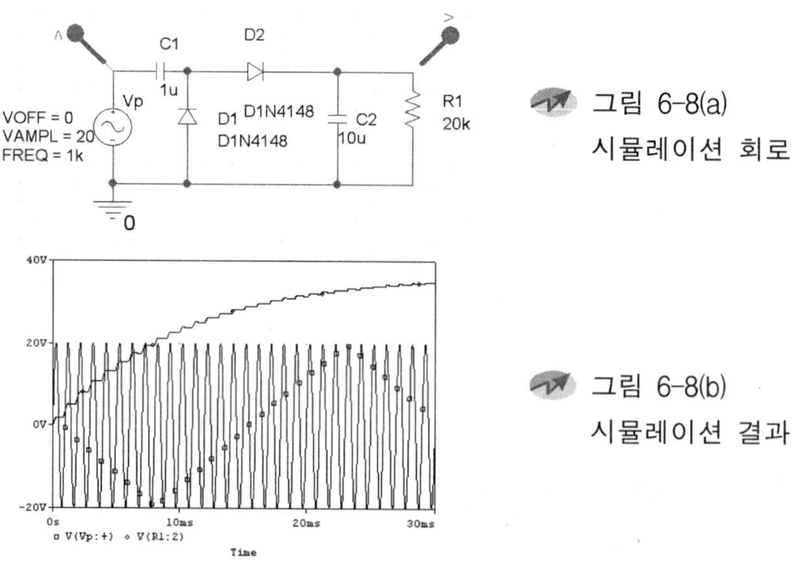

그림 6-8(a) 시뮬레이션 회로

그림 6-8(b) 시뮬레이션 결과

Analysis setup

Transient Analysis	Maximum Step	5us
	Run to Time	30ms

circuit file

```
.TRAN   0 30ms 0 5us
.PROBE V(alias(*)) I(alias(*)) W(alias(*)) D(alias(*)) NOISE(alias(*))
V_Vp          N00122 0   SIN 0 20 1k 0 0 0
R_R1          0 N02710   20k
C_C1          N00122 N02689   1u
C_C2          0 N02710   10u
D_D1          0 N02689 D1N4148
D_D2          N02689 N02710 D1N4148
.END
```

6.9 (+)방향 직류 클램퍼

정현파 교류전원을 인가하면 커패시터 C_1에 음의 반주기 동안 V_p가 충전되고, 그 후 양의 반주기 동안에 C_1에 충전된 전압과 V_p 전압이 합하여 부하 저항에 흐르게 되어 부하 저항에는 V_p만큼 (+)쪽으로 클램프한 것처럼 나타난다. 만약 다이오드의 극성을 반대로 돌리면 (−) 방향 직류 클램퍼(clamper)가 된다.

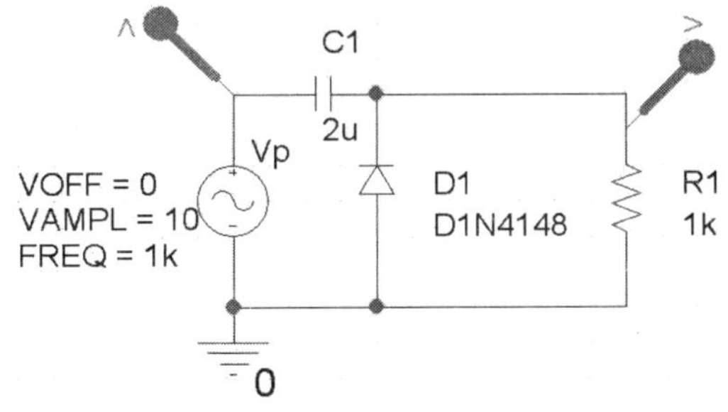

그림 6-9(a) 시뮬레이션 회로

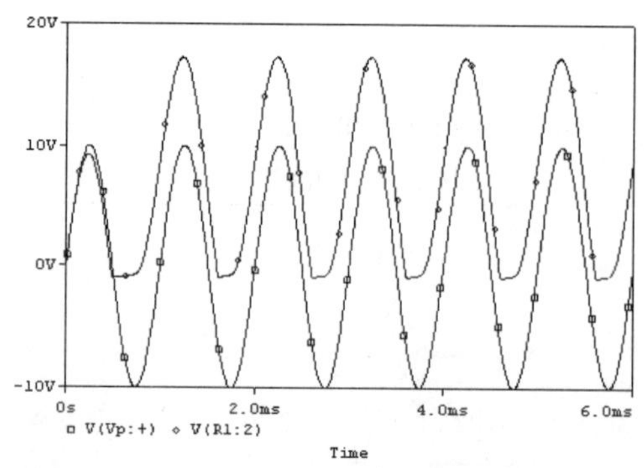

그림 6-9(b) 시뮬레이션 결과

Analysis setup

Transient Analysis	Maximum Step	5us
	Run to Time	6ms

circuit file

```
.TRAN  0 6ms 0 5us
.PROBE V(alias(*)) I(alias(*)) W(alias(*)) D(alias(*)) NOISE(alias(*))
V_Vp        N00122 0   SIN 0 10 1k 0 0 0
R_R1        0 N02698   1k
C_C1        N00122 N02698   2u
D_D1        0 N02698 D1N4148
.END
```

6.10 반파 전압 배율기

교류 정현파 전원을 인가하면 (−) 반주기 동안 다이오드 D_1은 순바이어스되어 커패시터 C_1이 충전되며, (+) 반주기 동안 입력 정현파 전압과 커패시터 C_1에 충전된 전압이 합하여 다이오드 D_2를 거쳐 부하에 병렬로 접속된 커패시터 C_2를 충전한다. 그러므로 부하에는 C_2의 전압이 나타나게 된다. 이것은 마치 **피크-피크 검출기**와 같은 기능을 수행한다.

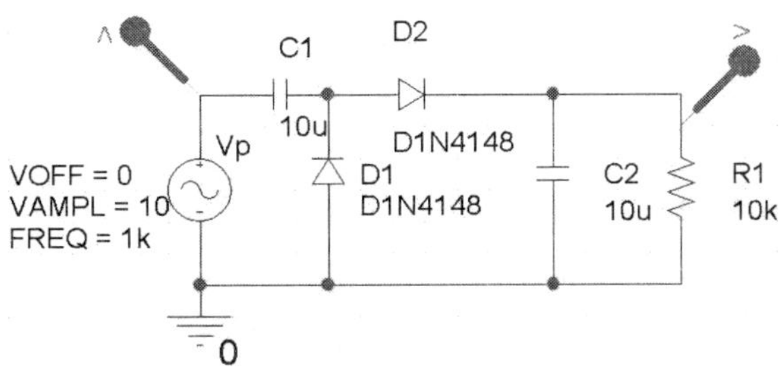

그림 6-10(a) 시뮬레이션 회로

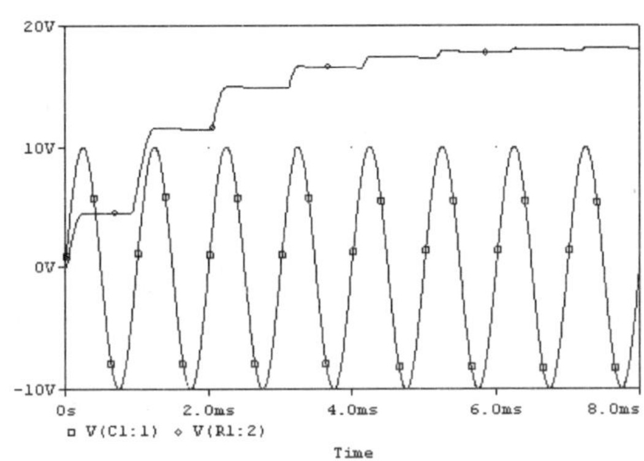

그림 6-10(b) 시뮬레이션 결과

Analysis setup

Transient Analysis	Maximum Step	5us
	Run to Time	8ms

circuit file

```
.TRAN   0 8ms 0 5us
.PROBE  V(alias(*)) I(alias(*)) W(alias(*)) D(alias(*)) NOISE(alias(*))
V_Vp         N00122 0   SIN 0 10 1k 0 0 0
R_R1         0 N04013   10k
C_C1         N00122 N02698   10u
D_D1         0 N02698 D1N4148
C_C2         0 N04013   10u
D_D2         N02698 N04013 D1N4148
.END
```

6.11 전파 전압 배율기

입력 정현파 전원의 (+) 반주기 동안 C_1의 위쪽이 (+) 극성으로 충전되고, 입력 정현파 전원의 다음 (−) 반주기 동안 C_2의 위쪽이 (+) 극성으로 충전된다. 그러므로 C_1과 C_2에 병렬 접속된 부하 저항에는 C_1과 C_2의 각 전압을 합한 전압, 즉 입력 전압의 2배가 커패시터의 극성과 일치하며 나타난다.

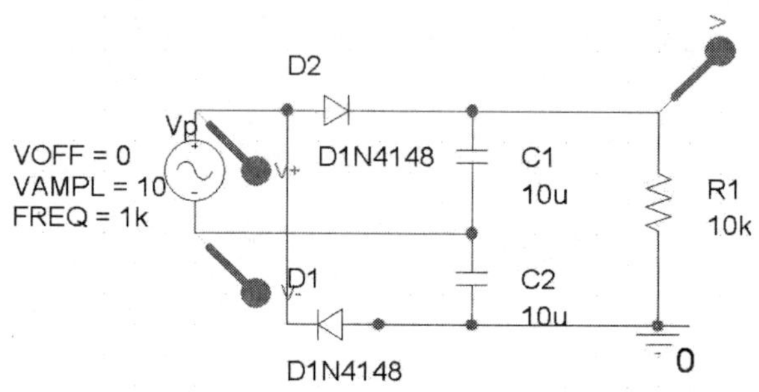

그림 6-11(a) 시뮬레이션 회로

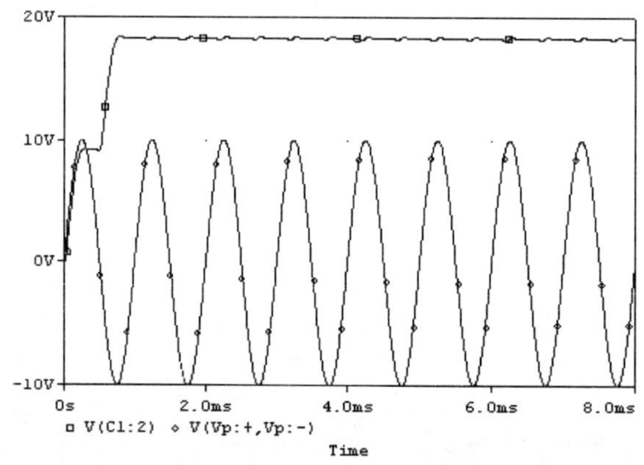

그림 6-11(b) 시뮬레이션 결과

Analysis setup

Transient Analysis	Maximum Step	5us
	Run to Time	8ms

circuit file

```
.TRAN  0 8ms 0 5us
.PROBE V(alias(*)) I(alias(*)) W(alias(*)) D(alias(*)) NOISE(alias(*))
V_Vp          N04596 N04812  SIN 0 10 1k 0 0 0
R_R1          0 N04572  10k
C_C1          N04812 N04572  10u
D_D1          0 N04596 D1N4148
C_C2          0 N04812  10u
D_D2          N04596 N04572 D1N4148
.END
```

6.12 전압 3배율기

반파 전압 배율기에 C_4와 D_3을 직렬로 접속한 회로와 같다. C_1에는 인가 전압 V_1이 충전되고, C_3은 V_1의 2배 전압이 충전되며, C_4에는 V_1의 3배 전압이 충전된다.

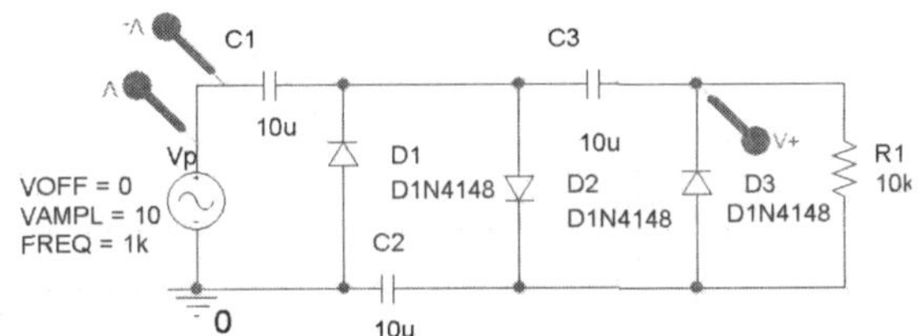

그림 6-12(a) 시뮬레이션 회로

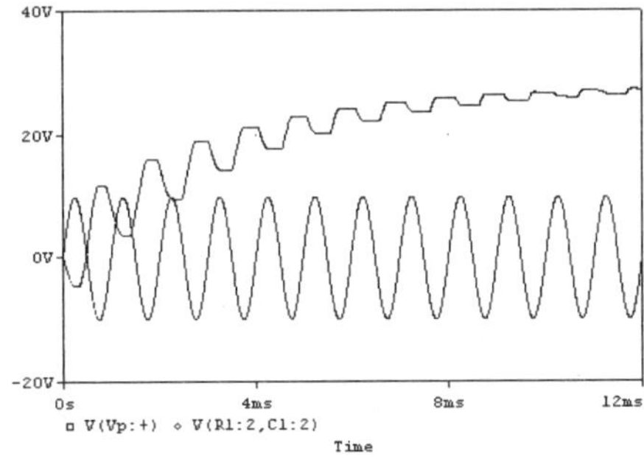

그림 6-12(b) 시뮬레이션 결과

Analysis setup

Transient Analysis	Maximum Step	5us
	Run to Time	12ms

circuit file

```
.TRAN   0 12ms 0 5us
.PROBE V(alias(*)) I(alias(*)) W(alias(*)) D(alias(*)) NOISE(alias(*))
V_Vp          N05215 0   SIN 0 10 1k 0 0 0
R_R1          N05247 N05233   10k
C_C1          N05224 N05215   10u
D_D1          0 N05224 D1N4148
C_C3          N05233 N05224   10u
D_D3          N05247 N05233 D1N4148
C_C2          N05247 0   10u
D_D2          N05224 N05247 D1N4148
.END
```

6.13 전압 4배율기

전압 3배율기 회로에 다이오드 D_4와 커패시터 C_4를 직렬로 접속한다. 그러므로 C_4에는 입력 전압 V_1의 4배가 나타나는데 부하 저항 값이 큰 것을 접속하여야 한다.

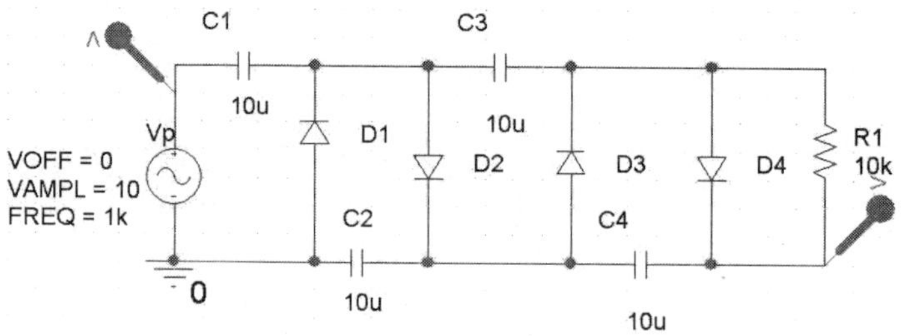

그림 6-13(a) 시뮬레이션 회로

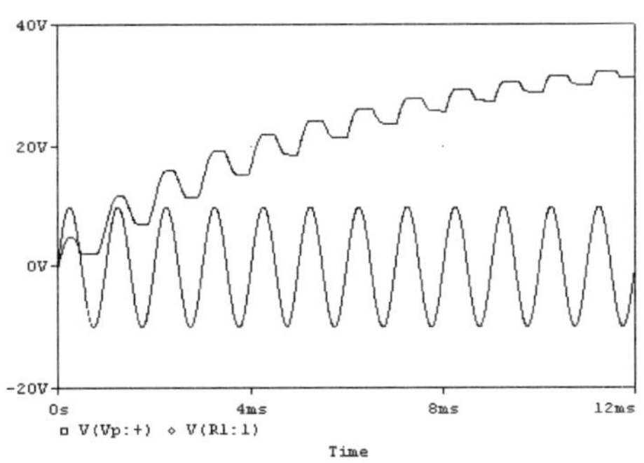

그림 6-13(b) 시뮬레이션 결과

Analysis setup

Transient Analysis	Maximum Step	5us
	Run to Time	12ms

circuit file

```
.TRAN   0 12ms 0 5us
.PROBE  V(alias(*)) I(alias(*)) W(alias(*)) D(alias(*)) NOISE(alias(*))
D_D4          N05233 N06454 D1N4148
V_Vp          N05215 0   SIN 0 10 1k 0 0 0
R_R1          N06454 N05233   10k
C_C1          N05224 N05215   10u
D_D1          0 N05224 D1N4148
C_C3          N05233 N05224   10u
D_D3          N05361 N05233 D1N4148
C_C2          N05361 0   10u
D_D2          N05224 N05361 D1N4148
C_C4          N06454 N05361   10u
.END
```

6.14 제너 전압 레귤레이터

이 회로는 전압 안정기로 동작하는 제너다이오드의 동작 특성을 이해하기 위한 것으로, 입력 전압이 서서히 증가하면 제너항복 전압 이상에서 입력 전압이 증가하여도 오직 항복 전압이 출력단에 일정하게 나타남을 이해할 수 있다.

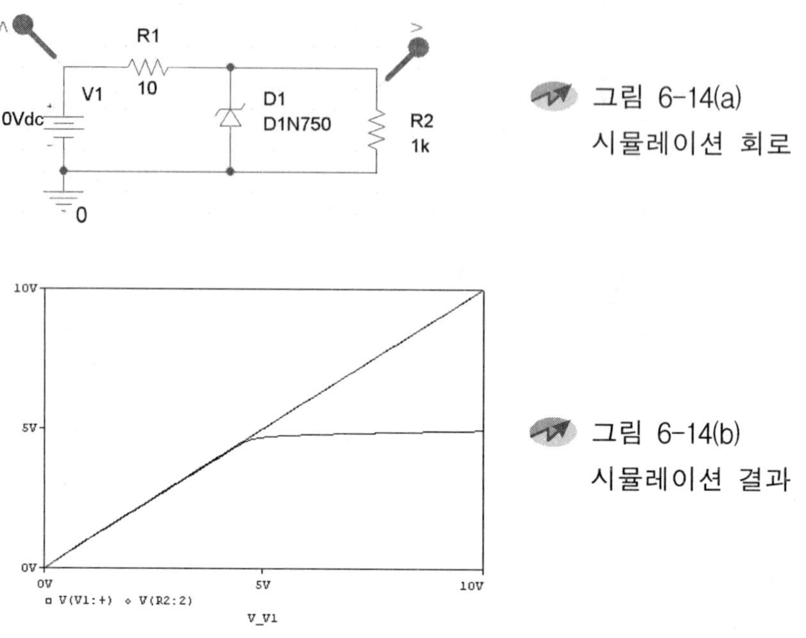

그림 6-14(a) 시뮬레이션 회로

그림 6-14(b) 시뮬레이션 결과

Analysis setup

DC Sweep			
Swept Var. Type	• Voltage Source	Name	V1
Sweep Type	• Linear	Start value	0
		End value	10
		Increment	0.02

circuit file

```
.DC LIN V_V1 0 10 0.02
.PROBE V(alias(*)) I(alias(*)) W(alias(*)) D(alias(*)) NOISE(alias(*))
V_V1        N00131 0 0Vdc
D_D1        0 N00140 D1N750
R_R1        N00131 N00140  10
R_R2        0 N00140  1k
.END
```

6.15 개선된 전압 레귤레이터

제너다이오드는 전압조정기로 쓰이는 소자이므로 제너다이오드의 항복 전압을 이용하여 항복 전압보다 높은 전압이 입력되면, 전력용 트랜지스터에 바이어스가 걸리지 않게 되어 부하에 전류가 흐르지 않게 됨으로써 정밀한 전압을 제어할 수 있다. 본 회로에서는 입력 전압을 서서히 증가하지만 출력단에는 일정한 전압이 나타난다. 이 회로에서 Tr.의 $\beta_{dc}=123$, 제너항복 전압=4.7[V]라고 하였을 때 각 부분에 흐르는 전류를 계산해 보자.

저항 R_1에 흐르는 전류 $i_{R_1}=\frac{20-4.7}{680}=22.5$[mA],

출력 전압은 $v_{out}=4.7-0.81=3.89$[V]

부하에 흐르는 전류 $i_{R_2}=\frac{3.89}{33}=117.88$[mA],

베이스 전류 $I_B=\frac{117.88}{123}=0.959$[mA]

제너 전류 $I_Z=22.5-0.959=21.54$[mA]

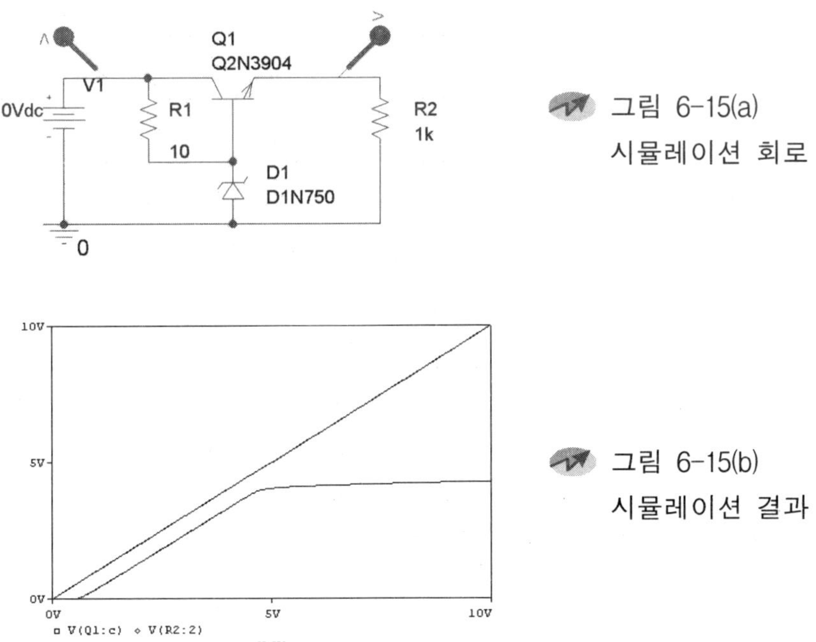

그림 6-15(a) 시뮬레이션 회로

그림 6-15(b) 시뮬레이션 결과

Analysis setup

DC Sweep			
Swept Var. Type	• Voltage Source	Name	V1
Sweep Type	• Linear	Start value	0
		End value	10
		Increment	0.02

circuit file

```
.DC LIN V_V1 0 10 0.02
.PROBE V(alias(*)) I(alias(*)) W(alias(*)) D(alias(*)) NOISE(alias(*))
V_V1        N00587 0 0Vdc
D_D1        0 N00600 D1N750
R_R1        N00600 N00587  10
Q_Q1        N00587 N00600 N00619 Q2N3904
R_R2        0 N00619  1k
.END
```

6.16 전압귀환 레귤레이터

폐루프 전압 이득은 $A_{CL} = \frac{R_3}{R_4} + 1 = \frac{360}{720} + 1 = 1.5$이다.

그러므로 조정된 출력 전압은 $V_{out} = 1.5(5.6 + 0.7) = 9.45$[V]가 된다. 이 회로는 부하전류를 많이 증가하기 위하여 다링턴 회로를 이용하고 있다. 저항 R_4의 값이 변함에 따라 출력 전압이 다르게 나타나는 것을 알 수 있다. Parametric 해석을 위하여 라이브러리 Special.slb에서 PARAM을 가져다 회로도 내의 적당한 위치에 놓고 PARAMETERS를 두 번 클릭하여 대화창이 열리면 NAME1=VAL, VALUE1=720이라 입력해 준다. 그리고 저항 R_4의 기본 값이 1K이므로 1K라 쓰여진 부분을 두 번 클릭하여 1K를 지우고 대신 {VAL}이라고 입력한다. 이때 주의할 사항은 반드시 중괄호를 사용해야 한다.

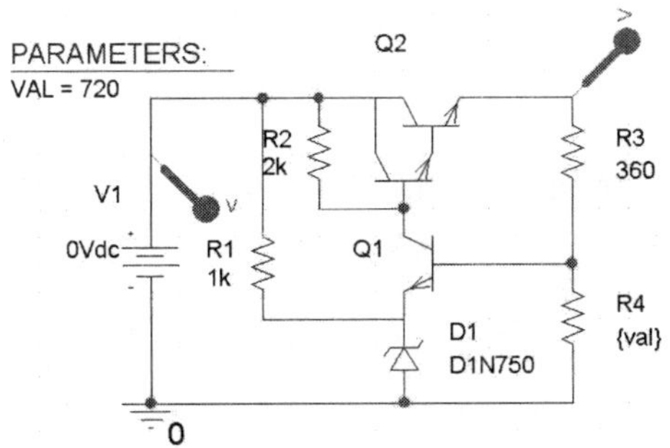

그림 6-16(a) 시뮬레이션 회로

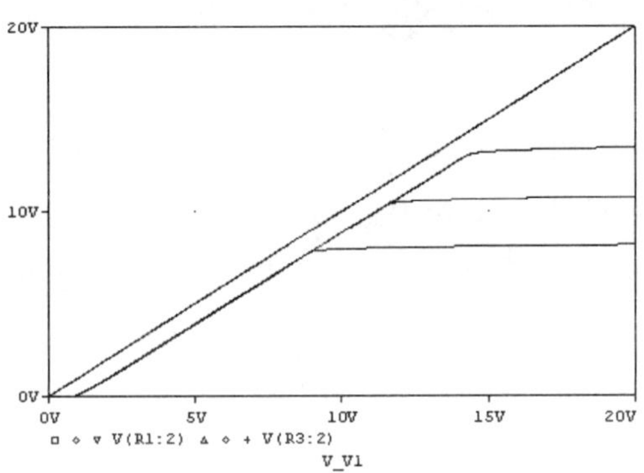

그림 6-16(b) 시뮬레이션 결과

Analysis setup

Parametric	Value list : 720 360 240			
DC Sweep	Swept Var. Type	· Voltage Source	Name	V1
	Sweep Type	· Linear	Start value	0
			End value	20
			Increment	20m

circuit file

```
.DC LIN V_V1 0 20 20m
.STEP PARAM val LIST 240 360 720
.PROBE V(alias(*)) I(alias(*)) W(alias(*)) D(alias(*)) NOISE(alias(*))
V_V1          N00587 0 0Vdc
R_R3          N01035 N01155  360
```

```
D_D1         0 N00609 D1N750
X_Q2         N00587 N01136 N01155 BDW93
R_R1         N00609 N00587  1k
Q_Q1         N01136 N01035 N00609 Q2N3904
R_R4         0 N01035  {val}
R_R2         N01136 N00587  2k
.PARAM  VAL=720
.END
```

6.17 전류제어 전압 레귤레이터

오실레이션을 피하기 위하여 Q_1의 에미터에 용량이 큰 커패시터를 넣어야 하며, 저항 R_6을 전류 센서 저항이라고 하며 이 저항이 Q_3의 베이스-에미터간에 인가될 전압이 걸리게 된다. 만약 부하 전류가 너무 크면, R_6의 양단간 전압이 Q_3을 턴-온하게 된다. 그렇게 하여 부하에 과도한 전류가 흐르는 것을 방지하게 된다. 출력단에 일정한 전압이 나타나는 것을 알 수 있다.

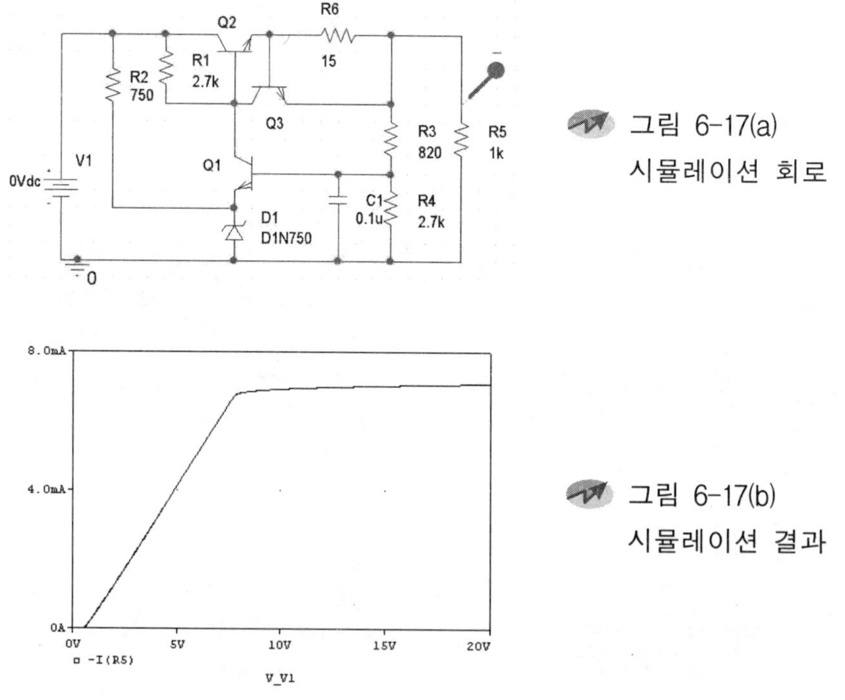

그림 6-17(a) 시뮬레이션 회로

그림 6-17(b) 시뮬레이션 결과

Analysis setup

DC Sweep			
Swept Var. Type	• Voltage Source	Name	V1
Sweep Type	• Linear	Start value	0
		End value	20
		Increment	0.02

circuit file

```
.DC LIN V_V1 0 20 0.02
.PROBE V(alias(*)) I(alias(*)) W(alias(*)) D(alias(*)) NOISE(alias(*))
V_V1        N00262 0 0Vdc
Q_Q1        N00399 N00578 N00441 Q2N3904
Q_Q2        N00262 N00399 N00459 Q2N3904
Q_Q3        N00399 N00459 N00496 Q2N3904
D_D1        0 N00441 D1N750
R_R1        N00399 N00262  2.7k
R_R2        N00441 N00262  750
R_R3        N00578 N00496  820
R_R4        0 N00578  2.7k
R_R5        0 N00496  1k
R_R6        N00496 N00459  15
C_C1        0 N00578  0.1u
.END
```

6.18 승압용 스위칭 레귤레이터

Tr.이 포화되면 전류는 인덕터를 통하여 흐르게 된다. Tr.이 돌연 cut off되면, 코일 주위의 자계가 충돌하므로 반대극성의 코일을 통하여 과전압이 유기 된다. 이것이 전류를 같은 방향으로 흐르게 하여 inductive kickback 전압이 입력 전압보다 크게 된다.

시뮬레이션이 정상적으로 수행되기 위해서는 Schematic의 메뉴바 중에서 Analysis → Setup → Transient를 선택하면 Transient Analysis가 열리게 되며 이때 ☑Skip initial transient solution을 반드시 체크해야 한다. 그렇게 하여야

SKIPBP가 과도해석항(.tran)에 나타난다.

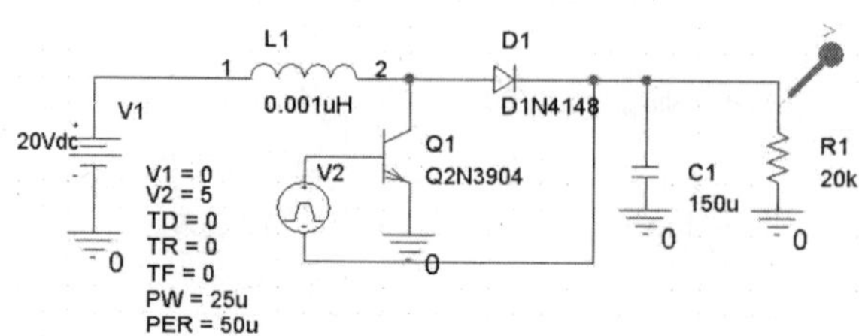

그림 6-18(a) 시뮬레이션 회로

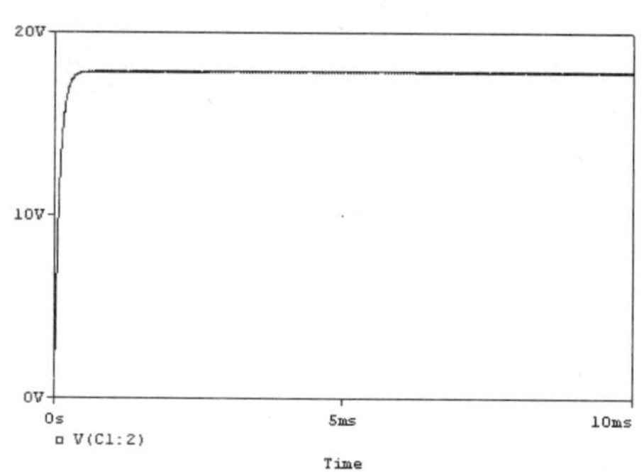

그림 6-18(b) 시뮬레이션 결과

Analysis setup

Transient Analysis ☑Skip initial transient solution	Maximum Step	2us
	Run to Time	10ms

circuit file

```
.TRAN  0 10ms 0 2us SKIPBP
.PROBE V(alias(*)) I(alias(*)) W(alias(*)) D(alias(*)) NOISE(alias(*))
V_V1        N00375 0 20Vdc
V_V2        N00417 N00433   PULSE 0 5 0 0 0 25u 50u
Q_Q1        N00387 N00417 0 Q2N3904
L_L1        N00375 N00387   0.001uH
D_D1        N00387 N00433 D1N4148
C_C1        0 N00433   150u
R_R1        0 N00433   20k
.END
```

6.19 강압용 스위칭 레귤레이터(Buck Switching Regulator)

On-off 스위칭 때문에 L-C 필터가 교류성분은 차단하고 직류 성분은 출력 측으로 통과하게 된다. 출력 전압은 항시 입력 전압보다 작게 된다. 스텝-다운 스위칭 레귤레이터는 컴퓨터의 전원공급 장치로 쓰인다. 스위칭 속도가 약 20[kHz] 정도이므로 L-C 필터가 주로 많이 쓰인다. 시뮬레이션이 정상적으로 수행되기 위해서는 Schematic의 메뉴바 중에서 **Analysis → Setup → Transient**를 선택하면 **Transient Analysis**가 열리게 되며, 이때 ☑Skip initial transient solution을 반드시 체크해야 SKIPBP가 과도해석항(.tran)에 나타난다.

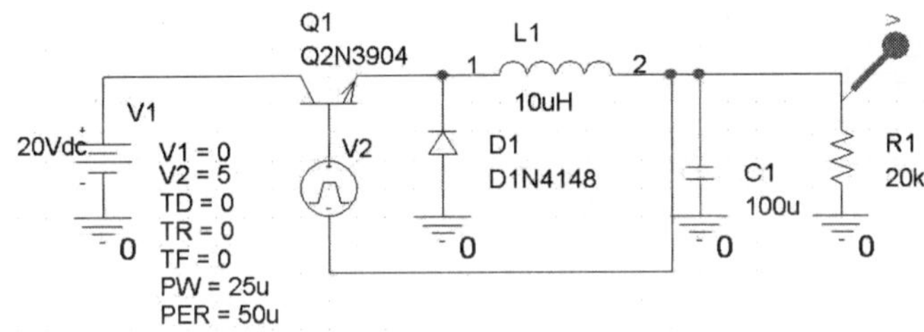

그림 6-19(a) 시뮬레이션 회로

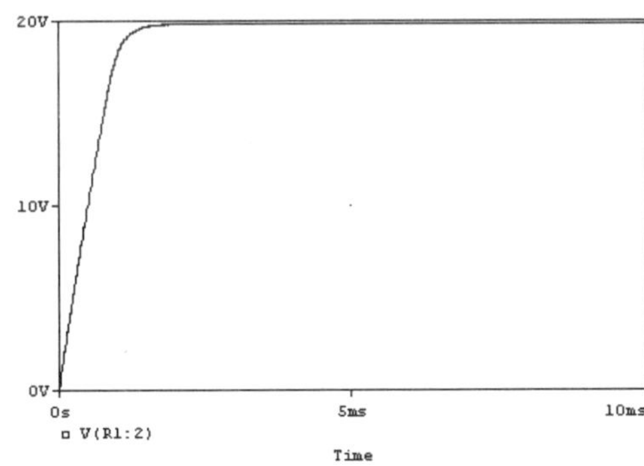

그림 6-19(b) 시뮬레이션 결과

Analysis setup

Transient Analysis ☑Skip initial transient solution	Maximum Step	2us
	Run to Time	10ms

circuit file

```
.TRAN   0 10ms 0 2us SKIPBP
.PROBE V(alias(*)) I(alias(*)) W(alias(*)) D(alias(*)) NOISE(alias(*))
V_V1          N00377 0 20Vdc
V_V2          N000850 N00451   PULSE 0 5 0 0 0 25u 50u
Q_Q1          N00377 N000850 N01583 Q2N3904
L_L1          N01583 N00451   10uH
D_D1          0 N01583 D1N4148
C_C1          0 N00451   100u
R_R1          0 N00451   20k
.END
```

6.20 광결합소자

입력으로 펄스 전압 V_p를 인가하면 발광 다이오드가 점멸됨에 따라 포토트랜지스터에 연결된 전원 V_1이 부하 저항 R_5에 전압이 점멸 주기와 같게 On, Off 함을 알 수 있다. 이 회로는 회로를 절연(isolation)하는데 주로 사용된다.

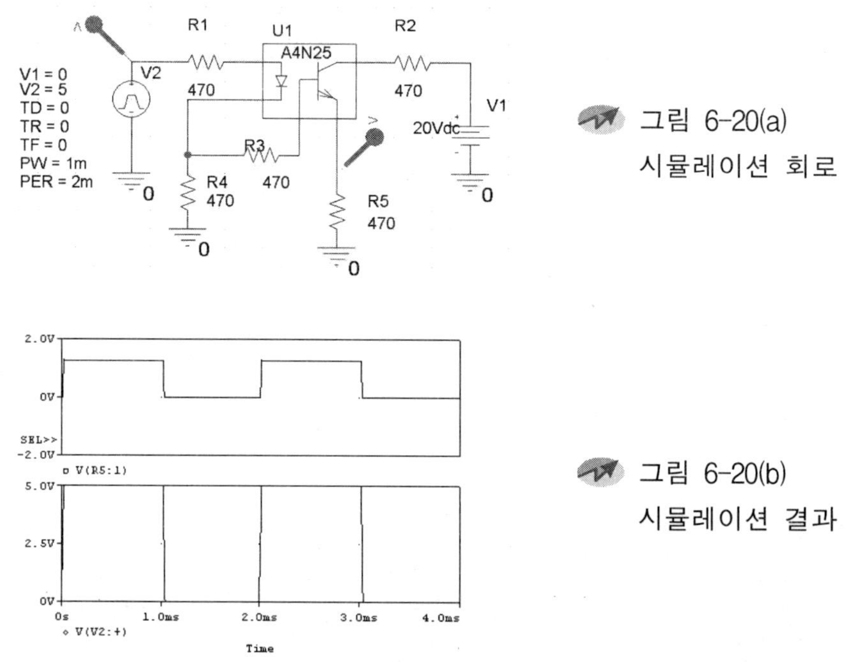

그림 6-20(a) 시뮬레이션 회로

그림 6-20(b) 시뮬레이션 결과

Analysis setup

Transient Analysis	Maximum Step	20us
	Run to Time	4ms

circuit file

```
.TRAN  0 4ms 0 20us
.PROBE V(alias(*)) I(alias(*)) W(alias(*)) D(alias(*)) NOISE(alias(*))
R_R4        N02346 0  470
V_V1        N02396 0 20Vdc
R_R5        N02547 0  470
V_V2        N02333 0  PULSE 0 5 0 0 0 1m 2m
X_U1        N009341 N02346 N02547 N020994 N02377 A4N25 PARAMS :
rel_CTR=1
R_R2        N02396 N020994  470
R_R1        N009341 N02333  470
R_R3        N02377 N02346  470
.END
```

6.21 다이오드 회로의 L-C 부하

$v_c = \frac{1}{C}\int_0^t idt = V_s(1-\cos\omega t)$에서 $-1 \le \cos\omega t \le +1$이므로 Vc=2[V]까지 충전된다. 출력 파형에서 V_1=10[V]일 때 Vc≒2·10=20[V]이지만 다이오드의 문턱 전압(knee voltage) 때문에 약간 못 미친다. 시뮬레이션이 정상적으로 수행되기 위해서는 Schematic의 메뉴바 중에서 Analysis → Setup → Transient를 선택하면 Transient Analysis가 열리게 되며, 이때 ☑Skip initial transient solution을 반드시 체크해야 SKIPBP가 과도해석항(.tran)에 나타난다. 출력 파형은 전류와 전압이기 때문에 동일 화면에서 보면 그 크기가 다르므로 다음과 같이 Multiple Y Axes in Probe로 설정해 주어야 한다.

① Run Probe를 구동한다.

② 첫 번째 Y축을 설정하기 위해 Plot/Add Y Axis를 선택한다.

③ Trace/Add를 선택한다.

④ 트레이스 목록에서 Plot I(L_1)를 클릭한 다음 OK한다.
⑤ 두 번째 Y축을 설정하기 위해 Plot/Add Y Axis를 선택한다.
⑥ Trace/Add를 선택한다.
⑦ 트레이스 목록에서 Plot V(C_1)를 클릭한 다음 OK한다.

이렇게 하면 두 개의 출력 화면을 각각의 배율로 동시에 볼 수 있다.

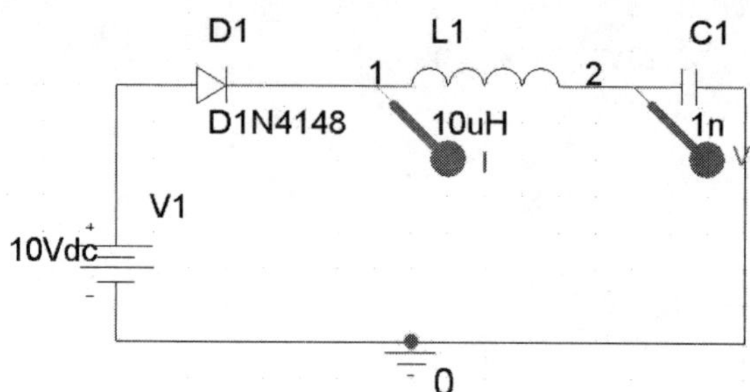

그림 6-21(a) 시뮬레이션 회로

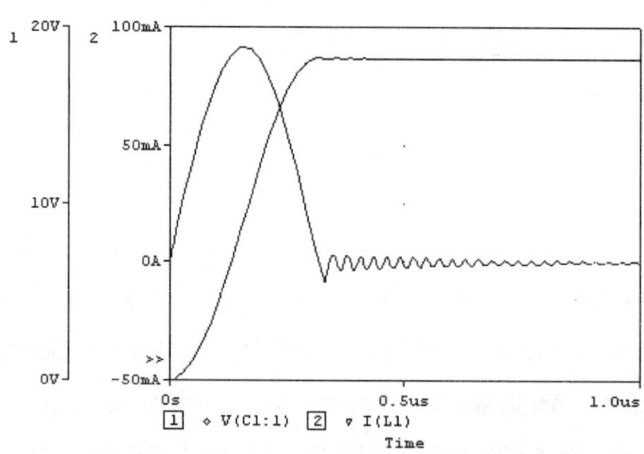

그림 6-21(b) 시뮬레이션 결과

Analysis setup

Transient Analysis	Maximum Step	20ns
☑Skip Initial transient solution	Run to Time	1us

circuit file

```
.TRAN   0 1us 0 20ns SKIPBP
.PROBE V(alias(*)) I(alias(*)) W(alias(*)) D(alias(*)) NOISE(alias(*))
V_V1          N00127 0 10Vdc
D_D1          N00127 N00121 D1N4148
L_L1          N00121 N00374   10uH
C_C1          N00374 0   1n
.END
```

6.22 다이오드 회로의 R-C 부하

이 회로는 R-C 부하를 가지는 경우에 대해서 전류와 전압이 각 소자에 걸리는 형상을 관측할 수 있으며, 순수한 부하 저항이 아니기 때문에 전류와 전압의 파형을 관측함으로써 회로의 깊이 있는 이해가 가능하다. 시뮬레이션이 정상적으로 수행되기 위해서는 Schematic의 메뉴바 중에서 Analysis → Setup → Transient를 선택하면 Transient Analysis가 열리게 되며, 이때 ☑Skip initial transient solution을 반드시 체크해야 SKIPBP가 과도해석항(.tran)에 나타난다. 이때 ☑Detailed Bias Pt를 체크해야 한다. 그렇게 하여야 과도해석항(.tran)에 .tran/OP가 나타난다. 출력 파형은 전류와 전압이기 때문에 동일 화면에서 보면 그 크기가 다르므로 다음과 같이 Multiple Y Axes in Probe로 설정해 주어야 한다.

① Run Probe를 구동한다.
② 첫 번째 Y축을 설정하기 위해 Plot/Add Y Axis를 선택한다.
③ Trace/Add를 선택한다.
④ 트레이스 목록에서 Plot I(C_1)를 클릭한 다음 OK한다.
⑤ 두 번째 Y축을 설정하기 위해 Plot/Add Y Axis를 선택한다.
⑥ Trace/Add를 선택한다.
⑦ 트레이스 목록에서 Plot V(R_1)를 클릭한 다음 OK한다.

이렇게 하면 두 개의 출력 화면을 각각의 배율로 동시에 볼 수 있다.

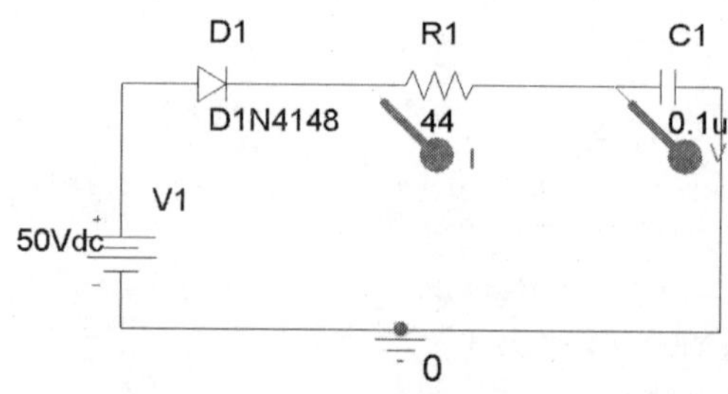

그림 6-22(a) 시뮬레이션 회로

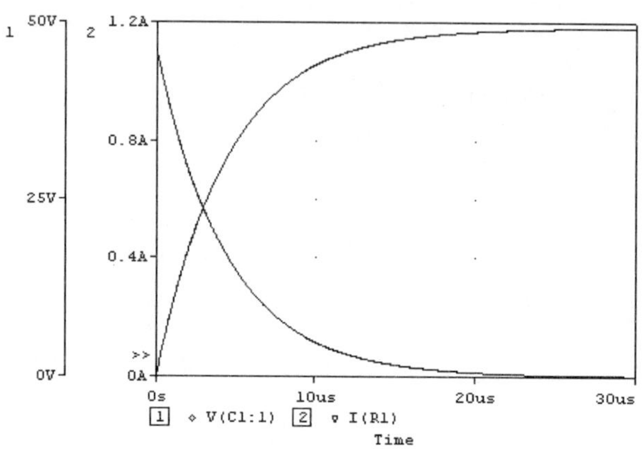

그림 6-22(b) 시뮬레이션 결과

Analysis setup

Transient Analysis ☑Skip Initial transient solution ☑Detailed Bias Pt.	Maximum Step	20ns
	Run to Time	30us

circuit file

```
.TRAN  0 30us 0 20ns SKIPBP
.PROBE V(alias(*)) I(alias(*)) W(alias(*)) D(alias(*)) NOISE(alias(*))
V_V1          N00127 0 50Vdc
D_D1          N00127 N00121 D1N4148
C_C1          N00374 0  0.1u
R_R1          N00121 N00374  44
.END
```

6.23 다이오드 회로의 R-L 부하

R-L 부하를 가지는 경우에 대해서 전류와 전압이 각 소자에 걸리는 형상을 관측할 수 있으며, 순수한 부하 저항이 아니기 때문에 전류와 전압의 파형을 관측함으로써 회로의 깊이 있는 이해가 가능하다. 시뮬레이션이 정상적으로 수행되기 위해서는 Schematic의 메뉴바 중에서 Analysis → Setup → Transient를 선택하면 Transient Analysis가 열리게 되며, 이때 ☑Skip initial transient solution을 반드시 체크해야 SKIPBP가 과도해석항(.tran)에 나타난다. Schematic의 메뉴바 중에서 Analysis → Setup → Transient를 선택하면 Transient Analysis가 열리게 되며 이때 ☑Detailed Bias Pt를 체크해야 한다. 그렇게 하여야 과도해석항(.tran)에 .tran/OP가 나타난다. 출력 파형은 전류와 전압이기 때문에 동일 화면에서 보면 그 크기가 다르므로 다음과 같이 Multiple Y Axes in Probe로 설정해 주어야 한다.

① Run Probe를 구동한다.
② 첫 번째 Y축을 설정하기 위해 Plot/Add Y Axis를 선택한다.
③ Trace/Add를 선택한다.
④ 트레이스 목록에서 Plot I(R_1)를 클릭한 다음 OK한다.
⑤ 두 번째 Y축을 설정하기 위해 Plot/Add Y Axis를 선택한다.
⑥ Trace/Add를 선택한다.
⑦ 트레이스 목록에서 Plot V(L_1)를 클릭한 다음 OK한다.

이렇게 하면 두 개의 출력 화면을 각각의 배율로 동시에 볼 수 있다.

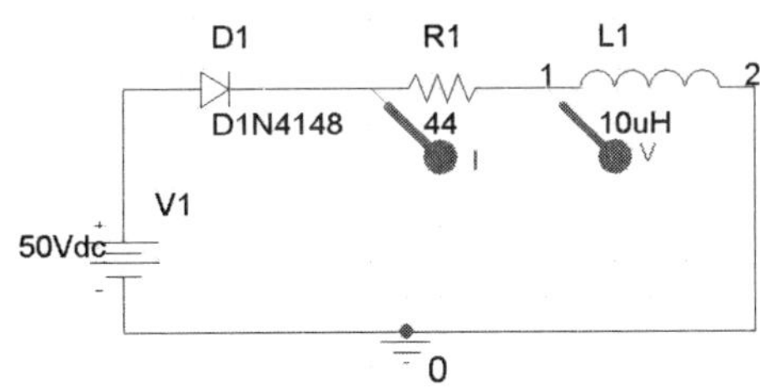

그림 6-23(a) 시뮬레이션 회로

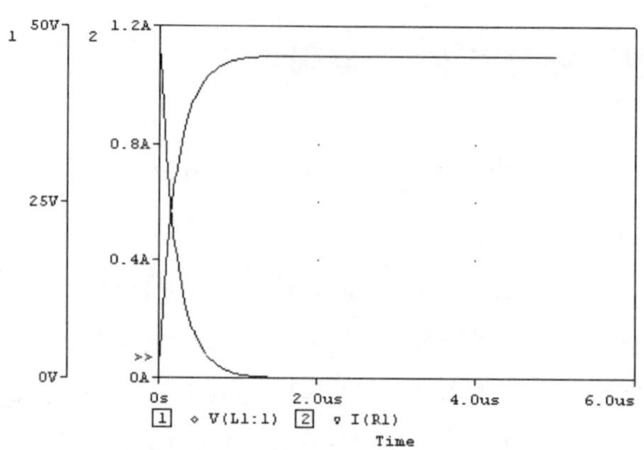

그림 6-23(b) 시뮬레이션 결과

Analysis setup

<table>
<tr><td rowspan="2">Transient Analysis
☑Skip Initial transient solution
☑Detailed Bias Pt.</td><td>Maximum Step</td><td>20ns</td></tr>
<tr><td>Run to Time</td><td>5us</td></tr>
</table>

circuit file

```
.TRAN  0 5us 0 20ns SKIPBP
.PROBE V(alias(*)) I(alias(*)) W(alias(*)) D(alias(*)) NOISE(alias(*))
V_V1          N00127 0 50Vdc
D_D1          N00127 N00121 D1N4148
L_L1          N00623 0  10uH
R_R1          N00121 N00623  44
.END
```

제 7 장 트랜지스터 회로의 시뮬레이션

7.1 BJT 특성곡선

트랜지스터의 특성곡선을 알아보기 위하여 입력 전압 V_{bb}를 0[V]에서 2[V]까지 0.2[V]씩 증가시키면서 V_{cc} 전압을 0[V]에서 15[V]까지 0.1[V]씩 증가할 때 콜렉터에 흐르는 전류 I_c를 측정한다. BJT(Bipolar junction transistor)의 직류 부하선을 그리기 위해서 Probe 상태에서 Trace를 선택하고 Add를 선택한 후에 (15V-V_Vcc)/50K이라 입력하면 직류 부하선이 그려진다.

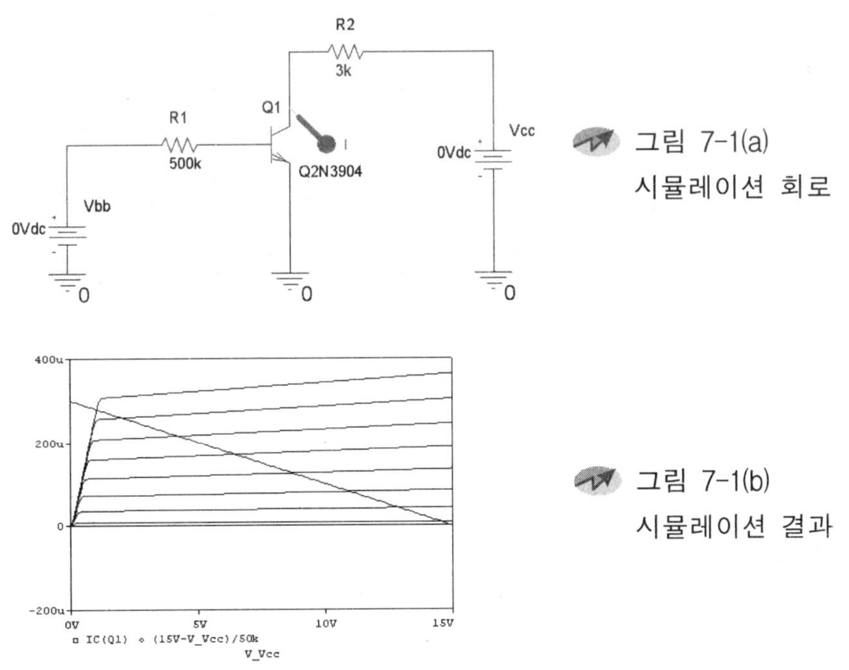

그림 7-1(a) 시뮬레이션 회로

그림 7-1(b) 시뮬레이션 결과

Analysis setup

DC sweep		
	Primary sweep	Secondary sweep
Sweep Var Type	Voltage Source	Voltage Source
Sweep Type	Linear	Linear
Name	Vcc	Vbb
Start Value	0	0
End Value	15	2
Increment	0.1	0.2

circuit file

```
.DC LIN V_Vcc 0 15 0.1
+ LIN V_Vbb 0 2 0.2
.PROBE V(alias(*)) I(alias(*)) W(alias(*)) D(alias(*)) NOISE(alias(*))
Q_Q1        N00128 N00135 0 Q2N3904
R_R1        N00142 N00135  500k
R_R2        N00128 N00154  3k
V_Vbb       N00142 0 0Vdc
V_Vcc       N00154 0 0Vdc
.END
```

7.2 트랜지스터 이득 곡선

트랜지스터의 주파수에 따른 이득 곡선을 확인한다. AC 해석에서 주파수를 10[kHz]까지 서서히 증가함에 따라 이득도 증가됨을 알 수 있다.

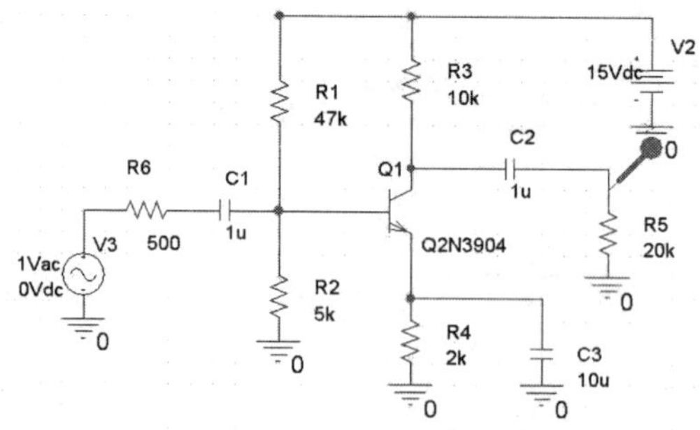

그림 7-2(a) 시뮬레이션 회로

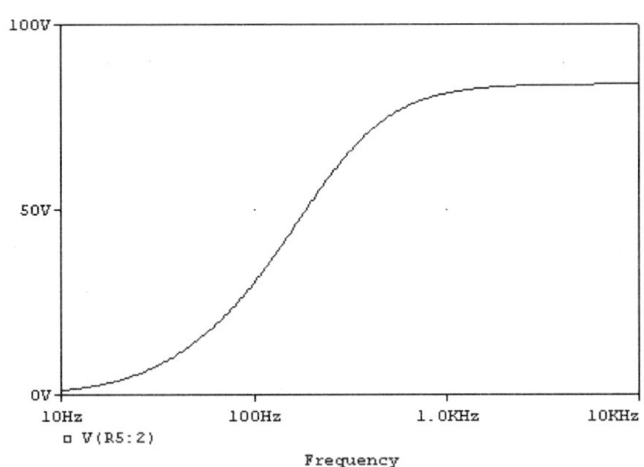

그림 7-2(b) 시뮬레이션 결과

Analysis setup

AC sweep	ac Sweep type • Linear	Total Pts	101
		Start Freq	10
		End Freq	10k

circuit file

```
.AC DEC 101 10 10k
.PROBE V(alias(*)) I(alias(*)) W(alias(*)) D(alias(*)) NOISE(alias(*))
V_V2        N00388 0 15Vdc
Q_Q1        N00263 N00249 N00282 Q2N3904
R_R1        N00249 N00388  47k
R_R2        0 N00249  5k
R_R3        N00263 N00388  10k
R_R4        0 N00282  2k
R_R5        0 N00308  20k
R_R6        N001451 N00364  500
V_V3        N00364 0 DC 0Vdc AC 1Vac
C_C1        N001451 N00249  1u
C_C2        N00263 N00308  1u
C_C3        0 N00282  10u
.END
```

7.3 NPN BJT의 직류 해석

전원 V_{cc}에 의해서 저항 R_1과 R_2에 흐르는 전류 $I=V_{cc}/(R_1+R_2)$이고, 트랜지스터의 베이스 전압 $V_B=I \cdot R_2$이며, 에미터 전압 $V_E=V_B-V_{BE}=V_B-0.7$이 된다. 에미터 전류 $I_E=V_E/R_E$이므로 콜렉터 전류는 $\alpha=I_c/I_E=1$이므로 $I_c=I_E$이다. 그러므로 콜렉터-에미터간 전압 $V_{CE}=V_C-V_E$가 된다.

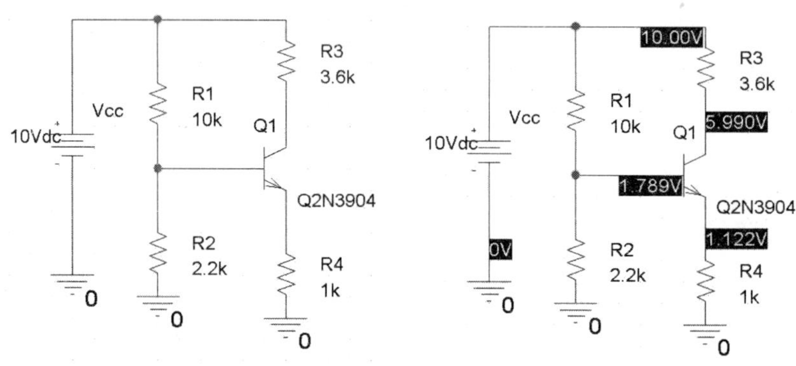

그림 7-3(a) 시뮬레이션 회로 그림 7-3(b) 시뮬레이션 결과(전압)

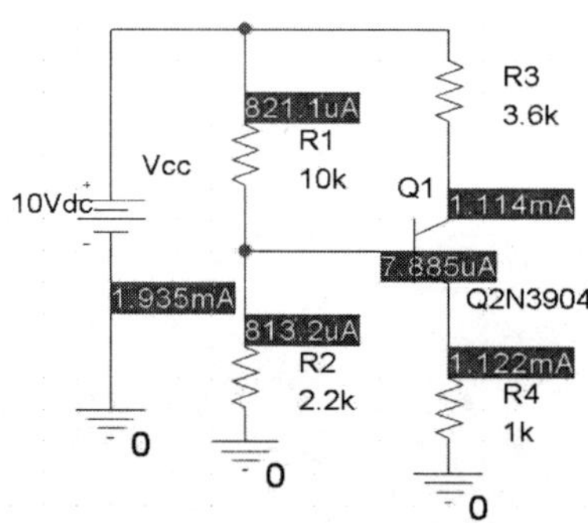

그림 7-3(c) 시뮬레이션 결과(전류)

Analysis setup

Transient Analysis	Maximum Step	20ns
	Run to Time	1us

circuit file

```
.TRAN  0 1000ns 0 20ns
.PROBE V(alias(*)) I(alias(*)) W(alias(*)) D(alias(*)) NOISE(alias(*))
V_Vcc          N00201 0 10Vdc
Q_Q1           N00263 N00229 N00281 Q2N3904
R_R1           N00229 N00201  10k
R_R2           0 N00229  2.2k
R_R3           N00263 N00201  3.6k
R_R4           0 N00281  1k
.END
```

7.4 PNP BJT의 직류 해석

전원 Vcc에 의해서 저항 R_1과 R_2에 흐르는 전류 $I=Vcc/(R_1+R_2)=0.82$[mA]이고, R_2양단의 전압 $V_2=(0.82$[mA])(2.2[kΩ])=1.8[V]이다. 또한 $V_{RE}=1.8-0.7=1.1$[V]가 되므로 에미터 전류 $I_E=1.1/1$[kΩ]=1.1[mA]가 되고, 콜렉터 전압 $V_c=(1.1$[mA])(3.6[kΩ])=3.96[V]가 된다. 또한 에미터 전압 $V_E=10-1.1=8.9$[V]가 되어 결국 트랜지스터의 콜렉터-에미터간의 전압 $V_{CE}=3.96-8.9=-4.94$[V]가 된다.

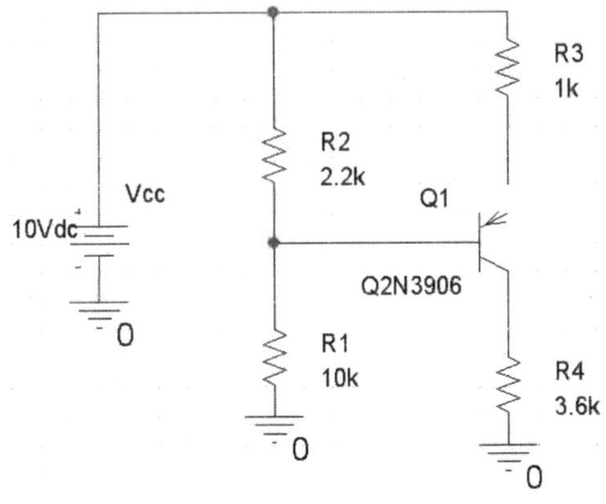

그림 7-4(a) 시뮬레이션 회로

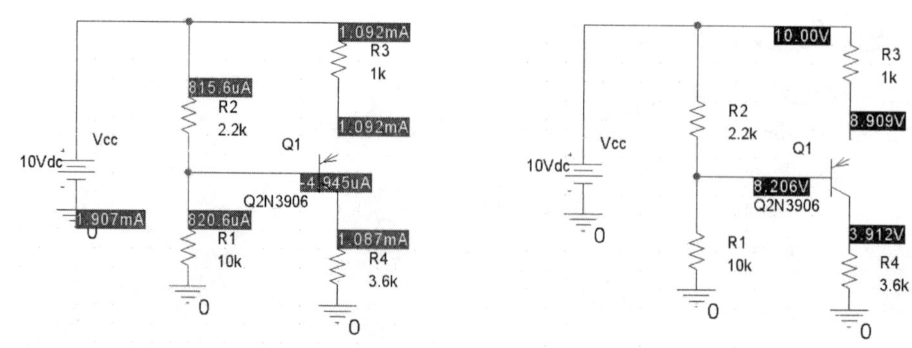

그림 7-4(c) 시뮬레이션 결과(전류) 그림 7-4(b) 시뮬레이션 결과(전압)

Analysis setup

Transient Analysis	Maximum Step	20ns
	Run to Time	1us

circuit file

```
.TRAN  0 1us 0 20ns
.PROBE V(alias(*)) I(alias(*)) W(alias(*)) D(alias(*)) NOISE(alias(*))
V_Vcc        N00186 0 10Vdc
Q_Q1         N00261 N00225 N00212 Q2N3906
R_R2         N00225 N00186  2.2k
R_R1         0 N00225  10k
R_R3         N00212 N00186  1k
R_R4         0 N00261  3.6k
.END
```

7.5 BJT의 CE 증폭기

이 회로는 ac 접지되어 있기 때문에 CE 증폭기라 불린다. ac발진기에서 1[mV]를 발생하고, 발진기의 내부 저항은 600[Ω]이라고 가정했다. 입력단에 coupling 커패시터를 연결하였으며, 출력 전압은 위상 반전되며, 출력단 coupling 커패시터는 DC를 차단하고, 에미터 측에 ac전압은 없다. Transient 출력은 입·출력의 크기가 달라 화면에서 각각의 y-좌표 값으로 나타내기 위하여, Run Probe

에서 Multiple Y Axes in Probe로 설정해 주어야 한다.

① Run Probe를 구동한다.

② 첫 번째 Y축을 설정하기 위해 Plot/Add Y Axis를 선택한다.

③ Trace/Add를 선택한다.

④ 트레이스 목록에서 Plot V(R_L:2)를 클릭한 다음 OK한다.

⑤ 두 번째 Y축을 설정하기 위해 Plot/Add Y Axis를 선택한다.

⑥ Trace/Add를 선택한다.

⑦ 트레이스 목록에서 Plot V(R_g:1)를 클릭한 다음 OK한다.

이렇게 하면 두 개의 출력 화면을 각각의 배율로 동시에 볼 수 있다.

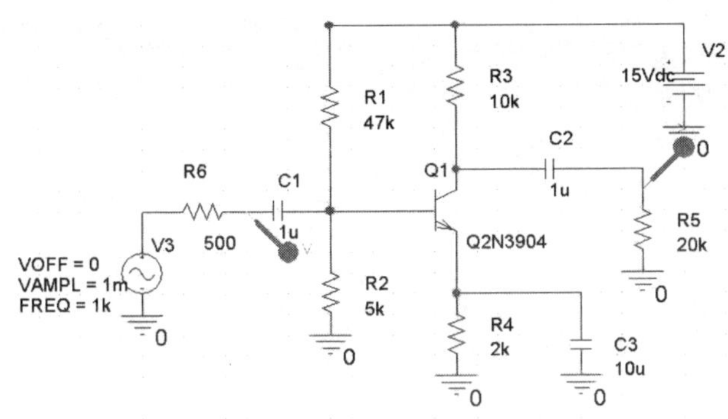

그림 7-5(a) 시뮬레이션 회로

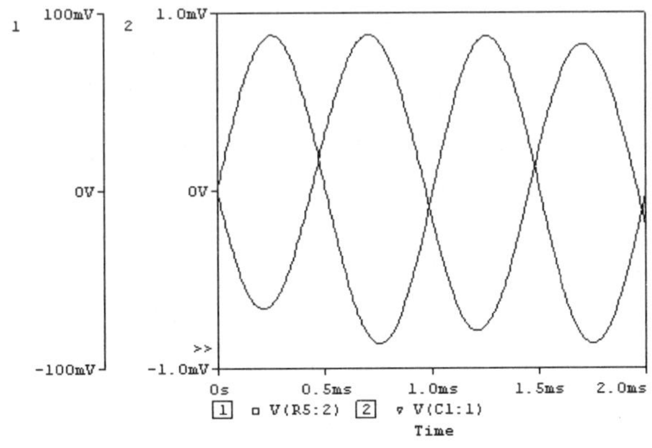

그림 7-5(b) 시뮬레이션 결과

Analysis setup

Transient Analysis	Maximum Step	10us
	Run to Time	2ms

circuit file

```
.TRAN   0 2ms 0 10us
.PROBE V(alias(*)) I(alias(*)) W(alias(*)) D(alias(*)) NOISE(alias(*))
V_V2          N00388 0 15Vdc
Q_Q1          N00263 N00249 N00282 Q2N3904
R_R1          N00249 N00388  47k
R_R2          0 N00249  5k
R_R3          N00263 N00388  10k
R_R4          0 N00282  2k
R_R5          0 N00308  20k
R_R6          N001451 N00364  500
C_C1          N001451 N00249  1u
C_C2          N00263 N00308  1u
V_V3          N00364 0
+SIN 0 1m 1k 0 0 0
C_C3          0 N00282  10u
.END
```

7.6 스왐핑된 CE 증폭기

이 회로는 CE 증폭기에 스왐핑(swapping) 저항을 삽입한 경우이다. 교류 에미터 저항(ac emitter resistance) $r_e'=25[mV]/IE$이다. r_e'의 실제 값은 온도와 접합형태에 좌우되므로 에미터 증폭기에서 r_e' 값의 변화는 전압 이득에 변화를 초래한다. 어떤 응용 회로에서는 전압 이득의 변화가 필요한 경우가 있다. 예를 들어, 트랜지스터 라디오에서 가변 저항을 조정하여 전압 이득의 변화를 보충할 수 있다. 그러나 가능한 안정된 전압 이득이 필요한 응용 회로들이 대부분이다. 이처럼 일정한 전압 이득을 구할 수 있는 방법 중의 하나가 R_3처럼 에미터에 바이패스 되지 않은 저항을 삽입하는 것이며 그 삽입 저항을 feedback resistor이라고 한다. 입력 전압이 증가하면 입력 전압과 동상(in phase)의 피드백 에미터 전압도 증가한다. 그렇게 함으로써 에미터 다이오드 양단에 걸리는 전압은 그 전보다 작아지게 되므로 negative feedback과 같은 기능을 한다. 스왐핑은 전압 이득을 떨어뜨리고, 왜곡을 줄이는 효과가 있다.

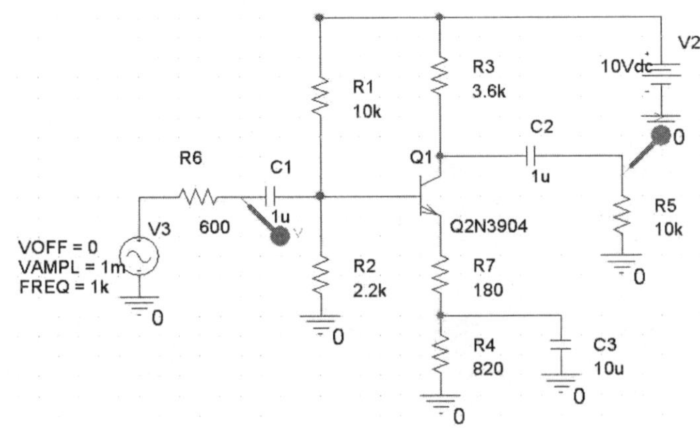

그림 7-6(a) 시뮬레이션 회로

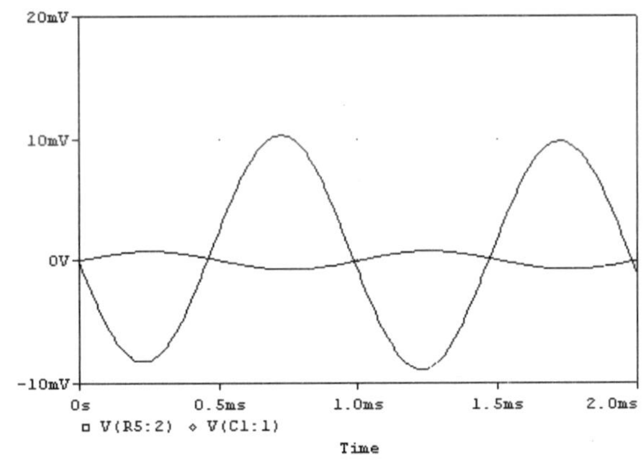

그림 7-6(b) 시뮬레이션 결과

Analysis setup

Transient Analysis	Maximum Step	10us
	Run to Time	2ms

circuit file

```
.TRAN  0 2ms 0 10us
.PROBE V(alias(*)) I(alias(*)) W(alias(*)) D(alias(*)) NOISE(alias(*))
V_V2       N00388 0 10Vdc
Q_Q1       N00263 N00249 N000402 Q2N3904
R_R1       N00249 N00388  10k
R_R2       0 N00249  2.2k
R_R3       N00263 N00388  3.6k
R_R4       0 N04233  820
R_R5       0 N00308  10k
R_R6       N001451 N00364  600
C_C1       N001451 N00249  1u
R_R7       N04233 N000402  180
C_C2       N00263 N00308  1u
V_V3       N00364 0  SIN 0 1m 1k 0 0 0
C_C3       0 N04233  10u
.END
```

7.7 BJT의 2단 증폭기 회로

이 회로는 BJT를 2단으로 접속(Cascade)하여 증폭하는 회로로써 첫 번째 단의 출력이 커패시터(coupling capacitor)에 의해 두 번째 단의 입력에 결합된 회로로써 두 단이 모두 동일한 CE증폭기 회로이다. Transient 출력은 입·출력의 크기가 달라 화면에서 각각의 y-좌표 값으로 나타내기 위하여, Run Probe에서 Multiple Y Axes in Probe로 설정해 주어야 한다.

① Run Probe를 구동한다.

② 첫 번째 Y축을 설정하기 위해 Plot/Add Y Axis를 선택한다.

③ Trace/Add를 선택한다.

④ 트레이스 목록에서 Plot V(R_L:2)를 클릭한 후 OK한다.

⑤ 번째 Y축을 설정하기 위해 Plot/Add Y Axis를 선택한다.

⑥ Trace/Add를 선택한다.

⑦ 트레이스 목록에서 Plot V(R_g:1)를 클릭한 후 OK한다.

이렇게 하면 두 개의 출력 화면을 각각의 배율로 동시에 볼 수 있다.

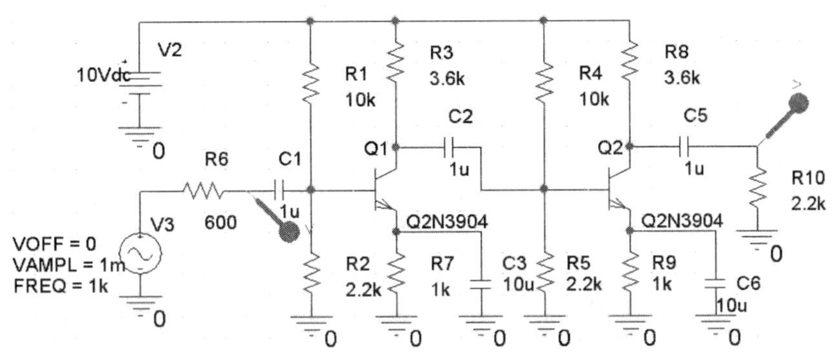

그림 7-7(a) 시뮬레이션 회로

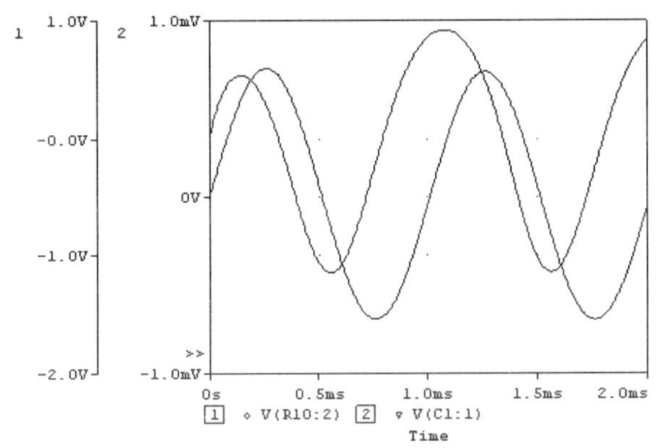

그림 7-7(b) 시뮬레이션 결과

Analysis setup

Transient Analysis	Maximum Step	10us
	Run to Time	2ms

circuit file

```
.TRAN  0 2ms 0 10us
.PROBE V(alias(*)) I(alias(*)) W(alias(*)) D(alias(*)) NOISE(alias(*))
V_V2         N00414 0 10Vdc
R_R9         0 N06368  1k
```

```
Q_Q1     N00263 N05590 N06230 Q2N3904
R_R1     N05590 N00414  10k
R_R2     0 N05590  2.2k
R_R3     N00263 N00414  3.6k
Q_Q2     N05305 N06062 N06368 Q2N3904
R_R1     0 N06321  2.2k
R_R4     N06062 N00414  10k
R_R6     N001451 N00364  600
R_R5     0 N06062  2.2k
C_C1     N001451 N05590  1u
R_R7     0 N06230  1k
R_R8     N05305 N00414  3.6k
C_C2     N00263 N06062  1u
V_V3     N00364 0  SIN 0 1m 1k 0 0 0
C_C3     0 N06230  10u
C_C5     N05305 N06321  1u
C_C6     0 N06368  10u
.END
```

7.8 다링턴 에미터 폴로워

다링턴(Darlington) 회로는 입력 임피던스를 더 높이고 출력 임피던스를 더 감소시키기 위하여 사용된다. 그러므로 다링턴 증폭기의 동작을 이해할 수 있도록 한다. 에미터 폴로워(emitter follower) 회로의 전압 이득 A≒1이므로 입력과 출력의 전압크기는 거의 같아야 한다.

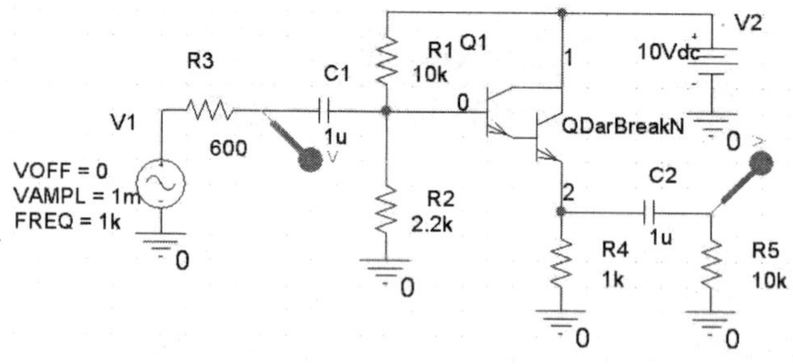

그림 7-8(a) 시뮬레이션 회로

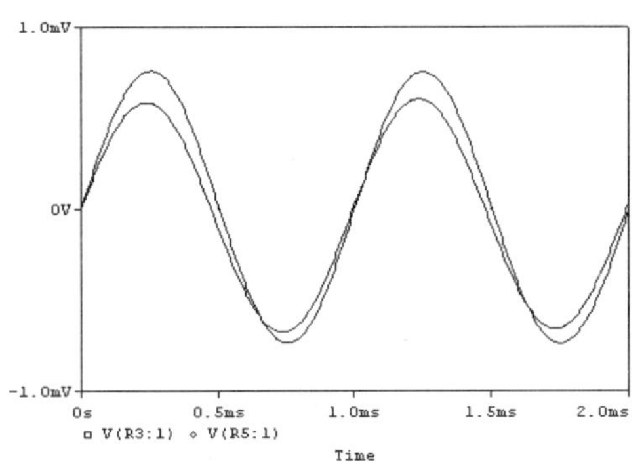

그림 7-8(b) 시뮬레이션 결과

Analysis setup

Transient Analysis	Maximum Step	5us
	Run to Time	2ms

circuit file

```
.TRAN  0 2ms 0 5us
.PROBE V(alias(*)) I(alias(*)) W(alias(*)) D(alias(*)) NOISE(alias(*))
X_Q1        N00338 N00366 N00435 QDarBreakN
R_R1        N00366 N00338  10k
R_R2        0 N00366  2.2k
R_R3        N00416 N00573  600
R_R4        N00435 0  1k
R_R5        N00618 0  10k
C_C1        N00416 N00366  1u
C_C2        N00435 N00618  1u
V_V1        N00573 0  SIN 0 1m 1k 0 0 0
V_V2        N00338 0 10Vdc
.END
```

7.9 에미터 폴로워 증폭기 1

에미터 측을 크게 스웸프하면 에미터 교류저항 r_e'의 영향을 거의 무시할 수 있다. 이렇게 하면, 전압 이득은 아주 안정되며 거의 전압 이득 A≒1이 된다.

이 회로는 다링턴 회로를 이용하였다.

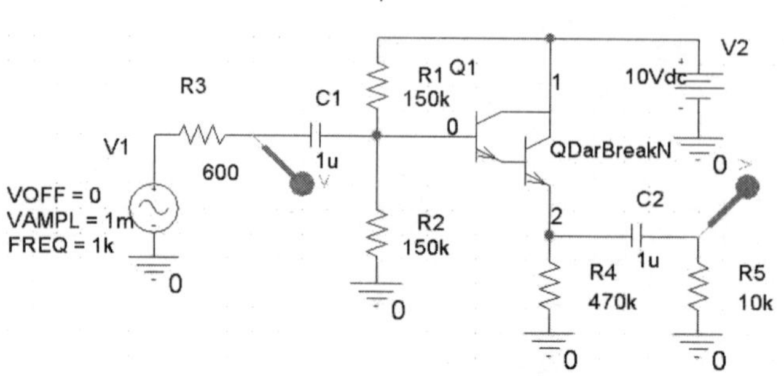

그림 7-9(a) 시뮬레이션 회로

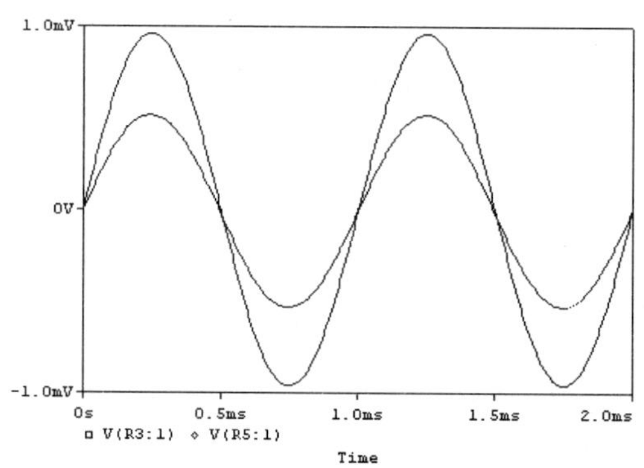

그림 7-9(b) 시뮬레이션 결과

Analysis setup

Transient Analysis	Maximum Step	5us
	Run to Time	2ms

circuit file

```
.TRAN  0 2ms 0 5us
.PROBE V(alias(*)) I(alias(*)) W(alias(*)) D(alias(*)) NOISE(alias(*))
X_Q1        N00338 N00366 N00435 QDarBreakN
R_R1        N00366 N00338  150k
R_R2        0 N00366  150k
R_R3        N00416 N00573  600
```

```
R_R4         N00435 0   470k
R_R5         N00618 0   10k
C_C1         N00416 N00366   1u
C_C2         N00435 N00618   1u
V_V1         N00573 0   SIN 0 1m 1k 0 0 0
V_V2         N00338 0  10Vdc
.END
```

7.10 에미터 폴로워 증폭기 2

에미터 측을 크게 스왐프(swamp)하면 에미터 교류저항 r_e'의 영향을 거의 무시할 수 있다. 이렇게 함으로써 전압 이득은 아주 안정되며 거의 전압 이득 A ≒1이므로 입력과 출력은 거의 같아야 한다.

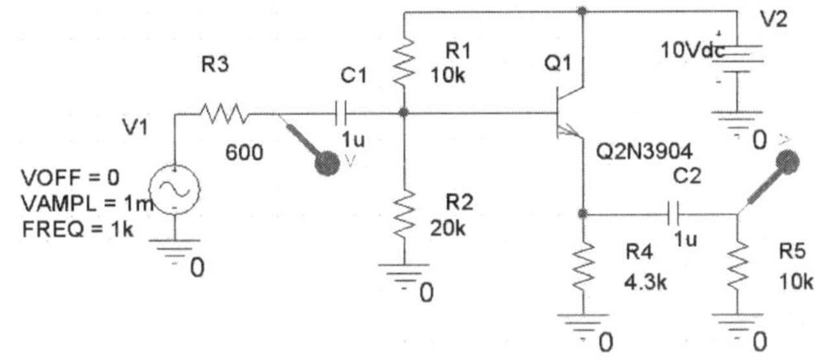

그림 7-10(a) 시뮬레이션 회로

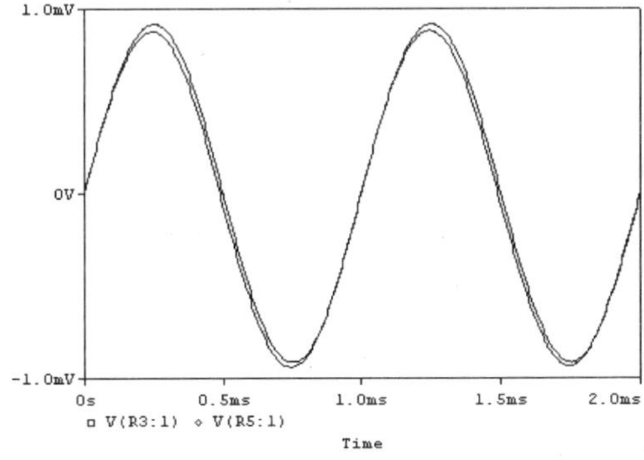

그림 7-10(b) 시뮬레이션 결과

Analysis setup

Transient Analysis	Maximum Step	5us
	Run to Time	2ms

circuit file

```
.TRAN   0 2ms 0 5us
.PROBE V(alias(*)) I(alias(*)) W(alias(*)) D(alias(*)) NOISE(alias(*))
Q_Q1          N00338 N00366 N01341 Q2N3904
R_R1          N00366 N00338  10k
R_R2          0 N00366  20k
R_R3          N00416 N00573  600
R_R4          N01341 0  4.3k
R_R5          N00618 0  10k
C_C1          N00416 N00366  1u
C_C2          N01341 N00618  1u
V_V1          N00573 0  SIN 0 1m 1k 0 0 0
V_V2          N00338 0 10Vdc
.END
```

7.11 B급 증폭기

이 회로는 접합트랜지스터를 2단으로 연결하였으며, 푸쉬-풀(push-pull) 증폭의 대칭을 유지하기 위하여 다이오드 미러(mirror)를 채용함으로써 열 폭주(thermal runaway)를 방지하게 된다. Transient 출력은 입·출력의 크기가 달라 화면에서 각각의 y-좌표 값으로 나타내기 위하여, Run Probe에서 Multiple Y Axes in Probe로 설정해 주어야 한다.

① Run Probe를 구동한다.

② 첫 번째 Y축을 설정하기 위해 Plot/Add Y Axis를 선택한다.

③ Trace/Add를 선택한다.

④ 트레이스 목록에서 Plot V(R_L:2)를 클릭한 후 OK한다.

⑤ 두 번째 Y축을 설정하기 위해 Plot/Add Y Axis를 선택한다.

⑥ Trace/Add를 선택한다.

⑦ 트레이스 목록에서 Plot V(R_g:1)를 클릭한 후 OK한다.

이렇게 하면 두 개의 출력 화면을 각각의 배율로 동시에 볼 수 있다.

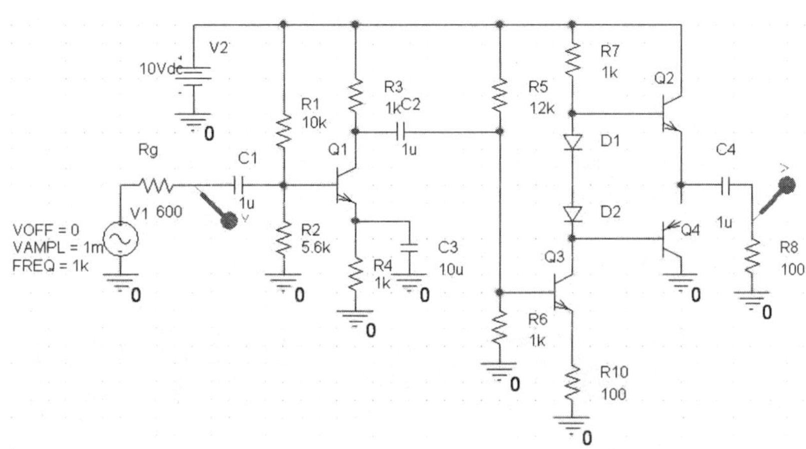

그림 7-11(a) 시뮬레이션 회로

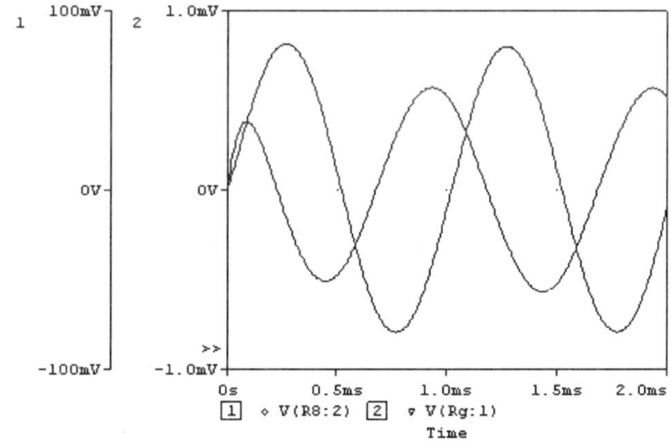

그림 7-11(b) 시뮬레이션 결과

Analysis setup

Transient Analysis	Maximum Step	5us
	Run to Time	2ms

circuit file

```
.TRAN  0 2ms 0 5us
.PROBE V(alias(*)) I(alias(*)) W(alias(*)) D(alias(*)) NOISE(alias(*))
R_R6        0 N00732  1k
R_R7        N00940 N00456  1k
Q_Q1        N00597 N00498 N00646 Q2N3904
R_R8        0 N01161  100
R_Rg        N00486 N00476  600
Q_Q2        N00456 N00940 N01070 Q2N3904
R_R10       N00795 0  100
Q_Q3        N00864 N00732 N00795 Q2N3904
C_C1        N00486 N00498  1u
Q_Q4        0 N00864 N01070 Q2N3905
C_C2        N00597 N00732  1u
D_D1        N00940 N00901 D1N914
C_C3        0 N00646  10u
D_D2        N00901 N00864 D1N914
C_C4        N01161 N01070  1u
R_R1        N00498 N00456  10k
V_V1        N00476 0  SIN 0 1m 1k 0 0 0
R_R2        0 N00498  5.6k
R_R3        N00597 N00456  1k
V_V2        N00456 0 10Vdc
R_R4        0 N00646  1k
R_R5        N00732 N00456  12k
.END
```

7.12 C급 증폭기

코일의 Q_L=50이라면, 공진 주파수 $f_r = \frac{1}{2\pi\sqrt{LC}}$ =5.19[MHz]이다.

인덕티브 리액턴스 X_L= $2\pi \cdot f \cdot L$=65.2[Ω]이고, 병렬저항성분 Rp=$Q_L \cdot X_L$ =3.26[kΩ]이다. 교류저항 성분 r_c=Rp||R_L=765[Ω], ac포화 전류 I_c(sat)= 15/765=19.6[mA], 교류 컷오프 전압 $V_{CE(cutoff)}$=15[V]이다. 회로의 Q=765/65.2=11.7이므로 대역폭 B=5.19[K]/11.7=0.444[kHz]이다. 주파수 응답곡선을 확인하기 위해서는 Analysis에서 AC Sweep를 수행하여야 하며 약 15[MHz]까지 AC Sweep를 수행하면 Q곡선이 나타난다.

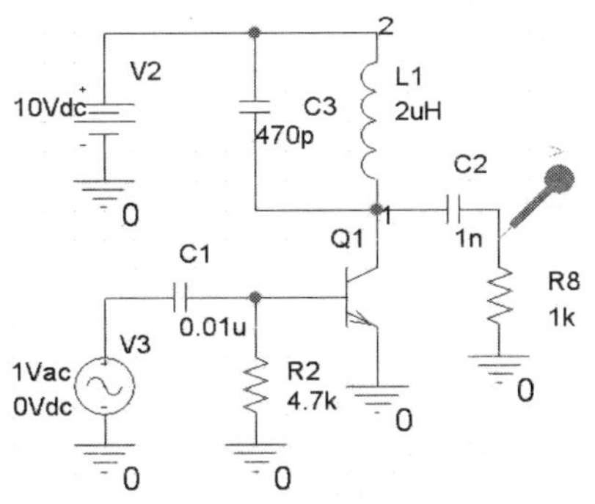

그림 7-12(a) 시뮬레이션 회로

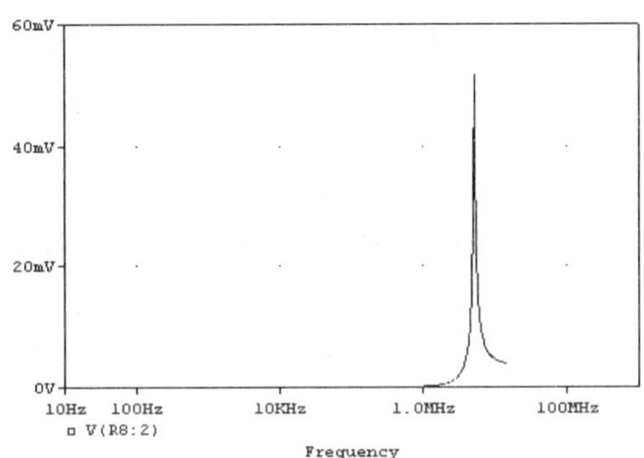

그림 7-12(b) 시뮬레이션 결과

Analysis setup

AC sweep	ac Sweep type · Linear	Total Pts	101
		Start Freq	10
		End Freq	15MEG

circuit file

```
.AC DEC 101 10 15meg
.PROBE V(alias(*)) I(alias(*)) W(alias(*)) D(alias(*)) NOISE(alias(*))
Q_Q1        N00597 N00516 0 Q2N3904
R_R8        0 N04142  1k
C_C1        N00476 N00516  0.01u
V_V3        N00476 0 DC 0Vdc AC 1Vac
C_C2        N00597 N04142  1n
```

```
C_C3          N00597 N00458   470p
R_R2          0 N00516   4.7k
L_L1          N00597 N00458   2uH
V_V2          N00458 0  10Vdc
.END
```

7.13 JFET의 전류-전압 곡선

n-채널 접합 전계효과 트랜지스터의 게이트 전압에 따라 드레인 전류가 어떻게 흐르는가를 확인하는 것으로 게이트 전압을 0[V]에서 -5[V]까지 -1[V]씩 감소하면서 드레인 전류를 나타낸 것인데 출력 파형에는 3개만 보이지만 제일 위가 0[V]일 때이고 다음이 -1[V]일 때의 출력이다. 나머지 두개의 출력을 x-축에 거의 일치되어 보이지 않지만, Zoom in을 이용한 화면 확대로 이를 확인할 수 있다. Analysis setup의 DC Sweep에서 Secondary Sweep를 반드시 지정해야 한다.

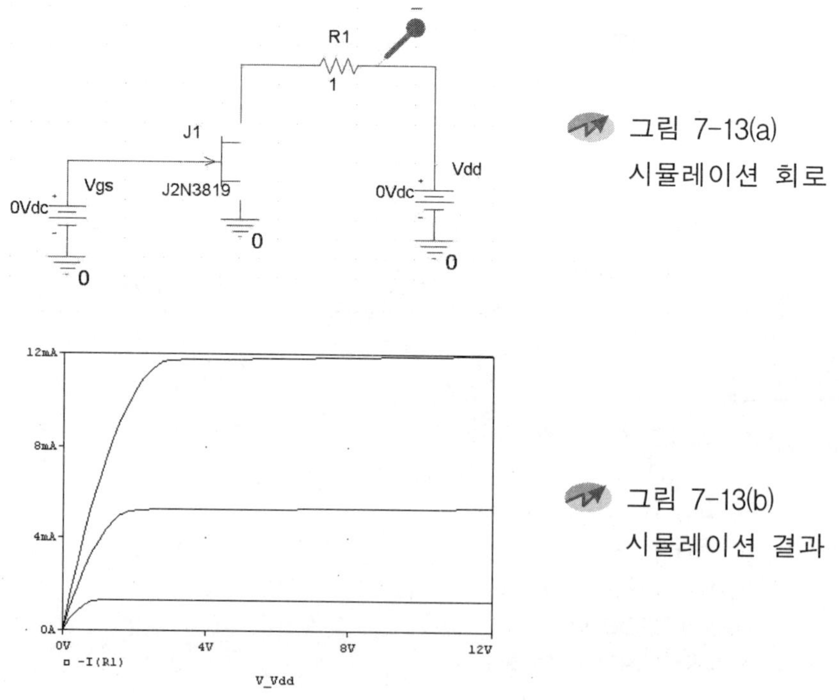

그림 7-13(a) 시뮬레이션 회로

그림 7-13(b) 시뮬레이션 결과

Analysis setup

DC sweep		
	Primary sweep	Secondary sweep
Sweep Var Type	Voltage Source	Voltage Source
Sweep Type	Linear	Linear
Name	Vdd	Vgs
Start Value	0	0
End Value	12	-5
Increment	0.2	-1

circuit file

```
.DC LIN V_Vdd 0 12 0.2
+ LIN V_Vgs 0 -5 -1
.PROBE V(alias(*)) I(alias(*)) W(alias(*)) D(alias(*)) NOISE(alias(*))
J_J1          N00170 N00158 0 J2N3819
V_Vgs         N00158 0 0Vdc
V_Vdd         N00185 0 0Vdc
R_R1          N00170 N00185  1
.END
```

7.14 JFET의 전달 특성곡선

이 회로는 JFET의 전달(Transconductance) 특성으로써 게이트-소오스간 전압을 -6[V]에서 0[V]까지 서서히 증가시키면 $I_D = I_{DSS}(1 - \frac{V_{GS}}{V_{GS(off)}})^2$이 된다. 그래서 JFET를 제곱곡선 소자라고 한다.

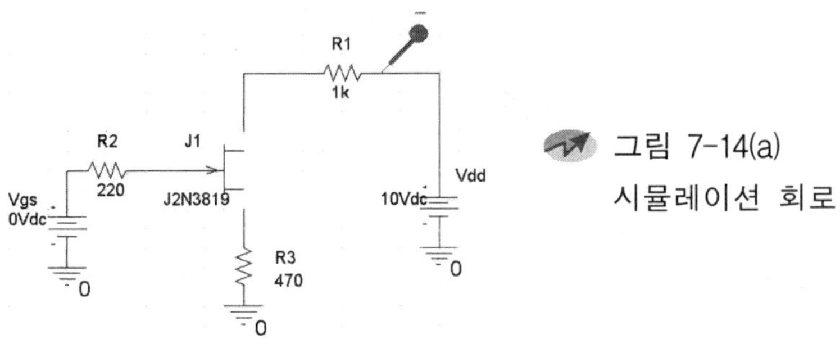

그림 7-14(a) 시뮬레이션 회로

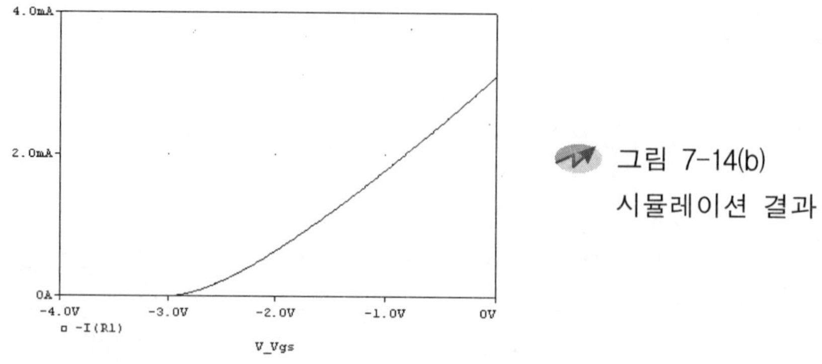

그림 7-14(b)
시뮬레이션 결과

Analysis setup

DC Sweep			
Swept Var. Type	• Voltage Source	Name	Vgs
Sweep Type	• Linear	Start value	-4
		End value	0
		Increment	0.01

circuit file

```
.DC LIN V_Vgs -4 0 0.01
.PROBE V(alias(*)) I(alias(*)) W(alias(*)) D(alias(*)) NOISE(alias(*))
J_J1        N00170 N00370 N000401 J2N3819
V_Vgs       N00158 0 0Vdc
R_R2        N00158 N00370  220
V_Vdd       N00185 0 10Vdc
R_R3        0 N000401  470
R_R1        N00170 N00185  1k
.END
```

7.15 증가모드 MOSFET의 특성곡선

증가모드(Enhancement mode) MOSFET의 드레인 전류 특성을 알기 위하여 게이트 전압을 0[V]에서 +8[V]까지 +1[V]씩 증가하면서 그때의 드레인 전류를 나타낸 것이다. 출력에서 가장 위에 나타난 곡선이 +8[V]를 인가한 경우이고 그 밑에 있는 곡선이 +7[V]를 인가한 경우이다.

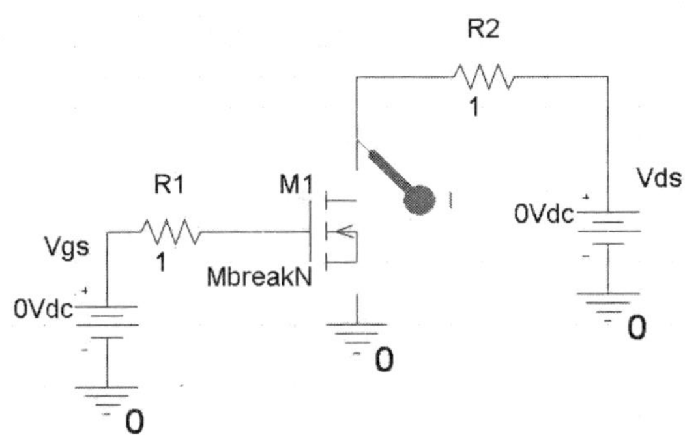

그림 7-15(a) 시뮬레이션 회로

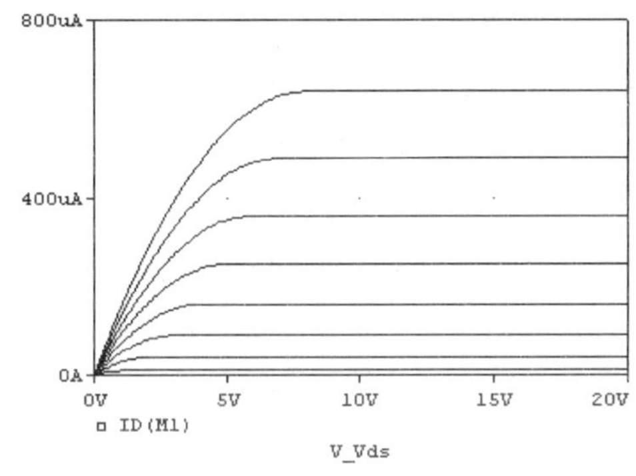

그림 7-15(b) 시뮬레이션 결과

Analysis setup

DC sweep		
	Primary sweep	Secondary sweep
Sweep Var Type	Voltage Source	Voltage Source
Sweep Type	Linear	Linear
Name	Vds	Vgs
Start Value	0	0
End Value	20	8
Increment	0.1	1

회로 설정

```
.DC LIN V_Vds 0 20 0.1
+ LIN V_Vgs 0 8 1
.PROBE V(alias(*)) I(alias(*)) W(alias(*)) D(alias(*)) NOISE(alias(*))
V_Vgs         N00155 0 0Vdc
V_Vds         N00135 0 0Vdc
R_R1          N00155 N00145  1
R_R2          N00128 N00135  1
M_M1          N00128 N00145 0 0 MbreakN
.END
```

7.16 MOSFET의 직류 부하선

MOSFET의 직류 부하선을 알기 위하여 게이트 전압 V_{gg}=0[V], V_{dd}=0[V]로 그림과 같이 설정하며, Analysis의 DC sweep의 값을 설정한다. 즉, Primary sweep와 Secondary sweep를 설정해 주어야 한다. 처음에는 V_{dd}=0[V]일 때 V_{gg}를 0에서 5[V]까지 시뮬레이션하고 이어서 V_{dd}=0.5로 한 뒤에 다시 V_{gg}를 0[V]에서 5[V]까지 시뮬레이션을 반복 수행한다. 이러한 과정을 주어진 조건이 만족될 때까지 반복한다. 직류 부하선을 보기 위해서 Probe에서 Trace를 선택하고 Add를 선택한 후에 (5V-V_Vdd)/50Kohm이라 입력하면 직류 부하선이 그려진다.

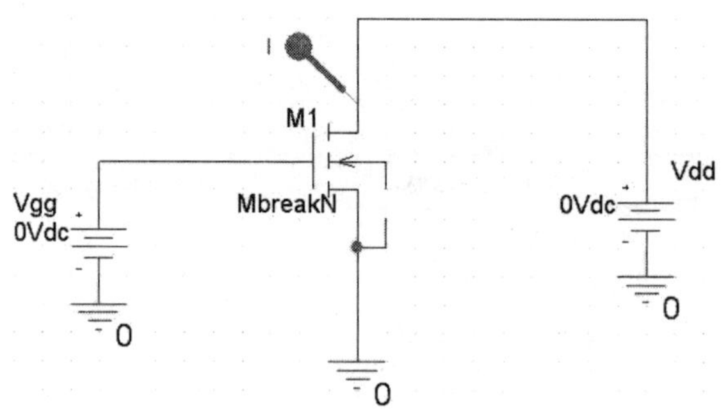

그림 7-16(a) 시뮬레이션 회로

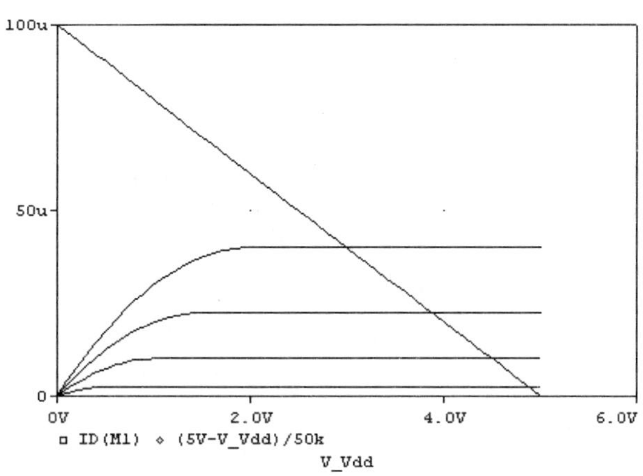

그림 7-16(b) 시뮬레이션 결과

Analysis setup

DC sweep		
	Primary sweep	Secondary sweep
Sweep Var Type	Voltage Source	Voltage Source
Sweep Type	Linear	Linear
Name	Vdd	Vgg
Start Value	0	0
End Value	5	2
Increment	0.1	0.5

회로 조건

```
.DC LIN V_Vdd 0 5 0.1
+ LIN V_Vgg 0 2 0.5
.PROBE V(alias(*)) I(alias(*)) W(alias(*)) D(alias(*)) NOISE(alias(*))
M_M1        N00170 N00158 0 0 MbreakN
V_Vgg       N00158 0 0Vdc
V_Vdd       N00170 0 0Vdc
.END
```

7.17 JFET 소스 폴로워 증폭기

이 회로에서 JFET의 transconductance g_m=2500μ[mho]일 때 교류전원 저항 r_s=1k||1k=500[Ω], 전압 이득 A=(2500μ[mho]*500[Ω])/(1+2500μ[mho]*500[Ω])=0.556, 소스 폴로워의 입력 임피던스 z_{in}=10[MΩ], 소스 폴로워의 입력 임피던스 v_{in}={1m[mho]/(47[kΩ]+10[MΩ])}=0.995[mV]이다. 그러므로 출력 전압 v_{out}=0.556 · 0.995=0.553[mV]이다.

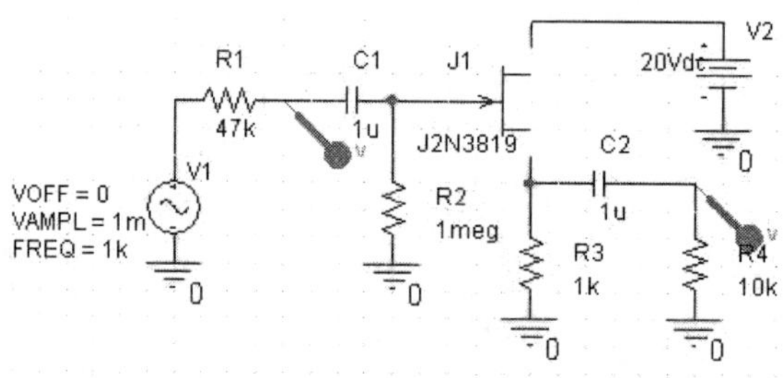

그림 7-17(a) 시뮬레이션 회로

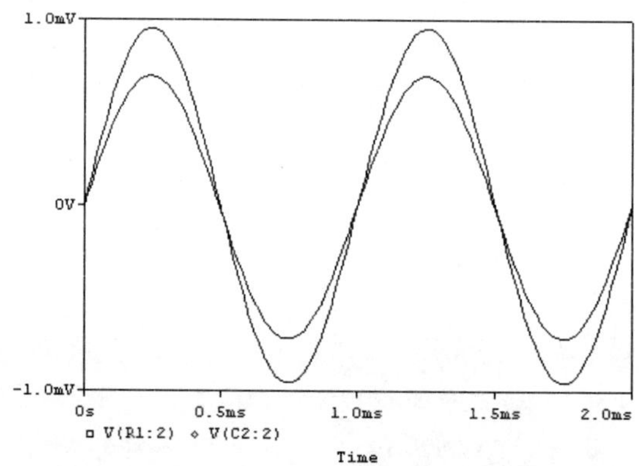

그림 7-17(b) 시뮬레이션 결과

Analysis setup

Transient Analysis	Maximum Step	20us
	Run to Time	2ms

circuit file

```
.TRAN   0 2ms 0 20us
.PROBE  V(alias(*)) I(alias(*)) W(alias(*)) D(alias(*)) NOISE(alias(*))
J_J1           N00335 N00310 N00350 J2N3819
V_V1           N00292 0   SIN 0 1m 1k 0 0 0
V_V2           N00335 0 20Vdc
R_R1           N00292 N00300   47k
R_R2           0 N00310    1meg
R_R3           0 N00350    1k
R_R4           0 N00385    10k
C_C1           N00300 N00310    1u
C_C2           N00350 N00385    1u
.END
```

7.18 JFET 드레인 폴로워 증폭기

이 회로에서 JFET의 transconductance g_m=2500u[mho]일 때 교류전원 저항 r_0=3.6[k]||10[k]=2.65[kΩ], 전압 이득 A=2500μ[mho]·2.5[kΩ]=6.63, 증폭기의 입력 임피던스 Z_{in}=1[MΩ], 게이트에서의 교류 전압 V_{in}={1[mV]/(47[kΩ]+1[MΩ])}·1[MΩ]=0.995[mV]이다. 그러므로 출력 전압 V_{out}=6.63·0.955 [mV]=6.33[mV]이다.

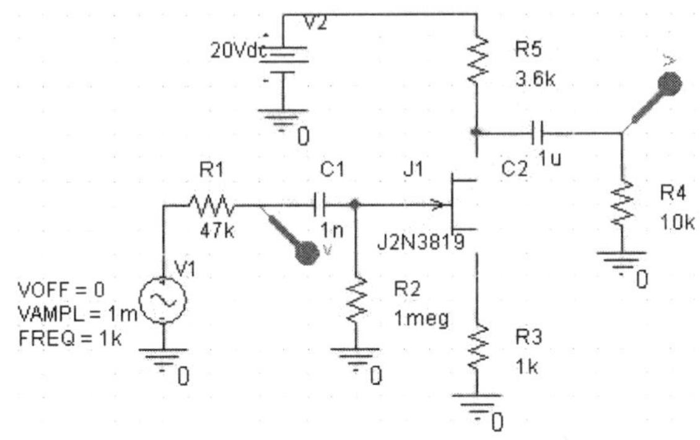

그림 7-18(a) 시뮬레이션 회로

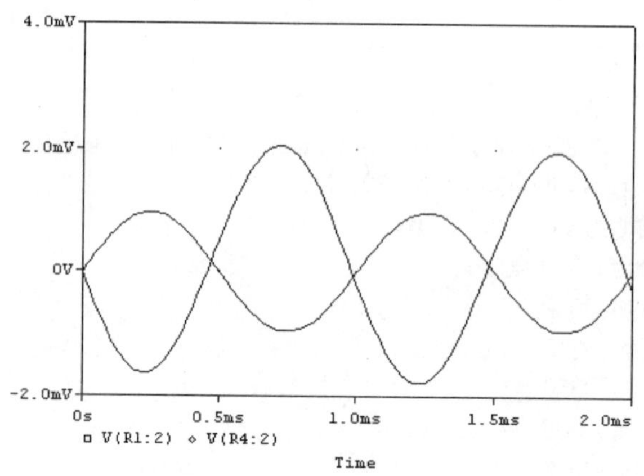

그림 7-18(b) 시뮬레이션 결과

Analysis setup

Transient Analysis	Maximum Step	20us
	Run to Time	2ms

circuit file

```
.TRAN  0 2ms 0 20us
.PROBE V(alias(*)) I(alias(*)) W(alias(*)) D(alias(*)) NOISE(alias(*))
J_J1          N00887 N00310 N00367 J2N3819
V_V1          N00292 0  SIN 0 1m 1k 0 0 0
V_V2          N00866 0 20Vdc
R_R1          N00292 N00300  47k
R_R2          0 N00310  1meg
R_R3          0 N00367  1k
R_R4          0 N00385  10k
C_C1          N00300 N00310  1n
C_C2          N00887 N00385  1u
R_R5          N00887 N00866  3.6k
.END
```

7.19 JFET 캐스케이드(cascade) 증폭기

회로에서 두 JFET의 g_m이 같다고 하면 C_s 증폭기의 이득 $A_1=g_m \cdot Rd$, C_s 증폭기의 입력 임피던스$=1/g_m$이므로 $A_1=g_m \cdot R_d=g_m \cdot 1/g_m=1$이다. 위 JFET의 이득 $A_2=g_m \cdot R_d$이므로 전체의 이득 $A=A_1 \cdot A_2=g_m \cdot R_d$이다.

Transient 출력은 입·출력의 크기가 달라 화면에서 각각의 y-좌표 값으로 나타내기 위하여, Run Probe에서 Multiple Y Axes in Probe로 설정해 주어야 한다.

① Run Probe를 구동한다.
② 첫 번째 Y축을 설정하기 위해 Plot/Add Y Axis를 선택한다.
③ Trace/Add를 선택한다.
④ 트레이스 목록에서 Plot V(R_L:2)를 클릭한 후 OK한다.
⑤ 두 번째 Y축을 설정하기 위해 Plot/Add Y Axis를 선택한다.
⑥ Trace/Add를 선택한다.
⑦ 트레이스 목록에서 Plot V(V_1:+)를 클릭한 후 OK한다.

이렇게 하면 두 개의 출력 화면을 각각의 배율로 동시에 볼 수 있다.

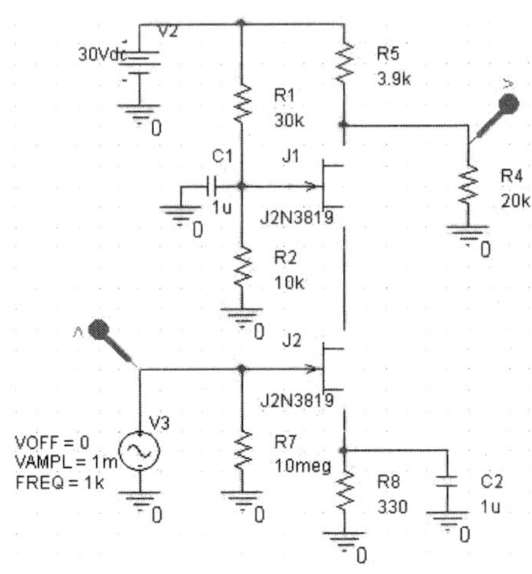

그림 7-19(a) 시뮬레이션 회로

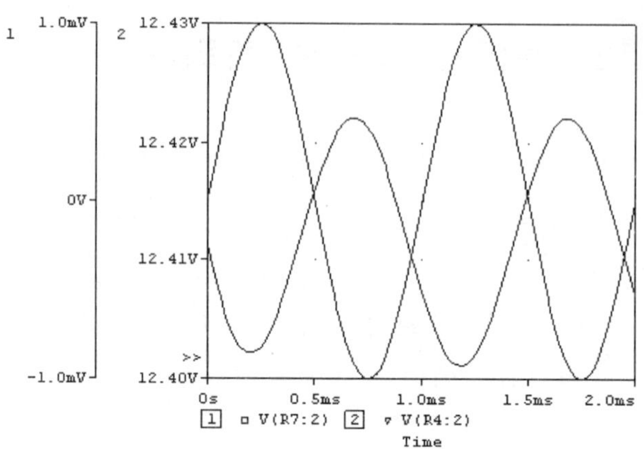

그림 7-19(b) 시뮬레이션 결과

Analysis setup

Transient Analysis	Maximum Step	20us
	Run to Time	2ms

circuit file

```
.TRAN  0 2ms 0 20us
.PROBE V(alias(*)) I(alias(*)) W(alias(*)) D(alias(*)) NOISE(alias(*))
J_J1          N00387 N00310 N00367 J2N3819
J_J2          N00367 N01643 N01665 J2N3819
V_V3          N01643 0  SIN 0 1m 1k 0 0 0
V_V2          N00866 0 30Vdc
R_R7          0 N01643  10meg
R_R1          N00310 N00866  30k
R_R2          0 N00310  10k
R_R8          0 N01665  330
R_R4          0 N00387  20k
C_C1          0 N00310  1u
C_C2          0 N01665  1u
R_R5          N00387 N00866  3.9k
.END
```

7.20 주파수 배율기

이 회로는 C급 증폭기를 이용하였다. 입력 전원의 주파수를 2.5955[MHz]를 입력하면 출력단에 입력 주파수의 제2고조파에 해당하는 2배의 주파수가 공진을 일으켜서 출력된다. 일반적으로 C급 증폭기는 반주기보다도 적은 180° 이하가 되기 때문에 Resonant Tank 회로를 사용하였다. 공진 주파수는 $f_r = \frac{1}{2\pi\sqrt{LC}}$ =5.191[MHz]가 된다. V_1을 Vac로 대치한 후 Resonant Tank 회로의 공진을 살펴보기 위해서 Analysis에서 AC Sweep를 실시해 보면 이득 곡선을 볼 수 있으며, 대략 5.2[MHz]에서 최대치를 나타냄을 볼 수 있다.

예제 **공진 회로의 커패시터 값을 가변하여 입력 주파수의 제3 고조파에 해당하는 3배율기 회로를 구성하기 위하여 먼저 위의 공진 식에 의해서 커패시터의 값을 계산하고 계산 값으로 시뮬레이션을 수행해 보자.**

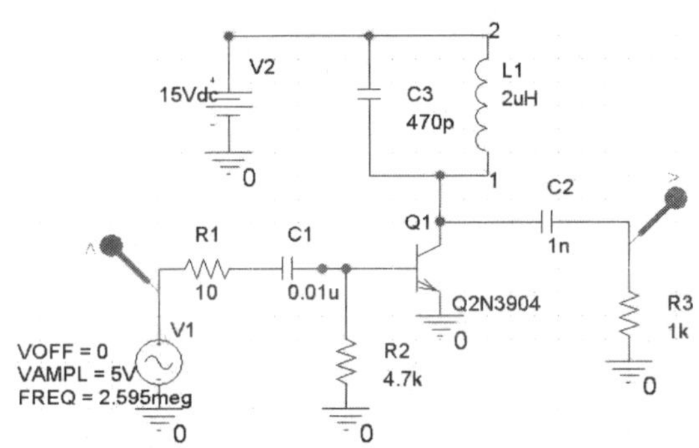

그림 7-20(a) 시뮬레이션 회로

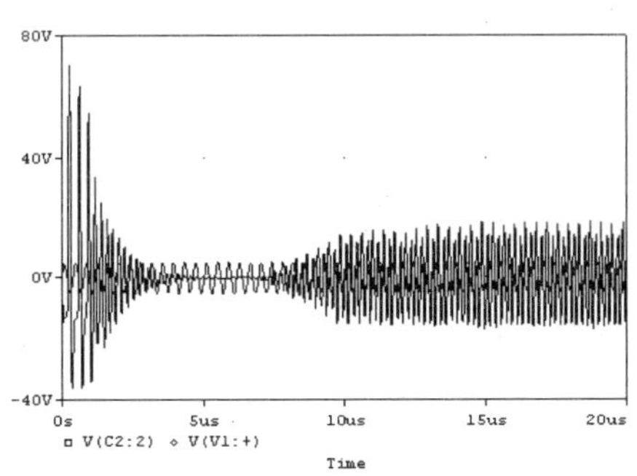

그림 7-20(b) .TRAN 해석 결과

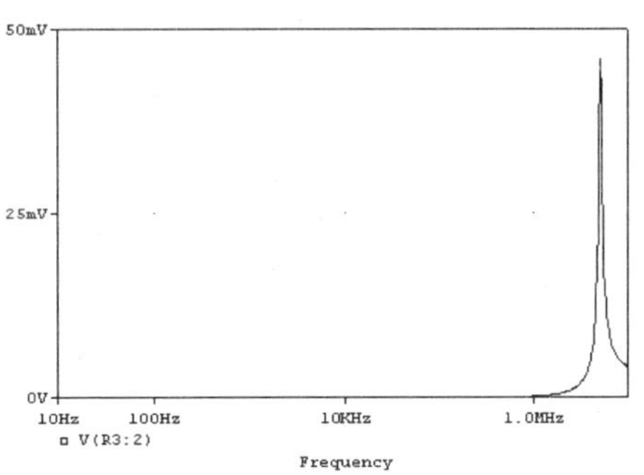

그림 7-20(c) .AC 해석 결과

Analysis setup

AC sweep	ac Sweep type · Linear	Total Pts	101
		Start Freq	10
		End Freq	10MEG
Transient	Transient Analysis	Maximum Step	0.002us
		Run to Time	20us

circuit file

```
.TRAN   0 20us 0 0.002us
.PROBE  V(alias(*)) I(alias(*)) W(alias(*)) D(alias(*)) NOISE(alias(*))
R_R3          0 N00407  1k
Q_Q1          N00349 N00453 0 Q2N3904
V_V1          N00509 0   SIN 0 5V 2.595meg 0 0 0
V_V2          N00321 0  15Vdc
L_L1          N00349 N00321   2uH
C_C1          N001520 N00453   0.01u
C_C2          N00349 N00407   1n
C_C3          N00349 N00321   470p
R_R1          N00509 N001520   10
R_R2          0 N00453   4.7k
.END
```

7.21 주파수 믹서(mixer)

입력전원의 주파수에서 BJT의 바이어스 전원의 주파수를 빼면 출력단의 주파수가 된다.

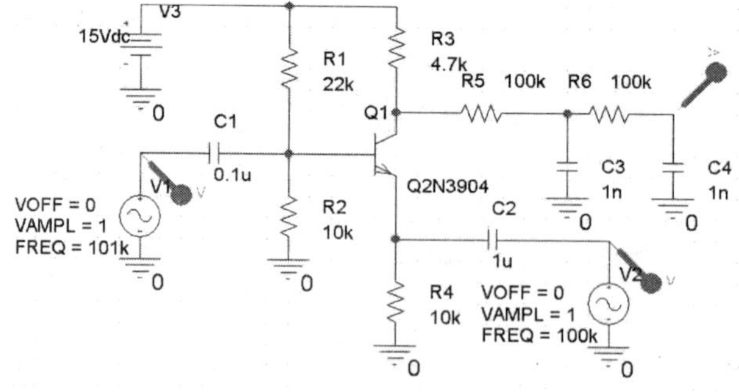

그림 7-21(a) 시뮬레이션 회로

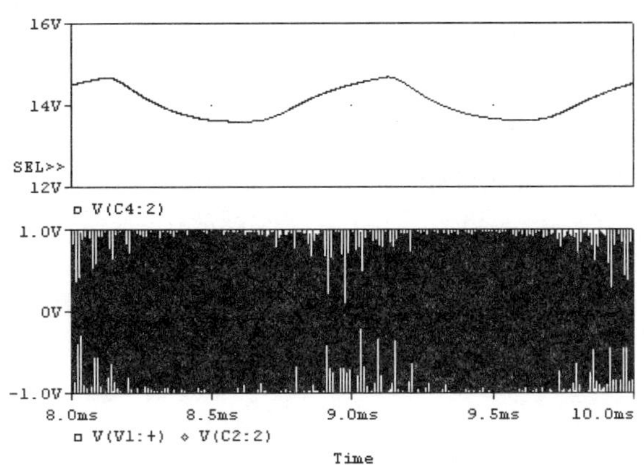

그림 7-21(b) 시뮬레이션 결과

Analysis setup

Transient Analysis	Maximum Step	20us
	Run to Time	10ms
	No-print Delay	8ms

circuit file

```
.TRAN   0 10ms 8ms 20us
.PROBE V(alias(*)) I(alias(*)) W(alias(*)) D(alias(*)) NOISE(alias(*))
C_C1        N00357 N00324  0.1u
C_C2        N00373 N00411  1u
V_V1        N00357 0  SIN 0 1 101k 0 0 0
C_C3        0 N00481  1n
C_C4        0 N00534  1n
V_V2        N00411 0  SIN 0 1 100k 0 0 0
V_V3        N00310 0 15Vdc
Q_Q1        N00434 N00324 N00373 Q2N3904
R_R1        N00324 N00310  22k
R_R2        0 N00324  10k
R_R3        N00434 N00310  4.7k
R_R4        0 N00373  10k
R_R5        N00481 N00434  100k
R_R6        N00534 N00481  100k
.END
```

7.22 진폭 변조기

캐리어 전압원 V_2은 500[kHz]이고, 변조 신호원 V_3은 1[kHz]를 이용하여 진폭 변조한다. 가능하면 캐리어 전압원은 전압이 작아야 되는데 그 이유는 전압 이득을 필요로 하지 않기 때문이다. 또한 캐리어 주파수가 변조신호원 주파수보다 100배 이상 되어야 한다.

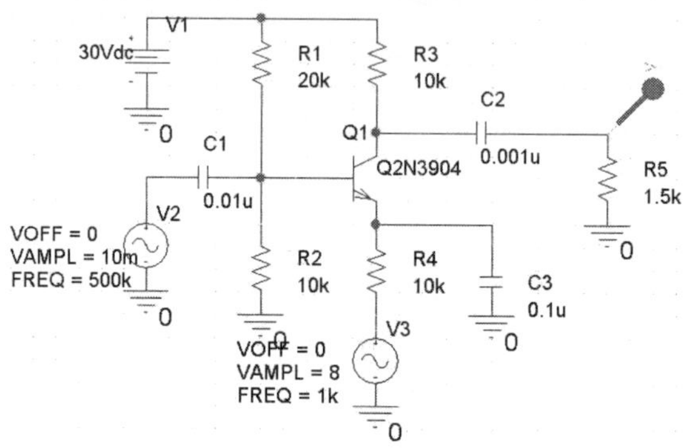

그림 7-22(a) 시뮬레이션 회로

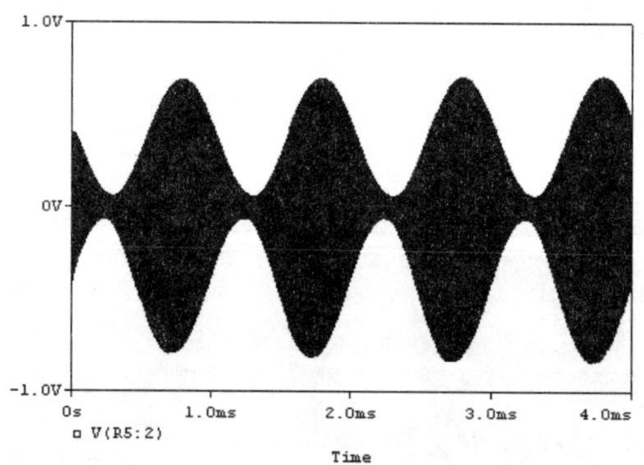

그림 7-22(b) 시뮬레이션 결과

Analysis setup

Transient Analysis	Maximum Step	20us
	Run to Time	4ms

circuit file

```
.TRAN   0 4ms 0 20us
.PROBE  V(alias(*)) I(alias(*)) W(alias(*)) D(alias(*)) NOISE(alias(*))
V_V2        N00456 0   SIN 0 10m 500k 0 0 0
V_V3        N001700 0   SIN 0 8 1k 0 0 0
C_C1        N00456 N00405   0.01u
C_C2        N00478 N00523   0.001u
C_C3        0 N02157   0.1u
Q_Q1        N00478 N00405 N02157 Q2N3904
R_R1        N00405 N00382   20k
R_R2        0 N00405   10k
R_R3        N00478 N00382   10k
R_R4        N02157 N001700   10k
R_R5        0 N00523   1.5k
V_V1        N00382 0 30Vdc
.END
```

7.23 주파수 변 · 복조기

검파 다이오드 D_1을 통해서 입력되는 신호의 첨두치만을 통과하며 출력단의 저역통과 필터에 의해서 캐리어 리플이 제거된 첨두치가 검출된다. 출력 화면에서 아래 파형이 진폭 변조된 파형이며, 위의 파형은 복조된 출력 파형을 나타낸다.

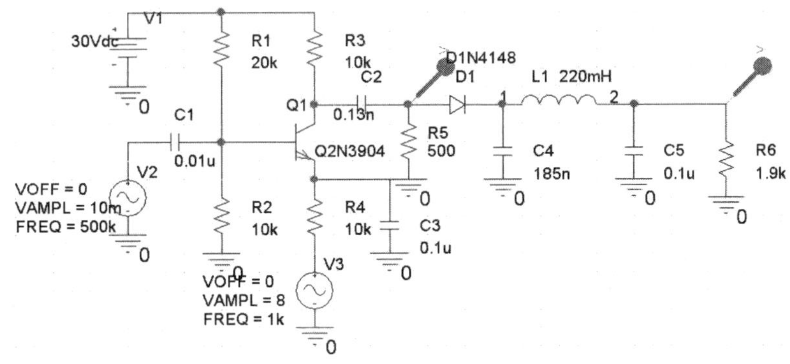

그림 7-23(a) 시뮬레이션 회로

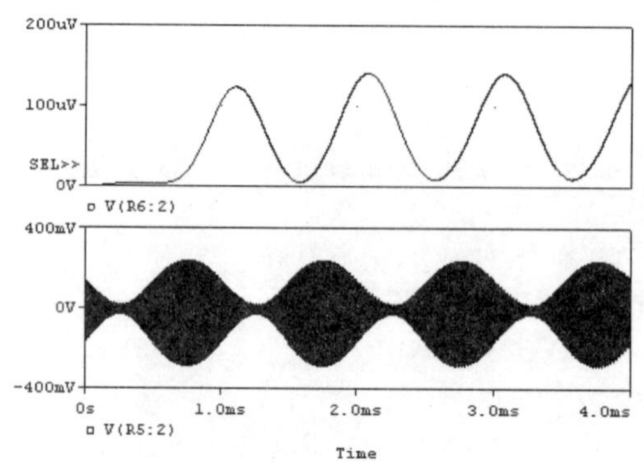

그림 7-23(b) 시뮬레이션 결과

Analysis setup

Transient Analysis	Maximum Step	20ns
	Run to Time	4ms

circuit file

```
.TRAN   0 4ms 0 20ns
.PROBE V(alias(*)) I(alias(*)) W(alias(*)) D(alias(*)) NOISE(alias(*))
V_V2        N00456 0   SIN 0 10m 500k 0 0 0
V_V3        N001700 0   SIN 0 8 1k 0 0 0
C_C1        N00456 N00405   0.01u
D_D1        N03320 N03381  D1N4148
C_C2        N00478 N03320   0.13n
C_C3        0 N02157   0.1u
Q_Q1        N00478 N00405 N02157 Q2N3904
C_C4        0 N03381   185n
R_R1        N00405 N00382   20k
R_R2        0 N00405   10k
R_R3        N00478 N00382   10k
C_C5        0 N03783   0.1u
R_R4        N02157 N001700   10k
R_R5        0 N03320   500
L_L1        N03381 N03783   220mH
V_V1        N00382 0 30Vdc
R_R6        0 N03783   1.9k
.END
```

다이리스터 회로의 시뮬레이션

8.1 SCR의 동작특성

SCR을 턴-온시키는 두 가지 방법이 있다. 하나는 순바이어스 트리거링(triggering)이고, 다른 방법은 Breakover 방법이다. 여기서는 그 첫째 방법으로 직류전원 V_2를 0[V]에서 서서히 증가시키면 어느 전압에서 갑자기 턴-온되는 것이 확인된다.

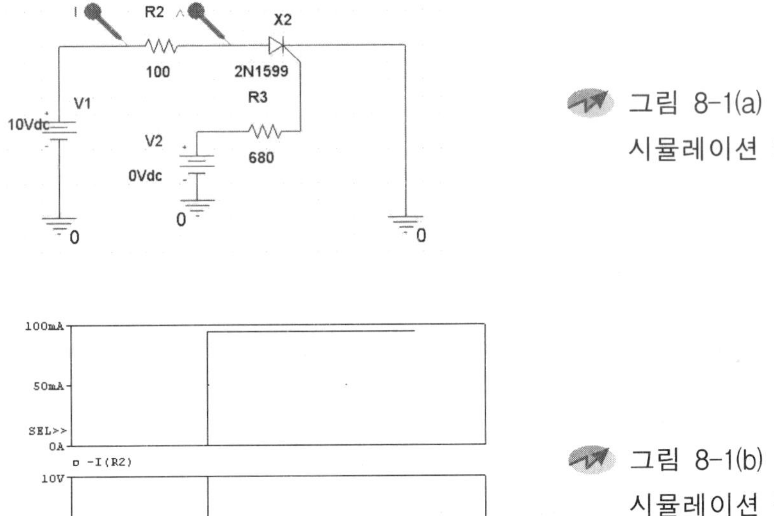

그림 8-1(a)
시뮬레이션 회로

그림 8-1(b)
시뮬레이션 결과

Analysis setup

DC Sweep			
Swept Var. Type	• Voltage Source	Name	V2
Sweep Type	• Linear	Start value	0
		End value	5
		Increment	0.005

circuit file

```
.DC LIN V_V2 0 5 .005
.PROBE V(alias(*)) I(alias(*)) W(alias(*)) D(alias(*)) NOISE(alias(*))
X_X2        N03683 N04309 0 2N1599
V_V1        N03664 0 10Vdc
R_R2        N03683 N03664  100
V_V2        N05110 0 0Vdc
R_R3        N04309 N05110  680
.END
```

8.2 SCR의 트리거링 동작특성

SCR을 턴-온시키는 방법은 두 가지 있다. 하나는 순바이어스 트리거링(triggering)이고, 다른 방법은 Breakover방법이다. SCR은 게이트에 펄스로 턴-온시키는 방법과 그 결과를 확인하여 원리를 이해할 수 있다. 이 회로의 결과에서 트리거 펄스가 off되어도 SCR은 on됨을 알 수 있다.

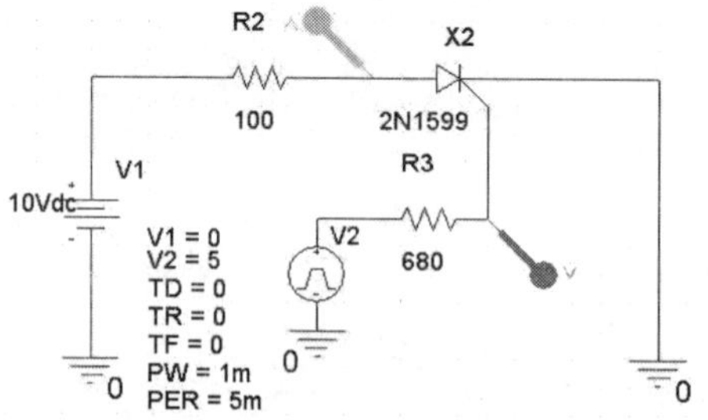

그림 8-2(a) 시뮬레이션 회로

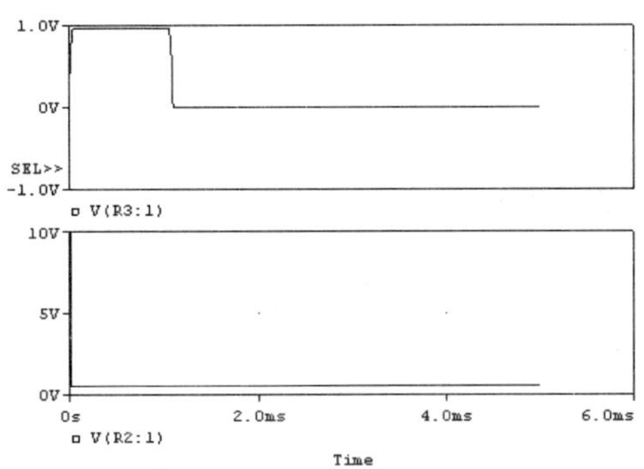

그림 8-2(b) 시뮬레이션 결과

해석 설정

Transient Analysis	Run to time	5ms
	Start saving data after	0

회로 구성

```
.TRAN   0 5ms 0
.PROBE V(alias(*)) I(alias(*)) W(alias(*)) D(alias(*)) NOISE(alias(*))
X_X2          N03683 N04309 0 2N1599
V_V2          N05110 0  PULSE 0 5 0 0 0 1m 5m
V_V1          N03664 0 10Vdc
R_R2          N03683 N03664   100
R_R3          N04309 N05110   680
.END
```

8.3 SCR 스위칭 동작의 이해

스위치 S_1이 On되면, SCR이 턴-온되며, S_1의 트리거 펄스가 Off되더라도 SCR은 계속 On 상태를 유지한다. SCR을 턴-오프하려면, 스위치 S_2가 On되면, C_1에 충전된 에너지가 순간적으로 접지쪽에 +접압이 걸리므로 인하여 SCR을 유지전류(holding current) 이하가 되기 때문에 SCR이 턴-오프된다.

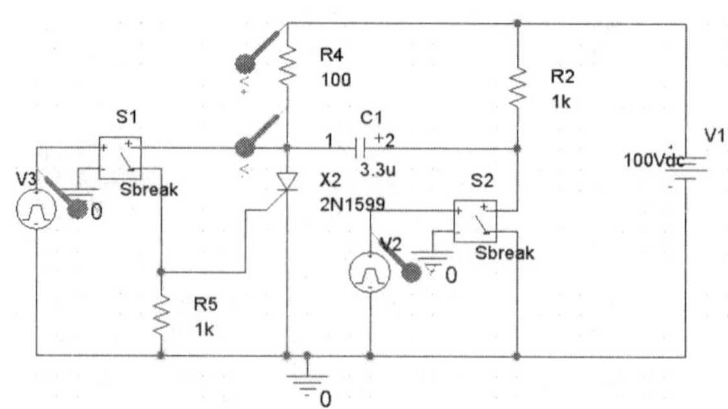

그림 8-3(a) 시뮬레이션 회로

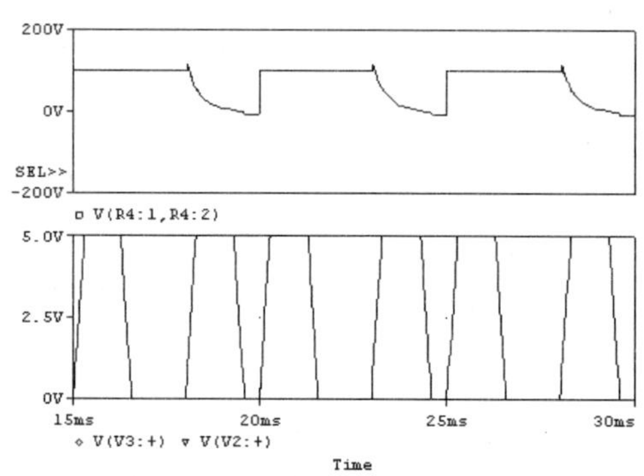

그림 8-3(b) 시뮬레이션 결과

해석 설정

Transient Analysis	Run to time	30ms
	Start saving data after	15ms

회로 구성

```
.TRAN  0 30ms 15ms
.PROBE V(alias(*)) I(alias(*)) W(alias(*)) D(alias(*)) NOISE(alias(*))
X_X2        N05806 N05865 0 2N1599
V_V2        N07770 0  PULSE 0 5 3m 0 0 1m 5m
X_S1        N08147 0 N05806 N05865 SCHEMATIC1_S1
R_R4        N05764 N05806  100
V_V1        N05764 0 100Vdc
R_R5        N05865 0  1k
```

```
R_R2          N05764 N05782  1k
X_S2          N07770 0 N05782 0 SCHEMATIC1_S2
C_C1          N05806 N05782  3.3u
V_V3          N08147 0  PULSE 0 5 0 0 0 1m 5m

.subckt SCHEMATIC1_S1 1 2 3 4
S_S1          3 4 1 2 Sbreak
RS_S1         1 2 1G
.ends SCHEMATIC1_S1

.subckt SCHEMATIC1_S2 1 2 3 4
S_S2          3 4 1 2 Sbreak
RS_S2         1 2 1G
.ends SCHEMATIC1_S2
.END
```

8.4 SCR의 위상제어

교류 입력 전원을 단 방향 위상제어 소자(SCR)를 사용하여 R_3과 C_1의 시정수 (Time Constant)에 따라 SCR의 게이트에 트리거 펄스를 가한다. R_3 값을 가변 하면 시정수가 변하게 되어 SCR의 위상제어 각(angle)이 변한다.

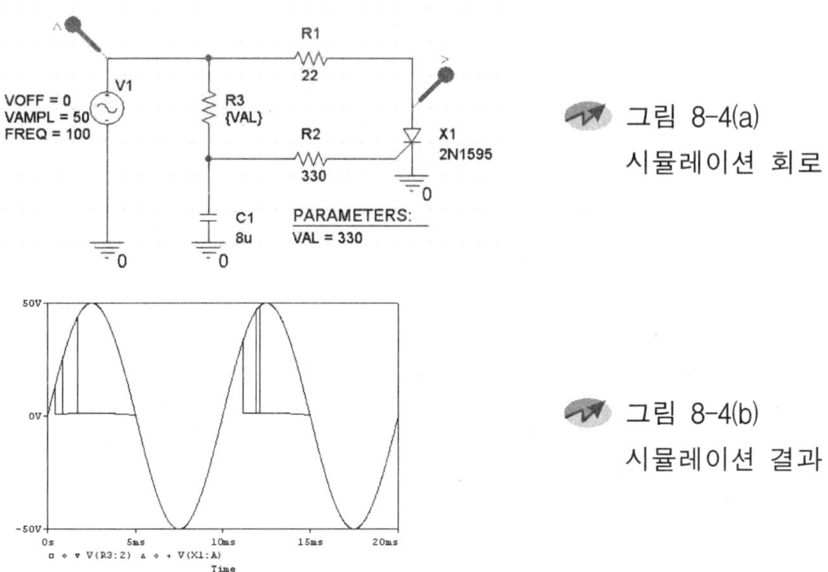

그림 8-4(a) 시뮬레이션 회로

그림 8-4(b) 시뮬레이션 결과

Analysis setup

Parametric	Global Parameter Name		VAL
	Value list		220 1k 4.7k
Transient	Transient analysis	Maximum Step	20us
		Run to Time	20ms

circuit file

```
.TRAN  0 20ms 0 20us
.STEP PARAM val LIST 220 1k 4.7k
.PROBE V(alias(*)) I(alias(*)) W(alias(*)) D(alias(*)) NOISE(alias(*))
X_X1          N00231 N00301 0 2N1595
V_V1          N00220 0  SIN 0 50 100 0 0 0
C_C1          0 N00752  8u
R_R1          N00220 N00231  22
R_R2          N00752 N00301  330
R_R3          N00752 N00220  {VAL}
.PARAM  VAL=330
.END
```

8.5 SCR의 단상 콘버터 동작

이 회로는 다이리스터에 저항 부하를 연결하였을 때, 점호각에 따른 각 부위의 전압과 전류의 파형을 관찰함으로써 다이리스터의 근본을 깊이 있게 이해하는데 목적이 있다. 입력 단에 100[Hz]의 교류 전원을 입력하면, (+) 반주기 중에서 게이트를 트리거한 이후만 출력됨을 알 수 있다. 또한 다이리스터 양단에 걸리는 전압 파형도 관찰할 수 있다. 이 회로는 전압과 전류가 제 1상한에서만 동작함을 알 수 있다.

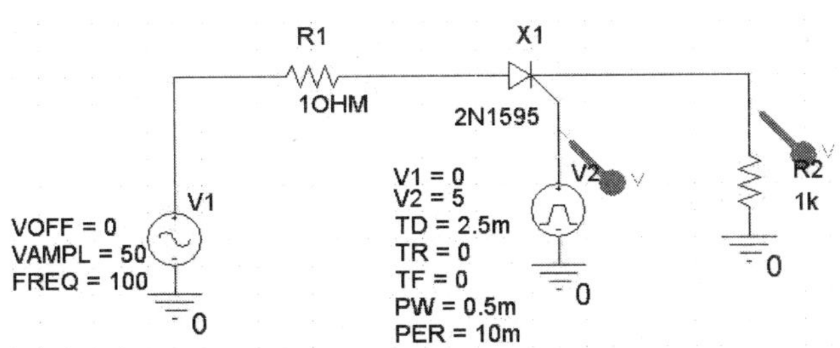

그림 8-5(a) 시뮬레이션 회로

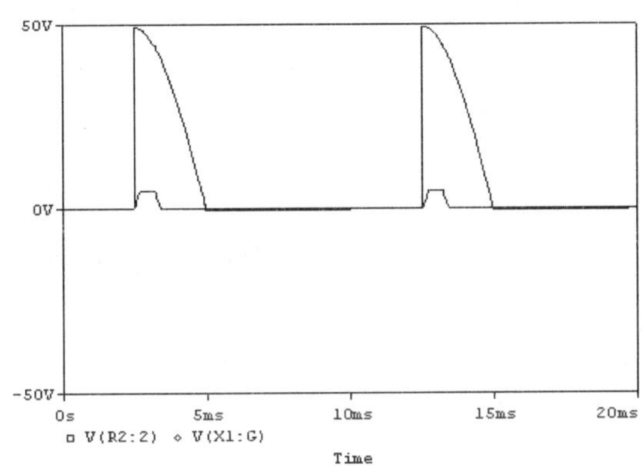

그림 8-5(b) 시뮬레이션 결과

Analysis setup

Transient Analysis	Maximum Step	
	Run to Time	20ms

circuit file

```
.TRAN  0 20ms 0
.PROBE V(alias(*)) I(alias(*)) W(alias(*)) D(alias(*)) NOISE(alias(*))
V_V1        N00231 0  SIN 0 50 100 0 0 0
X_X1        N00243 N00255 N00269 2N1595
R_R1        N00231 N00243  1OHM
R_R2        0 N00269  1k
V_V2        N00255 0  PULSE 0 5 2.5m 0 0 0.5m 10m
.END
```

8.6 SCR의 단상 세미-콘버터 동작

이 회로는 다이리스터와 다이오드를 연결하였기 때문에 세미 콘버터라고 부른다. full 콘버터는 평가 버전에서 소자의 제한성 때문에 실시할 수 없음이 매우 안타깝다. 다이리스터의 점호각에 따른 각 부위의 전압과 전류의 파형을 관찰함으로써 다이리스터의 근본을 깊이 있게 이해할 수 있다. 변압기의 입력단에 100[Hz]의 교류 전원을 입력하면, 출력 전압의 파형은 (+)의 반주기와 (−)의 반주기 중에서 게이트를 트리거한 이후만 출력됨을 알 수 있다. 또한 다이리스터 양단에 걸리는 전압 파형도 관찰할 수 있다. 이 회로는 전압과 전류가 제 1상한에서만 동작함을 알 수 있다.

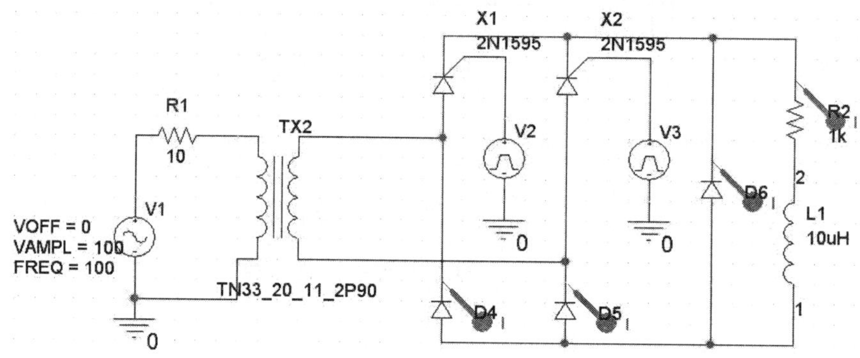

그림 8-6(a) 시뮬레이션 회로

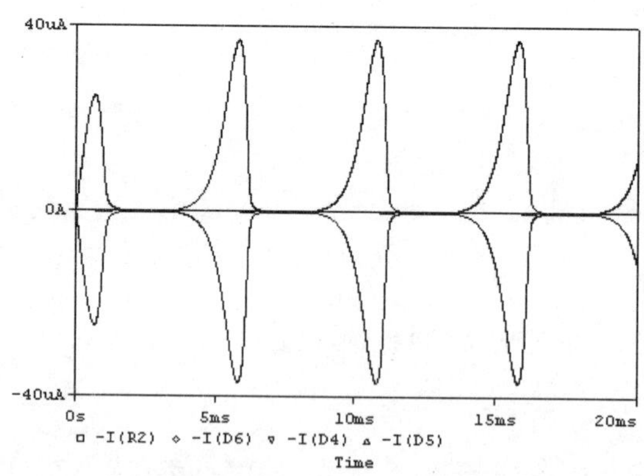

그림 8-6(b) 시뮬레이션 결과

Analysis setup

Transient Analysis	Maximum Step	2us
	Run to Time	20ms

circuit file

```
.TRAN   0 20ms 0 2us
.PROBE V(alias(*)) I(alias(*)) W(alias(*)) D(alias(*)) NOISE(alias(*))
L_L1          N01368 N01485   10uH
X_TX2         N01079 0 N01233 N01306 SCHEMATIC1_TX2
V_V1          N01070 0   SIN 0 100 100 0 0 0
D_D6          N01368 N01103 D1N4148
X_X1          N01233 N01253 N01103 2N1595
R_R1          N01070 N01079   10
R_R2          N01485 N01103   1k
X_X2          N01306 N01278 N01103 2N1595
V_V2          N01253 0   PULSE 0 5 2.5m 0 0 0.5m 10m
D_D5          N01368 N01306 D1N4148
D_D4          N01368 N01233 D1N4148
V_V3          N01278 0   PULSE 0 5 7.5m 0 0 0.5m 10m

.subckt SCHEMATIC1_TX2 1 2 3 4
K_TX2         L1_TX2 L2_TX2 0.99 TN33_20_11_2P90
L1_TX2        1 2 200
L2_TX2        3 4 100
.ends SCHEMATIC1_TX2
.END
```

8.7 Triac의 위상제어

양방향 제어소자인 Triac를 이용하여 입력 교류 전원의 위상각을 R_3과 C_1의 시정수 각에 따라 제어하는데, R_3 값을 가변함으로써 위상각이 변하는 것을 확인할 수 있다. 8.4절의 SCR의 위상제어와 비교할 필요가 있다.

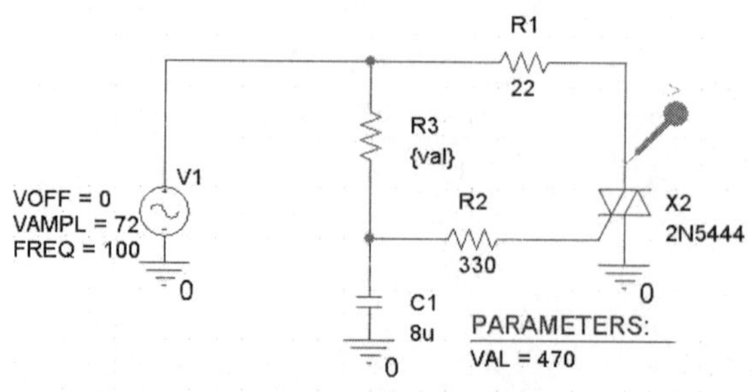

그림 8-7(a) 시뮬레이션 회로

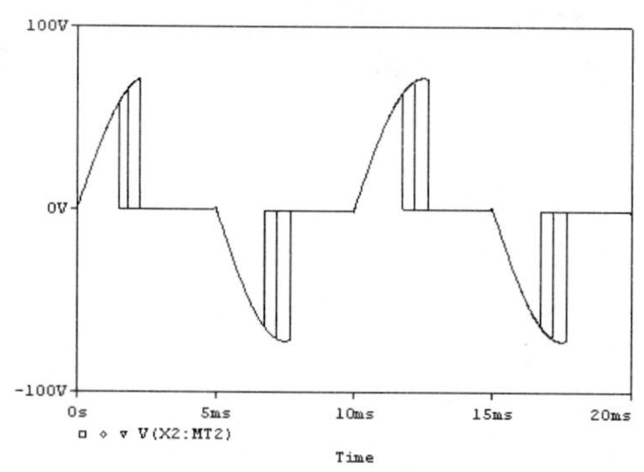

그림 8-7(b) 시뮬레이션 결과

Analysis setup

Parametric	Global Parameter Name		VAL
	Value list		220 330 470
Transient	Transient analysis	Maximum Step	20us
		Run to Time	20ms

circuit file

```
.TRAN  0 20ms 0 20us
.STEP PARAM val LIST 220 330 470
.PROBE V(alias(*)) I(alias(*)) W(alias(*)) D(alias(*)) NOISE(alias(*))
V_V1          N00207 0  SIN 0 72 100 0 0 0
X_X2          N00265 N00285 0 2N5444
C_C1          0 N00233  8u
```

```
R_R1        N00207 N00265   22
R_R2        N00233 N00285   330
R_R3        N00233 N00207   {val}
.PARAM   VAL=470
.END
```

8.8 SCR 크로바(crowbar) 회로

SCR의 중요한 용도 중의 하나가 전원 장치로부터 전압에 약하거나 비싼 장비를 과전압으로부터 보호하는 것이다. 회로에서 입력 전압 V_1이 어떤 원인에 의해서 과전압이 공급되면 부하를 보호하기 위하여 사용되는 것으로서, 제너 항복 전압보다 입력 전압이 높으면 SCR이 턴-온되어 전류가 SCR로 흐르게 되어 부하를 보호한다.

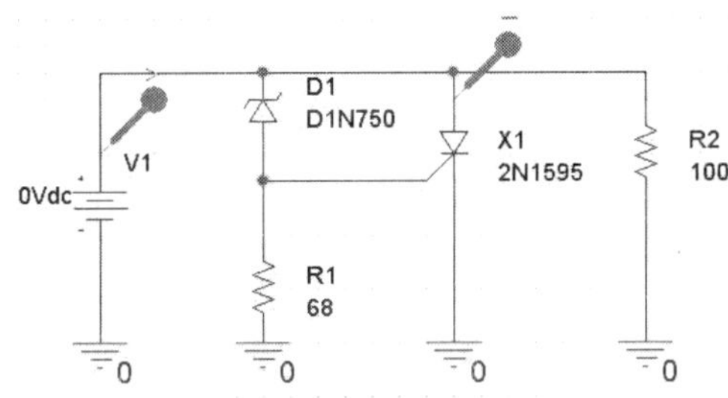

그림 8-8(a) 시뮬레이션 회로

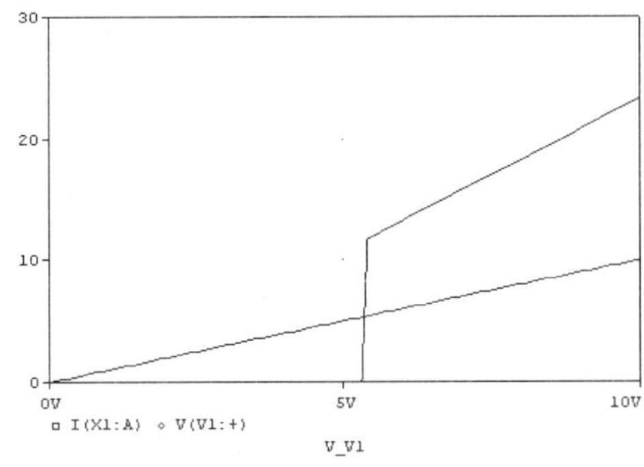

그림 8-8(b) 시뮬레이션 결과

Analysis setup

DC Sweep			
Swept Var. Type	• Voltage Source	Name	V1
Sweep Type	• Linear	Start value	0
		End value	10
		Increment	0.1

circuit file

```
.DC LIN V_V1 0 10 0.1
.PROBE V(alias(*)) I(alias(*)) W(alias(*)) D(alias(*)) NOISE(alias(*))
X_X1        N00197 N00241 0 2N1595
D_D1        N00241 N00197 D1N750
R_R1        0 N00241  68
R_R2        0 N00197  100
V_V1        N00197 0 0Vdc
.END
```

8.9 UJT의 등가해석

UJT(Unijunction transistor) 등가 회로에서 R_2 양단간 전압 $V_2=\{R_2/(R_1+R_2)\}\cdot V_1$ 이므로 입력 전압 V_1의 전압이 V_2보다 작으면 부하에는 전류가 흐르지 않게 된다.

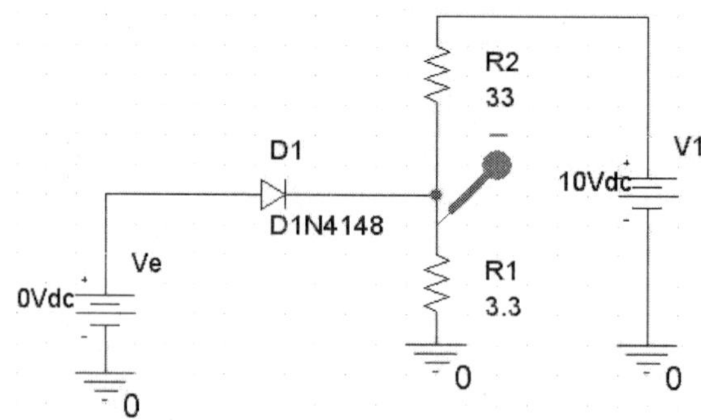

그림 8-9(a) 시뮬레이션 회로

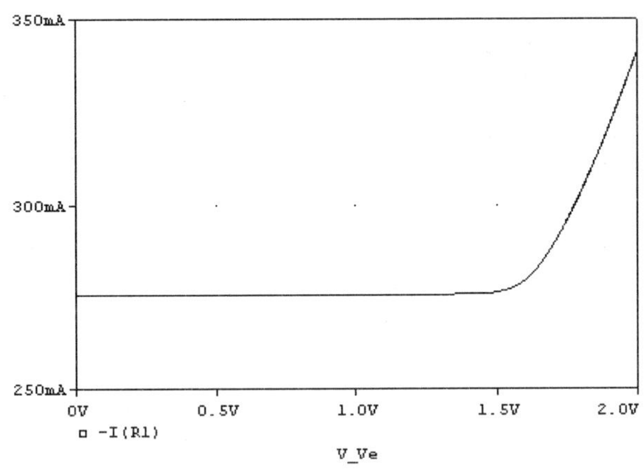

그림 8-9(b) 시뮬레이션 결과

Analysis setup

DC Sweep			
Swept Var. Type	· Voltage Source	Name	Ve
Sweep Type	· Linear	Start value	0
		End value	2
		Increment	1m

circuit file

```
.DC LIN V_Ve 0 2 1m
.PROBE V(alias(*)) I(alias(*)) W(alias(*)) D(alias(*)) NOISE(alias(*))
V_Ve        N00166 0 0Vdc
V_V1        N00205 0 10Vdc
D_D1        N00166 N00177 D1N4148
R_R1        0 N00177  3.3
R_R2        N00177 N00205  33
.END
```

8.10 IGBT의 IV 특성

isolated gate bipolar transistor의 스위칭 동작을 이해한다.

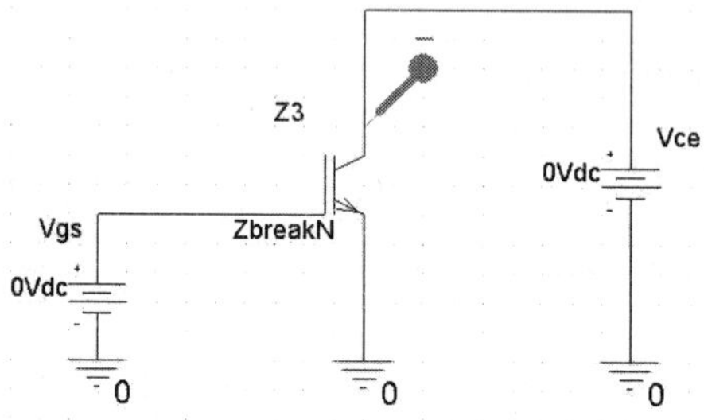

그림 8-10(a) 시뮬레이션 회로

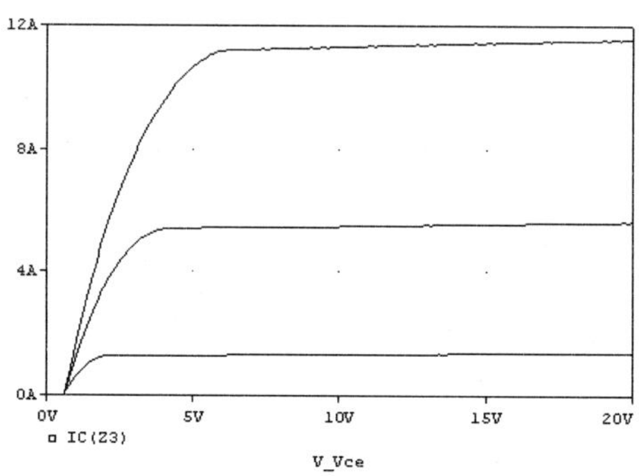

그림 8-10(b) 시뮬레이션 결과

Analysis setup

DC sweep		
	Primary sweep	Secondary sweep
Sweep Var Type	Voltage Source	Voltage Source
Sweep Type	Linear	Linear
Name	Vce	Vgs
Start Value	0	0
End Value	20	10
Increment	0.1	2

circuit file

```
.DC LIN V_Vce 0 20 0.1
+ LIN V_Vgs 0 10 2
.PROBE V(alias(*)) I(alias(*)) W(alias(*)) D(alias(*)) NOISE(alias(*))
Z_Z3            N00219 N00246 0 ZbreakN
V_Vce           N00219 0 0Vdc
V_Vgs           N00246 0 0Vdc
.END
```

8.11 UJT 펄스발생 회로

Unijunction transistor를 사용한 게이트 트리거 펄스 발생 회로에 대한 동작을 이해한다.

에미터의 rise time $\tau_1 = R_1 \cdot C_1$

베이스의 펄스에 대한 fall time $\tau_2 = R_3 \cdot C_1$

발생된 펄스는 SCR 따위의 게이트 트리거 펄스로 주로 사용된다.

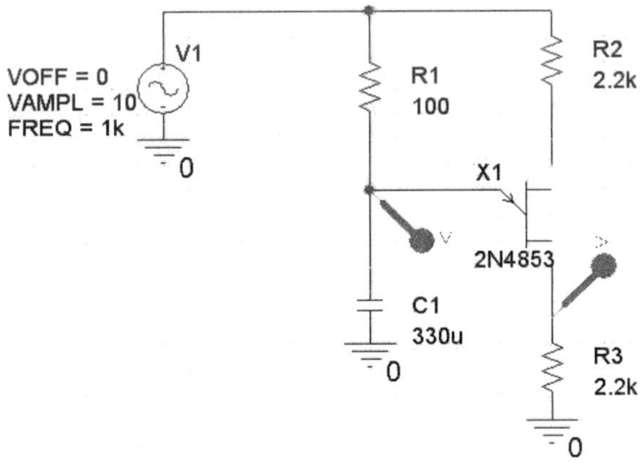

그림 8-11(a) 시뮬레이션 회로

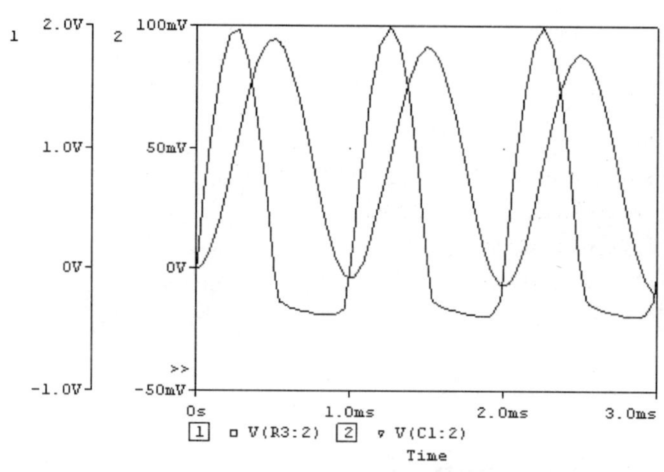

그림 8-11(b) 시뮬레이션 결과

Analysis setup

Transient Analysis	Maximum Step	
	Run to Time	3ms

circuit file

```
.TRAN   0 3ms 0
.PROBE V(alias(*)) I(alias(*)) W(alias(*)) D(alias(*)) NOISE(alias(*))
C_C1          0 N00223  330u
X_X1          N00255 N00223 N00272 2N4853
R_R1          N00223 N00197  100
R_R2          N00255 N00197  2.2k
R_R3          0 N00272  2.2k
V_V1          N00197 0  SIN 0 10 1k 0 0 0
.END
```

OP-Amp. 회로의 시뮬레이션 I

9.1 차동 증폭기

차동 증폭 회로에서 입력 전압 V_4가 증가하면 저항 R_e의 전위가 증가하게 된다. 그러면, Q_2의 베이스-에미터 전압이 감소하게 되어 Q_2의 콜렉터 전류가 감소하게 되므로 출력단의 전압이 증가하게 된다. 반대로 입력 전압 V_4가 감소하면 저항 R_e의 전위가 감소하게 된다. 그러면, Q_2의 베이스-에미터 전압이 증가하게 되어 Q_2의 콜렉터 전류가 증가하게 되므로 출력단의 전압이 감소하게 된다.

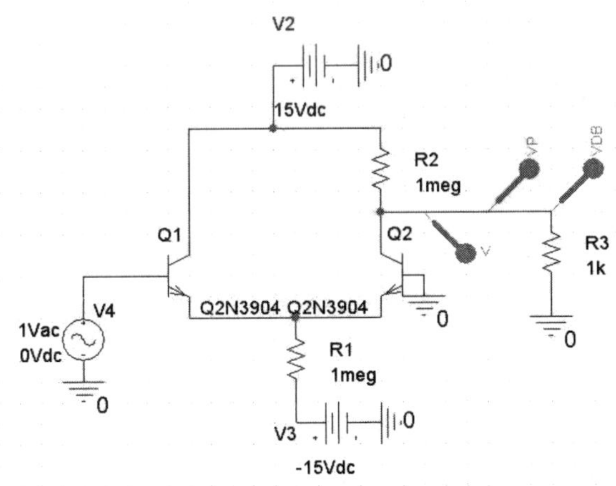

그림 9-1(a) 시뮬레이션 회로

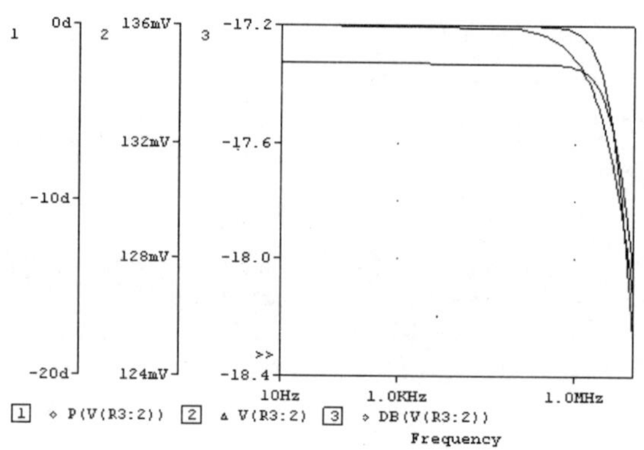

그림 9-1(b) 시뮬레이션 결과

Analysis setup

AC sweep	ac Sweep type • Linear	Total Pts	101
		Start Freq	10
		End Freq	10k

circuit file

```
.AC LIN 101 10 10meg
.PROBE V(alias(*)) I(alias(*)) W(alias(*)) D(alias(*)) NOISE(alias(*))
Q_Q1        N00306 N00317 N00349 Q2N3904
Q_Q2        N00407 0 N00349 Q2N3904
V_V2        N00306 0 15Vdc
V_V4        N00317 0 DC 0Vdc AC 1Vac
V_V3        N00506 0 -15Vdc
R_R1        N00506 N00349  1meg
R_R2        N00407 N00306  1meg
R_R3        0 N00407  1k
.END
```

9.2 차동 증폭기의 주파수 응답

차동 증폭 회로의 주파수 응답을 알기 위해서 먼저 차단 주파수는 $f_c = \frac{1}{2\pi RC}$

이다. 그러므로 차동 증폭기의 중간주파수 대역은 0~0.1 f_c이다. 예제에서는 R =1[MΩ], C=3000[pF]이므로 $f_c = \frac{1}{2\pi(1[M\Omega])(3000[pF])} = 53.1$[Hz]가 된다.

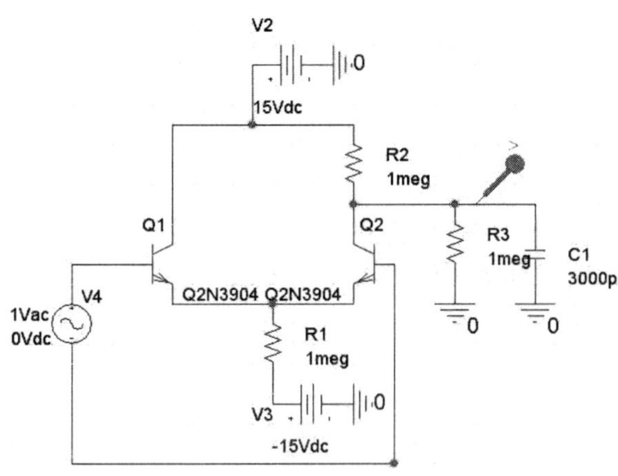

그림 9-2(a) 시뮬레이션 회로

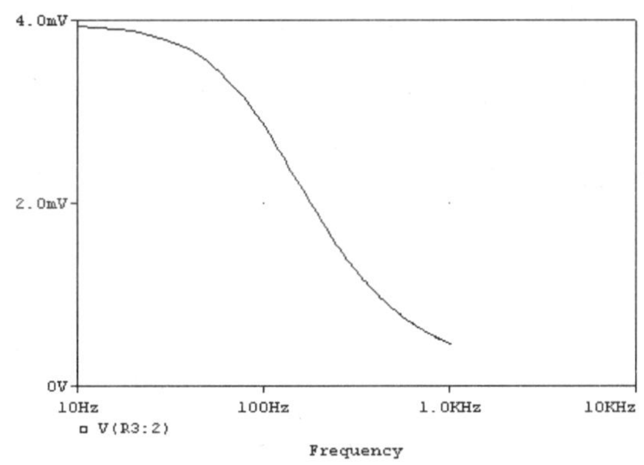

그림 9-2(b) 시뮬레이션 결과

Analysis setup

AC sweep	ac Sweep type · Linear	Total Pts	101
		Start Freq	10
		End Freq	1.0k

circuit file

```
.AC LIN 101 10 1.0k
.PROBE V(alias(*)) I(alias(*)) W(alias(*)) D(alias(*)) NOISE(alias(*))
Q_Q1        N00306 N00317 N00349 Q2N3904
Q_Q2        N00407 N00800 N00349 Q2N3904
V_V2        N00306 0 15Vdc
V_V4        N00317 N00800 DC 0Vdc AC 1Vac
V_V3        N00506 0 -15Vdc
C_C1        0 N00407  3000p
R_R1        N00506 N00349  1meg
R_R2        N00407 N00306  1meg
R_R3        0 N00407  1meg
.END
```

9.3 능동 비반전 전압 피드백 증폭기

저항 R_3에 걸리는 전압은 $v_3 = \frac{v_{out}}{R_1+R_3}R_3$이고 입력 전압을 v_1라 하면 오차 전압 $v_{error} = v_1 - v_3$이 된다. Feedback Fraction $B = \frac{R_3}{R_1+R_3}$이므로 closed-loop voltage gain $A_{CL} = \frac{1}{B} = \frac{R_1}{R_3}+1$, 그러므로 출력 전압은 $v_{out} = A_{CL}v_{error}$이다.

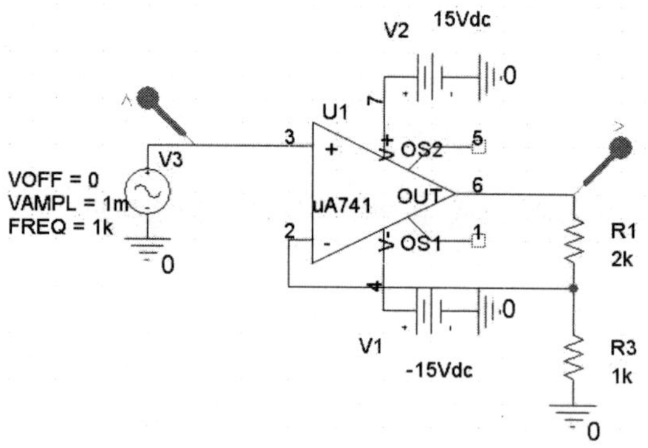

그림 9-3(a) 시뮬레이션 회로

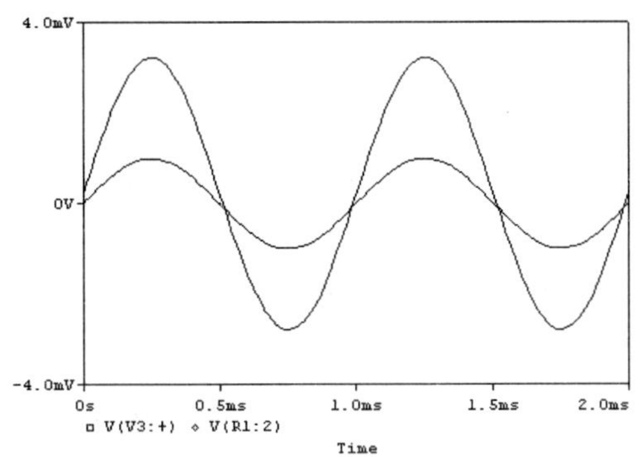

그림 9-3(b) 시뮬레이션 결과

Analysis setup

Transient Analysis	Maximum Step	20us
	Run to Time	2ms

circuit file

```
.TRAN   0 2ms 0 20us
.PROBE V(alias(*)) I(alias(*)) W(alias(*)) D(alias(*)) NOISE(alias(*))
X_U1          N00289 N00257 N00245 N00251 N00277 uA741
V_V1          N00251 0 -15Vdc
V_V2          N00245 0 15Vdc
V_V3          N00289 0  SIN 0 1m 1k 0 0 0
R_R1          N00257 N00277  2k
R_R3          0 N00257  1k
.END
```

9.4 능동 반전 전압 피드백 증폭기

반전 입력단자가 가상 접지(virtual ground)라고 생각하면 입력되는 전류 1[μA]는 그대로 피드백 저항을 통과하여 출력단에 나타나므로 옴의 법칙에 따라서 능동 반전 전압 피드백 증폭기의 출력 전압은 v_{out}=(1[μA])(100[kΩ])=0.1[V]가 된다.

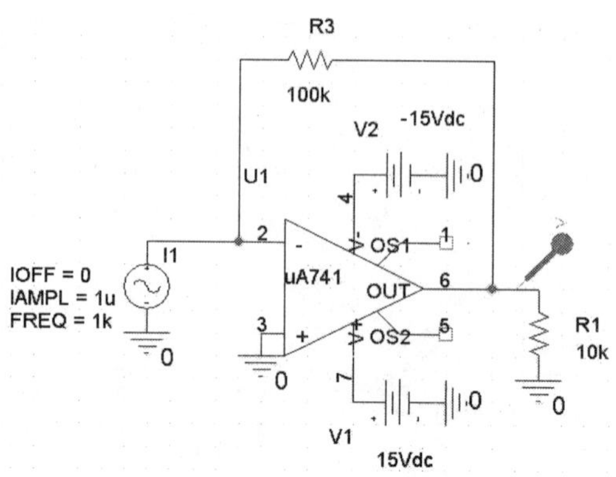

그림 9-4(a) 시뮬레이션 회로

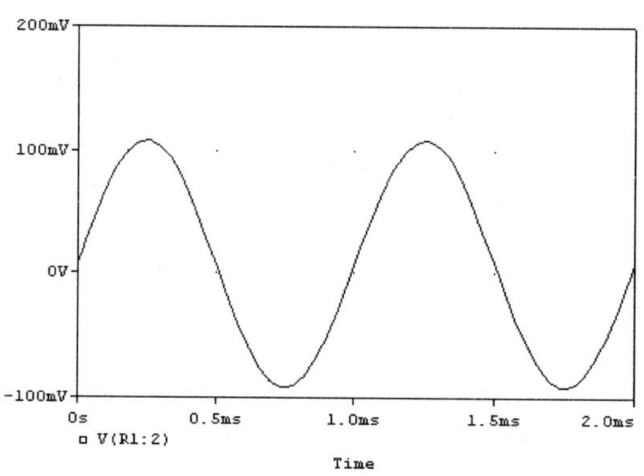

그림 9-4(b) 시뮬레이션 결과

Analysis setup

Transient Analysis	Maximum Step	20us
	Run to Time	2ms

circuit file

```
.TRAN   0 2ms 0 20us
.PROBE  V(alias(*)) I(alias(*)) W(alias(*)) D(alias(*)) NOISE(alias(*))
X_U1          0 N01764 N01687 N01507 N00790 uA741
V_V1          N01687 0 15Vdc
V_V2          N01507 0 -15Vdc
R_R1          0 N00790   10k
```

```
I_I1          N01764 0 DC 0Adc AC 0Aac
+SIN 0 1u 1k 0 0 0
R_R3          N01764 N00790  100k
.END
```

9.5 능동 반전 증폭기

연산증폭기의 출력이 반전입력으로 피드백 되어 다시 입력되므로 closed-loop voltage gain은 $A = \frac{R_1}{R_2} = \frac{1K}{1K} = 1$이므로 $v_{out} = A_{CL} \cdot V_1$이 된다. 결국 출력 전압의 파형은 위상이 반전되어 나타난다. 또한 주파수 대역폭을 계산해 보자.

$$\text{feedback fraction B} = \frac{1K}{1K+1K} = 0.5, \quad A_{CL} = \frac{1}{B} = 2$$

$A_{CL} f_{2(CL)} = f_{unity}$, $f_{unity} = 1$[MHz]이므로 $f_{2(CL)} = \frac{f_{unity}}{2} = \frac{1[\text{MHz}]}{2} = 500[\text{kHz}]$가 된다. 시뮬레이션에서 ac sweep를 수행하면 500[kHz]까지가 대역폭임을 알 수 있다.

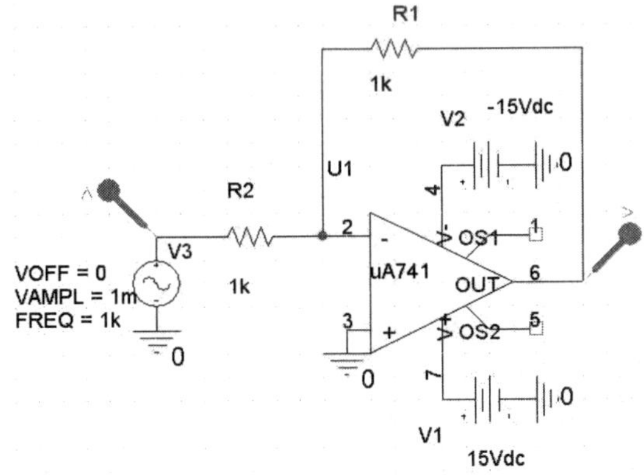

그림 9-5(a) 시뮬레이션 회로

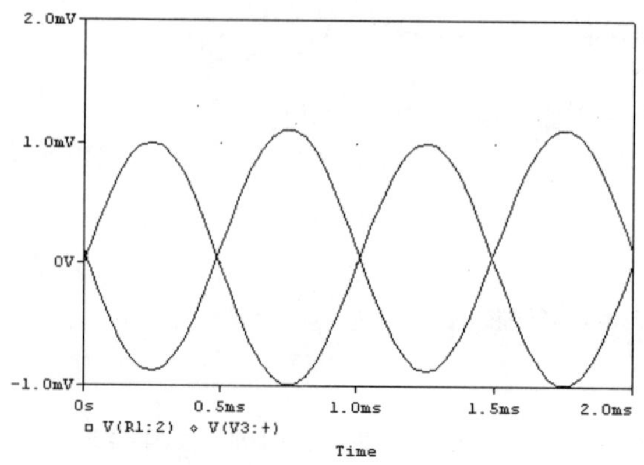

그림 9-5(b) 시뮬레이션 결과

Analysis setup

Transient Analysis	Maximum Step	20us
	Run to Time	2ms

circuit file

```
.TRAN  0 2ms 0 20us
.PROBE V(alias(*)) I(alias(*)) W(alias(*)) D(alias(*)) NOISE(alias(*))
X_U1        0 N01764 N01687 N01507 N00790 uA741
V_V1        N01687 0 15Vdc
V_V3        N02384 0  SIN 0 1m 1k 0 0 0
V_V2        N01507 0 -15Vdc
R_R2        N01764 N02384   1k
R_R1        N01764 N00790   1k
.END
```

9.6 능동 전압 폴로워

이 회로는 비반전 입력에 입력되므로 출력 파형은 비반전되어 나타난다. 증폭율 A_{CL}=1이므로 입력 파형이 그대로 출력에 나타난다.

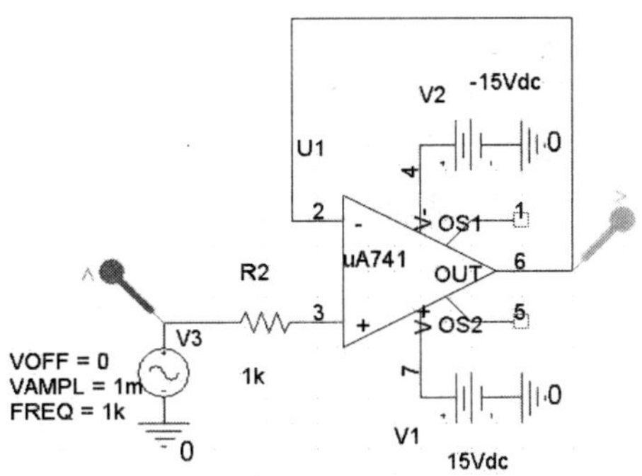

그림 9-6(a) 시뮬레이션 회로

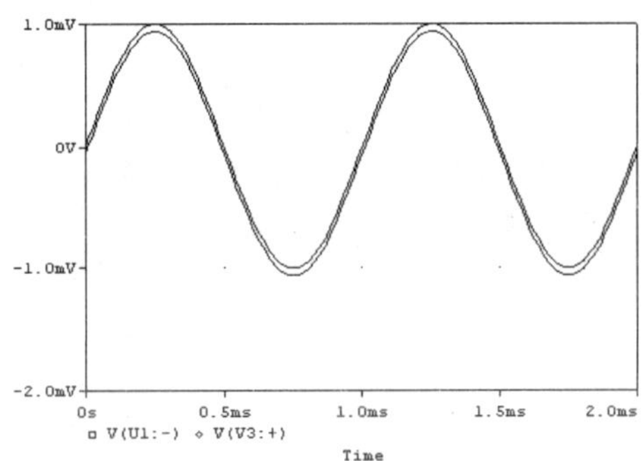

그림 9-6(b) 시뮬레이션 결과

Analysis setup

Transient Analysis	Maximum Step	20us
	Run to Time	2ms

circuit file

```
.TRAN   0 2ms 0 20us
.PROBE V(alias(*)) I(alias(*)) W(alias(*)) D(alias(*)) NOISE(alias(*))
X_U1        N000560 N00790 N01687 N01507 N00790 uA741
V_V1        N01687 0 15Vdc
V_V3        N02384 0  SIN 0 1m 1k 0 0 0
V_V2        N01507 0 -15Vdc
R_R2        N000560 N02384  1k
.END
```

9.7 능동 비반전 증폭기

능동 회로의 비반전 입력 단자에 입력되므로 출력 파형은 비반전되어 나타난다. 폐루프 전압 이득 $A_{CL} = \frac{R_1}{R_2} + 1$이다. 주파수 대역폭 $f_{2(CL)} = f_{unity}/A_{CL}$이다.

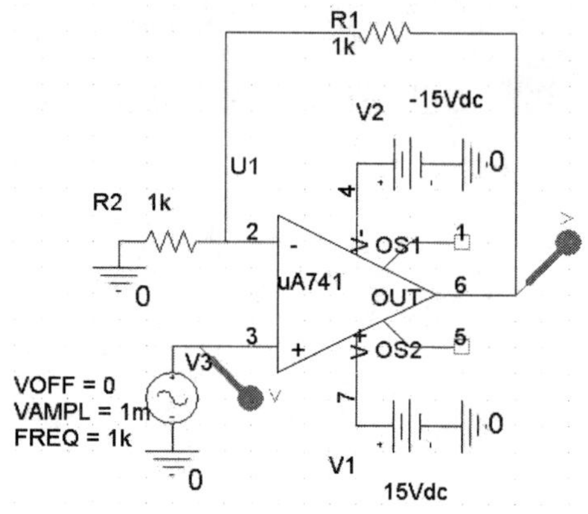

그림 9-7(a) 시뮬레이션 회로

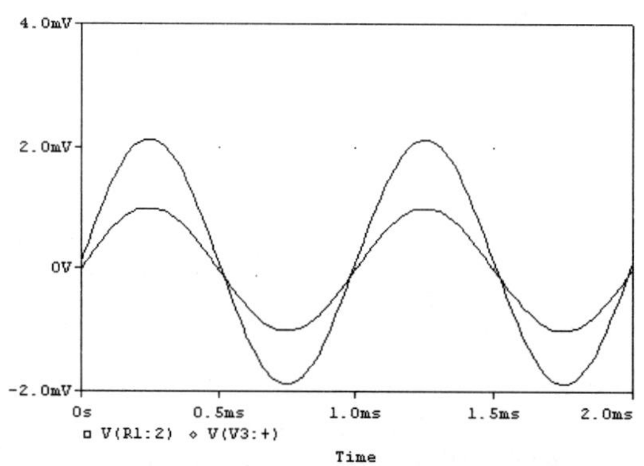

그림 9-7(b) 시뮬레이션 결과

Analysis setup

Transient Analysis	Maximum Step	20us
	Run to Time	2ms

circuit file

```
.TRAN   0 2ms 0 20us
.PROBE V(alias(*)) I(alias(*)) W(alias(*)) D(alias(*)) NOISE(alias(*))
R_R1          N01784 N00790  1k
X_U1          N03107 N01784 N01687 N01507 N00790 uA741
V_V1          N01687 0 15Vdc
V_V3          N03107 0  SIN 0 1m 1k 0 0 0
V_V2          N01507 0 -15Vdc
R_R2          N01784 0  1k
.END
```

9.8 스위칭 반전/비반전 증폭기

연산증폭기의 반전과 비반전 증폭을 스위칭할 수 있는 회로이다. 반전과 비반전 스위칭 동작 소자로써 JFET를 사용하였다. JFET의 게이트 전압이 0[V]이면, JFET는 낮은 저항 값이 되어 비반전 입력단자는 접지된 것과 같다. 그렇게 되면 회로는 반전입력 전압증폭기처럼 작동하며 이득은 1이 된다. 반대로 JFET의 게이트 전압이 (−)전위가 걸리면, JFET는 open된 것과 같으므로, 입력 신호원은 비반전 입력단으로 흐른다. 그렇게 되면 회로는 비반전 전압증폭기처럼 작동하며 전압 이득은 1이 된다. 회로가 원활하게 작동하기 위해서 저항 값은 JFET가 도통 상태의 저항 값보다 100배 이상 커야 한다.

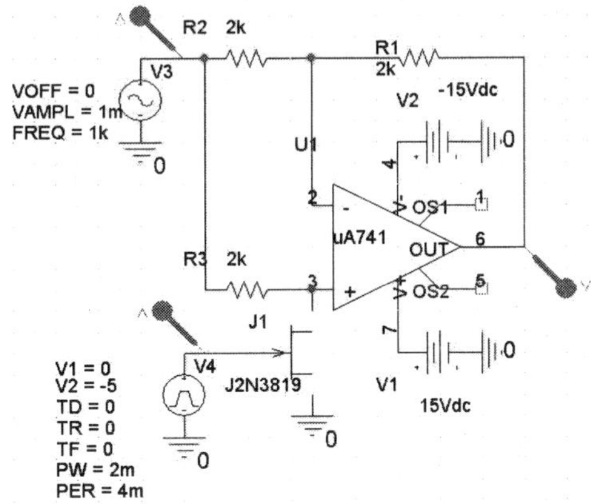

그림 9-8(a) 시뮬레이션 회로

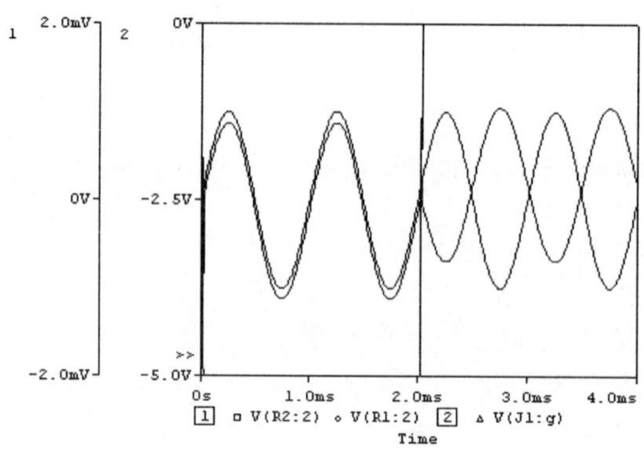

그림 9-8(b) 시뮬레이션 결과

Analysis setup

Transient Analysis	Maximum Step	20us
	Run to Time	4ms

circuit file

```
.TRAN  0 4ms 0 20us
.PROBE V(alias(*)) I(alias(*)) W(alias(*)) D(alias(*)) NOISE(alias(*))
R_R1        N02927 N00790  2k
V_V4        N03809 0  PULSE 0 -5 0 0 0 2m 4m
X_U1        N03762 N02927 N01687 N01507 N00790 uA741
V_V1        N01687 0 15Vdc
V_V3        N03714 0  SIN 0 1m 1k 0 0 0
V_V2        N01507 0 -15Vdc
R_R3        N03762 N03714  2k
R_R2        N02927 N03714  2k
J_J1        N03762 N03809 0 J2N3819
.END
```

9.9 능동 증폭기

능동 증폭기의 동작을 확인하는 회로이다.

midband에서의 전압 이득은 $A_{CL} = \dfrac{100[\text{k}\Omega]}{2[\text{k}\Omega]} = 50$이다.

입력단 커플링 커패시터에는 R=2[kΩ], C=10[μF]이므로

Critical freq $f_c = \frac{1}{2\pi(2[k\Omega])(10[\mu F])} = 7.96\text{Hz}$[Hz]가 된다.

출력단 커플링 커패시터에는 R=10[kΩ], C=4.7[μF]이므로

Critical freq $f_c = \frac{1}{2\pi(10[k\Omega])(4.7[\mu F])} = 3.39$[Hz]가 된다.

비반전 입력단의 바이패스 회로에는 R=50[kΩ], C=10[μF]이므로

Critical freq $f_c = \frac{1}{2\pi(50[k\Omega])(10[\mu F])} = 0.318$[Hz]가 된다.

폐루프 이득=50이므로 upper critical frequency는 $f_{2(CL)} = \frac{1[MHz]}{50} = 20$[kHz]

Lower critical Freq는 $f_{1(CL)} = 7.96\text{Hz}$가 되어 주파수 범위 7.96[Hz]에서 20[kHz] 범위 내에서 3[dB]만큼 내려간다.

V_3 전원을 Vac 전원으로 대치하고 ac sweep를 실행하여 확인할 수 있다.

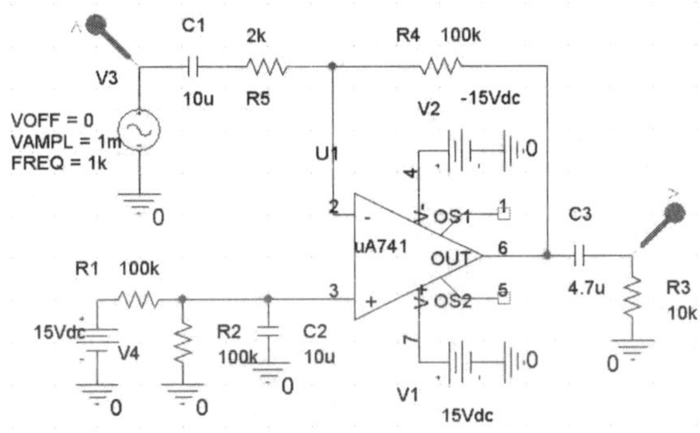

그림 9-9(a) 시뮬레이션 회로

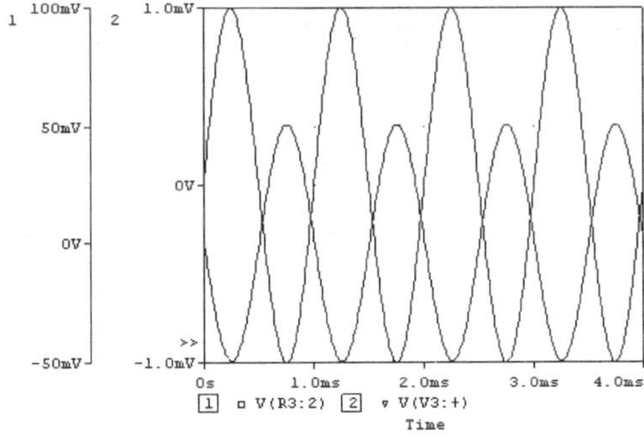

그림 9-9(b) 시뮬레이션 결과

Analysis setup

AC sweep	ac Sweep type • Linear	Total Pts	101
		Start Freq	1
		End Freq	100k
Transient	Transient Analysis	Maximum Step	20us
		Run to Time	4ms

circuit file

```
.TRAN  0 4ms 0 20us
.PROBE V(alias(*)) I(alias(*)) W(alias(*)) D(alias(*)) NOISE(alias(*))
R_R2       N04958 0  100k
C_C3       N05648 N01764  4.7u
R_R4       N02927 N01764  100k
X_U1       N04958 N02927 N01687 N01507 N01764 uA741
V_V1       N01687 0 15Vdc
V_V3       N06166 0  SIN 0 1m 1k 0 0 0
V_V4       N034980 0 15Vdc
V_V2       N01507 0 -15Vdc
R_R1       N04958 N034980  100k
C_C2       0 N04958  10u
R_R5       N02927 N001910  2k
C_C1       N001910 N06166  10u
R_R3       0 N05648  10k
.END
```

9.10 능동 페루프 증폭기의 이득 1

이 회로는 closed-loop 전압 이득을 알아보는 회로이다. 대부분의 feedback 증폭기에서 입력으로 feed back되는 출력 전압의 Fraction B= $\frac{R_2}{R_1+R_2}$ 이다. 전압 이득 $\frac{v_{out}}{v_{in}}=\frac{A}{1+AB}$ 이고, 여기서 A는 Op-amp의 차동 전압 이득이다. AB>>1이므로, $\frac{v_{out}}{v_{in}}=\frac{1}{B}$ 이 된다. 회로에서 A=100,000이라고 가정하고 전압

이득을 계산해 보자.

방법 1

$B = \frac{1K}{20K} = 0.05$

루프이득 AB= 100,000 · 0.05=5,000이 된다. 5,000>>1이므로

$\frac{v_{out}}{v_{in}} = \frac{1}{0.05} = 20$이 된다.

방법 2

정확한 계산은

$\frac{v_{out}}{v_{in}} = \frac{A}{1+AB} = \frac{100000}{1+100000*0.05} = 19.996$

그러므로 방법 1, 2의 결과는 거의 일치한다.

다음으로 회로도에서 입력을 10[mV] 가하면, 출력 전압은 얼마나 될까?

방법 1

$B = \frac{1[k\Omega]}{(19+1)[k\Omega]} = 0.05$

Closed-loop 이득 $A_{CL} = \frac{1}{B}$이므로 $A_{CL} = 20$이 된다.

그러므로 출력 전압 $v_{out} = A_{CL} v_{in} = 20 \cdot 10[mV] = 200[mV]$

방법 2

회로에서 $A_{CL} = \frac{1}{B} = \frac{R_1 + R_2}{R_2} = 20$이므로

출력 전압 v_{out}= 20 · (10[mV])=200[mV]

그러므로 방법 1, 2의 결과는 거의 일치한다.

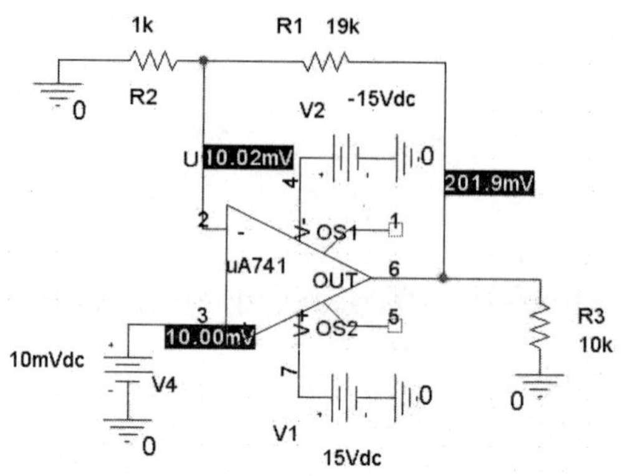

그림 9-10 시뮬레이션 회로와 결과

Analysis setup

Transient Analysis	Maximum Step	20ns
	Run to Time	4ms

circuit file

```
.TRAN   0 4ms 0 20ns
.PROBE V(alias(*)) I(alias(*)) W(alias(*)) D(alias(*)) NOISE(alias(*))
R_R1            N02927 N01764   19k
X_U1            N06885 N02927 N01687 N01507 N01764 uA741
V_V1            N01687 0 15Vdc
V_V4            N06885 0 10mVdc
V_V2            N01507 0 -15Vdc
R_R2            N02927 0   1k
R_R3            0 N01764   10k
.END
```

9.11 능동 증폭기의 부하전류

이 회로는 능동 증폭기의 부하에 흐르는 전류를 알아보는 회로이다. 회로에서 feedback fraction은 $B=\frac{1\text{k}\Omega}{(100\Omega+1\text{k}\Omega)}$ 이득은 $A_{CL}=\frac{1}{B}=1.1$이다. 출력 전

압은 $v_{out}=1.1(2[V]=2.2[V]$가 되며, 저항 R_2의 전압은 $v_{R_2}=2.2 \cdot B=2[V]$가 된다. 그러므로 저항 R_2에 흐르는 전류는 $i_2=\frac{2}{1}=2[mA]$, 그리고 저항 R_3에 흐르는 전류는 $i_3=\frac{2.2}{10}=220[\mu A]$가 된다. R_1의 저항 값을 변경하더라도 R_2의 전압은 항시 2[V]가 됨을 알 수 있는데 이는 R_1의 저항 값이 출력 전류에 영향을 미치지 않음을 의미한다.

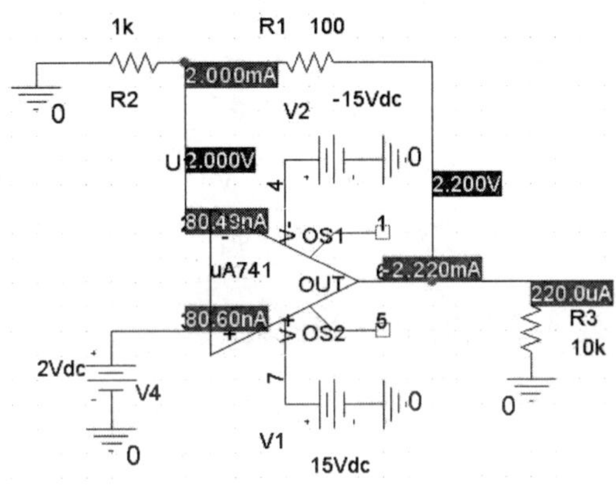

그림 9-11 시뮬레이션 회로 및 결과

Analysis setup

Transient Analysis	Maximum Step	20us
	Run to Time	4ms

circuit file

```
.TRAN  0 4ms 0 20us
.PROBE V(alias(*)) I(alias(*)) W(alias(*)) D(alias(*)) NOISE(alias(*))
R_R1        N02927 N01764  100
X_U1        N06885 N02927 N01687 N01507 N01764 uA741
V_V1        N01687 0 15Vdc
V_V4        N06885 0 2Vdc
V_V2        N01507 0 -15Vdc
R_R2        N02927 0  1k
R_R3        0 N01764  10k
.END
```

9.12 능동 증폭기의 부하전류와 최대저항

이 회로는 능동 증폭기의 부하에 흐르는 전류를 알아보고 부하 저항을 최대 얼마까지 가능한지 여부를 확인하는 회로이다.

1) 부하 저항 R_2에 흐르는 전류를 계산하면

증폭기의 비반전 입력 전압이 10[V]이므로 반전단자의 전압도 거의 10[V]가 됩니다. 그러므로 이 전압 값은 저항 R_1의 하단에 나타나게 된다. 그리하여 저항 R_1의 상단 전압은 15[V] 하단의 전압은 10[V]가 되어 저항의 전위차가 5[V]가 되므로 저항 R_1에 흐르는 전류는 5[V]/1[kΩ]=5[mA]가 됩니다. 부하 저항 R-L의 전압은 5[mA]·100[Ω]=0.5[V]가 된다.

2) 부하 저항 R_2는 최대 얼마까지 가능할까?

Tr.의 에미터 전압이 10[V]이고, 콜렉터 전위가 0.5[V]인 경우에는 Tr.의 콜렉터-에미터간의 전위는 (10-0.5)[V]=9.5[V]가 된다. 부하 저항을 서서히 증가하여 Tr.의 콜렉터 전위를 10[V]가 되도록 한다면 Tr.은 포화된다. 이것은 바로 Tr.의 콜렉터 전위가 10[V]가 됨을 의미하고 전류는 5[mA]가 되어야 하므로 부하 저항의 최대치는 10[V]/5[mA]=2[kΩ]이다.

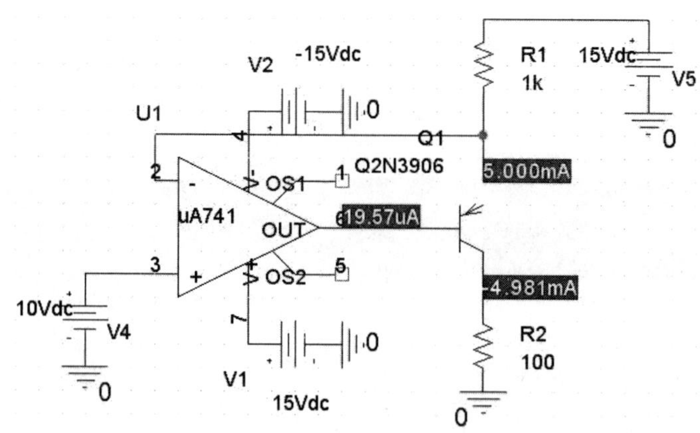

그림 9-12 시뮬레이션 회로 및 결과

Analysis setup

Transient Analysis	Maximum Step	20us
	Run to Time	4ms

circuit file

```
.TRAN  0 4ms 0 20us
.PROBE V(alias(*)) I(alias(*)) W(alias(*)) D(alias(*)) NOISE(alias(*))
R_R1        N07427 N07488  1k
Q_Q1        N07534 N07510 N07427 Q2N3906
X_U1        N06885 N07427 N01687 N01507 N07510 uA741
V_V1        N01687 0 15Vdc
V_V4        N06885 0 10Vdc
V_V2        N01507 0 -15Vdc
V_V5        N07488 0 15Vdc
R_R2        N07534 0  100
.END
```

9.13 능동 폐루프 증폭기의 이득 2

이 회로는 closed-loop 전압 이득을 알아보는 회로이다. 회로에서 JFET의 온-오프에 따라 전압 이득이 다르게 되므로 출력 파형이 다르게 보인다. JFET는 V_{GS}=-5[V]일 때 off되고, 0[V]일 때 on된다. 그러므로 최대 출력 전압과 최소 출력 전압을 계산하면 다음과 같다.

먼저, JFET가 off되었을 때 폐루프 전압 이득은 $A_{CL} = \frac{100}{47} + 1 = 3.13$

출력 전압은 $v_{out} = 3.13(1[mV]) = 3.13[mV]$

다음으로 JFET가 on되었을 때 폐루프 전압 이득은 $A_{CL} = \frac{100}{1} + 1 = 101$

출력 전압은 $v_{out} = 101(1[mV]) = 101[mV]$

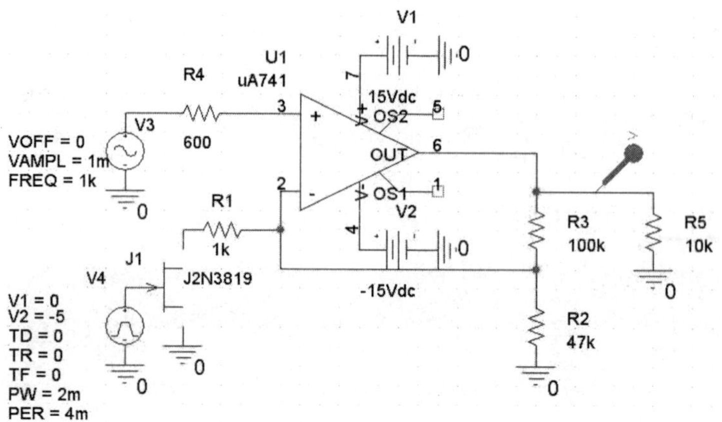

그림 9-13(a) 시뮬레이션 회로

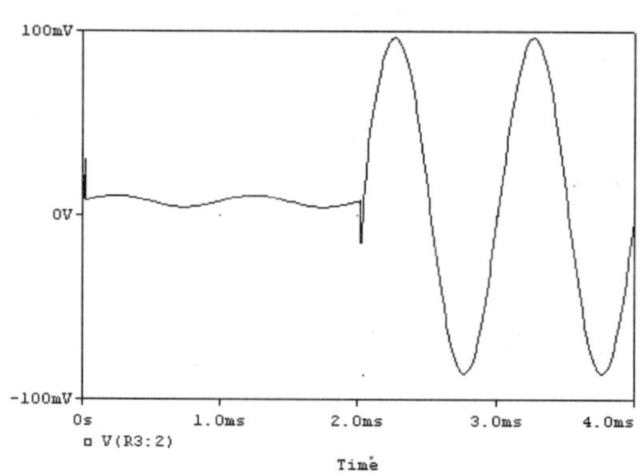

그림 9-13(b) 시뮬레이션 결과

Analysis setup

Transient Analysis	Maximum Step	20us
	Run to Time	4ms

circuit file

```
.TRAN  0 4ms 0 20us
.PROBE V(alias(*)) I(alias(*)) W(alias(*)) D(alias(*)) NOISE(alias(*))
V_V4        N080090 0  PULSE 0 -5 0 0 0 2m 4m
X_U1        N08247 N08322 N01687 N01507 N08301 uA741
V_V1        N01687 0 15Vdc
```

```
V_V2         N01507 0 -15Vdc
J_J1         N080552 N080090 0 J2N3819
R_R1         N080552 N08322  1k
R_R2         0 N08322  47k
R_R3         N08322 N08301  100k
R_R4         N08247 N08263  600
R_R5         N08301 0  10k
V_V3         N08263 0  SIN 0 1m 1k 0 0 0
.END
```

9.14 능동 페루프 증폭기의 주파수 이득

능동 전압 폴로워(voltage follower) 회로이다. 페루프 주파수 대역폭을 확인해 본다. gain bandwidth product는 $A_{CL}f_{2(CL)} = 15$[MHz]이고, 전압 폴로워의 페루프 전압 이득=1이므로 페루프의 주파수대역폭은 $f_{2(CL)} = \frac{15}{1} = 15$[MHz]가 된다. 즉 전압 이득이 1이므로 전압 폴로워의 주파수 대역폭은 최대의 대역폭이 된다.

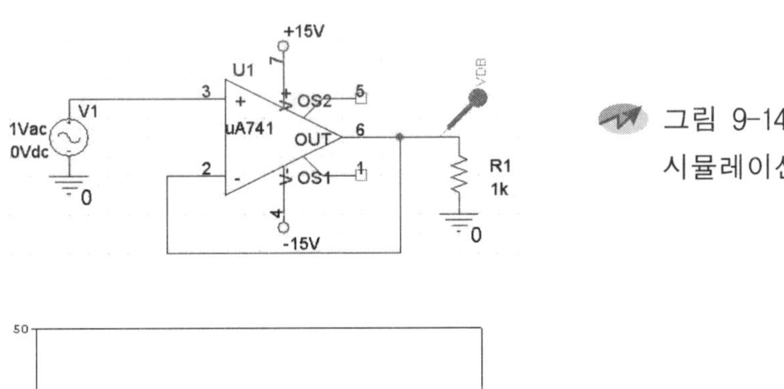

그림 9-14(a)
시뮬레이션 회로

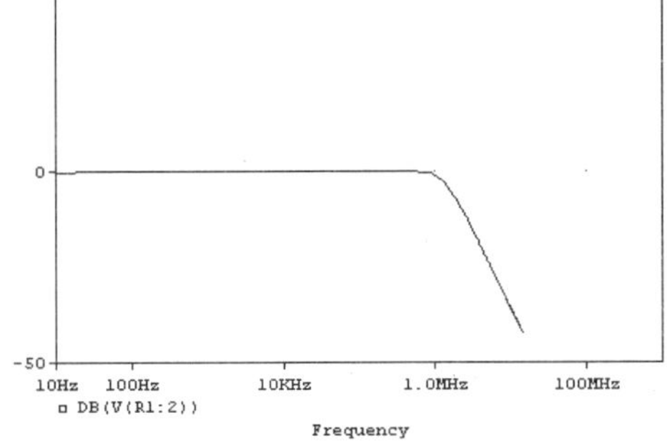

그림 9-14(b)
시뮬레이션 결과

Analysis setup

AC sweep	ac Sweep type • Linear	Total Pts	101
		Start Freq	10
		End Freq	15MEG

circuit file

```
.AC LIN 101 10 15meg
.PROBE V(alias(*)) I(alias(*)) W(alias(*)) D(alias(*)) NOISE(alias(*))
V_V1        N00288 0 DC 0Vdc AC 1Vac
X_U1        N00288 N00299 +15V -15V N00299 uA741
R_R1        0 N00299  1k
.END
```

9.15 능동 회로의 주파수 대역폭 1

연산 증폭기 741C의 gain-bandwidth product, 즉 f_{unity}=1[MHz]이다. 회로도에서 feedback fraction $B=\frac{R_3}{R_2+R_3}=\frac{1}{1+9}=\frac{1}{10}$이다. 그러므로 폐루프 전압이득 $A_{CL}=\frac{1}{B}=10$이 된다. 그러므로 gain-bandwidth products는 $A_{CL}f_{2(CL)}=f_{unity}$이므로 폐루프의 주파수 대역폭은 $f_{2(CL)}=\frac{1[MHz]}{10}=100[kHz]$이다.

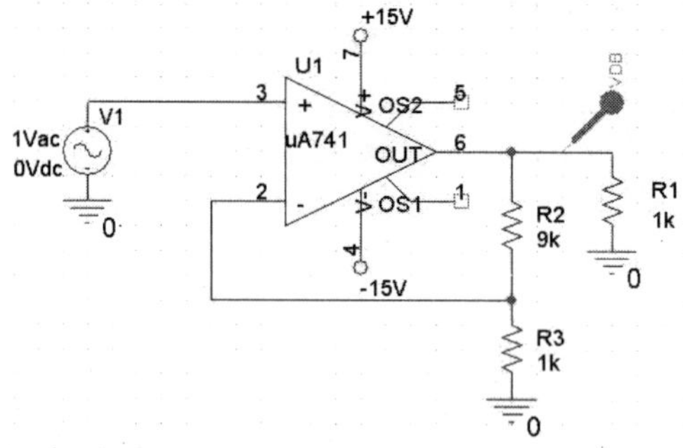

그림 9-15(a) 시뮬레이션 회로

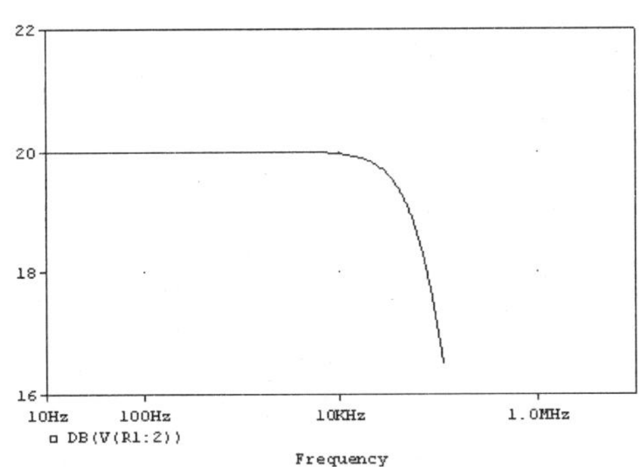

그림 9-15(b) 시뮬레이션 결과

Analysis setup

AC sweep	ac Sweep type • Linear	Total Pts	101
		Start Freq	10
		End Freq	110k

circuit file

```
.AC LIN 101 10 110k
.PROBE V(alias(*)) I(alias(*)) W(alias(*)) D(alias(*)) NOISE(alias(*))
V_V1        N00288 0 DC 0Vdc AC 1Vac
X_U1        N00288 N00312 +15V -15V N00299 uA741
R_R2        N00312 N00299  9k
R_R3        0 N00312  1k
R_R1        0 N00299  1k
.END
```

9.16 능동 회로의 주파수 대역폭 2

Closed-loop voltage gain은 $A_{CL}=\frac{100}{1}=100$이다. 또한 출력 전압은 입력 전압으로 1[mV]를 입력한다면 $v_{out}=100(1[mV])=100[mV]$가 된다. 폐루프 전압 이득이 1보다 더 크므로 $A_{CL}f_{2(CL)}=1[MHz]$가 되어, 폐루프 주파수 대역폭은 ACL=100이므로 $f_{2(CL)}=\frac{1[MHz]}{100}=10[kHz]$가 된다. 출력 파형에서

-3[dB]되는 점이 확연히 보인다.

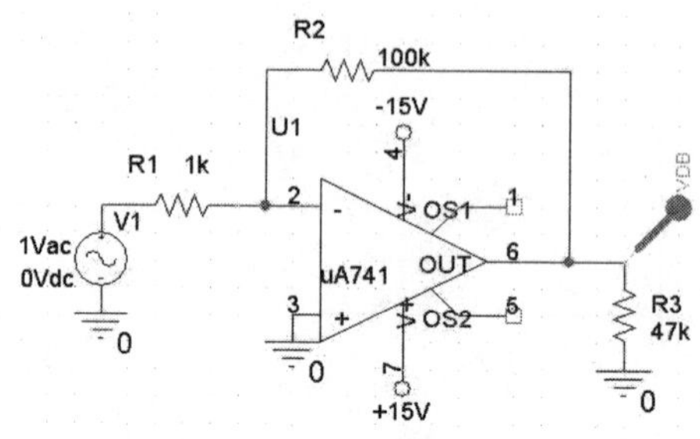

그림 9-16(a) 시뮬레이션 회로

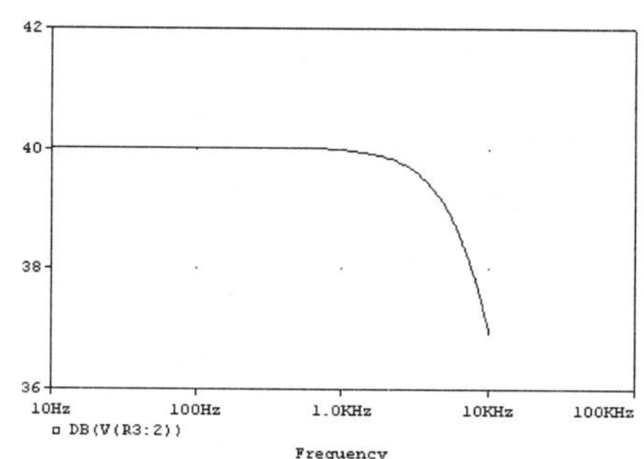

그림 9-16(b) 시뮬레이션 결과

Analysis setup

AC sweep	ac Sweep type • Linear	Total Pts	101
		Start Freq	10
		End Freq	10.0k

circuit file

```
.AC LIN 101 10 10k
.PROBE V(alias(*)) I(alias(*)) W(alias(*)) D(alias(*)) NOISE(alias(*))
V_V1        N01640 0 DC 0Vdc AC 1Vac
X_U1        0 N01599 +15V -15V N01572 uA741
R_R2        N01572 N01599  100k
R_R3        0 N01572  47k
R_R1        N01599 N01640  1k
.END
```

9.17 능동 회로의 주파수 대역폭 3

Closed-loop voltage gain은 $A_{CL}=\frac{100}{1}+1=101$이다. 또한 주파수 중간밴드에서의 출력 전압은 입력 전압으로 1[mV]를 입력한다면 v_{out}=101(1[mV])=101[mV]이 된다.

upper closed-loop critical frequency는 $f_{2(CL)}=\frac{1}{101}=9.9$[kHz]가 된다. 그런데 lower critical frequency는 3개이다.

먼저 R_1과 C_1에 의한 critical frequency $f_c=\frac{1}{2\pi(100k\Omega)(1\mu F)}=1.59$[Hz]

R_5과 C_3에 의한 critical frequency $f_c=\frac{1}{2\pi(10k\Omega)(1\mu F)}=15.9$[Hz]

R_2과 C_2에 의한 critical frequency $f_c=\frac{1}{2\pi(1k\Omega)(1\mu F)}=159$[Hz]

가 되므로 lower critical frequency=159[Hz]가 된다.

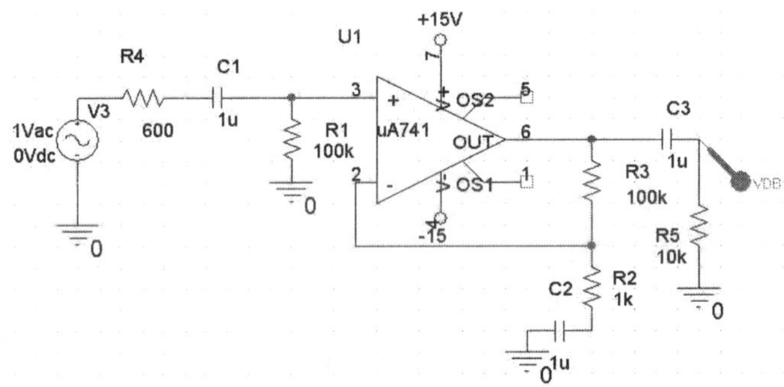

그림 9-17(a) 시뮬레이션 회로

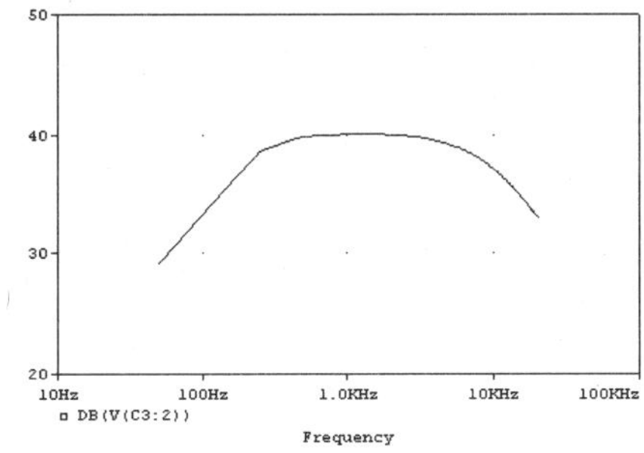

그림 9-17(b) 시뮬레이션 결과

Analysis setup

AC sweep	ac Sweep type · Decade	Total Pts	101
		Start Freq	50
		End Freq	20k

circuit file

```
.AC LIN 101 50 20k
.PROBE V(alias(*)) I(alias(*)) W(alias(*)) D(alias(*)) NOISE(alias(*))
V_V3        N06202 0 DC 0Vdc AC 1Vac
C_C1        N021580 N06601  1u
X_U1        N06601 N06701 +15V -15 N06648 uA741
C_C3        N06648 N02914  1u
R_R3        N06701 N06648  100k
C_C2        N008551 0  1u
R_R2        N008551 N06701  1k
R_R5        N02914 0  10k
R_R1        0 N06601  100k
R_R4        N06202 N021580  600
.END
```

9.18 단일전원공급 동작 1

대부분의 op-amp는 두 전원 즉 V_{cc}=+15[V], V_{EE}=-15[V]에 의해서 동작한다. 때로는 두 전원을 사용하지 않고 단일전원에 의해서 동작하도록 하는 경우도 있다. 즉 V_{EE}를 접지시킨 경우이다. 최대의 출력 스윙을 얻으려면, 비반전 입력단자에 바이어스가 걸리도록 하기 위해서 저항에 의한 전압분배 바이어스가 되도록 하여야 $\frac{V_{cc}}{2}$의 직류 전압이 비반전 입력단자에 걸린다. 네가티브 피드백 때문에 v_{error} 전압은 거의 제로가 되며, 반전입력단자의 동작점(quiescent value)은 $\frac{V_{cc}}{2}$가 된다.

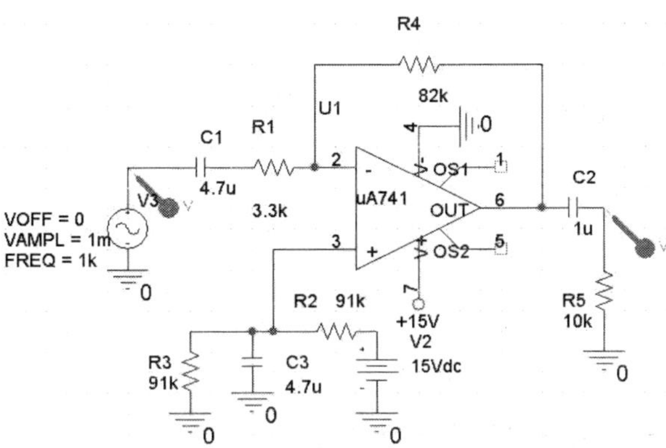

그림 9-18(a) 시뮬레이션 회로

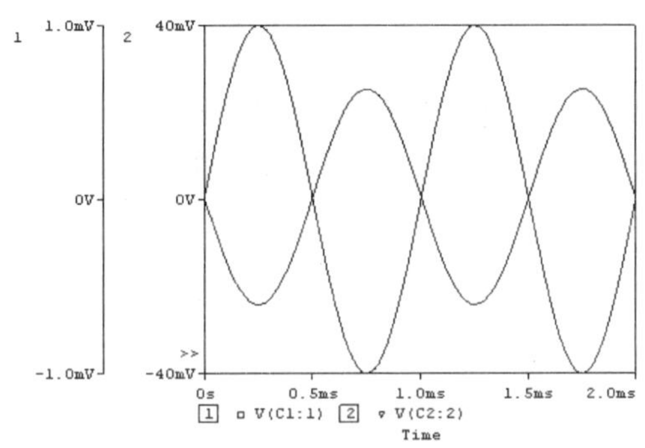

그림 9-18(b) 시뮬레이션 결과

Analysis setup

Transient Analysis	Maximum Step	20us
	Run to Time	2ms

circuit file

```
.TRAN  0 2ms 0 20us
.PROBE V(alias(*)) I(alias(*)) W(alias(*)) D(alias(*)) NOISE(alias(*))
C_C1           N04559 N002161  4.7u
X_U1           N04582 N04302 +15V 0 N04281 uA741
C_C2           N04281 N02914  1u
R_R2           N04582 N007850  91k
V_V3           N04559 0  +SIN 0 1m 1k 0 0 0
```

```
C_C3     0 N04582   4.7u
R_R3     0 N04582   91k
V_V2     N007850 0  15Vdc
R_R5     N02914 0   10k
R_R1     N002161 N04302   3.3k
R_R4     N04302 N04281   82k
.END
```

9.19 단일전원 공급동작 2 : 오디오 증폭

대부분의 op-amp는 두 전원 즉 V_{cc}=+15[V], V_{ee}=-15[V]에 의해서 동작한다. 때로는 두 전원을 사용하지 않고 단일전원에 의해서 동작하도록 하는 경우도 있다. 즉 V_{EE}를 접지시킨 경우이다. 최대의 출력 스윙을 얻으려면, 비반전 입력단자에 바이어스가 걸리도록 하기 위해서 저항에 의한 전압분배 바이어스가 되도록 하여야 한다. 그렇게 함으로써 $\frac{V_{cc}}{2}$의 직류 전압이 비반전 입력단자에 걸리게 된다. 단일전원 공급의 또 다른 예는 바로 오디오 증폭 회로이다. 증폭기의 동작점(quiescent point)을 $\frac{V_{cc}}{2}$가 된다.

본 회로는 트랜지스터와 연산증폭기 사이의 결합커패시터를 제거한 직접접속의 예이다. 시뮬레이션 회로에서 R_7과 C_2는 발진을 방지하는 기능을 한다. 오디오가 가청주파수 범위 내에서 동작하도록 하기 위해서 연산 증폭기를 사용하였다.

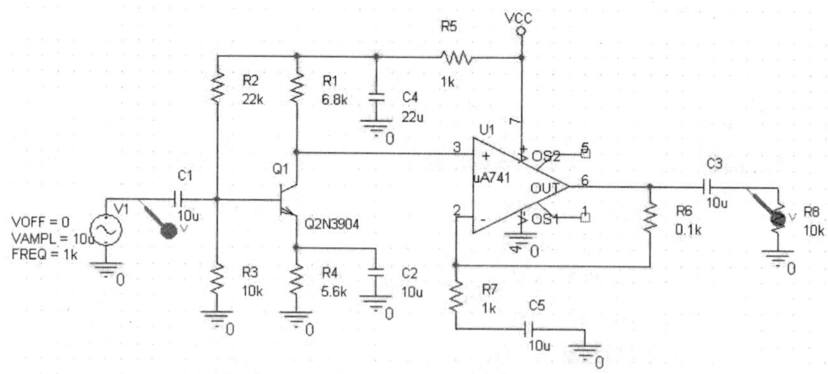

그림 9-19(a) 시뮬레이션 회로

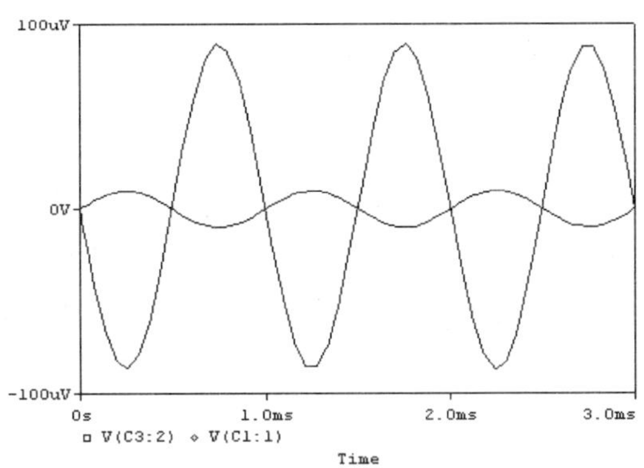

그림 9-19(b) 시뮬레이션 결과

Analysis setup

Transient Analysis	Maximum Step	
	Run to Time	3ms

circuit file

```
.TRAN   0 3ms 0
.PROBE V(alias(*)) I(alias(*)) W(alias(*)) D(alias(*)) NOISE(alias(*))
C_C3          N01496 N01573   10u
R_R8          0 N01573   10k
C_C4          0 N00341   22u
Q_Q1          N00325 N00353 N00423 Q2N3904
C_C2          0 N00423   10u
V_V1          N00404 0   SIN 0 10u 1k 0 0 0
X_U1          N00325 N01426 VCC 0 N01496 uA741
C_C1          N00404 N00353   10u
R_R1          N00325 N00341   6.8k
R_R2          N00353 N00341   22k
C_C5          N03448 0   10u
R_R3          0 N00353   10k
R_R5          VCC N00341   1k
R_R4          0 N00423   5.6k
R_R6          N01426 N01496   0.1k
R_R7          N03448 N01426   1k
.END
```

9.20 이득불변 가변대역폭 반전증폭기

때때로 폐루프 반전 연산 증폭기에서 전압 이득은 불변하면서 주파수 대역폭만 가변할 필요가 있다. 반전입력단과 접지사이에 저항을 삽입하고 저항 값을 가변하면 전압 이득은 변하지 않은 상태에서 주파수 대역폭만 가변할 수 있게 된다.

Feedback Fraction $B=\dfrac{R_1//R_3}{R_1//R_3+R_2}$

가 되며, 저항 R_3을 가변함으로써 B 값도 바뀌게 된다.
B가 바뀌면 폐루프 대역폭도 그에 비례해서 다음과 같이 바뀐다.

$$f_{2(CL)}=Bf_{unity}$$

또한 출력 전압 $v_{out}=\dfrac{R_2}{R_1//R_3}\ \dfrac{R_3}{R_1+R_3}\ v_{in}$

윗 식은 $v_{out}=\dfrac{R_2}{R_1}\ v_{in}$이 되어 R_3와 무관한식이 되어 R_3가 바뀌어도 전압 이득은 변함이 없다. 시뮬레이션 회로에서 $A_{CL}=\dfrac{100}{2}=50$이므로 출력 전압은 $v_{out}=50(4[mV])=200[mV]$가 된다. 가변 저항 R_3=5[kΩ]일 때의 Feedback Fraction $B=\dfrac{2//5}{2//5+100}$=0.0141 증폭기의 f_{unity}=1[MHz]이므로 폐루프 대역폭은 $f_{2(CL)}=Bf_{unity}$= 0.0141(1[MHz]) = 14.1[kHz], 결국 전압 이득은 50이고, 주파수대역폭은 0~14.1[kHz] 범위 내에서 가변 된다. transient analysis를 실행하기 위해서 V_1을 Vac에서 VSIN으로 바꿔서 실행해 본다.

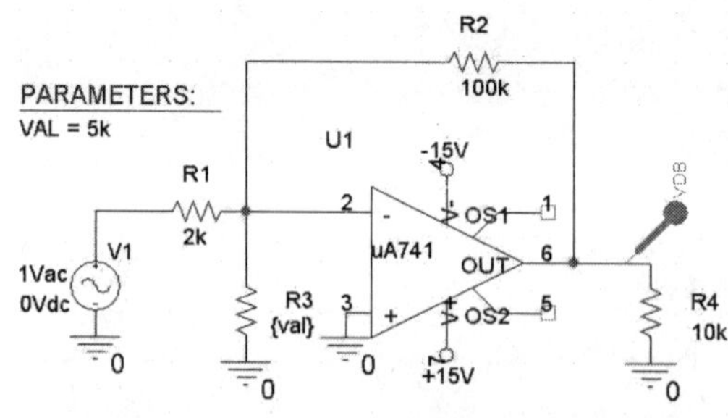

그림 9-20(a) 시뮬레이션 회로

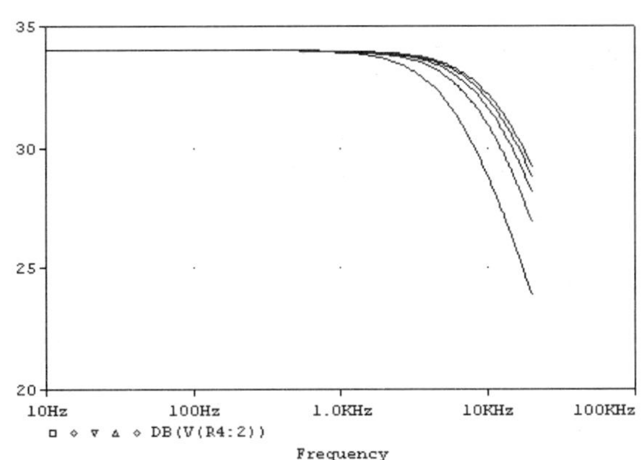

그림 9-20(b) 시뮬레이션 결과

Analysis setup

Transient Analysis		Maximum Step	20ns
		Run to Time	2ms
Parametric	Global Parameter Name		val
	Sweep Type • Linear	Start Value	1K
		End Value	5K
		Increment	1K
AC sweep	ac Sweep type • Linear	Total Pts	101
		Start Freq	10
		End Freq	20K

circuit file

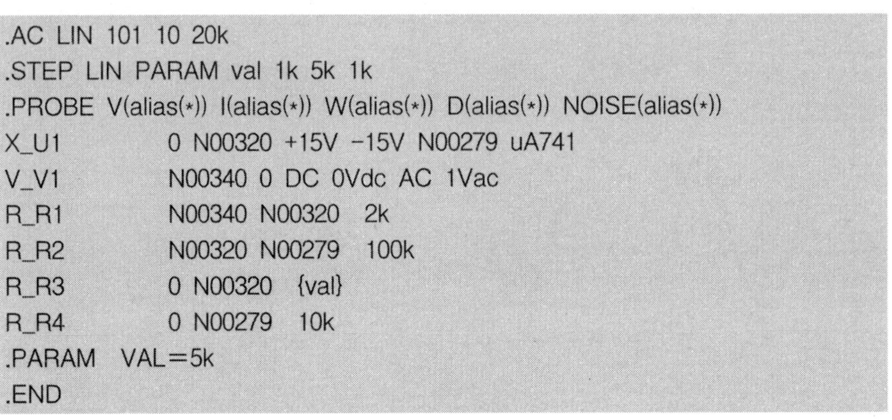

```
.AC LIN 101 10 20k
.STEP LIN PARAM val 1k 5k 1k
.PROBE V(alias(*)) I(alias(*)) W(alias(*)) D(alias(*)) NOISE(alias(*))
X_U1        0 N00320 +15V -15V N00279 uA741
V_V1        N00340 0 DC 0Vdc AC 1Vac
R_R1        N00340 N00320  2k
R_R2        N00320 N00279  100k
R_R3        0 N00320  {val}
R_R4        0 N00279  10k
.PARAM  VAL=5k
.END
```

9.21 가변이득 반전/비반전 증폭기

저항 $R_3=n \cdot R_2$, $R_4=(n \cdot R_2)/(n-1)$ 값으로 지정해 주면, 전압 이득을 −n에서 +n까지 조정할 수 있는 회로이다. 회로에서 포텐쇼메터(potentiometer)를 지정할 수 없으므로 R_5와 R_6로 조정하도록 하였다. 저항 $R_5+R_6=3[k\Omega]$이며, R_5를 0.001[Ω]에서 3[kΩ]까지 가변하도록 하였다. 가변 저항 값=0이면, 비반전 입력은 접지되고, 회로는 반전 증폭기처럼 되며 전압 이득은 $A_{CL}=\frac{nR_2}{R_2}=n$이다. 다음으로 가변 저항이 최대치이면, 입력 전압은 비반전 입력단자에 입력된다. 반전이든 비반전이든 입력 전압의 진폭이 아주 적으므로, 반전입력 전압은 비반전 입력처럼 된다. 그러므로 증폭된 출력 파형은 비반전 파형이 된다. 또한 저항 R_2에 흐르는 전류는 거의 제로이므로 저항 R_2는 open된 것과 같으므로

$$\text{feedback fraction } B=\frac{\frac{nR_2}{(n-1)}}{\frac{nR_2}{(n-1)}+nR_2}=\frac{1}{n}$$

과 같다. 그러므로 폐루프 이득은 $A_{CL}=\frac{1}{B}=n$이다.

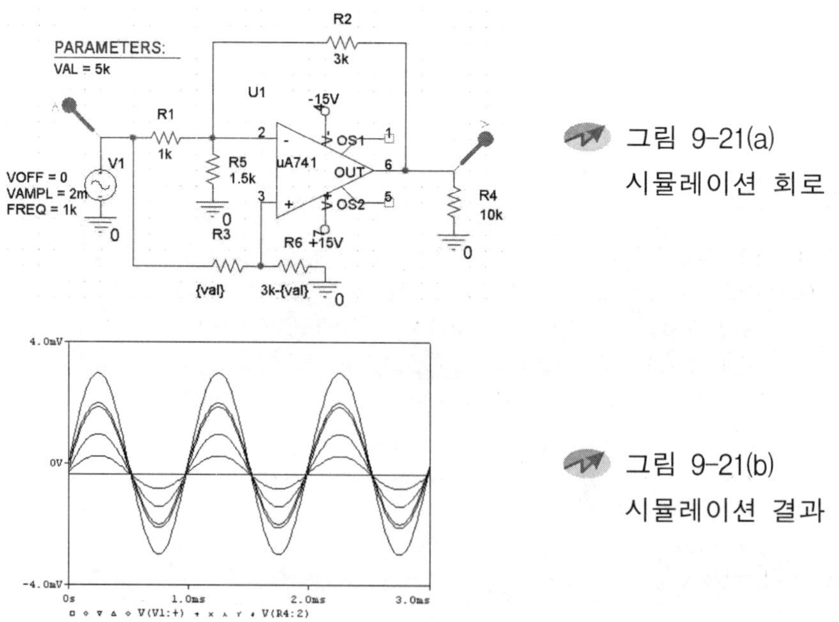

그림 9-21(a) 시뮬레이션 회로

그림 9-21(b) 시뮬레이션 결과

Analysis setup

Transient Analysis		Maximum Step	20us
		Run to Time	3ms
Parametric	Global Parameter Name		val
	Sweep Type ◉ Linear	Start Value	0.0001
		End Value	3K
		Increment	0.5K

circuit file

```
.TRAN   0 3ms 0 20us
.STEP LIN PARAM val 1k 3k 0.5k
.PROBE V(alias(*)) I(alias(*)) W(alias(*)) D(alias(*)) NOISE(alias(*))
X_U1          N02088 N00320 +15V -15V N00279 uA741
V_V1          N01576 0   SIN 0 2m 1k 0 0 0
R_R1          N01576 N00320   1k
R_R2          N00320 N00279   3k
R_R3          N02088 N01576   {val}
R_R6          N02088 0   3k-{val}
R_R4          0 N00279   10k
R_R5          0 N00320   1.5k
.PARAM   VAL=5k
.END
```

9.22 가변이득 반전 증폭기

Adjustable inverter gain 회로로써, 저항 R_3를 제로에서 R_1 값까지 가변한다. 만약 저항 R_3의 값이 제로이면, 회로의 비반전 단자는 접지되어 반전증폭기로 동작하며 전압 이득은 R_1/R_2가 된다. 가변 저항을 계속 증가하여 $R_3=R_1$이 되면, 반전단자와 비반전 단자의 전압은 똑같으므로 common-mode rejection 때문에 출력 전압은 제로가 된다. 그러므로 조정할 수 있는 전압 이득의 범위는 $0\sim(R_1/R_2)$까지이다.

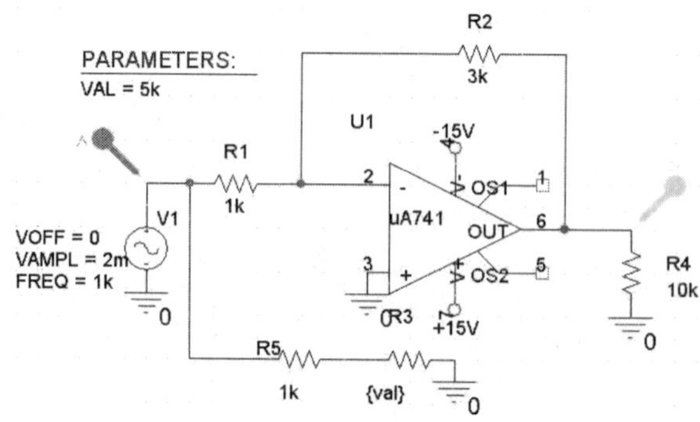

그림 9-22(a) 시뮬레이션 회로

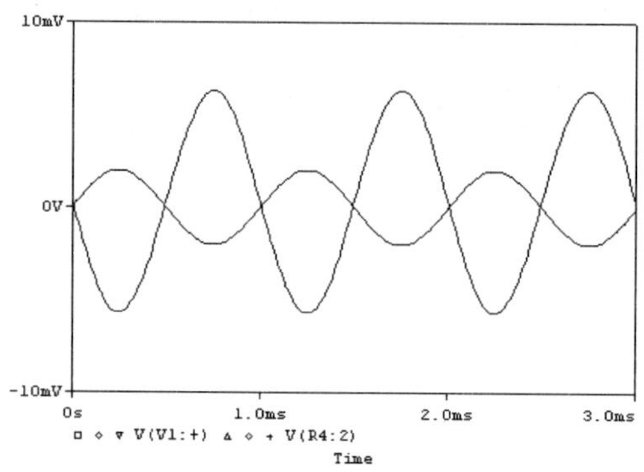

그림 9-22(b) 시뮬레이션 결과

Analysis setup

Transient Analysis		Maximum Step	20us
		Run to Time	3ms
Parametric	Global Parameter Name		val
	Sweep Type • Linear	Start Value	1k
		End Value	3K
		Increment	1K

circuit file

```
.TRAN  0 3ms 0 20us
.STEP LIN PARAM val 1k 3k 1k
.PROBE V(alias(*)) I(alias(*)) W(alias(*)) D(alias(*)) NOISE(alias(*))
```

```
X_U1        0 N01618 +15V -15V N00279 uA741
V_V1        N01576 0  SIN 0 2m 1k 0 0 0
R_R1        N01576 N01618  1k
R_R2        N01618 N00279  3k
R_R3        0 N03044  {val}
R_R4        0 N00279  10k
R_R5        N03044 N01576  1k
.PARAM  VAL=5k
.END
```

9.23 단방향 전류 부스터

일반적으로 op-amp의 최대 출력 전류는 제한을 받게 된다. 예를 들어, 741c의 경우에는 최대출력전류는 25[mA]이다. 그러나 부하에 더 많은 전류를 흐르도록하여야 할 경우에는 출력단에 current booster를 설치해야 한다. 시뮬레이션 회로에서 연산증폭기가 트랜지스터의 에미터 폴로워로 구동되고 있다. 트랜지스터의 전류이득 때문에 최대 부하 전류는 증가하게 된다. 만약 Tr.의 β_{dc} =100, $i_{\max}$ =25[mA]라면 최대 부하 전류=2.5[A]가 된다. 그렇지만 이 회로는 단방향 부하전류만 흐르게 되는 단점을 가진다. 양방향전류를 흐르도록 하기 위해서는 B-급 push-pull 에미터 폴로워를 사용하여야 한다. 이 회로의 비반전 전압 이득 $A_{CL}=\dfrac{R_1}{R_2}+1$이다.

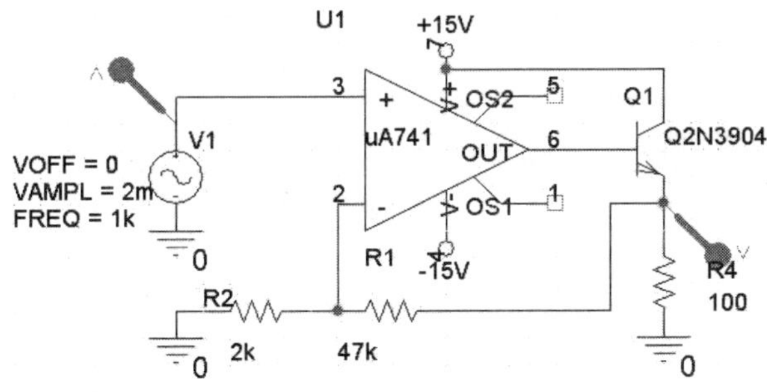

그림 9-23(a) 시뮬레이션 회로

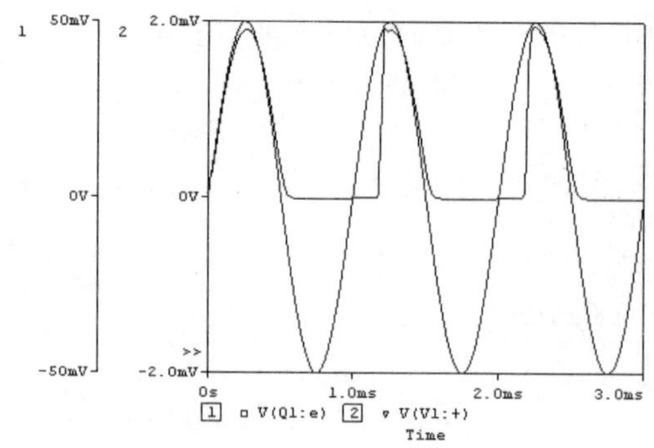

그림 9-23(b) 시뮬레이션 결과

Analysis setup

Transient Analysis	Maximum Step	20us
	Run to Time	3ms

circuit file

```
.TRAN  0 3ms 0 20us
.PROBE V(alias(*)) I(alias(*)) W(alias(*)) D(alias(*)) NOISE(alias(*))
X_U1       N01576 N03044 +15V -15V N04394 uA741
V_V1       N01576 0  SIN 0 2m 1k 0 0 0
Q_Q1       +15V N04394 N03757 Q2N3904
R_R1       N03757 N03044  47k
R_R4       0 N03757  100
R_R2       N03044 0  2k
.END
```

9.24 양방향 전류 부스터

일반적으로 op-amp의 최대 출력 전류는 제한을 받게 된다. 예를 들어, 741c의 경우에는 최대 출력 전류는 25[mA]이다. 그러나 부하에 더 많은 전류를 흐르도록 하여야 할 경우에는 출력단에 current booster를 설치해야 한다. 시뮬레이션 회로에서 연산증폭기가 트랜지스터의 push-pull증폭기를 구동하므로 트랜지스터의 전류이득 때문에 최대 부하 전류는 증가하게 된다. 만약 Tr.의 $\beta_{dc}=100$, $i_{max}=25[mA]$라면 최대 부하 전류=2.5[A]가 된다. B-급 push-pull 에미터 폴로워를 사용하며, 비반전 전압 이득은 $A_{CL}=\frac{R_E}{R_s}$이다. 입력 전압이 positive이면, 아래의 Tr.이 동작하고, 부하전류는 negative가 된다. 반면 입력 전압이 negative이면, 위에 있는 Tr.이 작동하고 출력 전압은 positive가 된다.

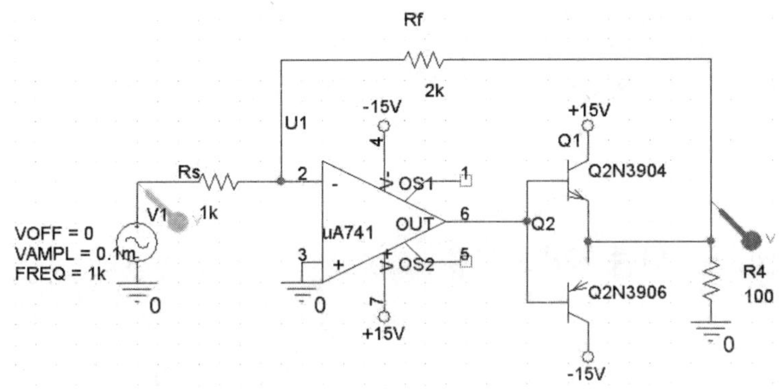

그림 9-24(a) 시뮬레이션 회로

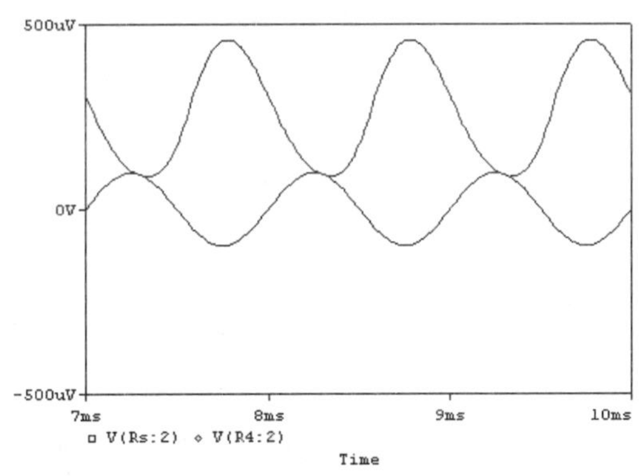

그림 9-24(b) 시뮬레이션 결과

Analysis setup

Transient Analysis	Maximum Step	20us
☑ Skip Initial transient solution	Run to Time	3ms

circuit file

```
.TRAN  0 10ms 7ms 20us SKIPBP
.PROBE V(alias(*)) I(alias(*)) W(alias(*)) D(alias(*)) NOISE(alias(*))
X_U1         0 N05286 +15V -15V N05527 uA741
V_V1         N01578 0  SIN 0 0.1m 1k 0 0 0
Q_Q1         +15V N05527 N05626 Q2N3904
Q_Q2         -15V N05527 N05626 Q2N3906
R_Rf         N05626 N05286  2k
R_R4         0 N05626  100
R_Rs         N05286 N01578  1k
.END
```

9.25 오디오 자동 이득조절

AGC(automatic voltage control)은 라디오나 TV에 많이 사용되는 회로이다. 입력신호가 변하더라도 그에 따른 전압 이득을 자동으로 변하게 할 수 있는 회로이다. 즉 입력신호가 증가하면 출력 전압은 감소하도록 하는 회로이다. 그렇게 함으로써 출력 전압은 거의 일정하게 유지토록 하는 회로이다. 라디오나 TV의 채널을 변경하더라도 일정한 음량을 유지할 수 있는 회로이다.

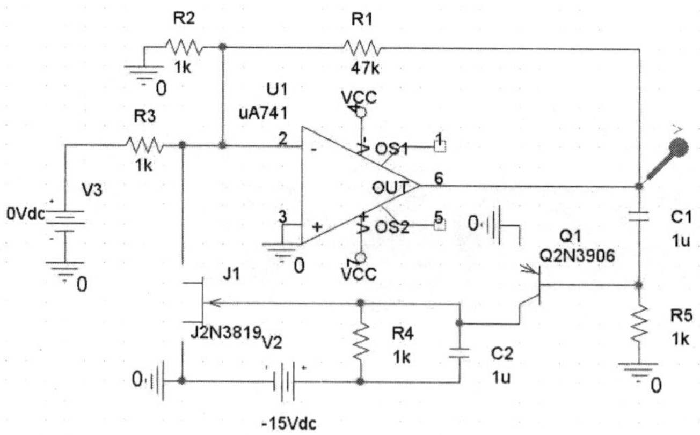

그림 9-25(a) 시뮬레이션 회로

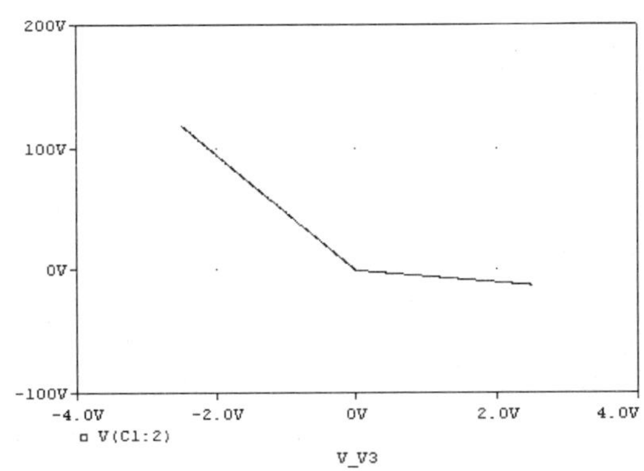

그림 9-25(b) 시뮬레이션 결과

Analysis setup

<table>
<tr><td colspan="2" rowspan="2">Transient Analysis</td><td>Maximum Step</td><td>20ns</td></tr>
<tr><td>Run to Time</td><td>3ms</td></tr>
<tr><td rowspan="4">DC Sweep</td><td colspan="2">Swept Var. Type • Voltage Source</td><td>V3</td></tr>
<tr><td rowspan="3">Sweep Type
• Linear</td><td>Start Value</td><td>-2.50V</td></tr>
<tr><td>End Value</td><td>2.50V</td></tr>
<tr><td>Increment</td><td>0.01V</td></tr>
</table>

circuit file

```
.DC LIN V_V3 -2.5V 2.5V 0.01V
.PROBE V(alias(*)) I(alias(*)) W(alias(*)) D(alias(*)) NOISE(alias(*))
R_R2        0 N00559  1k
R_R3        N00693 N00559  1k
R_R4        N00497 N00462  1k
X_U1        0 N00559 VCC VCC N00413 uA741
V_V3        N00693 0 0Vdc
R_R5        0 N00435  1k
Q_Q1        N00462 N00435 0 Q2N3906
J_J1        N00559 N00462 0 J2N3819
C_C1        N00435 N00413  1u
C_C2        N00497 N00462  1u
V_V2        N00497 0 -15Vdc
R_R1        N00559 N00413  47k
.END
```

9.26 능동 회로의 슬루비

차동 증폭기는 전압증가율이 변동이 갑자기 크게 일어나면 작동하지 못하게 된다. 이는 차동 증폭기의 좌측에 있는 트랜지스터가 포화되면 우측에 있는 트랜지스터는 cutoff에 도달하기 때문이다. 그러므로 좌측 트랜지스터의 입력 전압 증가율이 slew rate보다 작아야 한다. op-amp에서 슬루비(slew rate : Sr)가 어떤 의미를 가지며 그에 따라서 어떤 결과를 초래하게 되는지 이해하는데 중점을 둔다. 물론 본 시뮬레이션 회로에서는 입력으로 정현파를 입력한 경우이므로 정현파의 초기기울기(initial slope : Ss) Ss= $2\pi f V_p$[V/μs]이다. uA741의 Sr=0.5[V/uS]이므로 본 절에서는 슬루비가 0.5보다 작은 경우를 보여주고 다음절에서는 슬루비보다 큰 경우를 함께 살펴보기로 한다.

입력 정현파는 1[kHz], 12[V]이므로 Ss= 2π(1[kHz])(12)=0.075[V/μs]가 된다. Ss<Sr임으로 출력 파형은 아무런 찌그러짐도 없이 증폭됨을 알 수 있다. 물론 본 시뮬레이션 회로는 증폭도=R1/R2=1k/1k=1배가 되어 그대로 위상만 반전되어 나타나게 된다.

또한 찌그러짐 없이 증폭할 수 있는 최대 주파수는 $f_{max} = \frac{S_R}{2\pi} V_p$[Hz]이며, 입력 전압 값은 $V_p = \frac{S_R}{2\pi f_{max}}$[V]가 된다. 다음 절에서 Ss>Sr인 경우가 되어 입력 파형이 출력에 정상적으로 나타나지 않고 찌그러져 나타나므로 서로 비교가 된다.

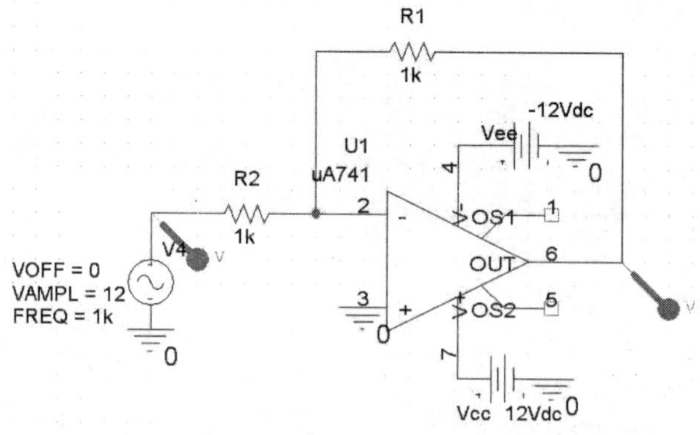

그림 9-26(a) 시뮬레이션 회로

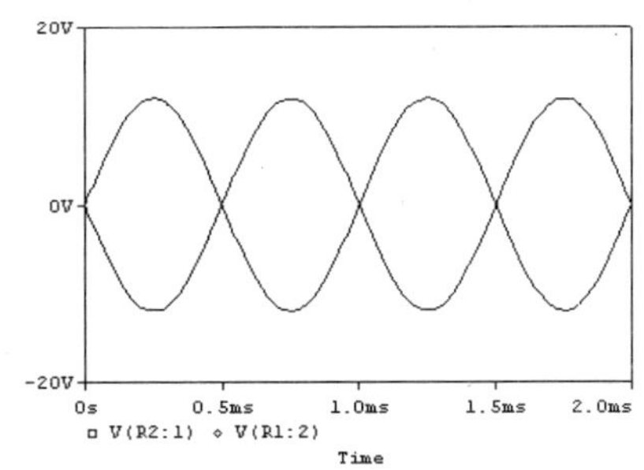

그림 9-26(b) 시뮬레이션 결과

Analysis setup

Transient Analysis	Maximum Step	20us
	Run to Time	2ms

circuit file

```
.TRAN   0 2ms 0 20us
.PROBE V(alias(*)) I(alias(*)) W(alias(*)) D(alias(*)) NOISE(alias(*))
X_U1            0 N00334 N00305 N00291 N00377 uA741
V_Vee           N00291 0 -12Vdc
V_Vcc           N00305 0 12Vdc
V_V4            N00317 0   SIN 0 12 1k 0 0 0
R_R1            N00334 N00377   1k
R_R2            N00317 N00334   1k
.END
```

9.27 능동 회로의 슬루비(slew rate) 1

이 회로는 입력으로 정현파를 입력하는 경우이며, 정현파의 초기 기울기(initial slope : Ss)가 슬루비(slew rate : Sr)보다 큰 경우이다. 그러므로 이 경우는 입력된 정현파가 정상적으로 증폭되어 나타나지 않고 삼각파 모양으로 파형왜곡(distortion)이 발생한다. op-amp uA741의 슬루비=0.5[V/μs]이다. 정현파의 초기 기울기 Ss= $2\pi f V_p$[V/μs]로 계산된다. 입력 정현파는 10[kHz], 12[V]

이므로 Ss= $2\pi(10\text{kHz})(12)=0.75$[V/$\mu$s]가 된다. Ss>Sr이므로 출력 파형은 찌그러져 증폭됨을 알 수 있다. 출력 파형은 증폭도=R_1/R_2=1k/1k=1배가 되어 위상 반전되어 삼각파 모양으로 찌그러져 나타났다.

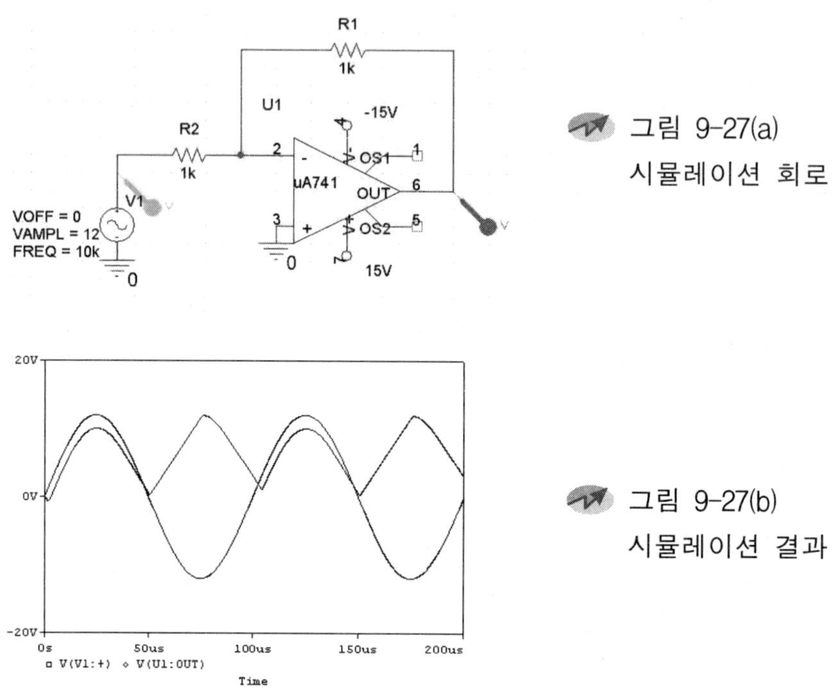

그림 9-27(a)
시뮬레이션 회로

그림 9-27(b)
시뮬레이션 결과

Analysis setup

Transient Analysis	Maximum Step	20ns
	Run to Time	0.2ms

circuit file

```
.TRAN   0 0.2ms 0 20ns
.PROBE V(alias(*)) I(alias(*)) W(alias(*)) D(alias(*)) NOISE(alias(*))
X_U1          0 N00261 15V -15V N00237 uA741
R_R1          N00261 N00237  1k
R_R2          N00321 N00261  1k
V_V1          N00321 0  SIN 0 12 10k 0 0 0
.END
```

9.28 능동 회로의 슬루비(slew rate) 2

이 회로는 슬루비와 그에 따른 최대 입력 주파수와 입력 전압의 진폭 값을 살펴본다. 슬루비 때문에 최대 주파수 범위를 벗어나면 출력 파형에는 찌그러짐(distortion)이 발생하며, 또한 최대 입력 주파수 범위를 벗어나더라도 출력 파형은 찌그러짐이 발생한다. 그러므로 연산증폭기는 슬루비를 잘 참조하여야 찌그러짐 없는 증폭을 수행할 수 있다.

기본적으로 적용되는 공식은 다음과 같다.

슬루비 $S_R = 2\pi f_{\max} V_p [V/\mu s]$

여기서 $f_{\max}$ = 최대 입력전원의 주파수

V_p = 최대 입력 전압의 진폭 값

시뮬레이션 회로에서

Feedback Fraction $B = \frac{1K}{9K+1K}$

Closed-loop amplifier $A_{CL} = \frac{1}{B} = \frac{9K+1K}{1K} = 10$

uA741의 Unity gain f_{unity}=1[MHz]이라고 한다면

$A_{CL} f_2$=1[MHz], $f_2 = \frac{1MHz}{A_{CL}} = \frac{1000000}{10} = 100[kHz]$

그러므로 주파수 대역폭의 최대 주파수 $f_{\max} = f_2 = 100[kHz]$가 된다.

uA741의 슬루비 S_R=0.5[V/μs]이므로

증폭기 출력 피크 전압 $V_p = \frac{S_R}{2\pi f_{\max}} = \frac{0.5[V/\mu s]}{2\pi(100kHz)} = 0.796[V]$

그런데 $A_{CL} = 10$이므로 증폭기 입력 전압 $V_{in} = \frac{V_p}{A_{CL}} = \frac{0.796}{10} = 0.0796$가 된다.

결국 출력 파형의 찌그러짐 없이 출력을 구하기 위해서는 입력 전압은 100[kHz], 0.0796[V]까지 가능하며, 이보다 진폭 값이나 주파수가 크면 출력 파형은 삼각파 형태로 찌그러진다.

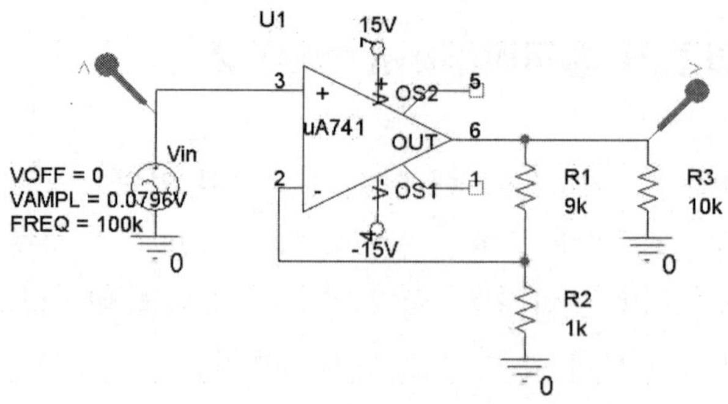

그림 9-28(a) 시뮬레이션 회로

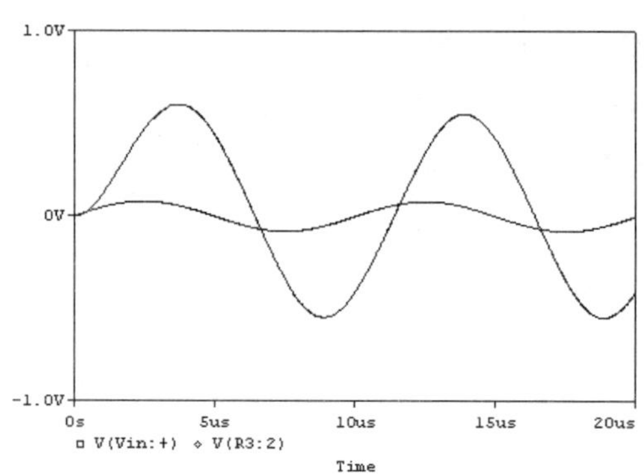

그림 9-28(b) 시뮬레이션 결과

Analysis setup

Transient Analysis	Maximum Step	20ns
	Run to Time	20us

circuit file

```
.TRAN   0 20us 0 20ns
.PROBE V(alias(*)) I(alias(*)) W(alias(*)) D(alias(*)) NOISE(alias(*))
R_R3          0 N01045   10k
X_U1          N00323 N01080 15V -15V N01045 uA741
R_R1          N01080 N01045   9k
R_R2          0 N01080   1k
V_Vin         N00323 0   SIN 0 0.0796V 100k 0 0 0
.END
```

제 10 장 OP-Amp. 회로의 시뮬레이션 Ⅱ

10.1 슈미트(Schmitt) 트리거 1

Feedback fraction B $= \frac{R_1}{R_1+R_2} = 0.5$이고, Upper trip point UTP= B · Vsat =0.5 · 13.5=6.75[V]가 된다. 그러므로 Lower trip point LTP=-B · Vsat= -0.5 · 13.5=-6.75[V]가 된다.

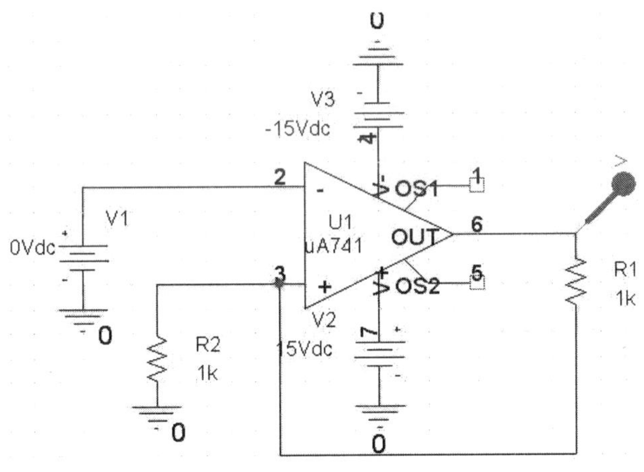

그림 10-1(a) 시뮬레이션 회로

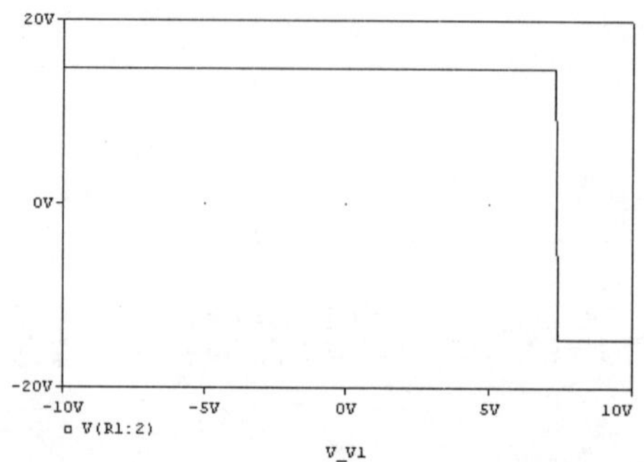

그림 10-1(b) 시뮬레이션 결과

Analysis setup

DC Sweep			
Swept Var. Type	• Voltage Source	Name	V1
Sweep Type	• Linear	Start value	-10
		End value	10
		Increment	.1

circuit file

```
.DC LIN V_V1 -10 10 .1
.PROBE V(alias(*)) I(alias(*)) W(alias(*)) D(alias(*)) NOISE(alias(*))
R_R2        N02411 0  1k
X_U1        N02411 N00321 N000562 N000563 N02396 uA741
V_V1        N00321 0 0Vdc
V_V3        N000563 0 -15Vdc
V_V2        N000562 0 15Vdc
R_R1        N02411 N02396  1k
.END
```

10.2 슈미트(Schmitt) 트리거 2

입력으로 정현파를 입력하여 출력단에는 구형파가 출력된다. 출력 구형파의 up과 down점은 입력 정현파의 시작 전위점과 끝 전위점이 일치하지 않는다. 이것을 히스테리시스라 하며 조정이 가능하다. 시뮬레이션 화면에서 정현파와 구형파를 잘 비교해 보면 구형파의 상향점의 전위와 하향점의 전위가 일치하지 않고 하향점의 전위가 더 낮음을 알 수 있다.

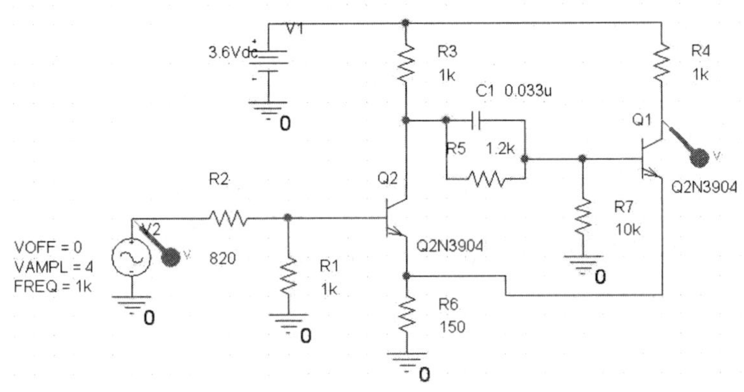

그림 10-2(a) 시뮬레이션 회로

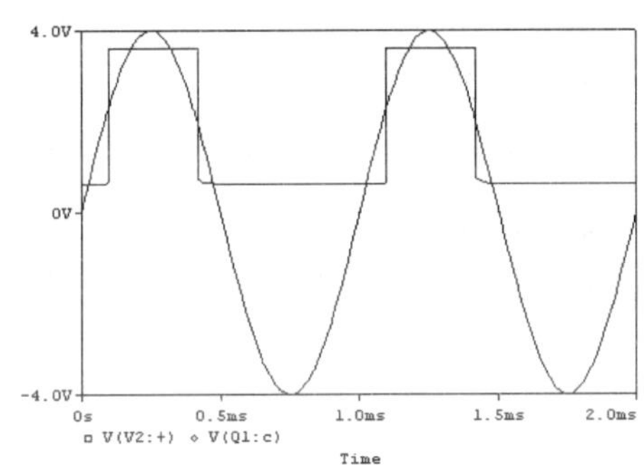

그림 10-2(b) 시뮬레이션 결과

Analysis setup

Transient Analysis	Maximum Step	20us
	Run to Time	2ms

circuit file

```
.TRAN   0 2ms 0 20us
.PROBE  V(alias(*)) I(alias(*)) W(alias(*)) D(alias(*)) NOISE(alias(*))
V_V2          N00346 0   SIN 0 4 1k 0 0 0
```

```
Q_Q1        N00691 N00527 N00383 Q2N3904
Q_Q2        N00453 N00355 N00383 Q2N3904
R_R1        0 N00355  1k
R_R2        N00355 N00346  820
R_R3        N00624 N00453  1k
R_R4        N00624 N00691  1k
R_R5        N00453 N00527  1.2k
R_R6        0 N00383  150
R_R7        0 N00527  10k
C_C1        N00453 N00527  0.033u
V_V1        N00624 0 3.6Vdc
.END
```

10.3 단일전원 비교기와 전달특성

$V_{ref}=\{R_3/(R_2+R_3)\}\cdot V_4=2.5$[V]이므로 V_{cc}를 +15[V]로 인가하면, V_{ref} 전압 2.5[V]에서 낮은 전압(Low Voltage) 약 1.5[V]로부터 높은 전압(High Voltage) 약 13.5[V]로 스윙(swing) 한다. 또한 op-amp.의 4번 단자에 -15[V]를 인가해 보며, V_4에 -15[V]를 인가한 경우에 대해서도 출력 특성을 비교 검토해 보자.

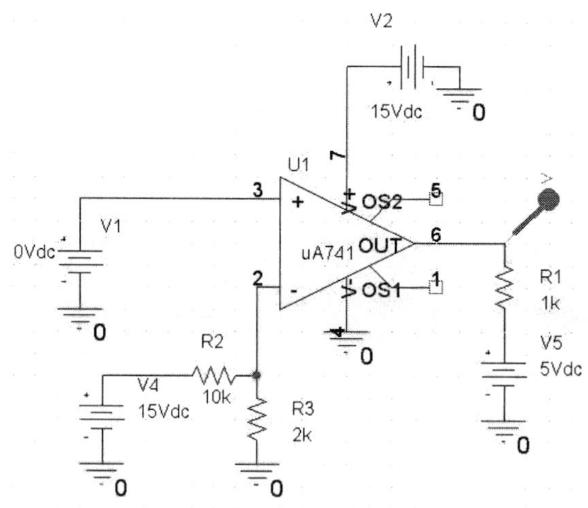

그림 10-3(a) 시뮬레이션 회로

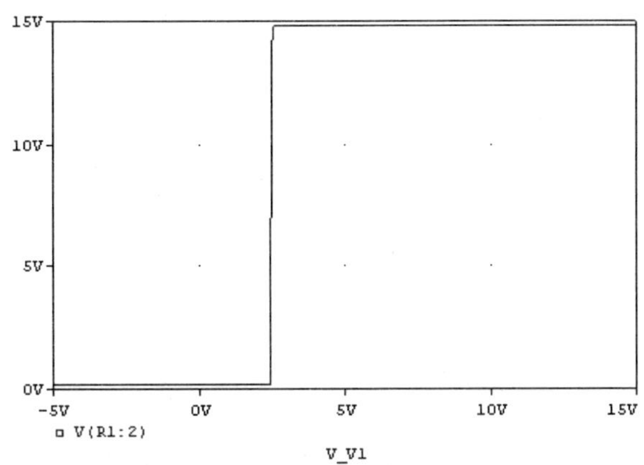

그림 10-3(b) 시뮬레이션 결과

Analysis setup

DC Sweep			
Swept Var. Type	• Voltage Source	Name	V1
Sweep Type	• Linear	Start value	-5
		End value	15
		Increment	.1

circuit file

```
.DC LIN V_V1 -5 15 .1
.PROBE V(alias(*)) I(alias(*)) W(alias(*)) D(alias(*)) NOISE(alias(*))
R_R2        N01372 N01350  10k
R_R3        0 N01350  2k
X_U1        N00319 N01350 N00272 0 N01683 uA741
V_V1        N00319 0 0Vdc
V_V4        N01372 0 15Vdc
V_V2        N00272 0 15Vdc
V_V5        N001601 0 5Vdc
R_R1        N001601 N01683  1k
.END
```

10.4 능동 비교기

종종 어느 전압과 다른 전압 중 어느 것이 더 전압이 높은지를 비교하기 위하여 비교기를 사용한다. 예를 들어, 회로도처럼 피드백 없이 반전 입력단자를 접지한 경우에 입력 전압을 -15[V]에서 +15[V]까지 변할 경우 연산 증폭기의 이득 [A]=100,000이라고 하면, 포화 입력 전압 v_{in}=13.5/1000000=135[μV]가 된다. 그러므로 출력 파형은 v_{in}=0에서 거의 수직으로 상승한다. 이처럼 비교기의 출력 전압이 바뀌는 점을 trip point(또는 threshold)라고 한다. 입력 전압 V_3가 trip point보다 크면 high이고, 입력 전압이 trip point보다 작으면 출력은 low가 된다.

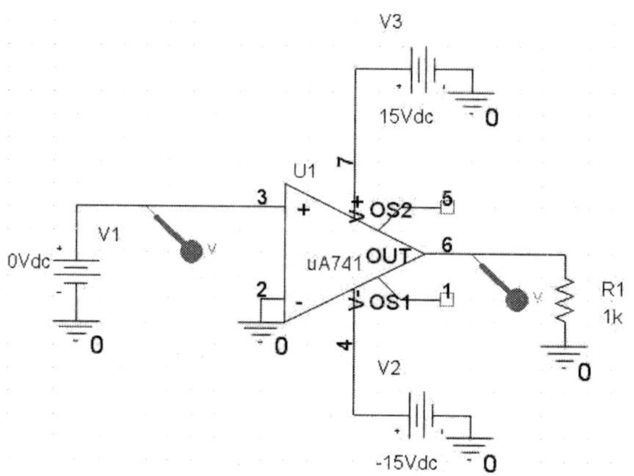

그림 10-4(a) 시뮬레이션 회로

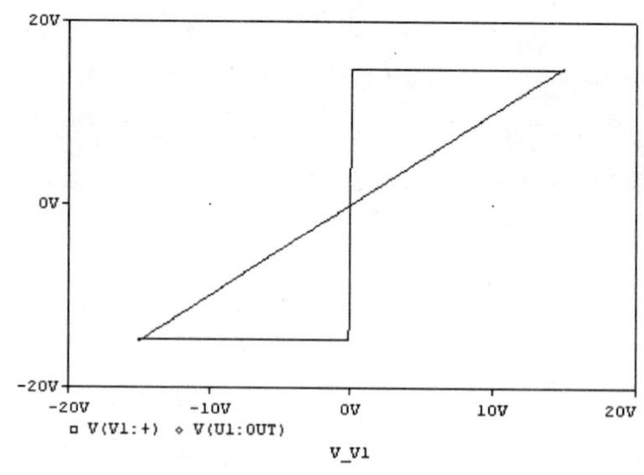

그림 10-4(b) 시뮬레이션 결과

Analysis setup

DC Sweep			
Swept Var. Type	• Voltage Source	Name	V3
Sweep Type	• Linear	Start value	-15
		End value	15
		Increment	.1

circuit file

```
.DC LIN V_V1 -15 15 .1
.PROBE V(alias(*)) I(alias(*)) W(alias(*)) D(alias(*)) NOISE(alias(*))
X_U1          N00319 0 N00272 N00287 N00303 uA741
V_V1          N00319 0 0Vdc
V_V2          N00287 0 -15Vdc
V_V3          N00272 0 15Vdc
R_R1          0 N00303   1k
.END
```

10.5 능동 (+) 트립 비교기

비교기의 트립점은 출력이 스위칭하는 상태의 입력 전압 값이다. 기준입력 전압 값 V_{ref}가 반전입력단자에 인가되면 $v_{ref}=\frac{R_2}{R_2+R_3}V_{cc}$가 된다.

V_1이 V_{ref}보다 작으면 오차 전압은 음이고 출력은 낮은 값이 된다. V_1이 V_{ref}보다 크면 오차 전압은 양이고 출력은 높은 값이 된다. 다만 트립점이 (+)방향으로 V_{ref}만큼 이동된다. 부수적으로 바이패스 커패시터가 반전입력단자에 사용되는데 이것은 공급전원의 리플과 반전 입력측에 나타나는 잡음을 감소시킨다.

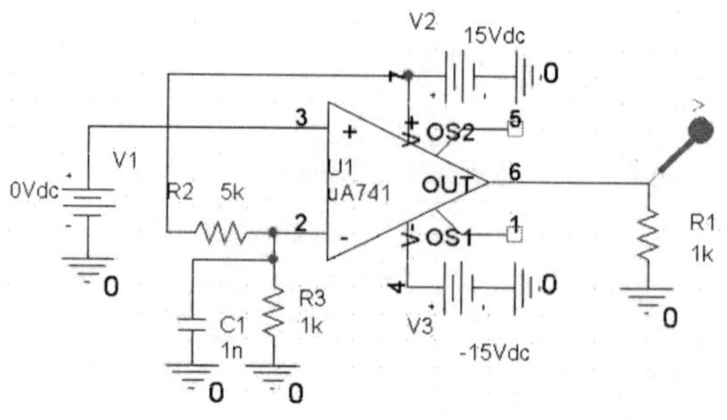

그림 10-5(a) 시뮬레이션 회로

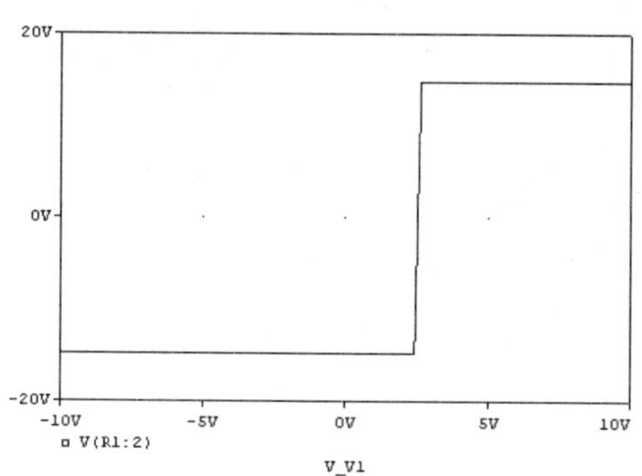

그림 10-5(b) 시뮬레이션 결과

Analysis setup

DC Sweep			
Swept Var. Type	• Voltage Source	Name	V1
Sweep Type	• Linear	Start value	-10V
		End value	10V
		Increment	0.1V

circuit file

```
.DC LIN V_V1 -10 10 .1
.PROBE V(alias(*)) I(alias(*)) W(alias(*)) D(alias(*)) NOISE(alias(*))
R_R2        N02991 N03241  5k
C_C1        0 N03241  1n
X_U1        N00321 N03241 N02991 N03004 N03414 uA741
V_V1        N00321 0 0Vdc
```

```
V_V3          N03004 0 -15Vdc
V_V2          N02991 0 15Vdc
R_R1          0 N03414   1k
R_R3          0 N03241   1k
.END
```

10.6 능동 (−) 트립 비교기

비교기의 트립점은 출력이 스위칭하는 상태의 입력 전압 값이다. 기준입력 전압 값 V_{ref}가 반전입력단자에 인가되면 $v_{ref} = \frac{R_2}{R_2 + R_3} V_{ee}$가 된다.

V_{in}이 V_{ref}보다 작으면 오차 전압은 음이고 출력은 낮은 값이 된다. V_{in}이 V_{ref}보다 크면 오차 전압은 양이고 출력은 높은 값이 된다. 다만 트립점이 (−)방향으로 V_{ref}만큼 이동된다. 부수적으로 바이패스 커패시터가 반전입력단자에 사용되는데 이것은 공급전원의 리플과 반전 입력측에 나타나는 잡음을 감소시킨다.

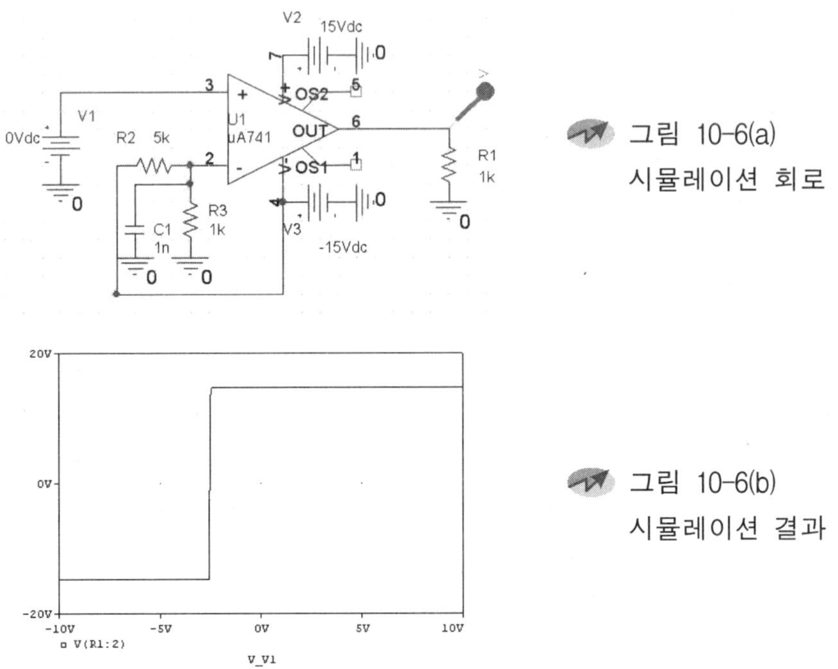

그림 10-6(a) 시뮬레이션 회로

그림 10-6(b) 시뮬레이션 결과

Analysis setup

DC Sweep			
Swept Var. Type	• Voltage Source	Name	V1
Sweep Type	• Linear	Start value	-10
		End value	10
		Increment	.1

circuit file

```
.DC LIN V_V1 -10 10 .1
.PROBE V(alias(*)) I(alias(*)) W(alias(*)) D(alias(*)) NOISE(alias(*))
R_R2        N03004 N03241  5k
C_C1        0 N03241  1n
X_U1        N00321 N03241 N02991 N03004 N03414 uA741
V_V1        N00321 0 0Vdc
V_V3        N03004 0 -15Vdc
V_V2        N02991 0 15Vdc
R_R1        0 N03414  1k
R_R3        0 N03241  1k
.END
```

10.7 능동 단일전원 비교기

비교기의 트립점은 출력이 스위칭하는 상태의 입력 전압 값이다. 기준입력 전압 값 V_{ref}가 반전입력단자에 인가되면 $v_{ref}=\frac{R_2}{R_2+R_1}V_{cc}$가 된다.

V_{ee}를 접지시킴으로써 단일 (+)전원으로 동작할 수 있다. 그렇게 하면 출력 전압은 단일극성 뿐으로 큰 값과 작은 값의 둘 중의 하나가 된다. V_{in}이 V_{ref}보다 작으면 출력은 낮은 값이 된다. V_{in}이 V_{ref}보다 크면 출력은 높은 값이 된다. 어느 경우나 출력의 극성은 (+)이다. 대부분의 디지털 응용 면에서 이런 비교기의 출력을 많이 사용한다. 부수적으로 바이패스 커패시터가 반전입력단자에 사용되는데 이것은 공급전원의 리플과 반전 입력측에 나타나는 잡음을 감소시킨다.

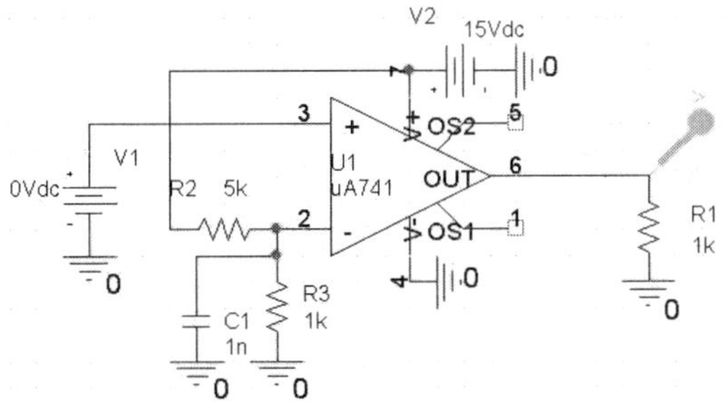

그림 10-7(a) 시뮬레이션 회로

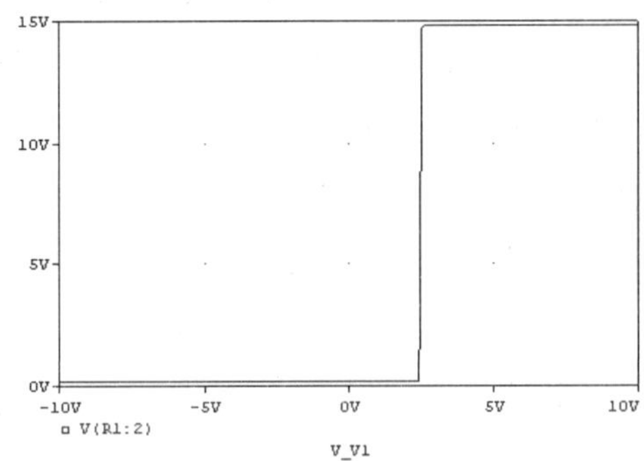

그림 10-7(b) 시뮬레이션 결과

Analysis setup

DC Sweep			
Swept Var. Type	• Voltage Source	Name	V1
Sweep Type	• Linear	Start value	-10
		End value	10
		Increment	.1

circuit file

```
.DC LIN V_V1 -10 10 .1
.PROBE V(alias(*)) I(alias(*)) W(alias(*)) D(alias(*)) NOISE(alias(*))
R_R2        N02991 N03241  5k
C_C1        0 N03241  1n
X_U1        N00321 N03241 N02991 0 N03414 uA741
```

```
V_V1        N00321 0 0Vdc
V_V2        N02991 0 15Vdc
R_R1        0 N03414   1k
R_R3        0 N03241   1k
.END
```

10.8 IC 등가 비교기

이 회로는 IC비교기에 대한 개략적인 회로이다. 입력단은 차동증폭기이다. 회로가 적절히 동작하려면 개방 콜렉터에 외부의 저항과 연결하여 전원을 공급해야한다. 이 저항을 풀업저항(pullup)이라고 하며, 출력 트랜지스터가 차단상태에 있을 때 출력 전압을 공급된 전압만큼 끌어 올리기 때문이다. V_{ref}가 V_{in}보다 크면 Q_5의 베이스 전압은 감소하고 트랜지스터는 차단된다. 반면에 V_{ref}가 V_{in}보다 작으면 Q_5의 베이스 전압은 상승하고 트랜지스터는 포화된다. 따라서 출력 전압은 낮고 수십 분의 1볼트에 불과하다. 풀업저항이 적으면 적을수록 출력 전압의 변화는 더욱 빨라진다. 주로 풀업저항 값은 수 백[Ω]에서 수[kΩ]이다.

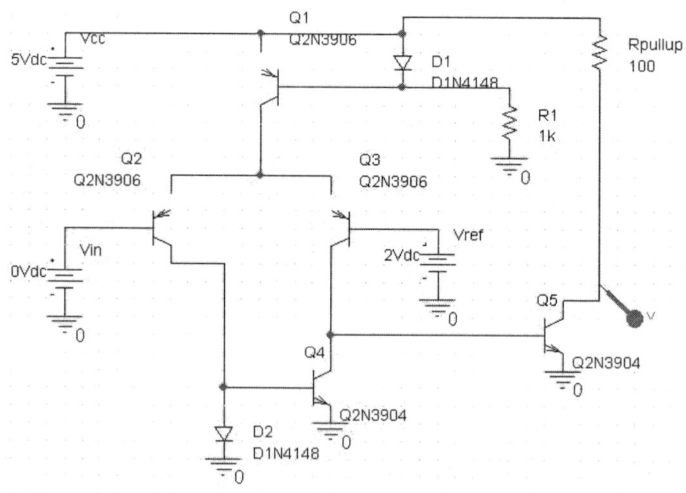

그림 10-8(a) 시뮬레이션 회로

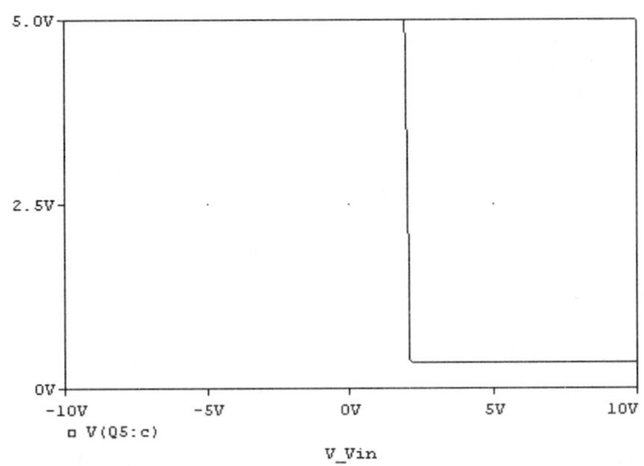

그림 10-8(b) 시뮬레이션 결과

Analysis setup

DC Sweep			
Swept Var. Type	• Voltage Source	Name	Vin
Sweep Type	• Linear	Start value	-10V
		End value	10V
		Increment	0.1V

circuit file

```
.DC LIN V_Vin -10 10 0.1
.PROBE V(alias(*)) I(alias(*)) W(alias(*)) D(alias(*)) NOISE(alias(*))
R_R1         0 N00427  1k
R_Rpullup    N00690 N00384  100
Q_Q1         N00460 N00427 N00384 Q2N3906
Q_Q2         N00527 N00585 N00460 Q2N3906
Q_Q3         N00504 N00618 N00460 Q2N3906
Q_Q4         N00504 N00527 0 Q2N3904
Q_Q5         N00690 N00504 0 Q2N3904
D_D1         N00384 N00427 D1N4148
D_D2         N00527 0 D1N4148
V_Vin        N00585 0 0Vdc
V_Vref       N00618 0 2Vdc
V_Vcc        N00384 0 5Vdc
.END
```

10.9 윈도우 비교기 1

윈도우 비교기의 동작은 입력 전압에 따라서 출력단의 출력 전압을 볼 수 있는 회로이다. 그 동작은 다음과 같다.

① 입력 전압이 0[V]이면, 위에 있는 다이오드는 on, 아래에 있는 다이오드는 off되어 op-amp의 에러 전압은 negative가 되므로 출력 전압은 Low상태가 된다.

② 입력 전압이 서서히 증가하여 +2.3[V]가 되면, 비반전 입력단자의 전압은 +3[V]에서 클램프되는데, 이는 에러 전압이 0이 되기 때문이다. 계속 입력 전압이 증가하면 High상태를 유지하다가,

③ 입력 전압이 +4.7[V]가 되면 아래에 있는 다이오드는 on, 위에 있는 다이오드는 off되어 다시 에러 전압은 0이 된다.

④ 입력 전압이 +4.7[V] 이상으로 증가하면, 에러 전압이 0이 되어 다시 출력은 negative가 되어 Low상태가 된다. 여기서 +2.3[V]를 LTP(Lower Trip Point)라 하고, +4.7[V]를 UTP(Upper Trip Point)라 한다.

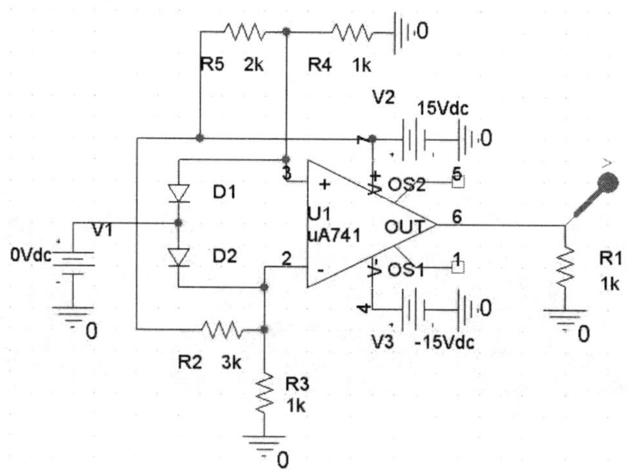

그림 10-9(a) 시뮬레이션 회로

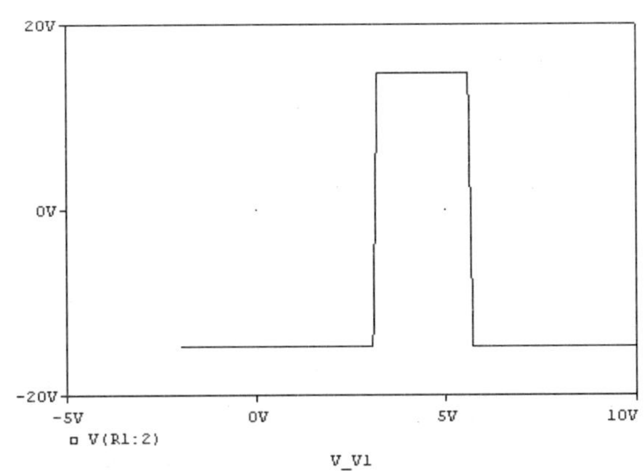

그림 10-9(b) 시뮬레이션 결과

Analysis setup

DC Sweep			
Swept Var. Type	• Voltage Source	Name	V1
Sweep Type	• Linear	Start value	-2
		End value	10
		Increment	0.1

circuit file

```
.DC LIN V_V1 -2 10 .1
.PROBE V(alias(*)) I(alias(*)) W(alias(*)) D(alias(*)) NOISE(alias(*))
V_V3        N05751 0 -15Vdc
R_R2        N02991 N03254  3k
D_D1        N03195 N06120 D1N4148
X_U1        N03195 N03254 N02991 N05751 N03414 uA741
D_D2        N06120 N03254 D1N4148
V_V1        N06120 0 0Vdc
R_R4        N03195 0  1k
V_V2        N02991 0 15Vdc
R_R5        N02991 N03195  2k
R_R1        0 N03414  1k
R_R3        0 N03254  1k
.END
```

10.10 윈도우 비교기 2

이 회로는 Dual comparator라고도 하며, 윈도우 비교기의 동작은 입력 전압에 따라서 출력단의 출력 전압을 볼 수 있는 회로이다. 그 동작은 다음과 같다. 입력 전압이 +12[V]라고 하면 +4[V]는 upper comparator이고, +3[V]는 lower comparator가 된다. 또한 +3[V]와 +4[V] 사이에서는 Positive error 전압을 가지게 되어 High상태를 나타낸다. 입력 전압이 +3[V] 이하이거나 +4[V] 이상이면 출력 전압은 Low상태를 유지하게 된다. 여기서 +3[V]를 LTP(Lower Trip Point)라하고, +4[V]를 UTP(Upper Trip Point)라 한다.

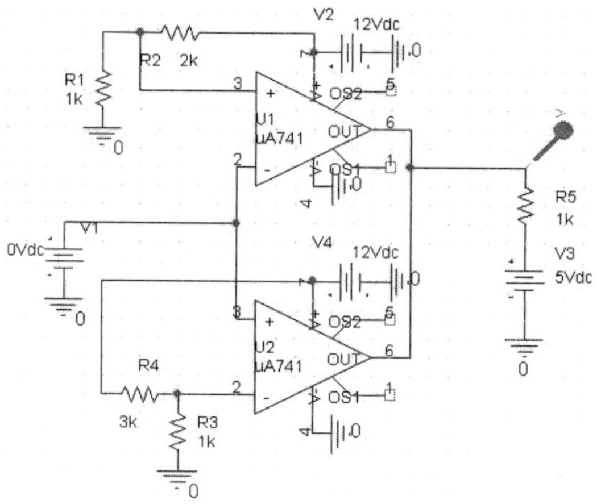

그림 10-10(a) 시뮬레이션 회로

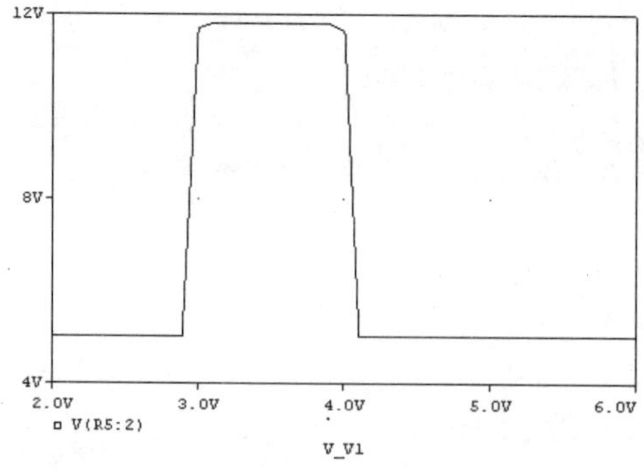

그림 10-10(b) 시뮬레이션 결과

Analysis setup

DC Sweep			
Swept Var. Type	• Voltage Source	Name	V1
Sweep Type	• Linear	Start value	2
		End value	6
		Increment	0.1

circuit file

```
.DC LIN V_V1 2 6 .1
.PROBE V(alias(*)) I(alias(*)) W(alias(*)) D(alias(*)) NOISE(alias(*))
V_V3        N047371 0 5Vdc
R_R2        N07403 N02991  2k
X_U2        N06919 N06598 N06594 0 N07587 uA741
X_U1        N07403 N06919 N02991 0 N07587 uA741
V_V4        N06594 0 12Vdc
V_V1        N06919 0 0Vdc
R_R4        N06594 N06598  3k
V_V2        N02991 0 12Vdc
R_R5        N047371 N07587  1k
R_R1        0 N07403  1k
R_R3        0 N06598  1k
.END
```

10.11 능동 가산기 1

R_1에 흐르는 전류= i_1, R_2에 흐르는 전류= i_2, R_3에 흐르는 전류= i_3, 반전 입력단자에 흐르는 전류= i 라고 하면 $i_1 + i_2 + i_3 = i$가 성립된다. 연산증폭기의 출력 전압을 v_{out}이라 하고, 반전 입력단자의 가상 전압을 v라고 한다면 다음 식이 성립된다.

$$i_1 = \frac{v_{out} - v}{R_1}, \quad i_2 = \frac{v_4 - v}{R_2}, \quad i_3 = \frac{v_3 - v}{R_3}$$

연산증폭기의 특성에서 입력 임피던스는 무한대(∞)이므로 연산증폭기의 반전단자에 흐르는 전류 $i=0$이 될 것이므로 반전단자의 가상 전압 $v=0$이 되어 윗 식은 다음과 같이 된다.

$$\frac{v_{out}}{R_1}+\frac{v_4}{R_2}+\frac{v_3}{R_3}=0 \qquad \therefore \mathrm{V_{out}} = \frac{R_1}{R_3}V_3+\frac{R_1}{R_2}V_4$$가 된다.

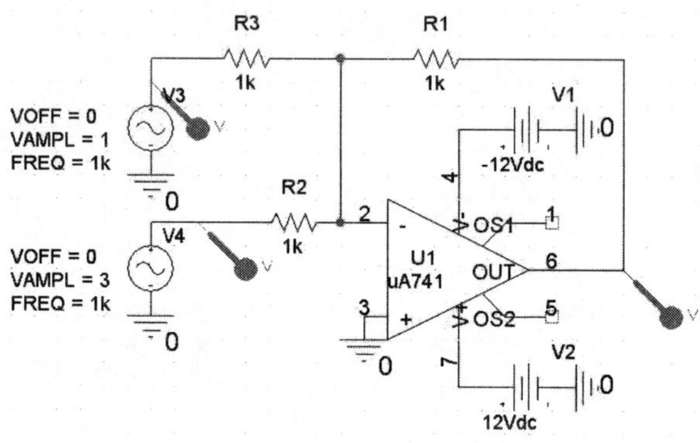

그림 10-11(a) 시뮬레이션 회로

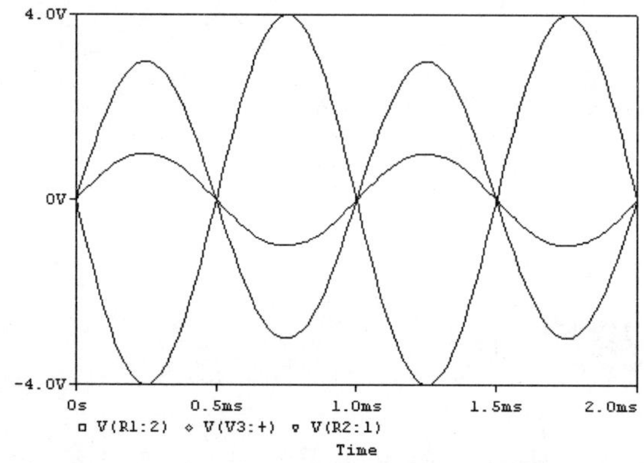

그림 10-11(b) 시뮬레이션 결과

Analysis setup

Transient Analysis	Maximum Step	20us
	Run to Time	2ms

circuit file

```
.TRAN   0 2ms 0 20us
.PROBE  V(alias(*)) I(alias(*)) W(alias(*)) D(alias(*)) NOISE(alias(*))
X_U1          0 N00466 N00854 N00827 N00436 uA741
V_V1          N00827 0 -12Vdc
V_V2          N00854 0 12Vdc
V_V3          N00548 0   SIN 0 1 1k 0 0 0
V_V4          N00526 0   SIN 0 3 1k 0 0 0
R_R1          N00466 N00436   1k
R_R2          N00526 N00466   1k
R_R3          N00548 N00466   1k
.END
```

10.12 능동 가산기 2

회로의 동작은 summing amplifier로서 입력 전압을 증폭하고 그 합을 출력단에 나타나는 회로이다. 저항 R_1에 흐르는 전류 $i_1=V_1/R_1$이고, 저항 R_2에 흐르는 전류 $i_2=V_2/R_2$가 된다. 키르히호프의 전류 법칙에 따라 입력 전류 $i=i_1+i_2$, 또한 피드백 저항 R_3를 통해서 흐르므로 출력 전압 $V_{out}=(i_1+i_2)R_3$, 결국 출력 전압 $V_{out}=(R_3/R_1)(V_1)+(R_3/R_2)(V_2)$가 된다. 시뮬레이션 회로에서 $V_{out}=(100[k\Omega]/1[k\Omega])(2[mV])+(100[k\Omega]/2[k\Omega])(5[mV])=450[mV]$가 되어야 한다.

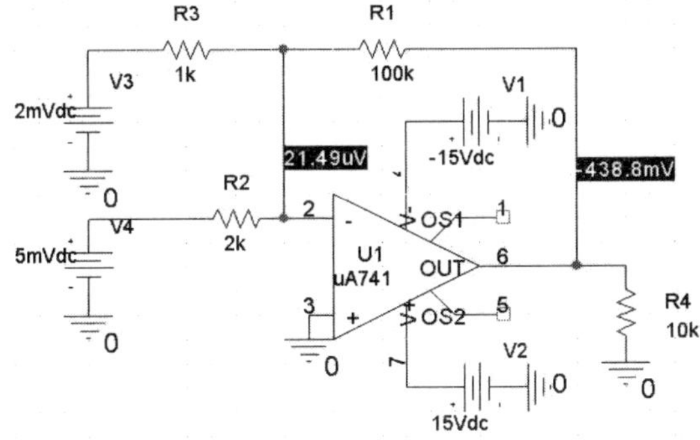

그림 10-12 시뮬레이션 회로 및 시뮬레이션 결과

Analysis setup

Transient Analysis	Maximum Step	20us
	Run to Time	2ms

circuit file

```
.TRAN   0 2ms 0 20us
.PROBE V(alias(*)) I(alias(*)) W(alias(*)) D(alias(*)) NOISE(alias(*))
V_V3         N00548 0 2mVdc
X_U1         0 N00466 N00854 N00827 N00436 uA741
V_V4         N00526 0 5mVdc
V_V1         N00827 0 -15Vdc
V_V2         N00854 0 15Vdc
R_R4         0 N00436  10k
R_R3         N00466 N00436  100k
R_R2         N00526 N00466  2k
R_R1         N00548 N00466  1k
.END
```

10.13 능동 적분기

능동 적분기의 $R_4>>10 \cdot R_1$, $R_1 \cdot C_1(A+1)>10T$라는 조건이 만족되어야 한다. 입력 offset 전압의 영향을 줄이기 위하여 커패시터와 병렬로 저항 R_4를 삽입한다. 출력된 램프함수는 입력 전압의 (+) 반주기 동안에 감소하는 램프함수가 되고 (−) 반주기 동안에 증가하는 램프함수가 된다.

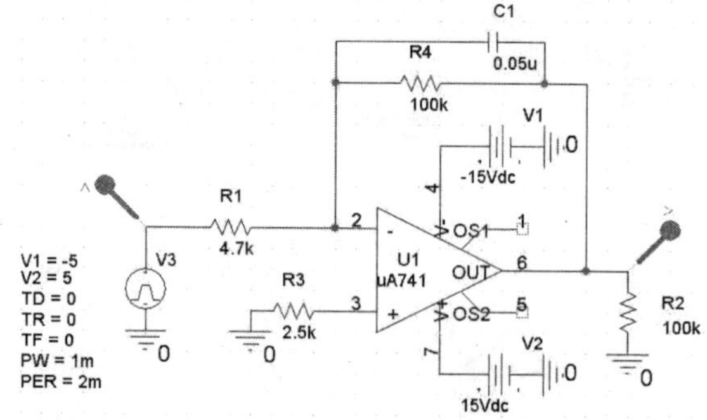

그림 10-13(a) 시뮬레이션 회로

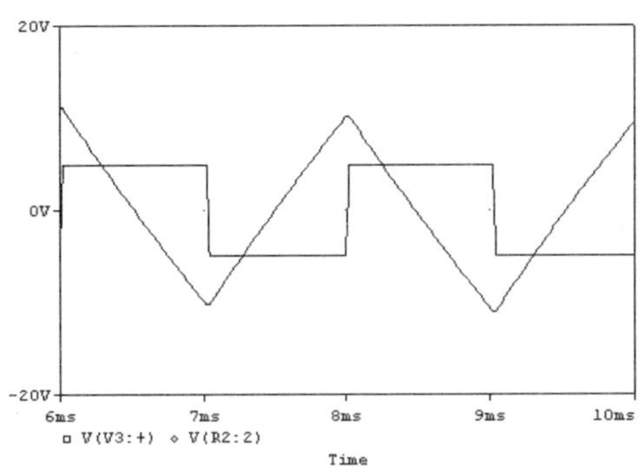

그림 10-13(b) 시뮬레이션 결과

Analysis setup

Transient Analysis	Maximum Step	20us
	Run to Time	10ms
	No-Print Delay	6ms

circuit file

```
.TRAN   0 10ms 6ms 20us
.PROBE V(alias(*)) I(alias(*)) W(alias(*)) D(alias(*)) NOISE(alias(*))
X_U1          N02213 N02160 N00854 N00827 N00436 uA741
V_V1          N00827 0 -15Vdc
V_V3          N00548 0  PULSE -5 5 0 0 0 1m 2m
V_V2          N00854 0 15Vdc
R_R2          0 N00436  100k
C_C1          N02160 N00436  0.05u
R_R4          N02160 N00436  100k
R_R3          0 N02213  2.5k
R_R1          N00548 N02160  4.7k
.END
```

10.14 능동 미분기

이 회로는 능동-미분기 회로이다. 물론 능동 적분기에서 R과 C를 서로 맞바꾸면 된다. 가상접지 때문에 커패시터 전류는 피드백 저항을 통해 흐르고 전압을 발생하며, 입력 전압의 경사에 비례한다. 전압을 다음 식과 같이 발생한다.

$$i = C\frac{dv}{dt}$$

그러나 연산증폭 미분기는 상태가 안 좋을 때는 발진할 우려가 있다. 이것을 피하기 위해 회로도와 같이 커패시터에 직렬로 저항을 연결하는 실제의 연산증폭 미분기이다. 이 첨가저항 R_1의 일반적인 값은 피드백 저항 값 R_2의 $(0.01 \sim 0.1) \cdot R_2$ 사이이다. 효과로는 발진의 문제가 발생했을 때 높은 주파수에서 폐루프 전압 이득을 제한하는 것이다.

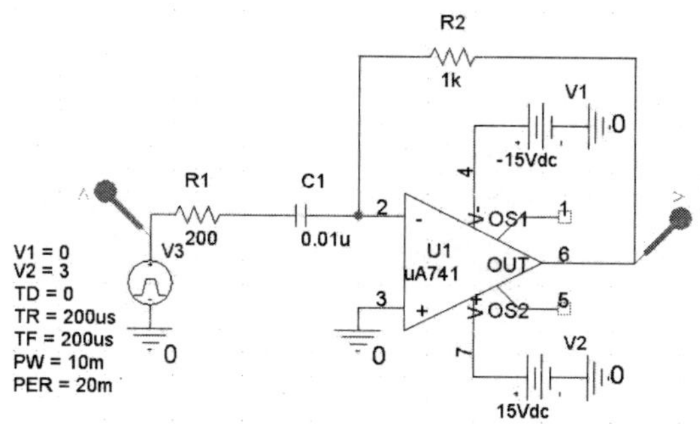

그림 10-14(a) 시뮬레이션 회로

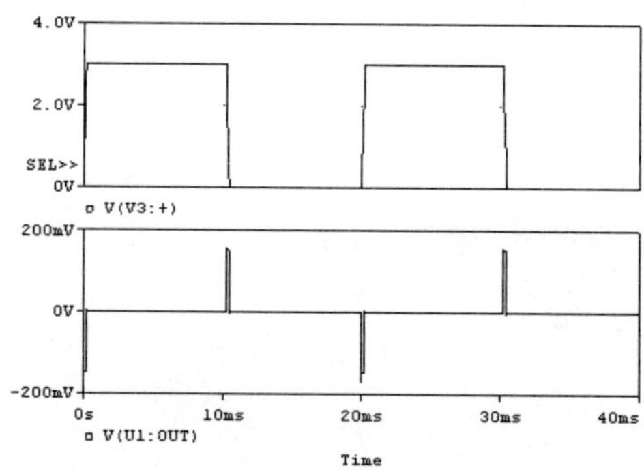

그림 10-14(b) 시뮬레이션 결과

Analysis setup

Transient Analysis	Maximum Step	200us
	Run to Time	40ms

circuit file

```
.TRAN  0 40ms  0 200us
.PROBE V(alias(*)) I(alias(*)) W(alias(*)) D(alias(*)) NOISE(alias(*))
X_U1        0 N02179 N00854 N00827 N00436 uA741
V_V1        N00827 0 -15Vdc
V_V3        N00550 0  PULSE 0 3 0 200us 200us 10m 20m
V_V2        N00854 0 15Vdc
C_C1        N03288 N02179  0.01u
R_R2        N02179 N00436  1k
R_R1        N00550 N03288  200
.END
```

10.15 능동 포지티브 클램퍼

이 회로는 입력단에 직류성분을 저장할 소자를 삽입하여야 한다. 즉 입력단에 커패시터를 삽입하면 된다. 입력 정현파 중에서 첫 (−) 반주기 동안에는 충전되지 않은 커패시터에 다이오드를 턴-온 한다. 그러므로 커패시터는 첨두치로 충전된다. 그 후 (+) 반주기에서 다이오드는 턴-오프 된다. 결국 출력 전압은 입력 전압과 커패시터 충전 전압이 나타나게 된다.

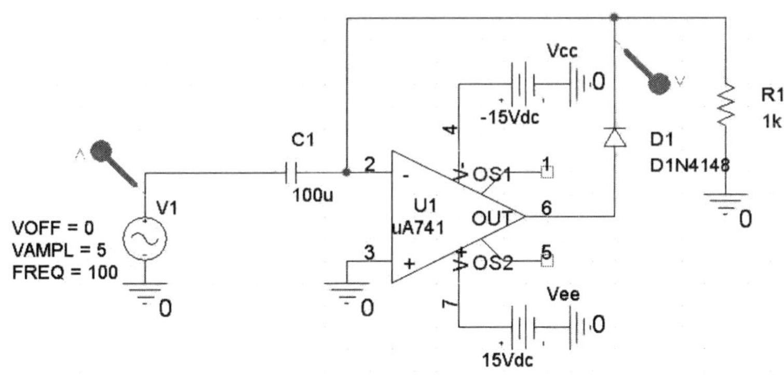

그림 10-15(a) 시뮬레이션 회로

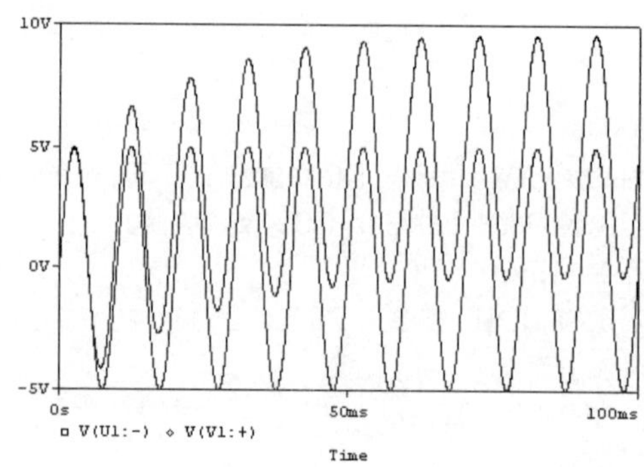

그림 10-15(b) 시뮬레이션 결과

Analysis setup

Transient Analysis	Maximum Step	20us
	Run to Time	100ms

circuit file

```
.TRAN  0 100ms  0 20us
.PROBE V(alias(*)) I(alias(*)) W(alias(*)) D(alias(*)) NOISE(alias(*))
X_U1        0 N02185 N00854 N00827 N00451 uA741
V_Vcc       N00827 0 -15Vdc
V_Vee       N00854 0 15Vdc
C_C1        N03694 N02185  100u
D_D1        N00451 N02185 D1N4148
V_V1        N03694 0  SIN 0 5 100 0 0 0
R_R1        0 N02185  1k
.END
```

10.16 능동 리미터

반전 입력단의 전압이 (+)쪽으로 서서히 증가하면 op-amp의 출력 전압이 기준 전압 V_2보다 작을 때는 다이오드가 턴-온이 안되지만 op-amp의 출력 전압이 기준 전압 V_2보다 더 커지면 에러 전압이 op-amp의 출력 전압을 (−)로 만들게 되어 다이오드는 순바이어스가 되어 턴-온한다. 그러므로 입력 전압이 기준 전압 V_2보다 큰 전압은 출력에 나타나지 않는다. 반대로 입력 전압이 (−)쪽으로 변하면, op-amp의 출력 전압은 (+)가 되어 다이오드를 턴-오프 한다. 그러므로 (−) 반주기 동안은 그대로 출력으로 나타난다.

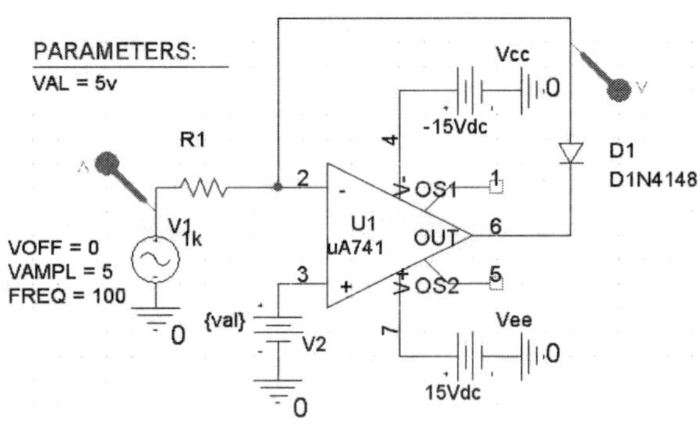

그림 10-16(a) 시뮬레이션 회로

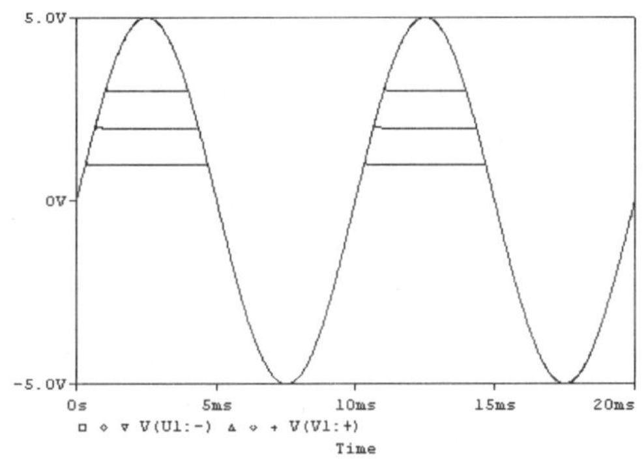

그림 10-16(b) 시뮬레이션 결과

Analysis setup

Transient Analysis		Maximum Step	20us
		Run to Time	20ms
Parametric	Global Parameter Name		val = 5V
	Sweep Type • Linear	Start Value	1
		End Value	3
		Increment	1

circuit file

```
.TRAN  0 20ms  0 20us
.STEP LIN PARAM val 1 3 1
.PROBE V(alias(*)) I(alias(*)) W(alias(*)) D(alias(*)) NOISE(alias(*))
X_U1          N02213 N02185 N00854 N00827 N00451 uA741
V_Vcc         N00827 0 -15Vdc
V_Vee         N00854 0 15Vdc
D_D1          N02185 N00451 D1N4148
V_V2          N02213 0 {val}
V_V1          N03696 0  SIN 0 5 100 0 0 0
R_R1          N02185 N03696  1k
.PARAM  VAL=5v
.END
```

10.17 능동 반파 정류기

비반전단 입력이 (+)쪽으로 서서히 증가하면 op-amp의 출력단의 전압(다이오드의 애노드쪽)은 (+)가 되어 다이오드는 턴-온된다. 그리하여 마치 voltage follower처럼 작동하여 입력 전압의 (+) 반주기는 부하에 그대로 나타난다. 반대로 입력이 (−)로 바뀌면 op-amp의 출력은 (−)가 되므로 다이오드는 턴-오프된다. 그러므로 부하에는 (−) 반주기 동안에 전압 파형이 나타나지 않는다. 예를 들어, op-amp의 이득(A)이 100,000이라면, 다이오드의 문턱 전압(knee Voltage : V_K)이 0.7[V]이므로 다이오드의 $v_{in} = \frac{V_K}{A} = \frac{0.7V}{1000000} = 7[\mu V]$ 정도만 변하여도 바뀌게 되어 정확한 출력 파형을 발생할 수 있다.

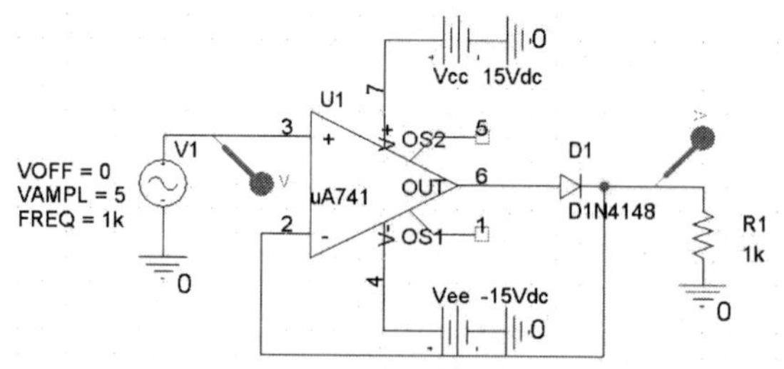

그림 10-17(a) 시뮬레이션 회로

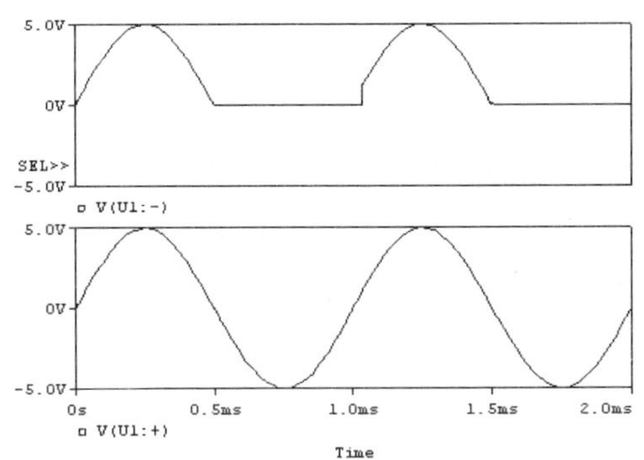

그림 10-17(b) 시뮬레이션 결과

Analysis setup

Transient Analysis	Maximum Step	20us
	Run to Time	2ms

circuit file

```
.TRAN   0 2ms 0 20us
.PROBE  V(alias(*)) I(alias(*)) W(alias(*)) D(alias(*)) NOISE(alias(*))
X_U1          N00290 N00349 N00302 N00317 N00333 uA741
V_V1          N00290 0   SIN 0 5 1k 0 0 0
V_Vcc         N00302 0 15Vdc
V_Vee         N00317 0 -15Vdc
D_D1          N00333 N00349 D1N4148
R_R1          0 N00349   1k
.END
```

10.18 능동 첨두치 검출기

이 회로는 비반전 입력단자에 입력 전압을 인가하는 회로로서 소신호 첨두치 검출기로 쓰인다. 입력 전압이 (+) 반주기이면 op-amp.의 출력단(여기서는 다이오드의 애노드 쪽을 의미함)은 (−)극성이 되므로 다이오드는 턴-온되고 커패시터는 입력 전압의 첨두치로 충전된다. 반대로 입력 전압이 (−) 반주기이면 op-amp.의 출력단(다이오드의 애노드쪽)은 (−) 극성이 되므로 다이오드는 턴-오프되며 커패시터는 부하 저항을 통하여 방전되기 시작하지만 입력 신호의 주기보다 시정수(Time-constant)를 훨씬 크게 하면 부하의 출력 전압은 입력 전압의 첨두치와 거의 일치한다. 회로에서 R_1, C_1과 입력 파형의 주기를 T라고 한다면 다음 부등식을 만족하도록 값을 지정해 주어야 한다.

$$R_1C_1 > 10T$$

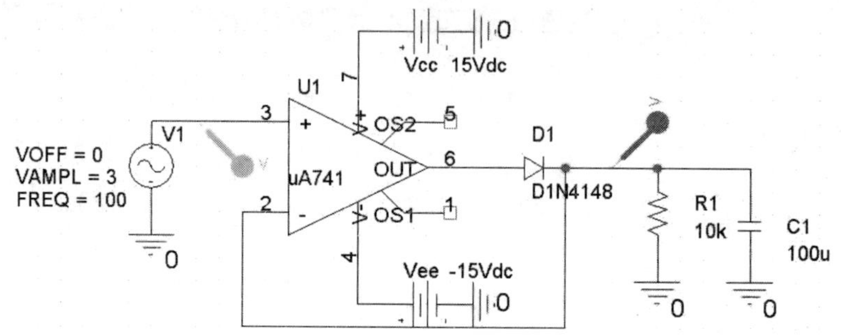

그림 10-18(a) 시뮬레이션 회로

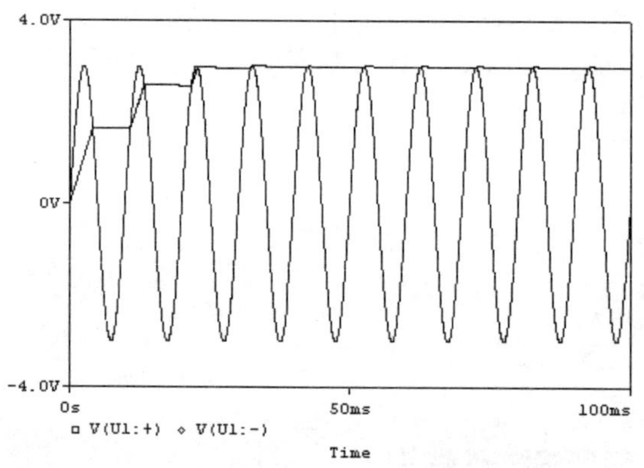

그림 10-18(b) 시뮬레이션 결과

Analysis setup

Transient Analysis	Maximum Step	20us
	Run to Time	100ms

circuit file

```
.TRAN   0 100ms 0 20us
.PROBE V(alias(*)) I(alias(*)) W(alias(*)) D(alias(*)) NOISE(alias(*))
C_C1          0 N00349   100u
X_U1          N00290 N00349 N00302 N00317 N00333 uA741
V_V1          N00290 0   SIN 0 3 100 0 0 0
V_Vcc         N00302 0 15Vdc
V_Vee         N00317 0 -15Vdc
D_D1          N00333 N00349 D1N4148
R_R1          0 N00349   10k
.END
```

10.19 능동 전류-전압 변환기 1

연산 증폭기를 이용하여 입력 전류를 전압으로 변환하는 회로이다.

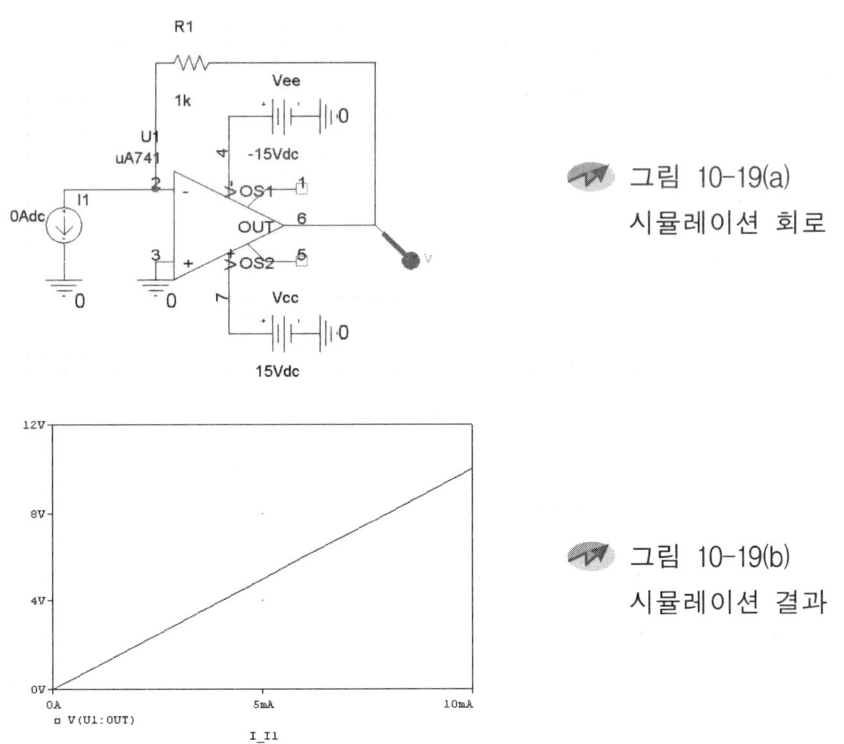

그림 10-19(a) 시뮬레이션 회로

그림 10-19(b) 시뮬레이션 결과

Analysis setup

DC Sweep			
Swept Var. Type	· Current Source	Name	I1
Sweep Type	· Linear	Start value	0
		End value	10m
		Increment	1m

circuit file

```
.DC LIN I_I1 0 10m 1m
.PROBE V(alias(*)) I(alias(*)) W(alias(*)) D(alias(*)) NOISE(alias(*))
X_U1        0 N01533 N00302 N00317 N00333 uA741
V_Vcc       N00302 0 15Vdc
I_I1        N01533 0 DC 0Adc
V_Vee       N00317 0 -15Vdc
R_R1        N00333 N01533  1k
.END
```

10.20 능동 전류-전압 변환기 2

2단의 연산 증폭기로 구성한 전류-전압 변환기 회로이다. 입력 전류로 1[μA]를 넣어 주면 피드백 저항을 통해서 모두 피드백 되어 첫 단의 출력 전압은 다음과 같다.

$$v_{out}=(1[\mu A])(10[k\Omega])=10[mV]$$

다음 단의 연산증폭기는 증폭기 회로이므로 폐루프 전압 이득은

$$A_{CL}=\frac{99[k\Omega]}{1[k\Omega]}+1=100$$

그러므로 최종 출력 전압은 다음과 같다.

$$v_{out}=100(10[mV])=1[V]$$

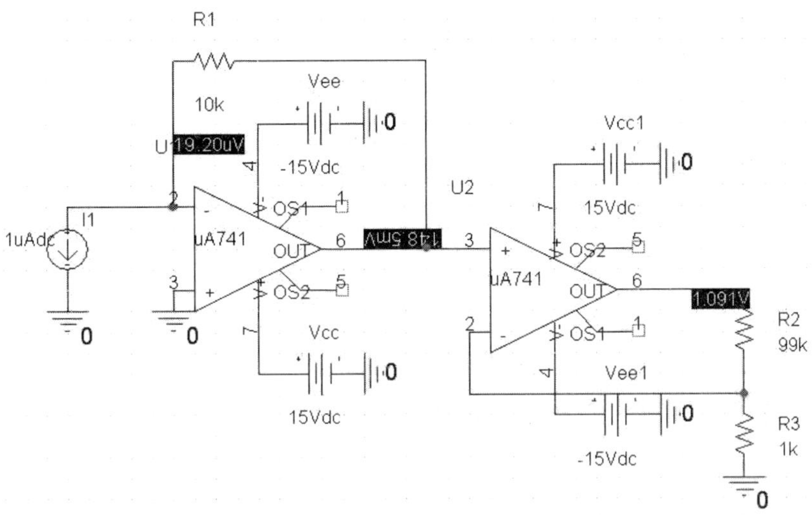

그림 10-20 시뮬레이션 회로 및 그 결과

Analysis setup

Transient Analysis	Maximum Step	20ns
	Run to Time	1000ns

circuit file

```
.TRAN  0 1000ns 0 20ns
.PROBE V(alias(*)) I(alias(*)) W(alias(*)) D(alias(*)) NOISE(alias(*))
X_U2         N00333 N02424 N02075 N01947 N02369 uA741
X_U1         0 N01533 N00302 N00317 N00333 uA741
V_Vcc        N00302 0 15Vdc
V_Vcc1       N02075 0 15Vdc
I_I1         N01533 0 DC 1uAdc
V_Vee        N00317 0 -15Vdc
R_R2         N02424 N02369  99k
R_R3         0 N02424  1k
R_R1         N00333 N01533  10k
V_Vee1       N01947 0 -15Vdc
.END
```

10.21 능동 전압-전류 변환기

연산 증폭기를 이용하여 입력 전압을 전류로 변환하는 회로이다.

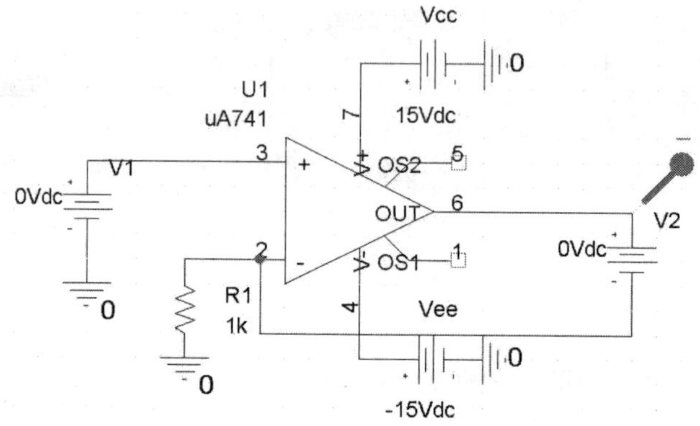

그림 10-21(a) 시뮬레이션 회로

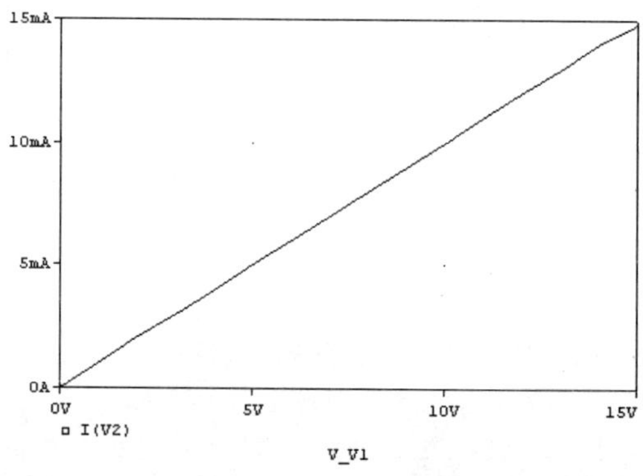

그림 10-21(b) 시뮬레이션 결과

Analysis setup

DC Sweep			
Swept Var. Type	• Voltage Source	Name	V1
Sweep Type	• Linear	Start value	0
		End value	15
		Increment	1

circuit file

```
.DC LIN V_V1 0 15 1
.PROBE V(alias(*)) I(alias(*)) W(alias(*)) D(alias(*)) NOISE(alias(*))
X_U1        N03076 N03106 N00302 N00317 N03090 uA741
V_V1        N03076 0 0Vdc
V_Vcc       N00302 0 15Vdc
V_V2        N03090 N03106 0Vdc
V_Vee       N00317 0 -15Vdc
R_R1        N03106 0  1k
.END
```

10.22 전압제어 전류원 1

이 회로는 controlled load current로써, 부하로는 저항, relay, motor 등이 될 수 있다. 회로에서 반전입력단자와 비반전 입력단자 사이의 전압차가 수 마이크로볼트이므로 입력 전압 V_{in}은 대부분 저항 R_1에 걸리게 된다. 그러므로 부하전류 $i_{out}=\frac{v_{in}}{R_1}$가 된다. 이 식에서 알 수 있는 사항은 부하(R_L)는 아무런 변수로 작용하지 않고 있음으로 출력전류는 R_L와 독립변수가 된다. 회로에서 입력 전압 2[V]가 저항 R_1에 걸리므로 부하전류는 $i_{out}=\frac{2V}{1k\Omega}=2[mA]$이다. 시뮬레이션 결과를 보면 부하 R_L의 변화에도 불구하고 전류는 거의 2[mA]임을 알 수 있다.

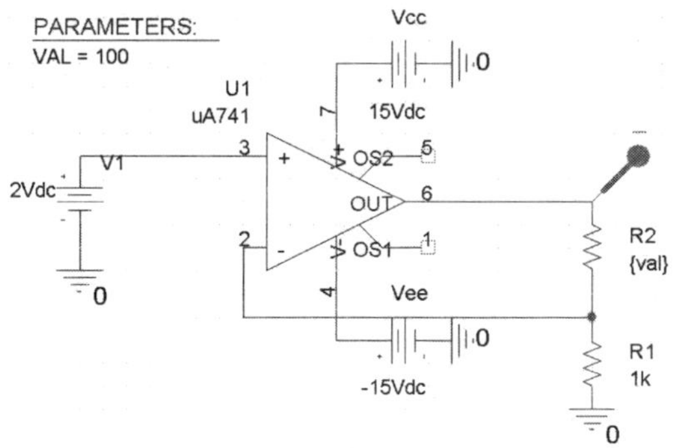

그림 10-22(a) 시뮬레이션 회로

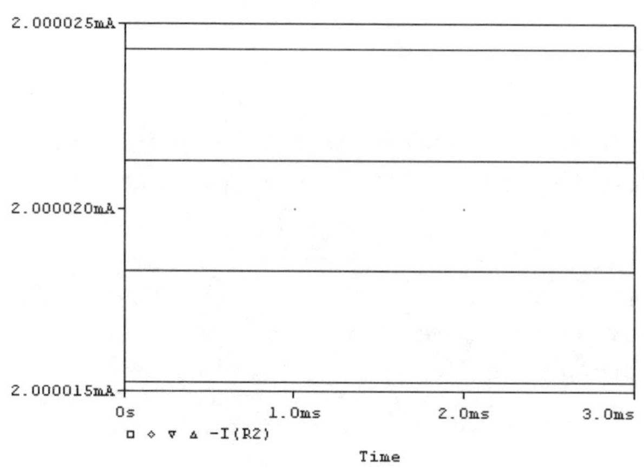

그림 10-22(b) 시뮬레이션 결과

Analysis setup

<table>
<tr><td colspan="3" rowspan="2">Transient Analysis</td><td>Maximum Step</td><td>20us</td></tr>
<tr><td>Run to Time</td><td>3ms</td></tr>
<tr><td rowspan="4">Parametric</td><td colspan="3">Global Parameter Name</td><td>val</td></tr>
<tr><td colspan="2" rowspan="3">Sweep Type
· Linear</td><td>Start Value</td><td>100</td></tr>
<tr><td>End Value</td><td>1K</td></tr>
<tr><td>Increment</td><td>300</td></tr>
</table>

circuit file

```
.TRAN   0 3ms 0 20us
.STEP LIN PARAM val 100 1k 300
.PROBE V(alias(*)) I(alias(*)) W(alias(*)) D(alias(*)) NOISE(alias(*))
X_U1          N03076 N03106 N00302 N00317 N03090 uA741
V_V1          N03076 0 2Vdc
V_Vcc         N00302 0 15Vdc
V_Vee         N00317 0 -15Vdc
R_R2          N03106 N03090  {val}
R_R1          N03106 0  1k
.PARAM  VAL=100
.END
```

10.23 전압제어 전류원 2

이 회로는 controlled load current로써 floating load인 경우라면 앞 절에서 다루는 회로가 정상적으로 작동할 것이다. 만약 부하의 한쪽을 접지해야 한다면 이 회로처럼 결선해야 한다. 트랜지스터의 에미터 전류와 콜렉터 전류는 거의 같으므로 저항 R_1에 흐르는 전류는 부하 저항 R_L에 흐르는 전류와 거의 같게 된다. 또한 반전단자와 비반전단자 사이의 전압차는 수 마이크로볼트이므로 반전입력단자의 전압은 비반전 입력 전압 V_{in}과 거의 같게 되어, 저항 R_1의 양단간 전압은 $(V_{cc}-V_{in})$이다. 그러므로 저항 R_1에 흐르는 전류는 $i_{out}=\frac{V_{cc}-v_{in}}{R_1}$ 이다. 이 회로에서 트랜지스터베이스 전류$=\frac{i_{out}}{\beta_{dc}}$ 이므로 i_{out}의 최대치보다 반드시 적어야 한다는 제약이 있다. 그리고 부하 저항이 증가하면 부하 전압도 증가하여 트랜지스터가 포화되는 경우가 발생하므로 부하 전압의 최대치는 입력 전압 v_{in}보다 약간 작아야 한다.

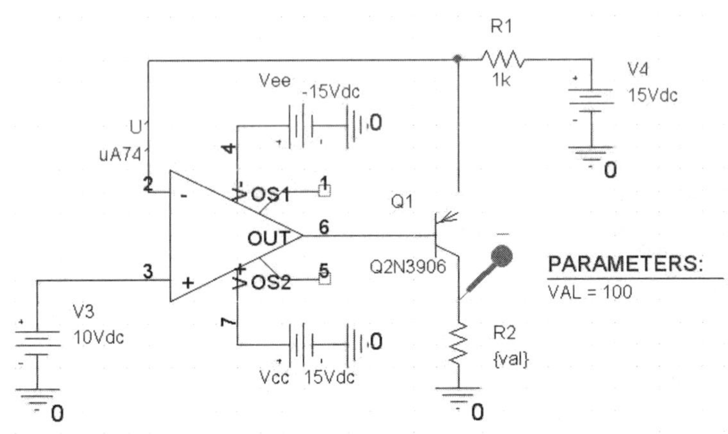

그림 10-23(a) 시뮬레이션 회로

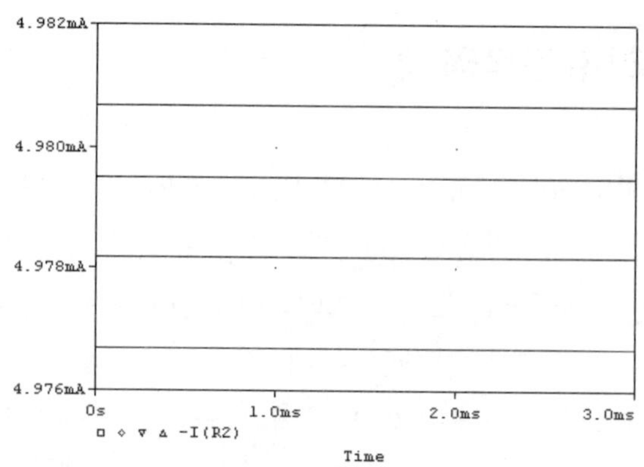

그림 10-23(b) 시뮬레이션 결과

Analysis setup

<table>
<tr><td colspan="2" rowspan="2">Transient Analysis</td><td>Maximum Step</td><td>20us</td></tr>
<tr><td>Run to Time</td><td>3ms</td></tr>
<tr><td rowspan="4">Parametric</td><td colspan="2">Global Parameter Name</td><td>val</td></tr>
<tr><td rowspan="3">Sweep Type
· Linear</td><td>Start Value</td><td>100</td></tr>
<tr><td>End Value</td><td>1K</td></tr>
<tr><td>Increment</td><td>300</td></tr>
</table>

circuit file

```
.TRAN   0 3ms 0 20us
.STEP LIN PARAM val 100 1k 300
.PROBE V(alias(*)) I(alias(*)) W(alias(*)) D(alias(*)) NOISE(alias(*))
X_U1          N00510 N00430 N00391 N00377 N00406 uA741
Q_Q1          N00537 N00406 N00430 Q2N3906
V_Vee         N00377 0 -15Vdc
V_Vcc         N00391 0 15Vdc
V_V3          N00510 0 10Vdc
V_V4          N00488 0 15Vdc
R_R1          N00430 N00488  1k
R_R2          0 N00537  {val}
.PARAM  VAL=100
.END
```

10.24 전압제어 전류원 3

앞 절의 시뮬레이션에서는 $i_{out}=\frac{V_{cc}-v_{in}}{R_L}$이 되어 입력 전압이 증가하면 부하전류가 감소하게 된다. 그러나 이 회로는 입력 전압에 정비례한 부하전류를 구현한 회로이다. 반전단자와 비반전 단자의 전압차가 수 마이크로볼트이므로 첫 단의 연산증폭기의 입력 전압은 V_{in}과 거의 같다. 그러므로 첫 번째 Tr. Q_1에 흐르는 전류는 $i=\frac{v_{in}}{R}$이 되며 콜렉터 전압은 $V_c=V_{cc}-V_{in}$이 된다. 이 전압이 두 번째 연산증폭기의 비반전 단자의 입력이 되므로 반전단자의 전압은 $V_{cc}-V_{in}$이 된다. 그러므로 저항 R의 양단간 전압은 $V_{cc}-(V_{cc}-V_{in})=V_{in}$이 되고 출력전류는 $i_{out}=\frac{v_{in}}{R_L}$이 된다.

회로에서 저항은 $R_1=R_2=R_3$이며, 부하는 grounded load, 즉 접지점에 접속하는 것이 일반적으로 많이 사용되고 있다. 이 회로의 출력은 unidirectional load current, 즉 파형의 정과 부 주기 중에서 정(+)주기 파형만 나타나는 단점이 있다.

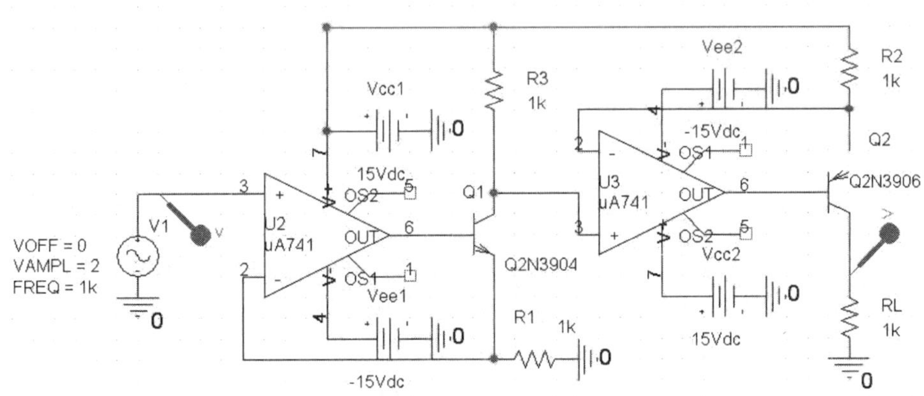

그림 10-24(a) 시뮬레이션 회로

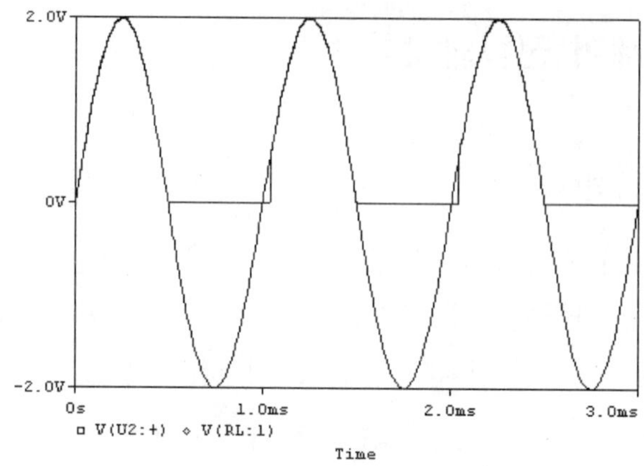

그림 10-24(b) 시뮬레이션 결과

Analysis setup

Transient Analysis	Maximum Step	20us
	Run to Time	3ms

circuit file

```
.TRAN  0 3ms 0 20us
.PROBE V(alias(*)) I(alias(*)) W(alias(*)) D(alias(*)) NOISE(alias(*))
V_Vee1       N05122 0 -15Vdc
R_R1         0 N06555  1k
V_Vcc1       N05140 0 15Vdc
R_R2         N05140 N06708  1k
R_R3         N05140 N06466  1k
R_RL         N06749 0  1k
Q_Q1         N06466 N06530 N06555 Q2N3904
X_U3         N06466 N06708 N04565 N04547 N06669 uA741
V_Vee2       N04547 0 -15Vdc
V_V1         N00510 0  SIN 0 2 1k 0 0 0
V_Vcc2       N04565 0 15Vdc
Q_Q2         N06749 N06669 N06708 Q2N3906
X_U2         N00510 N06555 N05140 N05122 N06530 uA741
.END
```

10.25 Howland 전압제어 전류원 4

앞 절의 출력 파형은 반주기만(unidirectional load current) 출력되는 단점이 있다. 그러한 단점을 보완하여 파형의 양방향의 전 주기(bidirectional load current)를 출력하도록 한 회로이다. 출력 전류 $i_{out}=\frac{v_{in}}{R_L}$ 이다. 최대 부하 전류는 V_{cc}/R이며, 이를 확인하려면 부하를 쇼트(단락)시키면 비반전 입력단자는 접지되어 일반적인 반전증폭기처럼 되므로 폐루프 전압 이득은 1이 된다. 이는 출력 전압은 입력 전압과 같다.

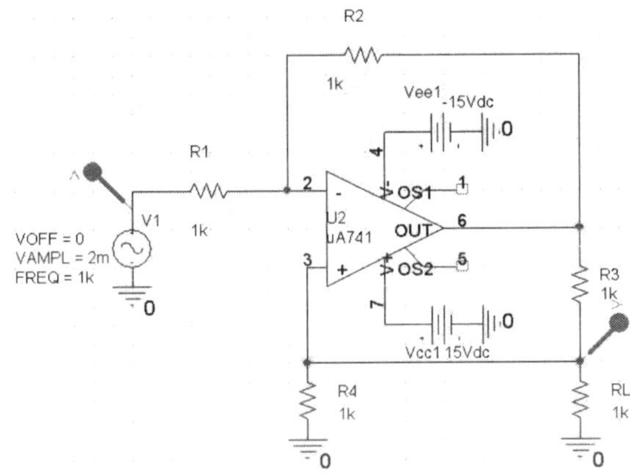

그림 10-25(a) 시뮬레이션 회로

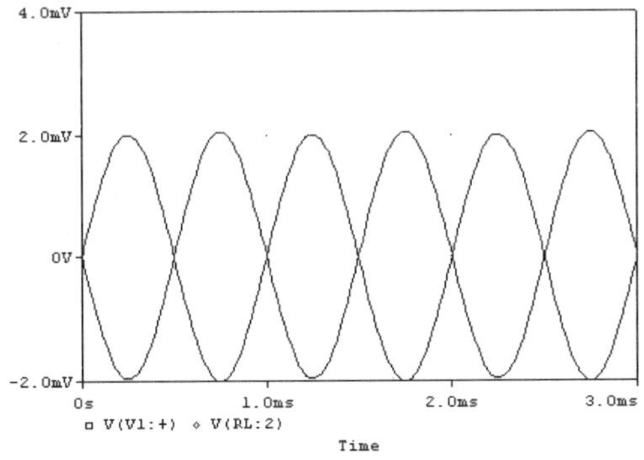

그림 10-25(b) 시뮬레이션 결과

Analysis setup

Transient Analysis	Maximum Step	20us
	Run to Time	3ms

circuit file

```
.TRAN   0 3ms 0 20us
.PROBE V(alias(*)) I(alias(*)) W(alias(*)) D(alias(*)) NOISE(alias(*))
V_Vee1        N01261 0 -15Vdc
V_Vcc1        N01271 0 15Vdc
R_R4          0 N03653  1k
R_R3          N03653 N03593  1k
V_V1          N00510 0  SIN 0 2m 1k 0 0 0
R_R2          N03593 N03544  1k
R_R1          N03544 N00510  1k
R_RL          0 N03653  1k
X_U2          N03653 N03544 N01271 N01261 N03593 uA741
.END
```

필터 및 쵸퍼 회로

11.1 1극 저역통과 필터

저역통과란 By-pass 커패시터가 1개이면 1-Pole이고, 2개이면 2-Pole이라고 한다. 고역통과로 바꾸려면 R_1과 C_1의 위치를 서로 맞바꾸면 된다.

폐루프 전압 이득 $A_{CL}=\frac{R_3}{R_4}+1=11$이 되며, 차단 주파수는 $f_c=\frac{1}{2\pi R_1 C_1}$ $=\frac{1}{2\pi(33\text{k}\Omega)(1000\text{pF})}$ =4.822[kHz]이다. 그러므로 차단 주파수 이상에서의 전압 이득은 20[dB/decade]로 감소한다.

중간주파수에서의 전압 이득은 $v_{out}=A_{CL}(1\text{mV})=11$[mV]이고, 차단 주파수에서의 전압 이득은 $v_{out(cut)}=0.707(11\text{mV})=7.8$[mV]이다. 저역통과 필터에서는 0주파수에서 차단 주파수까지 모든 주파수가 통과한다. Butterworth 필터의 이득은 다음 표와 같다.

극	Roll-off(decade)	이득
1	20[dB]	임의

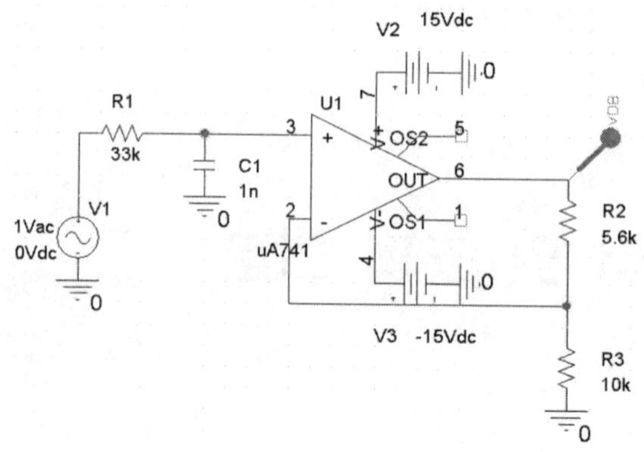

그림 11-1(a) 시뮬레이션 회로

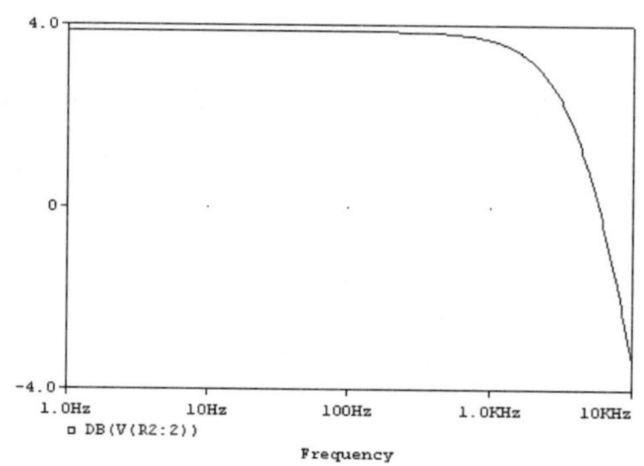

그림 11-1(b) 시뮬레이션 결과

Analysis setup

AC sweep	ac Sweep type • Linear	Total Pts	101
		Start Freq	1
		End Freq	10.0k

circuit file

```
.AC DEC 101 1 10k
.PROBE V(alias(*)) I(alias(*)) W(alias(*)) D(alias(*)) NOISE(alias(*))
X_U1        N00449 N00377 N00411 N00394 N00362 uA741
V_V1        N00494 0 DC 0Vdc AC 1Vac
V_V2        N00411 0 15Vdc
V_V3        N00394 0 -15Vdc
```

```
R_R1        N00494 N00449  33k
R_R2        N00377 N00362  5.6k
R_R3        0 N00377   10k
C_C1        0 N00449   1n
.END
```

11.2 2극 저역통과 필터

2극 저역통과 필터에서 출력 전압과 차단(cutoff) 주파수 및 차단 주파수에서의 출력 전압은 얼마나 될까? 전압 이득은 $A_{CL} = \frac{5.6\text{k}\Omega}{10\text{k}\Omega} + 1 = 1.56$이므로 midband에서의 출력 전압은 v_{out}=1.56(1[mV])=1.56[mV], 차단 주파수는 $f = \frac{1}{2\pi(33\text{k}\Omega)(1000\text{pF})}$=4.82[kHz]이고 차단 주파수에서의 출력 전압은 -3[dB]이므로 $v_{out} = 0.707(1.56\text{mV})$=1.1[mV]가 됨을 알 수 있다. 차단 주파수 이하의 전압 이득은 40[dB/decade]로 감소한다. Butterworth 필터의 이득은 다음 표와 같다.

극	Roll-off(decade)	이득
2	40[dB]	1.586

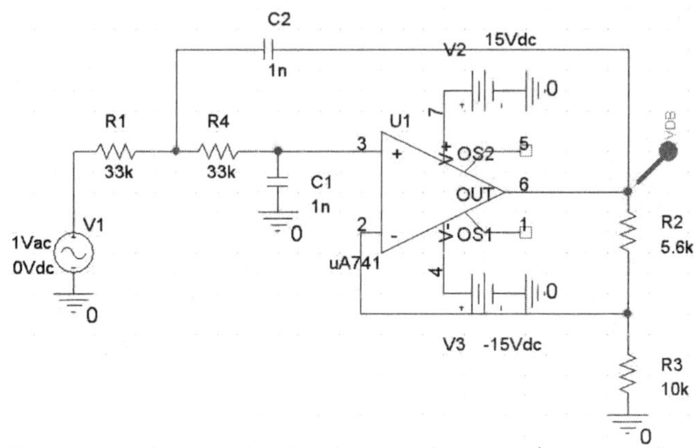

그림 11-2(a) 시뮬레이션 회로

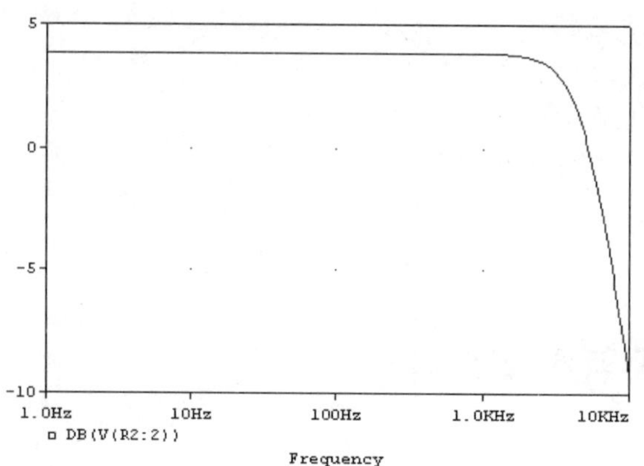

그림 11-2(b) 시뮬레이션 결과

Analysis setup

AC sweep	ac Sweep type • Linear	Total Pts	101
		Start Freq	10
		End Freq	10k
Transient	Transient Analysis	Maximum Step	20us
		Run to Time	2ms

circuit file

```
.AC DEC 101 1 10k
.PROBE V(alias(*)) I(alias(*)) W(alias(*)) D(alias(*)) NOISE(alias(*))
R_R4        N01011 N00449  33k
X_U1        N00449 N00428 N00411 N00394 N00362 uA741
V_V1        N00494 0 DC 0Vdc AC 1Vac
V_V2        N00411 0 15Vdc
C_C2        N01011 N00362  1n
V_V3        N00394 0 -15Vdc
R_R1        N00494 N01011  33k
R_R2        N00428 N00362  5.6k
R_R3        0 N00428  10k
C_C1        0 N00449  1n
.END
```

11.3 3극 저역통과 필터

이 회로는 3-pole low-pass filter로 동작하는 회로이다. 3-pole이므로 첫 단은 1-pole, 둘째 단은 2-pole로 구성하였다. 회로에서 $R_1=R_2=R_3$, $C_1=C_2=C_3$이며, 고역통과 필터로 바꾸려면 R과 C의 위치를 서로 맞바꾸면 된다. 첫 단에서의 이득은 $A_{CL}=(R_4/R_5)+1$이고, 차단 주파수 $f_c=\dfrac{1}{2\pi R_1 C_1}$이 된다. 다음으로 둘째 단이 2-pole로만 사용된다면 이득이 1.586일 때 midband에서 편편하게 할 수 있으므로 $1.586=(R_6/R_7)+1$이 성립되므로 $R_6=0.586 \cdot R_7$이 된다. 그러나 2-pole이 3-pole의 둘째 단으로 접속되는 경우 이득은 2가 되는 조건은 $R_6=R_7$인 경우로써 가장 편편(flat)한 곡선을 얻게 된다. 또한 둘째 단에서의 $R_2=R_3$, $C_2=C_3$임으로 차단 주파수 $f_c=\dfrac{1}{2\pi R_2 C_2}$이 된다. 전체적인 이득곡선은 차단 주파수가 각각이 3[dB]이므로 6[dB]에서 발생하며, 각각 20[dB]씩 60[dB]로 하향하게 된다. 그러므로 둘째 단의 $R_6=0.586 \cdot R_7$인 경우와 $R_6=R_7$인 경우의 시뮬레이션을 실시하고 그 결과를 비교해 보기 바란다. 아래의 시뮬레이션 결과는 $R_6=0.586 \cdot R_7$인 경우이다. Butterworth 필터의 이득은 다음 표와 같다.

극	Roll-off(decade)	첫 단 1극 이득	둘째 단 2극 이득
3	60[dB]	임의	2

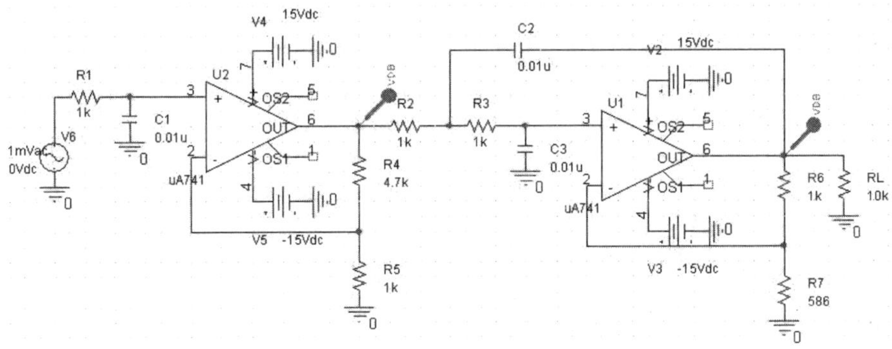

그림 11-3(a) 시뮬레이션 회로

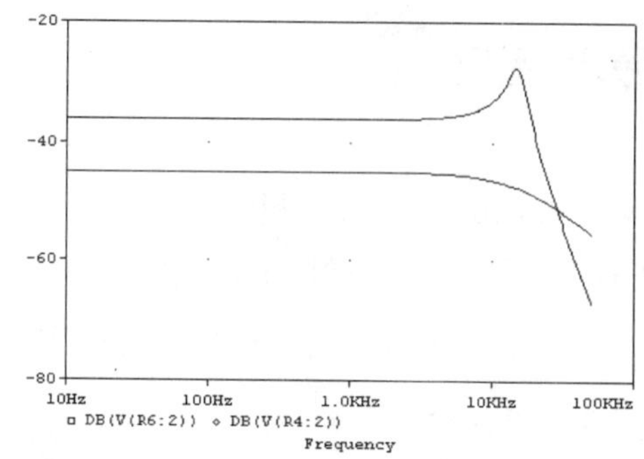

그림 11-3(b) 시뮬레이션 결과

Analysis setup

AC sweep	ac Sweep type • Linear	Total Pts	101
		Start Freq	1
		End Freq	50.0k

circuit file

```
.AC DEC 101 10 50k
.PROBE V(alias(*)) I(alias(*)) W(alias(*)) D(alias(*)) NOISE(alias(*))
R_RL        0 N00362  10k
C_C1        0 N01504  0.01u
R_R3        N01011 N05763  1k
X_U1        N05763 N00428 N00411 N00394 N00362 uA741
R_R4        N01500 N03767  4.7k
R_R1        N03646 N01504  1k
V_V6        N03646 0 DC 0Vdc AC 1mVac
R_R5        0 N01500  1k
V_V2        N00411 0 15Vdc
C_C2        N01011 N00362  0.01u
V_V3        N00394 0 -15Vdc
R_R2        N03767 N01011  1k
X_U2        N01504 N01500 N01494 N01488 N03767 uA741
R_R6        N00428 N00362  1k
R_R7        0 N00428  586
V_V4        N01494 0 15Vdc
V_V5        N01488 0 -15Vdc
C_C3        0 N05763  0.01u
.END
```

11.4 4극 저역통과 필터

이 회로는 4-pole low-pass filter로 동작하는 회로이다. 4-pole이므로 첫 단과 둘째 단을 2-pole로 구성하였다. 회로에서 $R_1=R_2=R_3=R_4$, $C_1=C_2=C_3=C_4$이며, 고역통과 필터로 바꾸려면 R과 C의 위치를 서로 맞바꾸면 된다. 첫 단에서의 이득은 $A_{CL}=(R_5/R_6)+1=1.152$이므로 $R_5=0.152 \cdot R_6$이고, 차단 주파수 $f_c=\dfrac{1}{2\pi R_1 C_1}$이다. 다음으로 둘째 단의 이득이 2.235일 때 midband에서 편편하게 할 수 있으므로 $2.235=(R_7/R_8)+1$이 성립되므로 $R_7=1.235 \cdot R_8$이 된다. 2-pole이 둘째 단으로 접속되는 경우 이득은 2.235가 되는 조건은 $R_6=R_7$인 경우로써 가장 편편한 곡선을 얻게 된다. 전체적인 이득곡선은 차단 주파수에서 pole마다 20[dB]이므로 80[dB/decade]씩 하향하게 된다. Butterworth 필터의 이득은 다음 표와 같다.

극	Roll-off(decade)	첫 단 이득	둘째 단 이득
4	80[dB]	1.152	2.235

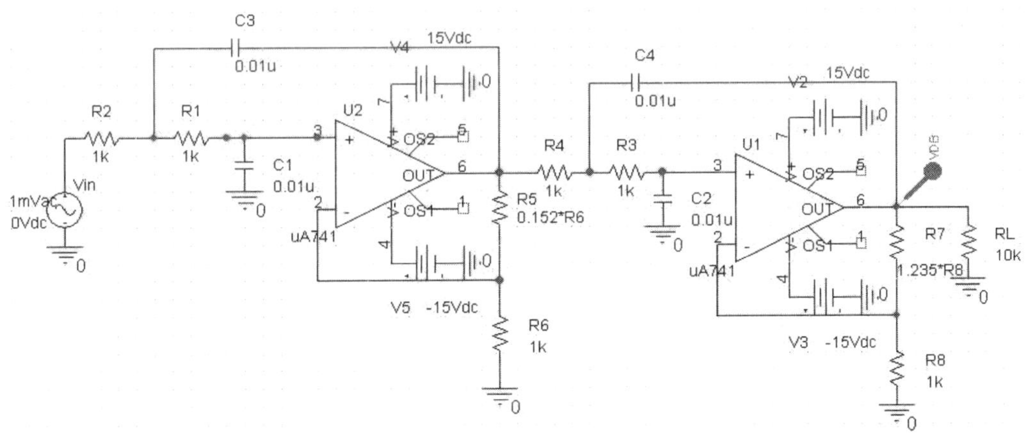

그림 11-4(a) 시뮬레이션 회로

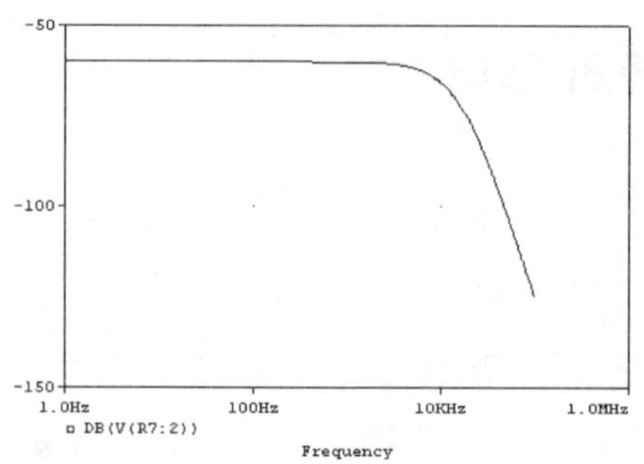

그림 11-4(b) 시뮬레이션 결과

Analysis setup

AC sweep	ac Sweep type • Linear	Total Pts	101
		Start Freq	1
		End Freq	100k

circuit file

```
.AC DEC 101 1 100k
.PROBE V(alias(*)) I(alias(*)) W(alias(*)) D(alias(*)) NOISE(alias(*))
R_RL        0 N00362  10k
R_R3        N01119 N05763  1k
X_U1        N05763 N00428 N00411 N00394 N00362 uA741
R_R1        N06822 N06860  1k
X_U2        N06860 N06778 N06772 N06766 N06852 uA741
V_Vin       N03646 0 DC 0Vdc AC 1mVac
C_C3        N06822 N06852  0.01u
V_V4        N06772 0 15Vdc
V_V2        N00411 0 15Vdc
V_V5        N06766 0 -15Vdc
C_C4        N01119 N00362  0.01u
V_V3        N00394 0 -15Vdc
R_R2        N03646 N06822  1k
R_R4        N06852 N01119  1k
R_R5        N06778 N06852  0.152*R6
R_R7        N00428 N00362  1.235*R8
R_R6        0 N06778  1k
R_R8        0 N00428  1k
C_C1        0 N06860  0.01u
C_C2        0 N05763  0.01u
.END
```

11.5 5극 저역통과 필터

이 회로는 5-pole low-pass filter로 동작하는 회로이다. 5-pole이므로 첫 단은 1-pole, 둘째 단과 셋째 단을 2-pole로 구성하였다. 회로에서 $R_2= R_3=R_4=R_9=R_{10}$, $C_1=C_2=C_3=C_4=C_5$이고 차단 주파수는 $f_c=\frac{1}{2\pi R_2 C_1}$ 이며, 고역통과 필터로 바꾸려면 R과 C의 위치를 서로 맞바꾸면 된다. 첫 단에서의 이득은 $A_{CL}=(R_5/R_1)+1$이다. 둘째 단의 2-pole 이득이 1.382일 때 midband에서 편편하게 할 수 있으므로 $1.382=(R_6/R_7)+1$이 성립되므로 $R_6=0.382R_7$이 된다. 셋째 단의 2-pole 이득이 2.382일 때이므로 $2.382=(R_8/R_{11})+1$이 성립되어 $R_8=1.382 \cdot R_{11}$이 된다. 전체적인 이득은 차단 주파수에서 100[dB/decade]로 하향 곡선을 그리게 된다. Butterworth 필터의 이득은 다음 표와 같다.

극	Roll-off(decade)	첫 단 이득	둘째 단 이득	셋째 단 이득
5	100[dB]	임의	1.382	2.382

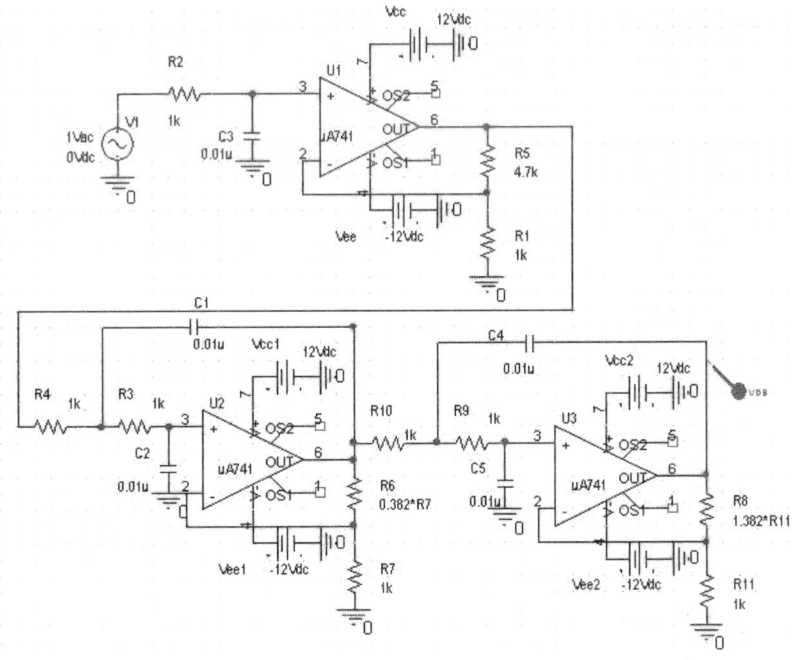

그림 11-5(a) 시뮬레이션 회로

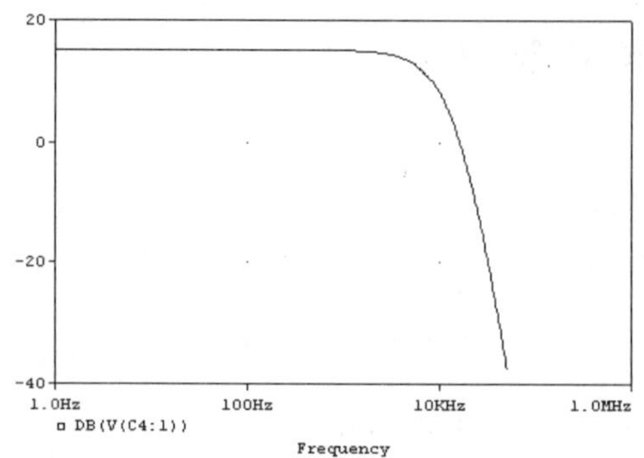

그림 11-5(b) 시뮬레이션 결과

Analysis setup

AC sweep	ac Sweep type • Linear	Total Pts	101
		Start Freq	1
		End Freq	50k

circuit file

```
.AC DEC 101 1 50k
.PROBE V(alias(*)) I(alias(*)) W(alias(*)) D(alias(*)) NOISE(alias(*))
R_R7        N01589 0  1k
X_U2        N01204 N01589 N00786 N00790 N01465 uA741
V_V1        N04523 0 DC 0Vdc AC 1Vac
R_R8        N01882 N02000  1.382*R11
V_Vcc1      N00786 0 12Vdc
R_R9        N01679 N01777  1k
V_Vee1      N00790 0 -12Vdc
X_U1        N01019 N01138 N00561 N00572 N01109 uA741
R_R10       N01465 N01679  1k
R_R11       0 N02000  1k
C_C1        N01277 N01465  0.01u
C_C2        0 N01204  0.01u
R_R1        0 N01138  1k
C_C3        0 N01019  0.01u
R_R2        N01019 N04523  1k
C_C4        N01882 N01679  0.01u
R_R3        N01204 N01277  1k
```

```
C_C5          N01777 0  0.01u
X_U3          N01777 N02000 N00962 N00966 N01882 uA741
R_R4          N01277 N01109  1k
V_Vcc         N00561 0 12Vdc
V_Vcc2        N00962 0 12Vdc
R_R5          N01109 N01138  4.7k
V_Vee         N00572 0 -12Vdc
V_Vee2        N00966 0 -12Vdc
R_R6          N01465 N01589  0.382*R7
.END
```

11.6 6극 저역통과 필터

이 회로는 6-pole low-pass filter로 동작하는 회로이다. 6-pole이므로 첫 단, 둘째 단과 셋째 단을 2-pole로 구성하였다. 회로에서 $R_1=R_4=R_5=R_7=R_{10}=R_{12}$, $C_1=C_2=C_3=C_4=C_5=C_6$이고 차단 주파수는 $f_c=\frac{1}{2\pi R_1 C_1}$이며, 고역통과 필터로 바꾸려면 R과 C의 위치를 서로 맞바꾸면 된다. 첫 단에서의 이득은 $A_{CL}=(R_8/R_2)+1=1.068$이므로 $R_8=0.068 \cdot R_2$가 된다. 둘째 단의 2-pole 이득이 1.586일 때 midband에서 편편하게 할 수 있으므로 $1.586=(R_3/R_6)+1$이 성립되므로 $R_3=0.586R_6$이 된다. 셋째 단의 2-pole 이득이 2.482일 때이므로 $2.482=(R_9/R_{11})+1$이 성립되어 $R_9=1.482 \cdot R_{11}$이 된다. 전체적인 이득은 차단 주파수에서 120[dB/decade]로 하향곡선을 그리게 된다. Butterworth 필터의 이득은 다음 표와 같다.

극	Roll-off(decade)	첫 단 이득	둘째 단 이득	셋째 단 이득
6	120[dB]	1.068	1.586	2.482

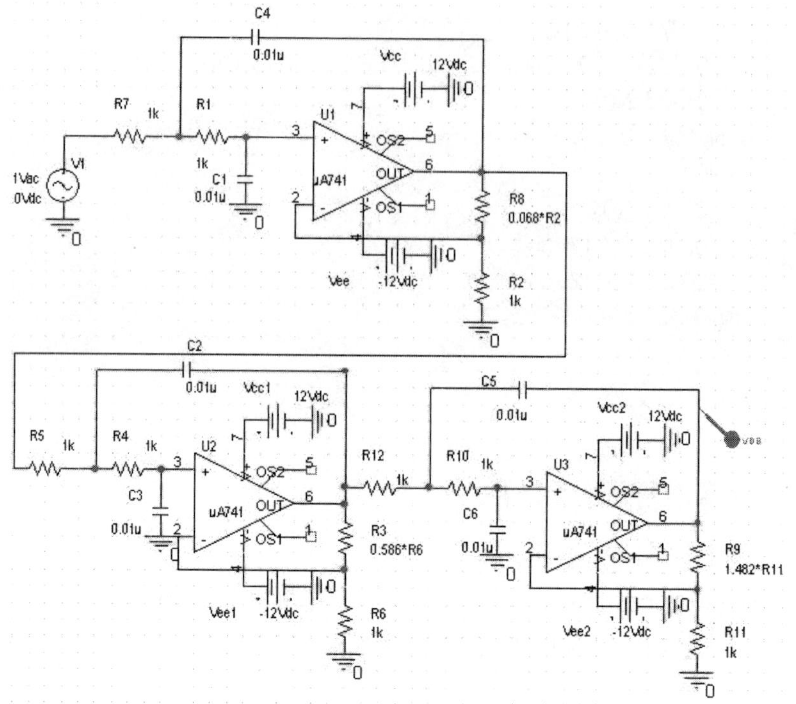

그림 11-6(a) 시뮬레이션 회로

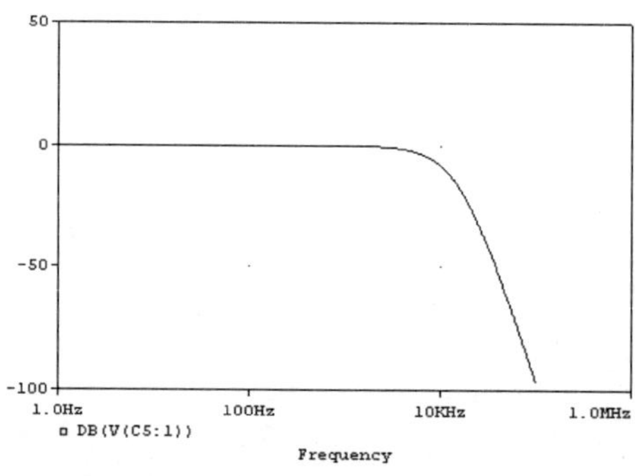

그림 11-6(b) 시뮬레이션 결과

Analysis setup

AC sweep	ac Sweep type • Linear	Total Pts	101
		Start Freq	1
		End Freq	100k

circuit file

```
.AC DEC 101 1 100k
.PROBE V(alias(*)) I(alias(*)) W(alias(*)) D(alias(*)) NOISE(alias(*))
R_R6        N01589 0  1k
X_U2        N01204 N01589 N00786 N00790 N01465 uA741
V_V1        N04525 0 DC 0Vdc AC 1Vac
R_R9        N01882 N02000  1.482*R11
V_Vcc1      N00786 0 12Vdc
R_R10       N01679 N01777  1k
V_Vee1      N00790 0 -12Vdc
X_U1        N01074 N01138 N00561 N00572 N01109 uA741
R_R12       N01465 N01679  1k
C_C4        N04523 N01109  0.01u
R_R11       0 N02000  1k
R_R7        N04523 N04525  1k
C_C2        N01277 N01465  0.01u
C_C3        0 N01204  0.01u
R_R2        0 N01138  1k
C_C1        0 N01074  0.01u
R_R1        N01074 N04523  1k
C_C5        N01882 N01679  0.01u
R_R4        N01204 N01277  1k
C_C6        N01777 0  0.01u
X_U3        N01777 N02000 N00962 N00966 N01882 uA741
R_R5        N01277 N01109  1k
V_Vcc       N00561 0 12Vdc
V_Vcc2      N00962 0 12Vdc
R_R8        N01109 N01138  0.068*R2
V_Vee       N00572 0 -12Vdc
V_Vee2      N00966 0 -12Vdc
R_R3        N01465 N01589  0.586*R6
.END
```

11.7 1극 고역통과 필터

고역통과란 Coupling-pass 커패시터가 1개 있으면 1-Pole이고, 2개 있으면 2-Pole이라고 한다. 고역통과로 바꾸려면 R_1과 C_1의 위치를 서로 맞바꾸면 된다.

폐루프 전압 이득 $A_{CL}=\frac{R_3}{R_4}+1=11$이 되며, 차단 주파수는 $f_c=\frac{1}{2\pi R_1 C_1}=\frac{1}{2\pi(33k\Omega)(1000pF)}=4.822[kHz]$이다. 그러므로 차단 주파수 이상에서의 전압 이득은 20[dB/decade]로 증가한다. 중간주파수에서의 전압 이득은 $v_{out}=A_{CL}(1[mA])=11[mV]$이고, 차단 주파수에서의 전압 이득은 $v_{out(cut)}=0.707(11[mV])=7.8[mV]$이다. 고역통과 필터에서는 차단 주파수 이상 모든 주파수가 통과한다. Butterworth 필터의 이득은 다음 표와 같다.

극	Roll-off(decade)	이득
1	20[dB]	임의

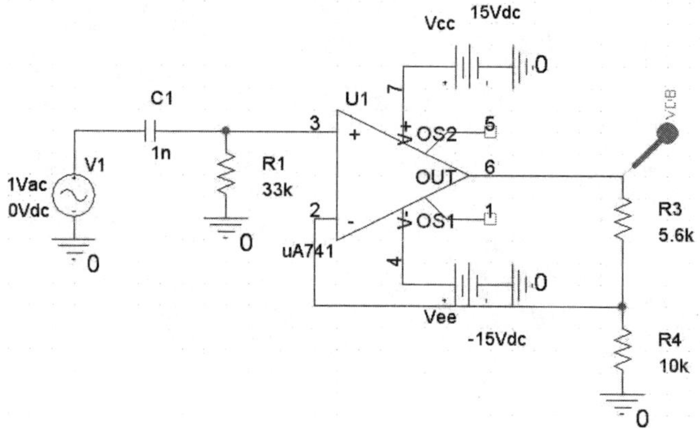

그림 11-9(a) 시뮬레이션 회로

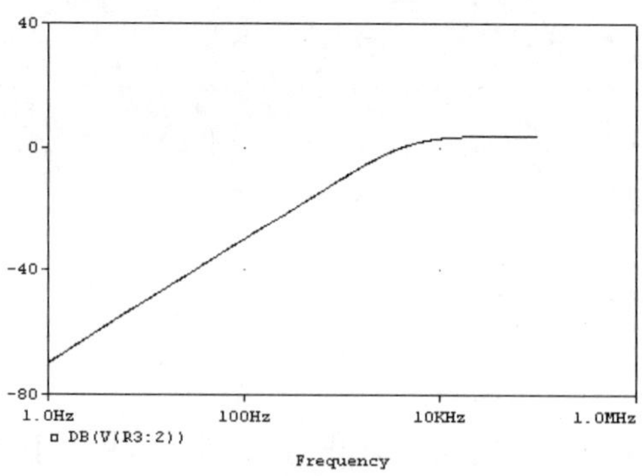

그림 11-9(b) 시뮬레이션 결과

Analysis setup

AC sweep	ac Sweep type · Linear	Total Pts	101
		Start Freq	1
		End Freq	100k

circuit file

```
.AC DEC 101 1 100k
.PROBE V(alias(*)) I(alias(*)) W(alias(*)) D(alias(*)) NOISE(alias(*))
V_V1        N00390 0 DC 0Vdc AC 1Vac
X_U1        N00407 N00507 N00442 N00463 N00485 uA741
V_Vcc       N00442 0 15Vdc
V_Vee       N00463 0 -15Vdc
R_R1        0 N00407  33k
R_R3        N00507 N00485  5.6k
R_R4        0 N00507  10k
C_C1        N00390 N00407  1n
.END
```

11.8 2극 고역통과 필터

2극 고역통과 필터에서 출력 전압과 cutoff 주파수 및 cutoff주파수에서의 출력 전압은 얼마나 될까?

전압 이득 $A_{CL}=\frac{5.6\text{k}\Omega}{10\text{k}\Omega}+1=1.56$이고, midband에서의 출력 전압 $v_{out}=1.56(1[\text{mV}])=1.56[\text{mV}]$, Cutoff 주파수는 $f=\frac{1}{2\pi(33\text{k}\Omega)(1000\text{pF})}=4.82[\text{kHz}]$이고, cutoff 주파수에서의 출력 전압은 -3[dB]이므로 $v_{out}=0.707(1.56[\text{mV}]=1.1[\text{mV}]$가 됨을 알 수 있다.

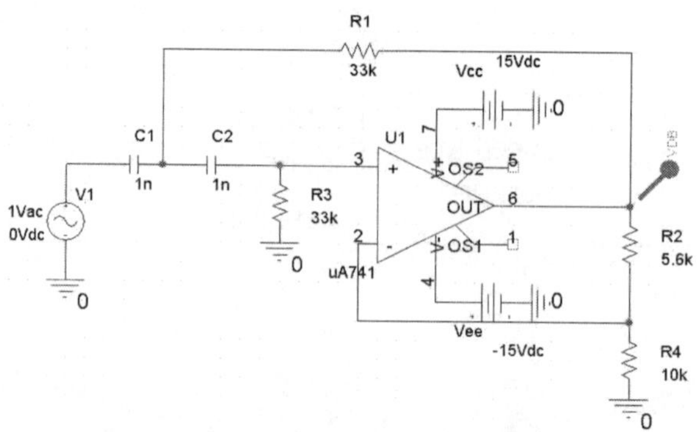

그림 11-10(a) 시뮬레이션 회로

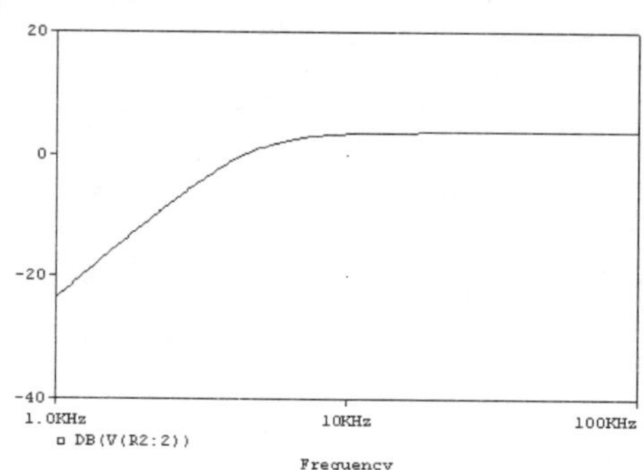

그림 11-10(b) 시뮬레이션 결과

Analysis setup

AC sweep	ac Sweep type • Linear	Total Pts	101
		Start Freq	1k
		End Freq	100k

circuit file

```
.AC DEC 101 1k 100k
.PROBE V(alias(*)) I(alias(*)) W(alias(*)) D(alias(*)) NOISE(alias(*))
V_V1        N00390 0 DC 0Vdc AC 1Vac
R_R1        N00392 N00485  33k
X_U1        N00407 N00507 N00442 N00463 N00485 uA741
C_C1        N00390 N00392  1n
V_Vcc       N00442 0 15Vdc
```

```
V_Vee        N00463 0 -15Vdc
R_R3         0 N00407  33k
R_R2         N00507 N00485  5.6k
R_R4         0 N00507  10k
C_C2         N00392 N00407  1n
.END
```

11.9 3극 고역통과 필터

이 회로는 3-pole high-pass filter로 동작하는 회로이다. 3-pole이므로 첫 단은 1-pole, 둘째 단은 2-pole로 구성하였다. 회로에서 $R_1=R_2=R_3$, $C_1=C_2=C_3$이며, 고역통과 필터로 바꾸려면 R과 C의 위치를 서로 맞바꾸면 된다. 첫 단에서의 이득은 $A_{CL}=(R_4/R_5)+1$이고, 차단 주파수 $f_c=\dfrac{1}{2\pi R_1C_1}$이 된다. 둘째 단의 2-pole로만 사용된다면 이득이 1.586일 때 midband에서 편편하게 할 수 있으므로 $1.586=(R_6/R_7)+1$이 성립되므로 $R_6=0.586 \cdot R_7$이 된다. 그러나 2-pole이 3-pole의 둘째 단으로 접속되는 경우 이득은 2가 되는 조건은 $R_6=R_7$인 경우로써 가장 편편한 곡선을 얻게 된다. 또한 둘째 단에서의 $R_2=R_3$, $C_2=C_3$임으로 차단 주파수 $f_c=\dfrac{1}{2\pi R_2C_2}$이 된다. 전체적인 이득곡선은 차단 주파수가 각각이 3[dB]이므로 6[dB]에서 발생하며, 각각 20[dB]씩 60[dB]로 증가하게 된다. 그러므로 둘째 단의 $R_6=0.586 \cdot R_7$인 경우와 $R_6=R_7$인 경우의 시뮬레이션을 실시하고 그 결과를 비교해 보기 바란다. 아래의 시뮬레이션 결과는 $R_6=0.586 \cdot R_7$인 경우이다. Butterworth 필터의 이득은 다음 표와 같다.

극	Roll-off(decade)	첫 단 1극 이득	둘째 단 2극 이득
3	60[dB]	임의	2

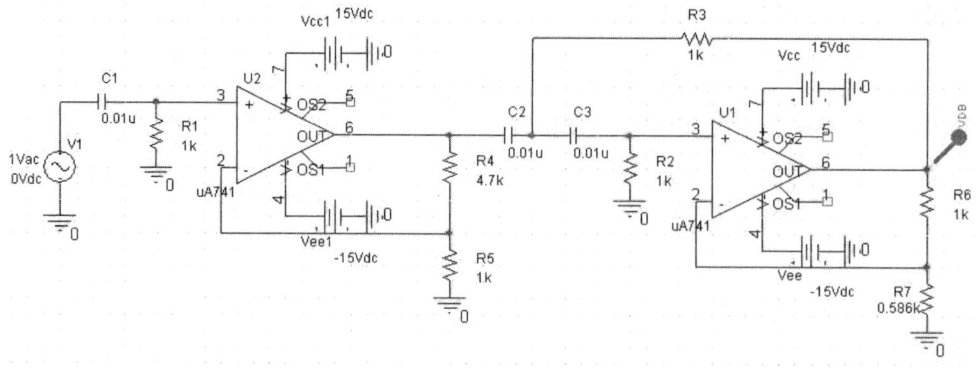

그림 11-11(a) 시뮬레이션 회로

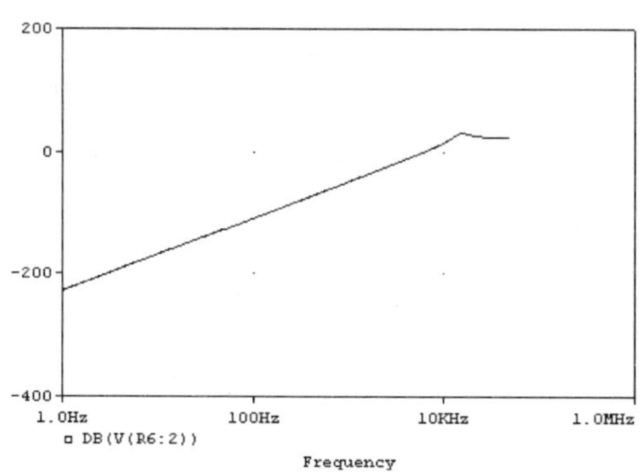

그림 11-11(b) 시뮬레이션 결과

Analysis setup

AC sweep	ac Sweep type · Linear	Total Pts	101
		Start Freq	1
		End Freq	50.0k

circuit file

```
.AC DEC 101 1 50k
.PROBE V(alias(*)) I(alias(*)) W(alias(*)) D(alias(*)) NOISE(alias(*))
V_V1         N00390 0 DC 0Vdc AC 1Vac
X_U2         N01873 N01909 N01883 N01893 N01903 uA741
R_R3         N00392 N00485  1k
```

```
V_Vcc1       N01883 0 15Vdc
X_U1         N00407 N00507 N00442 N00463 N00485 uA741
V_Vee1       N01893 0 -15Vdc
C_C2         N01903 N00392  0.01u
V_Vcc        N00442 0 15Vdc
R_R1         0 N01873  1k
V_Vee        N00463 0 -15Vdc
R_R4         N01909 N01903  4.7k
R_R5         0 N01909  1k
R_R2         0 N00407  1k
C_C1         N00390 N01873  0.01u
R_R6         N00507 N00485  1k
R_R7         0 N00507  0.586k
C_C3         N00392 N00407  0.01u
.END
```

11.10 4극 고역통과 필터

이 회로는 4-pole high-pass filter로 동작하는 회로이다. 4-pole이므로 첫 단과 둘째 단은 2-pole로 구성하였다. 회로에서 $R_1=R_2=R_3=R_4$, $C_1=C_2=C_3=C_4$이며, 저역통과 필터로 바꾸려면 R과 C의 위치를 서로 맞바꾸면 된다. 첫 단에서의 이득은 $A_{CL}=(R_5/R_6)+1=1.152$이므로 $R_5=0.152 \cdot R_6$이고, 차단 주파수 $f_c=\dfrac{1}{2\pi R_1 C_1}$이다. 둘째 단의 이득이 2.235일 때 midband에서 편편하게 할 수 있으므로 $2.235=(R_7/R_8)+1$이 성립되므로 $R_7=1.235 \cdot R_8$이 된다. 2-pole이 둘째 단으로 접속되는 경우 이득은 2.235가 되는 조건은 $R_6=R_7$인 경우로써 가장 편편한 곡선을 얻게 된다. 전체적인 이득곡선은 차단 주파수에서 pole마다 20[dB]이므로 80[dB/decade]씩 증가하게 된다. Butterworth 필터의 이득은 다음 표와 같다.

극	Roll-off(decade)	첫 단 이득	둘째 단 이득
4	80[dB]	1.152	2.235

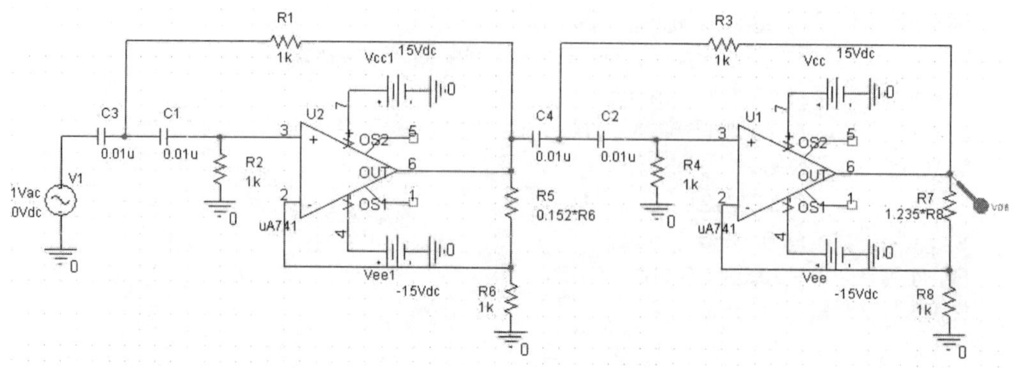

그림 11-12(a) 시뮬레이션 회로

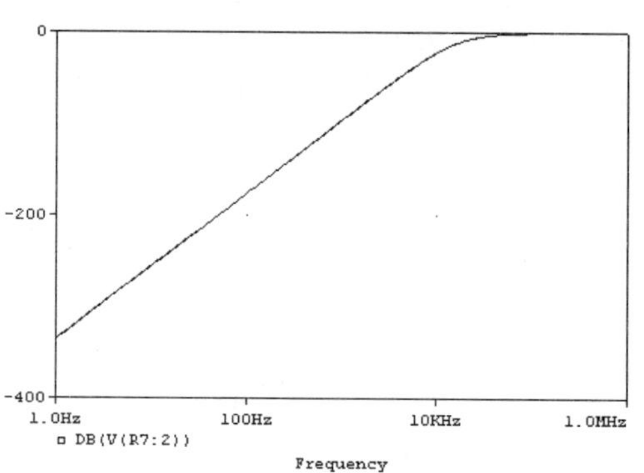

그림 11-12(b 시뮬레이션 결과

Analysis setup

AC sweep	ac Sweep type • Linear	Total Pts	101
		Start Freq	1
		End Freq	100.0k

circuit file

```
.AC DEC 101 1 100k
.PROBE V(alias(*)) I(alias(*)) W(alias(*)) D(alias(*)) NOISE(alias(*))
V_V1        N00390 0 DC 0Vdc AC 1Vac
R_R3        N00392 N00485  1k
R_R1        N04080 N04118  1k
X_U2        N04088 N04124 N04098 N04108 N04118 uA741
```

```
X_U1        N00407 N00507 N00442 N00463 N00485 uA741
C_C3        N00390 N04080  0.01u
C_C4        N04118 N00392  0.01u
V_Vcc       N00442 0 15Vdc
V_Vcc1      N04098 0 15Vdc
V_Vee       N00463 0 -15Vdc
V_Vee1      N04108 0 -15Vdc
R_R2        0 N04088  1k
R_R5        N04124 N04118  0.152*R6
R_R4        0 N00407  1k
R_R6        0 N04124  1k
R_R7        N00507 N00485  1.235*R8
C_C1        N04080 N04088  0.01u
R_R8        0 N00507  1k
C_C2        N00392 N00407  0.01u
.END
```

11.11 5극 고역통과 필터

이 회로는 5-pole high-pass filter로 동작하는 회로이다. 5-pole이므로 첫 단은 1-pole, 둘째 단과 셋째 단을 2-pole로 구성하였다. 회로에서 $R_2=R_3=R_4=R_9=R_{10}$, $C_1=C_2=C_3=C_4=C_5$이고 차단 주파수는 $f_c=\dfrac{1}{2\pi R_2 C_1}$이며, 저역통과 필터로 바꾸려면 R과 C의 위치를 서로 맞바꾸면 된다. 첫 단에서의 이득은 $A_{CL}=(R_5/R_1)+1$이다. 둘째 단의 2-pole 이득이 1.382일 때 midband에서 편편하게 할 수 있으므로 $1.382=(R_6/R_7)+1$이 성립되므로 $R_6=0.382R_7$이 된다. 셋째 단의 2-pole 이득이 2.382일 때이므로 $2.382=(R_8/R_{11})+1$이 성립되어 $R_8=.382 \cdot R_{11}$이 된다. 전체적인 이득은 차단 주파수에서 100[dB/decade]로 상향곡선을 그리게 된다. Butterworth 필터의 이득은 다음 표와 같다.

극	Roll-off(decade)	첫 단 이득	둘째 단 이득	셋째 단 이득
5	100[dB]	임의	1.382	2.382

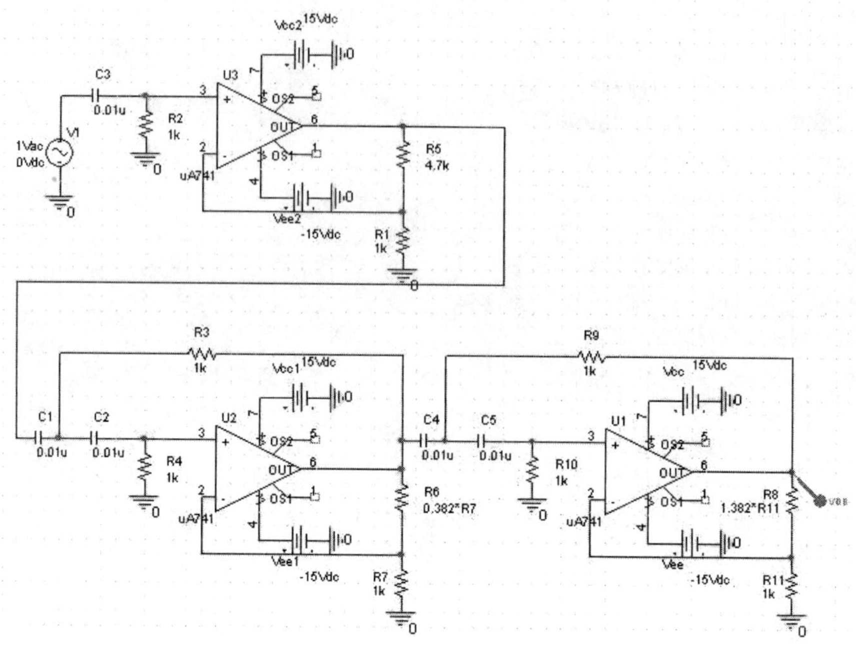

그림 11-13(a) 시뮬레이션 회로

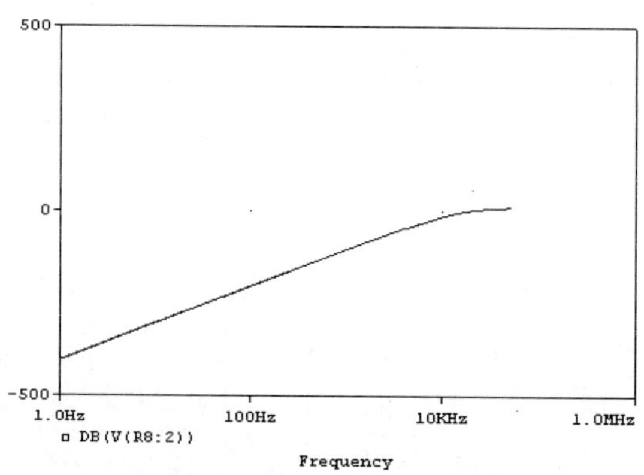

그림 11-13(b) 시뮬레이션 결과

Analysis setup

AC sweep	ac Sweep type • Linear	Total Pts	101
		Start Freq	1
		End Freq	50k

circuit file

```
.AC DEC 101 1 50k
.PROBE V(alias(*)) I(alias(*)) W(alias(*)) D(alias(*)) NOISE(alias(*))
R_R9         N00392 N00485  1k
X_U3         N06719 N06755 N06729 N06739 N06749 uA741
R_R3         N04080 N04118  1k
X_U2         N04088 N04124 N04098 N04108 N04118 uA741
X_U1         N00407 N00507 N00442 N00463 N00485 uA741
C_C1         N06749 N04080  0.01u
C_C4         N04118 N00392  0.01u
V_Vcc2       N06729 0 15Vdc
V_Vcc        N00442 0 15Vdc
V_Vcc1       N04098 0 15Vdc
V_Vee2       N06739 0 -15Vdc
V_Vee        N00463 0 -15Vdc
V_Vee1       N04108 0 -15Vdc
R_R2         0 N06719  1k
R_R4         0 N04088  1k
V_V1         N07149 0 DC 0Vdc AC 1Vac
R_R5         N06755 N06749  4.7k
R_R6         N04124 N04118  0.382*R7
R_R10        0 N00407  1k
R_R1         0 N06755  1k
R_R7         0 N04124  1k
C_C3         N07149 N06719  0.01u
R_R8         N00507 N00485  1.382*R11
C_C2         N04080 N04088  0.01u
R_R11        0 N00507  1k
C_C5         N00392 N00407  0.01u
.END
```

11.12 6극 고역통과 필터

이 회로는 6-pole high-pass filter로 동작하는 회로이다. 6-pole이므로 첫 단, 둘째 단과 셋째 단을 2-pole로 구성하였다. 회로에서 $R_1=R_4=R_5=R_7=R_{10}=R_{12}$, $C_1=C_2=C_3=C_4=C_5=C_6$이고 차단 주파수는 $f_c=\frac{1}{2\pi R_1 C_1}$ 이며, 저역통과

필터로 바꾸려면 R과 C의 위치를 서로 맞바꾸면 된다. 첫 단에서의 이득은 $A_{CL}=(R_8/R_2)+1=1.068$이므로 $R_8=0.068 \cdot R_2$가 된다. 둘째 단의 2-pole 이득이 1.586일 때 midband에서 편편하게 할 수 있으므로 $1.586=(R_3/R_6)+1$이 성립되므로 $R_3=0.586R_6$이 된다. 셋째 단의 2-pole 이득이 2.482일 때이므로 $2.482=(R_9/R_{11})+1$이 성립되어 $R_9=1.482 \cdot R_{11}$이 된다. 전체적인 이득은 차단 주파수에서 120[dB/decade]로 상향곡선을 그리게 된다. Butterworth 필터의 이득은 다음 표와 같다.

극	Roll-off(decade)	첫 단 이득	둘째 단 이득	셋째 단 이득
6	120[dB]	1.068	1.586	2.482

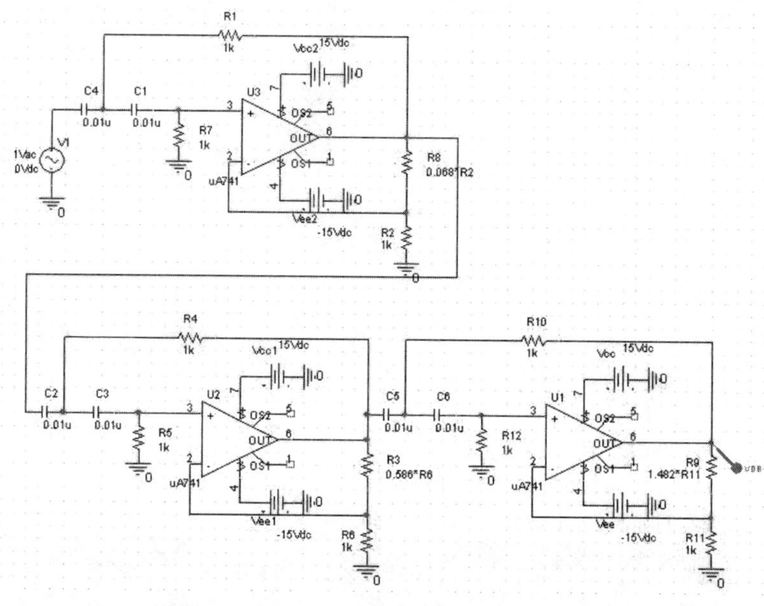

그림 11-14(a) 시뮬레이션 회로

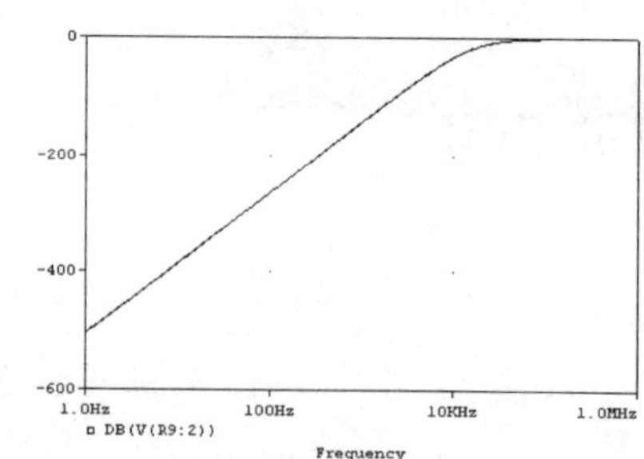

그림 11-14(b) 시뮬레이션 결과

Analysis setup

AC sweep	ac Sweep type • Linear	Total Pts	101
		Start Freq	1
		End Freq	100k

circuit file

```
.AC DEC 101 1 100k
.PROBE V(alias(*)) I(alias(*)) W(alias(*)) D(alias(*)) NOISE(alias(*))
C_C1          N09439 N09447  0.01u
R_R10         N00392 N00485  1k
R_R4          N04080 N04118  1k
X_U2          N04088 N04124 N04098 N04108 N04118 uA741
X_U1          N00407 N00507 N00442 N00463 N00485 uA741
C_C2          N07294 N04080  0.01u
C_C5          N04118 N00392  0.01u
V_Vcc         N00442 0 15Vdc
V_Vcc1        N04098 0 15Vdc
V_Vee         N00463 0 -15Vdc
V_Vee1        N04108 0 -15Vdc
R_R1          N09439 N07294  1k
X_U3          N09447 N09483 N09457 N09467 N07294 uA741
R_R5          0 N04088  1k
C_C4          N07149 N09439  0.01u
V_V1          N07149 0 DC 0Vdc AC 1Vac
V_Vcc2        N09457 0 15Vdc
R_R3          N04124 N04118  0.586*R6
R_R12         0 N00407  1k
V_Vee2        N09467 0 -15Vdc
R_R6          0 N04124  1k
R_R7          0 N09447  1k
R_R9          N00507 N00485  1.482*R11
C_C3          N04080 N04088  0.01u
R_R11         0 N00507  1k
R_R8          N09483 N07294  0.068*R2
R_R2          0 N09483  1k
C_C6          N00392 N00407  0.01u
.END
```

11.13 능동 밴드-패스 필터

밴드 패스 필터의 동작은 $R_1 = \frac{1}{\alpha\omega_0 C}$, $R_4 = \frac{1}{\beta\omega_0 C}$, $R_5 = \frac{1}{\gamma\omega_0 C}$, $R_6 = \frac{1}{\omega_0 C} = R_2 = R_3$이 된다. $\alpha=0.4$, $\beta=0.1314$, $\gamma=0.8679$이면 $R_1=39.8[k\Omega]$, $R_4=121.1[k\Omega]$, $R_5=18.0[k\Omega]$, $R_2=R_3=R_6=15.9[k\Omega]$이 된다. 여기서 커패시터의 값은 $10/f_0[\mu F]$ 값을 선택하였다.

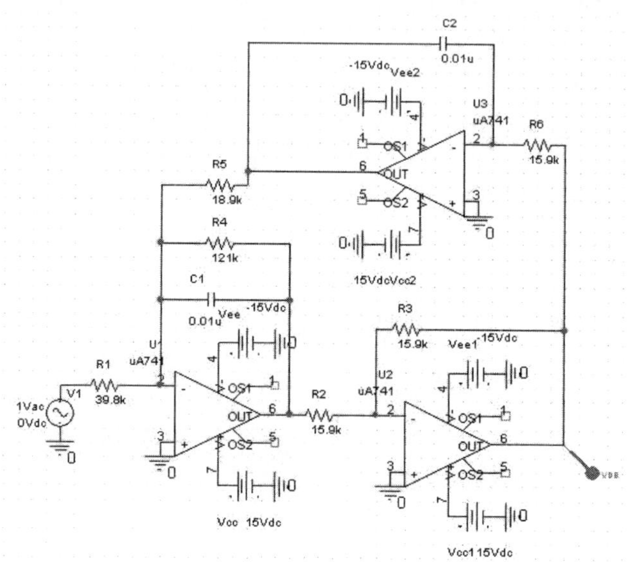

그림 11-15(a) 시뮬레이션 회로

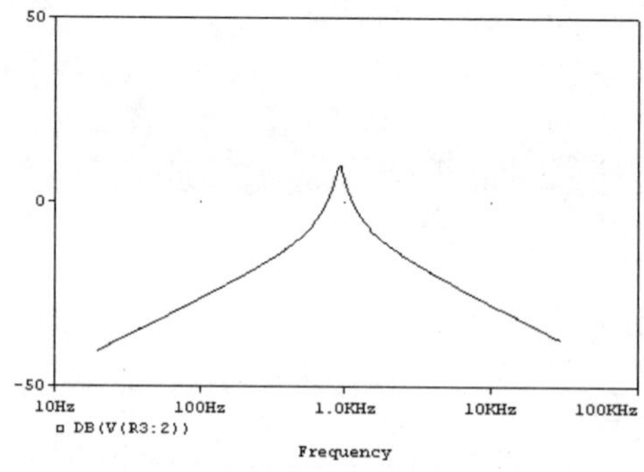

그림 11-15(b) 시뮬레이션 결과

Analysis setup

AC sweep	ac Sweep type • Octave	Total Pts	101
		Start Freq	20
		End Freq	30k

circuit file

```
.AC DEC 101 20 30k
.PROBE V(alias(*)) I(alias(*)) W(alias(*)) D(alias(*)) NOISE(alias(*))
R_R4        N00917 N01437  121k
X_U2        0 N01335 N00305 N00301 N01198 uA741
V_Vee1      N00301 0 -15Vdc
R_R5        N00917 N01037  18.9k
V_Vcc1      N00305 0 15Vdc
X_U1        0 N00917 N00133 N00127 N01437 uA741
R_R6        N01113 N01198  15.9k
V_Vee       N00127 0 -15Vdc
V_Vcc       N00133 0 15Vdc
C_C1        N00917 N01437  0.01u
V_V1        N00894 0 DC 0Vdc AC 1Vac
C_C2        N01037 N01113  0.01u
R_R1        N00894 N00917  39.8k
X_U3        0 N01113 N00471 N00467 N01037 uA741
V_Vee2      N00467 0 -15Vdc
R_R2        N01437 N01335  15.9k
V_Vcc2      N00471 0 15Vdc
R_R3        N01335 N01198  15.9k
.END
```

11.14 능동 밴드-리젝트 필터

밴드 리젝트 필터의 동작은 $R_1=\frac{1}{\alpha\beta\omega_0 C}$, $R_4=\alpha\cdot R_1$, $R_5=\frac{1}{\sqrt{\gamma}\omega_0 C}$, $R_8=\frac{1}{\alpha\omega_0 C}$, $R_7=\frac{\sqrt{\gamma}}{\alpha\omega_0 C}$, $R_2=R_3=R_6=\frac{1}{\omega_0 C}$ 이 된다. $\alpha=2$, $\beta=0.1514$, $\gamma=1.1522$

이면 R_1=60.6[kΩ], R_4=121.2[kΩ], R_5=17.1, R_8=8.0[kΩ], R_7=7.4[kΩ], R_2=R_3=R_6=15.9[kΩ]가 된다. 여기서 커패시터의 값은 임의의 값을 선택하여도 좋지만 10/f_0[μF] 값을 선택하였다.

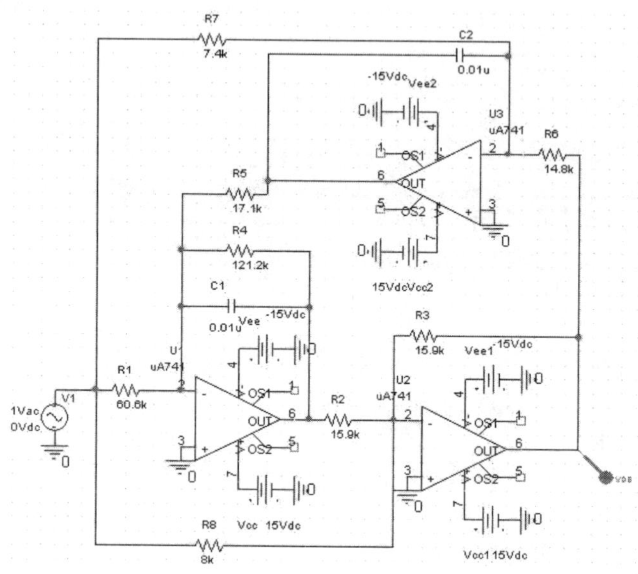

그림 11-16(a) 시뮬레이션 회로

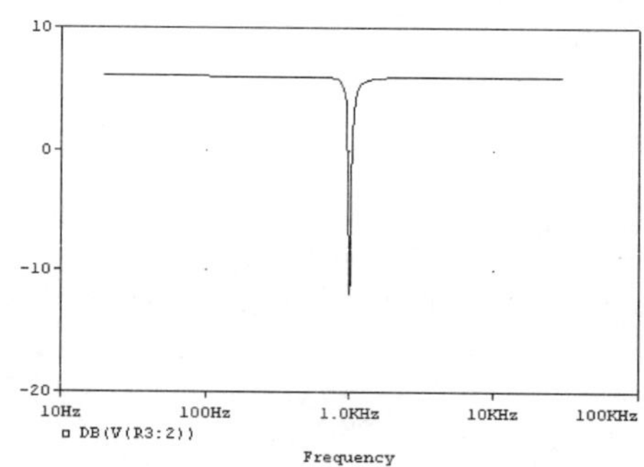

그림 11-16(b) 시뮬레이션 결과

Analysis setup

AC sweep	ac Sweep type · Octave	Total Pts	101
		Start Freq	20
		End Freq	30k

circuit file

```
.AC DEC 101 20 30k
.PROBE V(alias(*)) I(alias(*)) W(alias(*)) D(alias(*)) NOISE(alias(*))
R_R4        N00917 N01437  121.2k
X_U2        0 N01335 N00305 N00301 N01198 uA741
V_Vee1      N00301 0 -15Vdc
R_R5        N00917 N01037  17.1k
V_Vcc1      N00305 0 15Vdc
X_U1        0 N00917 N00133 N00127 N01437 uA741
R_R6        N01113 N01198  14.8k
V_Vee       N00127 0 -15Vdc
V_Vcc       N00133 0 15Vdc
C_C1        N00917 N01437  0.01u
V_V1        N00894 0 DC 0Vdc AC 1Vac
C_C2        N01037 N01113  0.01u
R_R7        N00894 N01113  7.4k
R_R1        N00894 N00917  60.6k
X_U3        0 N01113 N00471 N00467 N01037 uA741
V_Vee2      N00467 0 -15Vdc
R_R2        N01437 N01335  15.9k
V_Vcc2      N00471 0 15Vdc
R_R8        N00894 N01335  8k
R_R3        N01335 N01198  15.9k
.END
```

11.15 밴드-패스 필터

이 회로는 밴드-패스 필터로서 입력전원으로 Vac를 넣고 AC Sweep Analysis를 20[Hz]~100[kHz]까지 해석하고 출력단은 전압 이득을 구하면 된다.

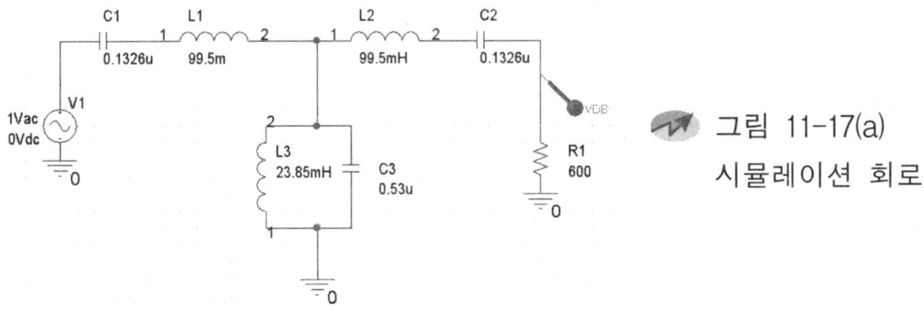

그림 11-17(a) 시뮬레이션 회로

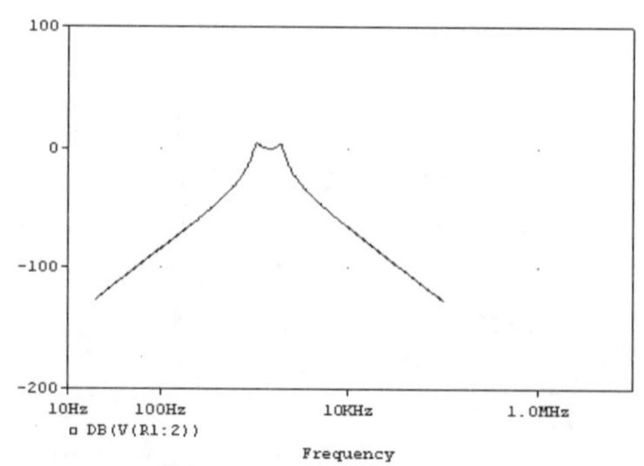

그림 11-17(b) 시뮬레이션 결과

Analysis setup

AC sweep	ac Sweep type · Decade	Total Pts	101
		Start Freq	20[Hz]
		End Freq	100[kHz]

circuit file

```
.AC DEC 101 20 100k
.PROBE V(alias(*)) I(alias(*)) W(alias(*)) D(alias(*)) NOISE(alias(*))
L_L1          N00240 N00251  99.5m
L_L2          N00251 N00264  99.5mH
L_L3          0 N00251  23.85mH
C_C1          N00229 N00240  0.1326u
C_C2          N00264 N00279  0.1326u
C_C3          0 N00251  0.53u
R_R1          0 N00279  600
V_V1          N00229 0 DC 0Vdc AC 1Vac
.END
```

11.16 밴드-리젝트 필터

이 회로는 밴드-리젝트 필터로서 Vac 전원을 1[V]를 입력하고 AC Sweep Analysis를 수행하고 전압 이득을 구하면 된다.

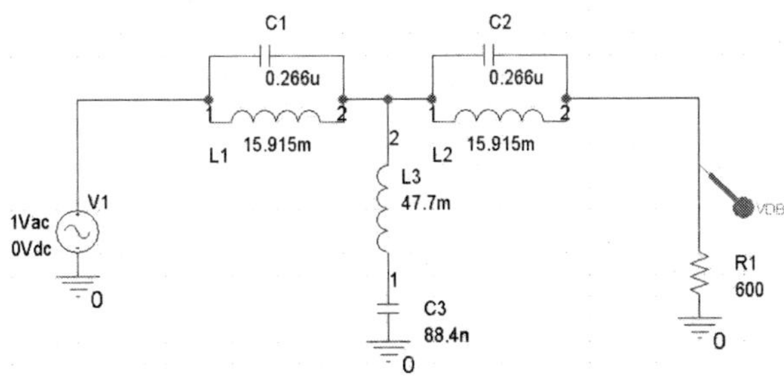

그림 11-18(a) 시뮬레이션 회로

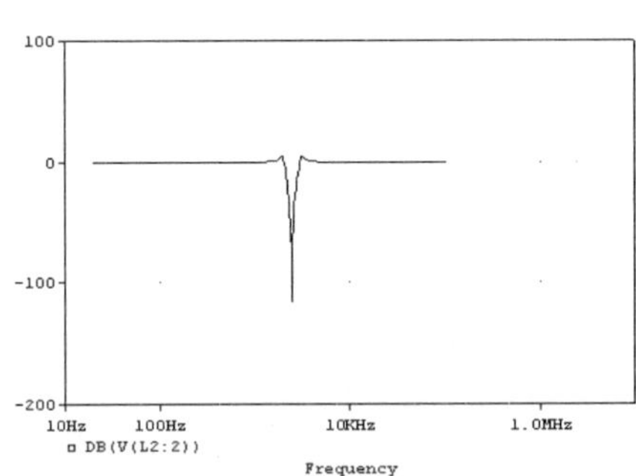

그림 11-18(b) 시뮬레이션 결과

Analysis setup

AC sweep	ac Sweep type · Decade	Total Pts	101
		Start Freq	20[Hz]
		End Freq	100[kHz]

circuit file

```
.AC DEC 101 20 100k
.PROBE V(alias(*)) I(alias(*)) W(alias(*)) D(alias(*)) NOISE(alias(*))
L_L1        N00229 N00920  15.915m
L_L2        N00920 N00281  15.915m
L_L3        N000680 N00920  47.7m
C_C1        N00229 N00920  0.266u
C_C2        N00920 N00281  0.266u
C_C3        0 N000680  88.4n
R_R1        0 N00281  600
V_V1        N00229 0 DC 0Vdc AC 1Vac
.END
```

11.17 샘플-앤드-홀드 회로

이 회로는 정현파 입력을 넣으면 일정 주기마다 샘플링하여 정해진 시간 동안 홀드하는 회로이다.

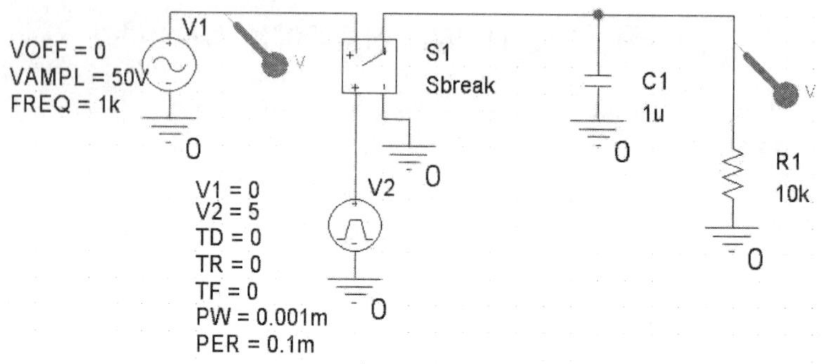

그림 11-19(a) 시뮬레이션 회로

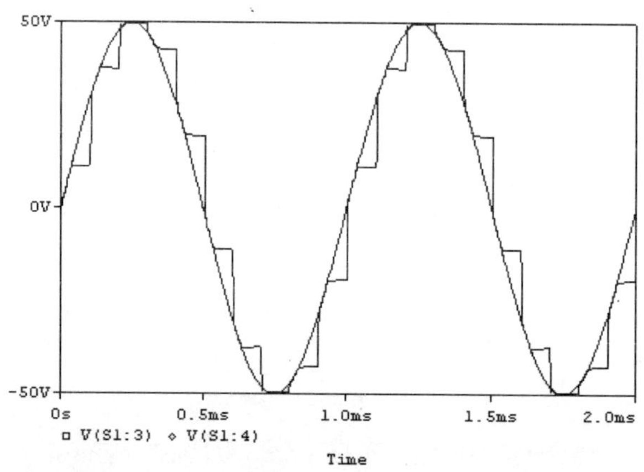

그림 11-19(b) 시뮬레이션 결과

Analysis setup

Transient Analysis	Maximum Step	20us
	Run to Time	2ms

circuit file

```
.TRAN  0 2ms 0 20us
.PROBE V(alias(*)) I(alias(*)) W(alias(*)) D(alias(*)) NOISE(alias(*))
X_S1          N00393 0 N00349 N00359 SCHEMATIC1_S1
V_V1          N00349 0  SIN 0 50V 1k 0 0 0
V_V2          N00393 0  PULSE 0 5 0 0 0 0.001m 0.1m
C_C1          0 N00359  1u
R_R1          0 N00359  10k

.subckt SCHEMATIC1_S1 1 2 3 4
S_S1          3 4 1 2 Sbreak
RS_S1         1 2 1G
.ends SCHEMATIC1_S1
.END
```

11.18 샘플-앤드-홀드 회로 2

이 회로는 샘플 앤드 홀드 회로이다. 곡선 기간 동안은 Sampling 시간이며 수평 시간은 Holding을 나타낸다.

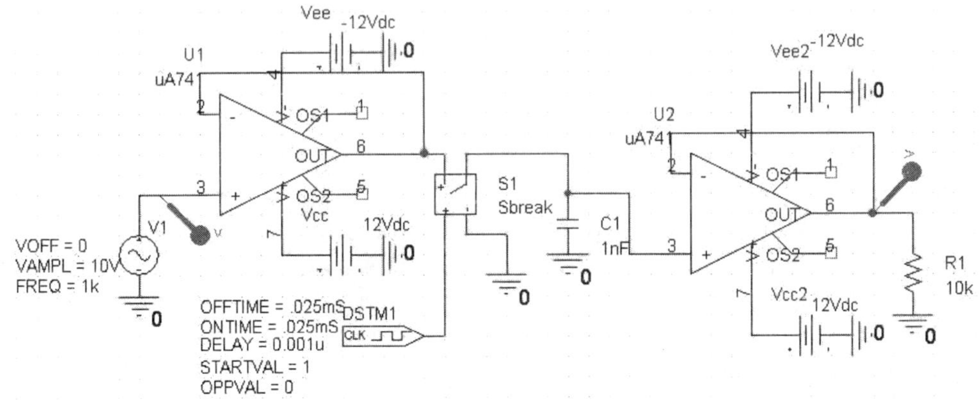

그림 11-20(a) 시뮬레이션 회로

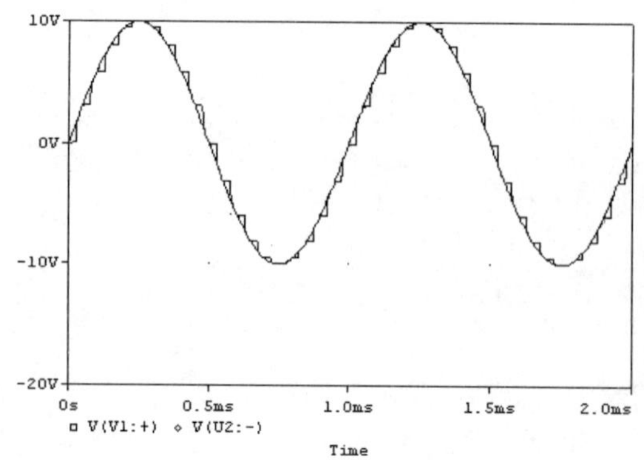

그림 11-20(b) 시뮬레이션 결과

Analysis setup

Transient Analysis	Maximum Step	20us
	Run to Time	2ms

DigClock 설정

	DSTM1
DELAY	0.001u
ONTIME	0.025ms
OFFTIME	0.025ms
STARTVAL	1
OPPVAL	0

circuit file

```
.TRAN  0 2ms 0
.PROBE V(alias(*)) I(alias(*)) W(alias(*)) D(alias(*)) NOISE(alias(*))
U_DSTM1      STIM(1,1) $G_DPWR $G_DGND N03029
X_S1         N03029 0 N01276 N01644 SCHEMATIC1_S1
V_V1         N01543 0  SIN 0 10V 1k 0 0 0
V_Vee        N01176 0 -12Vdc
V_Vee2       N01223 0 -12Vdc
C_C1         0 N01644  1nF
V_Vcc        N01198 0 12Vdc
X_U1         N01543 N01276 N01198 N01176 N01276 uA741
```

```
R_R1         0 N01763  10k
V_Vcc2       N01249 0 12Vdc
X_U2         N01644 N01763 N01249 N01223 N01763 uA741

.subckt SCHEMATIC1_S1 1 2 3 4
S_S1         3 4 1 2 Sbreak
RS_S1        1 2 1G
.ends SCHEMATIC1_S1
.END
```

11.19 쵸퍼(chopper) 회로 1

이 회로는 입력된 정현파 신호를 (+)방향으로 Clamp되어 인가함으로써 출력 파형은 일정 주기로 쵸핑되며, (−)방향으로 즉 negative clamp된 결과다. V_5와 R_3을 제거하면 X-축 대칭이 된다.

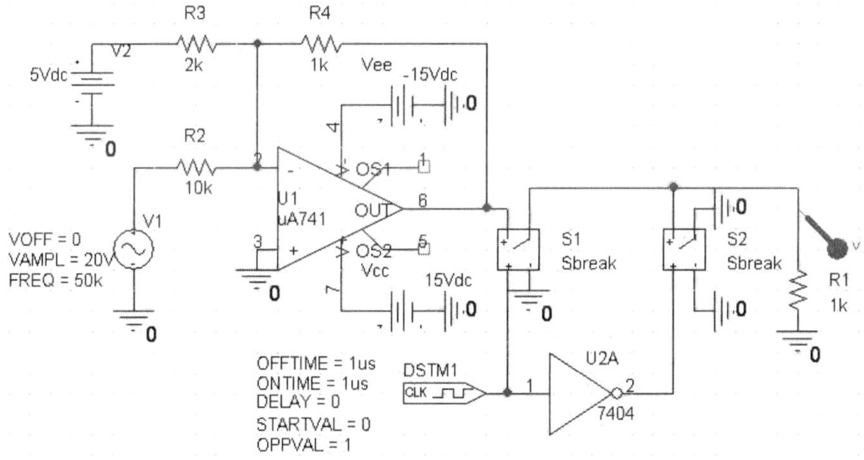

그림 11-21(a) 시뮬레이션 회로

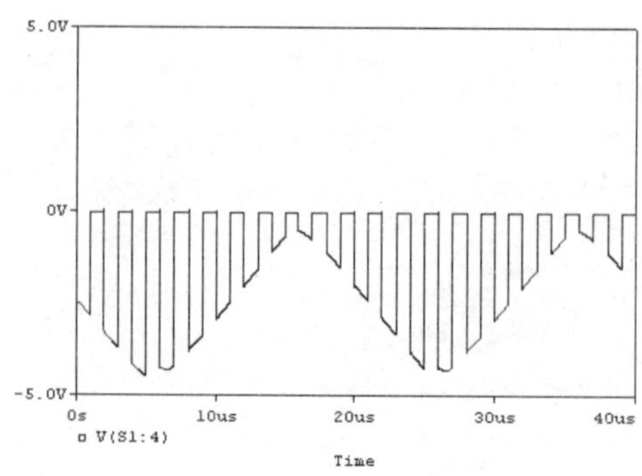

그림 11-21(b) 시뮬레이션 결과

Analysis setup

Transient Analysis	Maximum Step	2ns
	Run to Time	40us

DigClock 설정

	DSTM1
DELAY=	
ONTIME=	1us
OFFTIME=	1us
STARTVAL=	0
OPPVAL=	1

circuit file

```
.TRAN  0 40us 0 2ns
.PROBE V(alias(*)) I(alias(*)) W(alias(*)) D(alias(*)) NOISE(alias(*))
U_DSTM1      STIM(1,1) $G_DPWR $G_DGND N03029
R_R3         N05177 N05138  2k
X_S1         N03029 0 N01276 N01765 SCHEMATIC1_S1
R_R4         N05138 N01276  1k
V_V1         N05395 0  SIN 0 20V 50k 0 0 0
V_V2         N05177 0 5Vdc
V_Vee        N01176 0 -15Vdc
X_S2         N04445 0 N01765 0 SCHEMATIC1_S2
V_Vcc        N01198 0 15Vdc
```

```
X_U1         0 N05138 N01198 N01176 N01276 uA741
R_R1         0 N01765  1k
R_R2         N05395 N05138  10k
X_U2A        N03029 N04445 $G_DPWR $G_DGND 7404

.subckt SCHEMATIC1_S1 1 2 3 4
S_S1         3 4 1 2 Sbreak
RS_S1        1 2 1G
.ends SCHEMATIC1_S1

.subckt SCHEMATIC1_S2 1 2 3 4
S_S2         3 4 1 2 Sbreak
RS_S2        1 2 1G
.ends SCHEMATIC1_S2
.END
```

11.20 쵸퍼(chopper) 회로 2

입력된 정현파이며, 클럭펄스의 일정한 주기마다 쵸핑된다. 쵸핑된 결과가 (+)나 (−)방향으로 클램프되기 때문에 op-amp의 (−)단자에 (+) 혹은 (−) 전압을 인가하면 된다.

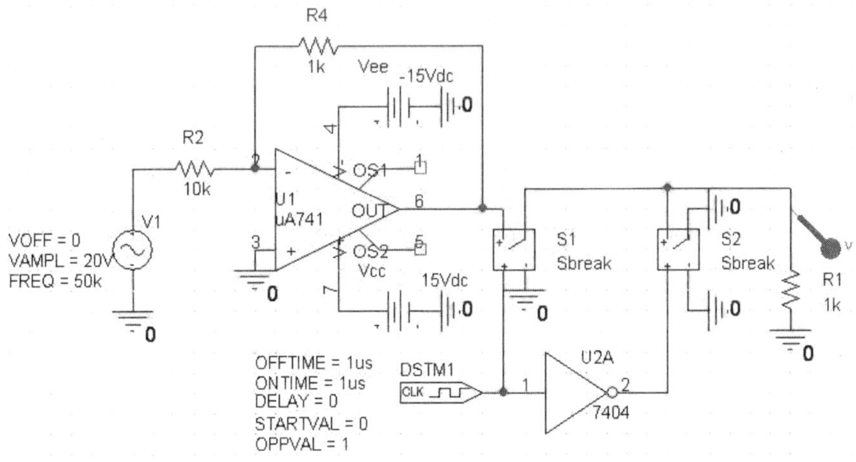

그림 11-22(a) 시뮬레이션 회로

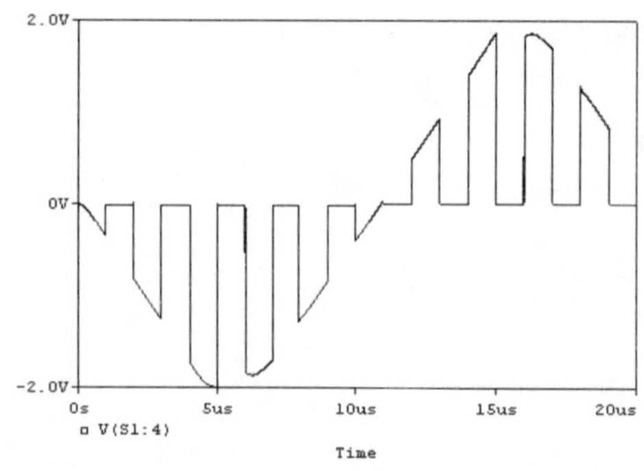

그림 11-22(b) 시뮬레이션 결과

Analysis setup

Transient Analysis	Maximum Step	2ns
	Run to Time	20us

DigClock 설정

	DSTM1
DELAY=	
ONTIME=	1us
OFFTIME=	1us
STARTVAL=	0
OPPVAL=	1

circuit file

```
.TRAN  0 20us 0 2ns
.PROBE V(alias(*)) I(alias(*)) W(alias(*)) D(alias(*)) NOISE(alias(*))
U_DSTM1      STIM(1,1) $G_DPWR $G_DGND N03029
X_S1         N03029 0 N01276 N01765 SCHEMATIC1_S1
R_R4         N05138 N01276  1k
V_V1         N05395 0  SIN 0 20V 50k 0 0 0
V_Vee        N01176 0 -15Vdc
X_S2         N04445 0 N01765 0 SCHEMATIC1_S2
V_Vcc        N01198 0 15Vdc
X_U1         0 N05138 N01198 N01176 N01276 uA741
R_R1         0 N01765  1k
```

```
R_R2          N05395 N05138  10k
X_U2A         N03029 N04445 $G_DPWR $G_DGND 7404

.subckt SCHEMATIC1_S1 1 2 3 4
S_S1          3 4 1 2 Sbreak
RS_S1         1 2 1G
.ends SCHEMATIC1_S1

.subckt SCHEMATIC1_S2 1 2 3 4
S_S2          3 4 1 2 Sbreak
RS_S2         1 2 1G
.ends SCHEMATIC1_S2
.END
```

제 12 장 발진 회로의 시뮬레이션

12.1 제너다이오드를 이용한 구형파 발생기

제너다이오드를 피드백 루프에 back-to-back로 연결한 회로이며 제너항복 전압 이하에서는 폐루프 이득은 R_4/R_5이다. 그러므로 출력 전압은 제너항복 전압 V_z와 비반전단자 인가 전압 V_k의 합으로 나타난다.

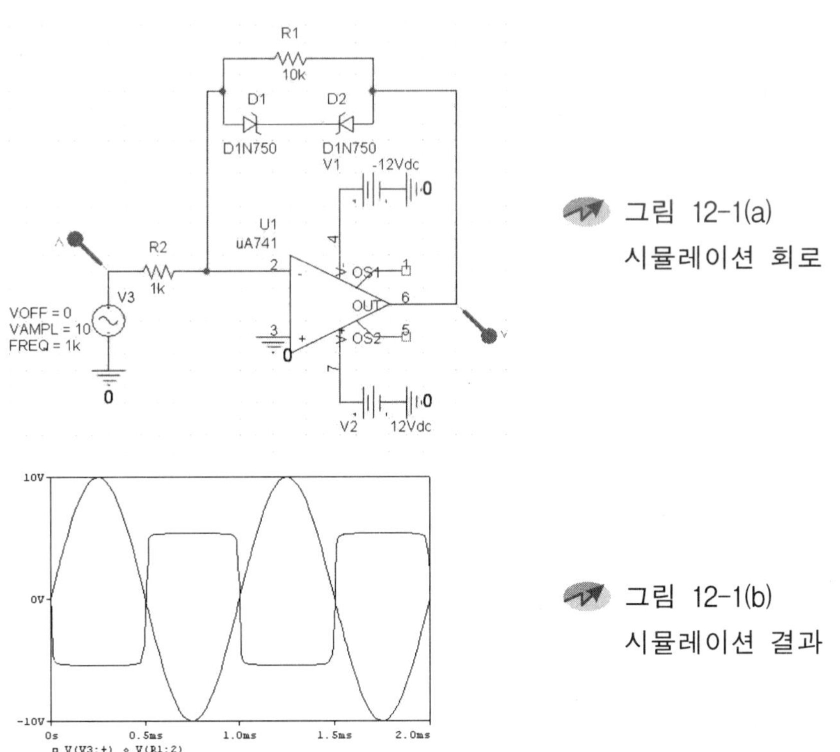

그림 12-1(a) 시뮬레이션 회로

그림 12-1(b) 시뮬레이션 결과

Analysis setup

Transient Analysis	Maximum Step	20us
	Run to Time	2ms

circuit file

```
.TRAN   0 2ms 0 20us
.PROBE V(alias(*)) I(alias(*)) W(alias(*)) D(alias(*)) NOISE(alias(*))
X_U1        0 N00351 N00467 N00445 N00421 uA741
V_V3        N00327 0   SIN 0 10 1k 0 0 0
V_V1        N00445 0 -12Vdc
V_V2        N00467 0 12Vdc
D_D1        N00351 N00402 D1N750
D_D2        N00421 N00402 D1N750
R_R1        N00351 N00421   10k
R_R2        N00327 N00351   1k
.END
```

12.2 능동 삼각파-구형파 변환기

이 회로는 반전단자에 삼각파를 입력하면 부하에 구형파가 출력된다. 이때 비반전 단자의 저항 값을 가변 함으로써 구형파의 듀티(duty) 사이클을 조정할 수 있다.

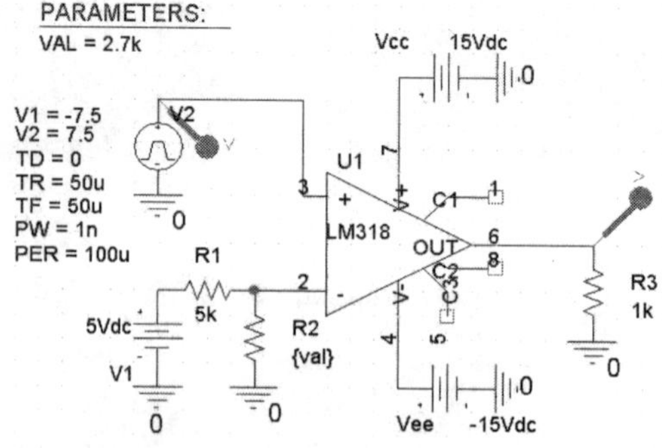

그림 12-2(a) 시뮬레이션 회로

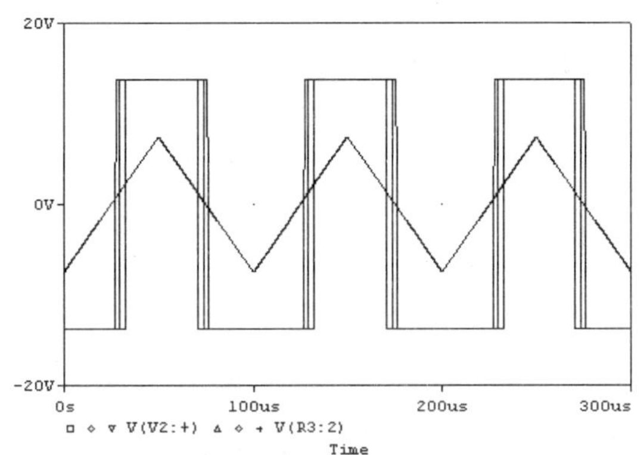

그림 12-2(b) 시뮬레이션 결과

Analysis setup

Parametric	Global Parameter Name		VAL
	Value list		220 1k 2.7k
Transient	Transient analysis	Maximum Step	20ns
		Run to Time	0.3ms

circuit file

```
.TRAN   0 0.3ms   0 20ns
.STEP PARAM val LIST 220   1k 2.7k
.PROBE V(alias(*)) I(alias(*)) W(alias(*)) D(alias(*)) NOISE(alias(*))
X_U1        N01389 N03680 N00445 N00467 N01593 LM318
V_V1        N001931 0 5Vdc
V_Vcc       N00445 0 15Vdc
V_Vee       N00467 0 -15Vdc
R_R3        0 N01593   1k
V_V2        N01389 0   PULSE -7.5 7.5 0 50u 50u 1n 100u
R_R1        N001931 N03680   5k
R_R2        0 N03680   {val}
.PARAM  VAL=2.7k
.END
```

12.3 능동 정현파-구형파 변환기

이 회로는 슈미트 트리거 동작을 이용하기 때문에 입력 신호에 관계없이 구형파를 발생시킬 수 있다.

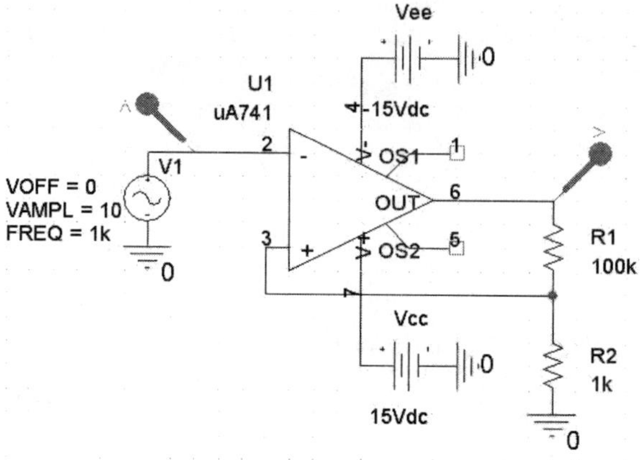

그림 12-3(a) 시뮬레이션 회로

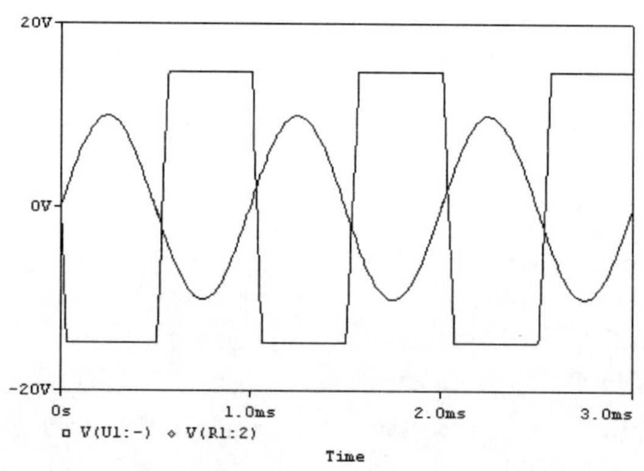

그림 12-3(b) 시뮬레이션 결과

Analysis setup

Transient Analysis	Maximum Step	20us
	Run to Time	3ms

circuit file

```
.TRAN   0 3ms   0 20us
.PROBE  V(alias(*)) I(alias(*)) W(alias(*)) D(alias(*)) NOISE(alias(*))
X_U1        N05110 N05096 N00445 N00467 N05149 uA741
V_Vcc       N00445 0 15Vdc
V_Vee       N00467 0 -15Vdc
R_R2        0 N05110   1k
R_R1        N05110 N05149   100k
V_V1        N05096 0   SIN 0 10 1k 0 0 0
.END
```

12.4 능동 구형파-삼각파 변환기

이 회로는 구형파를 삼각파로 변환하는 회로로써 offset 전압을 줄이기 위하여 $R_1 >> 10R_2$이어야 하고, 출력 전압 $v_{out} = \frac{v_{in}}{4fR_2C_1}$ 이 된다. 입력 전압이 직류를 가지면 출력에도 직류분이 나타나고, 입력 파형의 평균치가 0이면 출력 파형의 평균치도 0을 가진다.

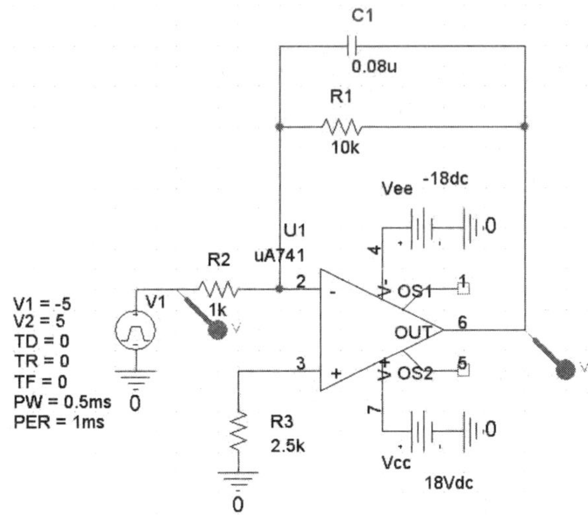

그림 12-4(a) 시뮬레이션 회로

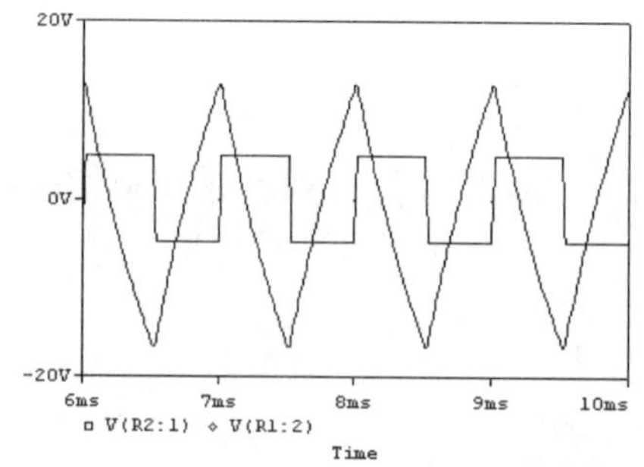

그림 12-4(b) 시뮬레이션 결과

Analysis setup

Transient Analysis ☑Skip initial transient solution	Maximum Step	20us
	Run to Time	10ms
	No-Print Delay	6ms

circuit file

```
.TRAN  0 10ms 6ms 20us SKIPBP
.PROBE V(alias(*)) I(alias(*)) W(alias(*)) D(alias(*)) NOISE(alias(*))
C_C1        N00409 N00506  0.08u
X_U1        N00435 N00409 N00399 N00389 N00506 uA741
V_Vee       N00389 0 -18dc
V_Vcc       N00399 0 18Vdc
V_V1        N00421 0  PULSE -5 5 0 0 0 0.5ms 1ms
R_R1        N00409 N00506  10k
R_R2        N00421 N00409  1k
R_R3        0 N00435  2.5k
.END
```

12.5 능동 릴렉세이션(이장) 발진기

Feedback fraction $B=R_2/(R_1+R_2)$이므로 출력되는 구형파의 주기는 $T=2R_3C_1\ln\frac{1+B}{1-B}$이다. 피드백 저항 값을 조정함으로써 50 : 1의 튜닝 범위를 조

정할 수 있다. 커패시터 값을 바꾸면 $+V_{sat}$에 도달하는 지수함수를 바꿀 수 있지만 결코 $+V_{sat}$에는 도달할 수 없다. 일단 최대치에 도달하면 커패시터는 방전하면서 커패시터의 전압은 서서히 지수 함수적으로 감소한다.

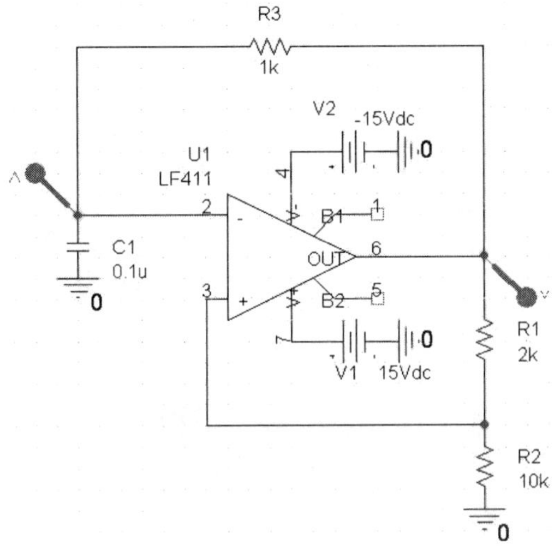

그림 12-5(a) 시뮬레이션 회로

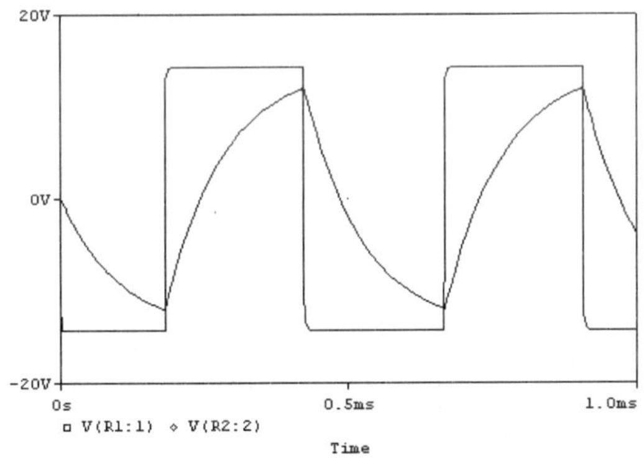

그림 12-5(b) 시뮬레이션 결과

Analysis setup

Transient Analysis	Maximum Step	20us
☑Skip initial transient solution	Run to Time	1ms

circuit file

```
.TRAN  0 1ms 0 20us SKIPBP
.PROBE V(alias(*)) I(alias(*)) W(alias(*)) D(alias(*)) NOISE(alias(*))
X_U1        N00431 N00337 N00382 N00406 N00279 LF411
V_V1        N00382 0 15Vdc
V_V2        N00406 0 -15Vdc
C_C1        0 N00337  0.1u
R_R1        N00337 N00279  1k
R_R2        N00431 N00279  2k
R_R3        0 N00431  10k
.END
```

12.6 555를 이용한 전압제어 발진기

이 회로에서 출력 파형의 low시간을 t_1이라 하고, high 시간을 t_2라 하면 다음과 같은 수식이 성립된다. $t_1=0.693 \cdot R_b \cdot C$이고 $t_2=0.693(R_a+R_b) \cdot C$라 하면 주기 $T=t_1+t_2$가 되며 출력 주파수 $f=1/T$가 되며, duty cycle$=t_2/T$가 된다. 여기서 $R_a \geq 1[k\Omega]$, $R_a+R_b \leq 6.6[M\Omega]$, $C \geq 500pF$라는 조건이 성립되어야 한다.

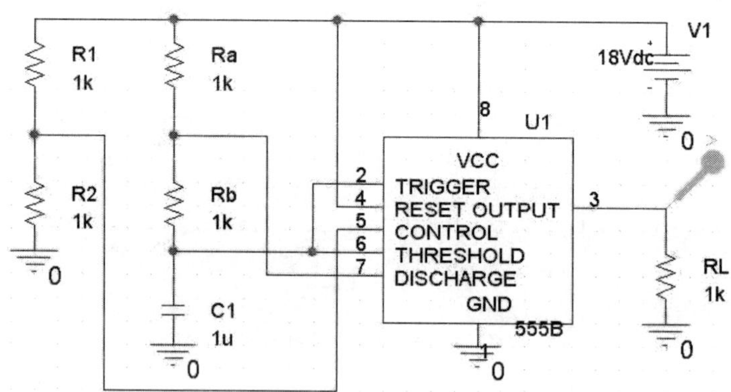

그림 12-6(a) 시뮬레이션 회로

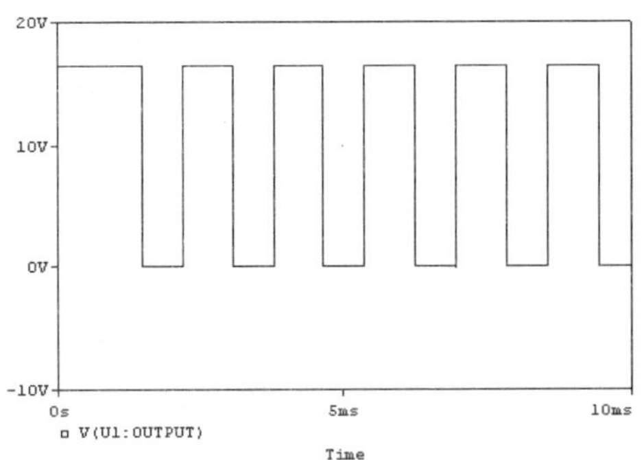

그림 12-6(b) 시뮬레이션 결과

Analysis setup

Transient Analysis ☑Skip initial transient solution	Maximum Step	20us
	Run to Time	10ms

circuit file

```
.TRAN  0 10ms 0 20us SKIPBP
.PROBE V(alias(*)) I(alias(*)) W(alias(*)) D(alias(*)) NOISE(alias(*))
C_C1        0 N00419  1u
X_U1        0 N00419 N00892 N00293 N00337 N00419 N00397 N00293 555B
V_V1        N00293 0 18Vdc
R_R1        N00337 N00293  1k
R_R2        0 N00337  1k
R_Ra        N00397 N00293  1k
R_Rb        N00419 N00397  1k
R_RL        0 N00892  1k
.END
```

12.7 비안정 멀티바이브레이터

회로의 시정수는 $(R_a+R_b)\cdot C1$이므로 astable(free-running) 동작을 한다. 출력 주파수 $f=\dfrac{1.44}{(R_a+R_b)\cdot C_1}$[Hz]이다. 아무리 정밀하게 조정하여도 duty cycle을 50%로 할 수 없으므로 flip-flop을 이용한 2진 카운터를 통해서 주파수를 반으로 줄여 duty cycle을 50%로 할 수 있다.

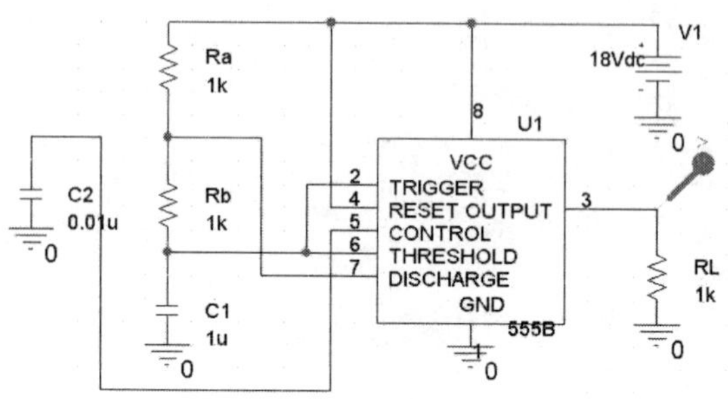

그림 12-7(a) 시뮬레이션 회로

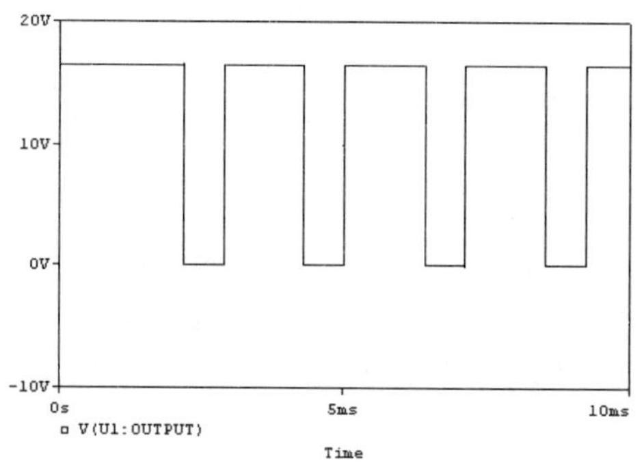

그림 12-7(b) 시뮬레이션 결과

Analysis setup

Transient Analysis ☑Skip initial transient solution	Maximum Step	20us
	Run to Time	10ms

circuit file

```
.TRAN  0 10ms 0 20us SKIPBP
.PROBE V(alias(*)) I(alias(*)) W(alias(*)) D(alias(*)) NOISE(alias(*))
C_C1         0 N00419  1u
X_U1         0 N00419 N00892 N00293 N00371 N00419 N00397 N00293 555B
V_V1         N00293 0 18Vdc
```

```
R_Ra        N00397 N00293  1k
R_Rb        N00419 N00397  1k
R_RL        0 N00892  1k
C_C2        0 N00371  0.01u
.END
```

12.8 위상 지상 천이 발진기

이 회로는 3개의 Lag 회로에 접속된 회로이며 연산증폭기의 이득 A와 피드백 이득 B의 곱 A·B가 1보다 커지면 발진을 시작한다. 위상 지상 천이 발진기는 높은 주파수 영역까지 조정이 쉽지 않으므로 일반적으로 잘 쓰이지 않는다.

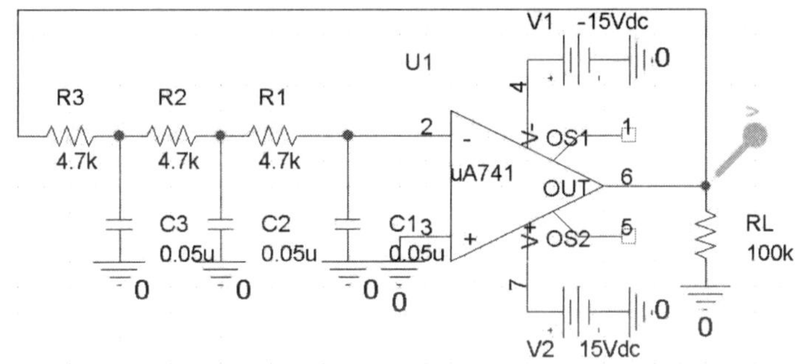

그림 12-8(a) 시뮬레이션 회로

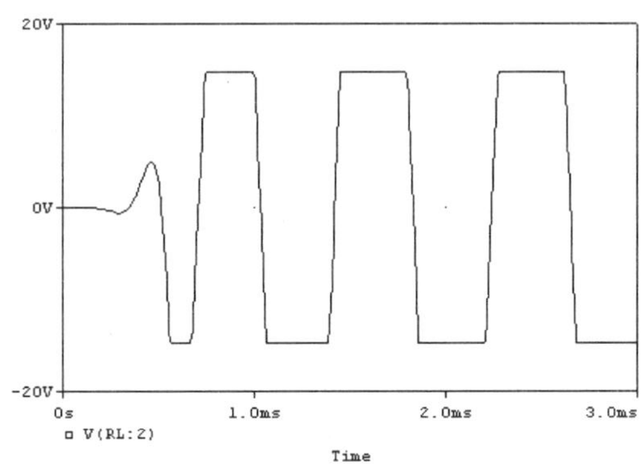

그림 12-8(b) 시뮬레이션 결과

Analysis setup

Transient Analysis	Maximum Step	20us
	Run to Time	3ms

circuit file

```
.TRAN   0 3ms 0 20us
.PROBE V(alias(*)) I(alias(*)) W(alias(*)) D(alias(*)) NOISE(alias(*))
C_C2          0 N07489  0.05u
X_U1          0 N06337 N00410 N00429 N00494 uA741
V_V1          N00429 0 -15Vdc
R_R           L0 N00494  100k
V_V2          N00410 0 15Vdc
C_C3          0 N07509  0.05u
R_R2          N07509 N07489  4.7k
R_R3          N00494 N07509  4.7k
R_R1          N07489 N06337  4.7k
C_C1          0 N06337  0.05u
.END
```

12.9 위상 진상 천이 발진기

이 회로는 3개의 Lead 회로에 접속된 회로이며 연산증폭기의 이득 A와 피드백 이득 B의 곱 A·B가 1보다 커지면 발진을 시작한다. 위상 진상 천이 발진기는 높은 주파수 영역까지 조정이 쉽지 않으므로 일반적으로 잘 쓰이지 않는다.

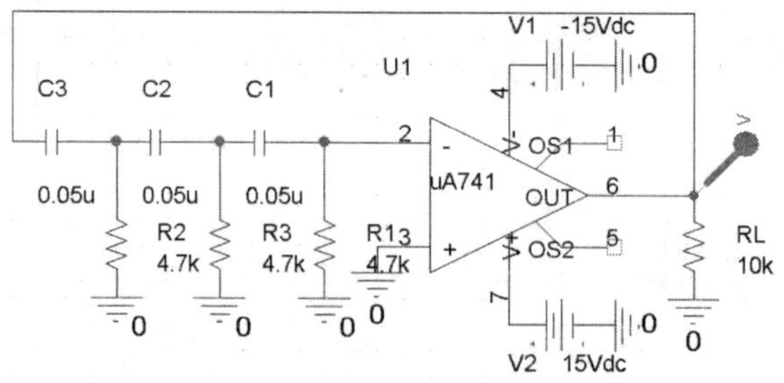

그림 12-9(a) 시뮬레이션 회로

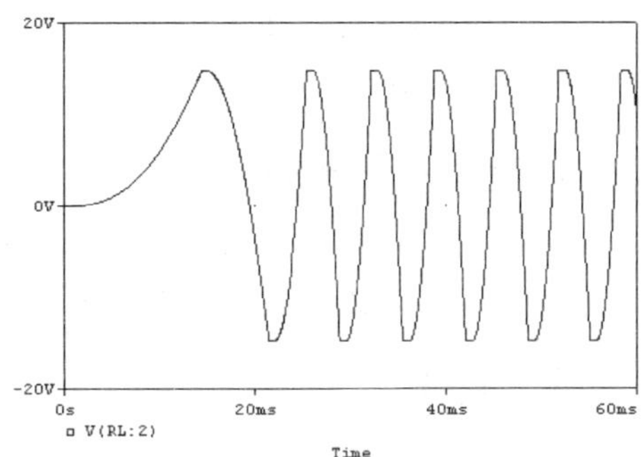

그림 12-9(b) 시뮬레이션 결과

Analysis setup

Transient Analysis	Maximum Step	20us
☑Skip initial transient solution	Run to Time	60ms

circuit file

```
.TRAN   0 60ms 0 20us SKIPBP
.PROBE  V(alias(*)) I(alias(*)) W(alias(*)) D(alias(*)) NOISE(alias(*))
C_C2        N08609 N08572  0.05u
X_U1        0 N06337 N00410 N00429 N00494 uA741
V_V1        N00429 0 -15Vdc
R_RL        0 N00494   10k
V_V2        N00410 0 15Vdc
C_C3        N08572 N00494  0.05u
R_R2        0 N08572   4.7k
R_R3        0 N08609   4.7k
R_R1        0 N06337   4.7k
C_C1        N06337 N08609  0.05u
.END
```

12.10 윈-브리지 발진기 1

윈-브리지 발진기는 5[Hz]~1[MHz]의 주파수 범위의 저주파용 발진기의 대표적인 것으로 상업용 오디오 발진기나 저주파 응용에 많이 사용된다. 윈-브리지 발진기는 진상 및 지상(lead-lag) 회로라 불리는 귀환 회로를 사용하는데. 매우 낮은 주파수의 경우 직렬 커패시터는 입력신호를 개방하는 것처럼 나타나므로 출력신호는 없으며, 매우 높은 주파수인 경우에는 분로(shunt) 커패시터가 단락 된 것처럼 보이므로 출력이 없으며 이들 값 사이에서 진상 및 지상 회로로부터의 출력 전압은 최대 값에 도달한다. 출력 값이 최대인 주파수를 공진주파수 $f_r = \dfrac{1}{2\pi RC}$ 이다.

이 주파수에서 귀환율은 1/3의 최대 값에 도달한다. 입력 전압에 대한 출력 전압의 위상각은 매우 낮은 주파수에서 위상각은 정(+)으로 나타나고 회로는 진상 회로로 작용하며, 매우 높은 주파수에서 위상각은 부(−)의 값을 나타내며 회로는 위상지연으로 작용한다. 이들 사이에서 공진주파수 f_r은 위상 천이가 0°인 값을 지닌다. $X_c = R$일 때 최대 값을 가지며 이 상태에서 B=1/3이고 ϕ=0°이다. 또한 회로의 A_{CL}=3이 되어 $A_{CL}B$=1(unity)이다

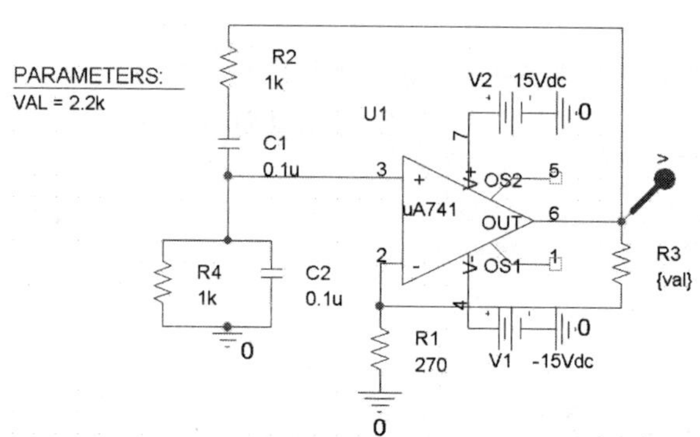

그림 12-10(a) 시뮬레이션 회로

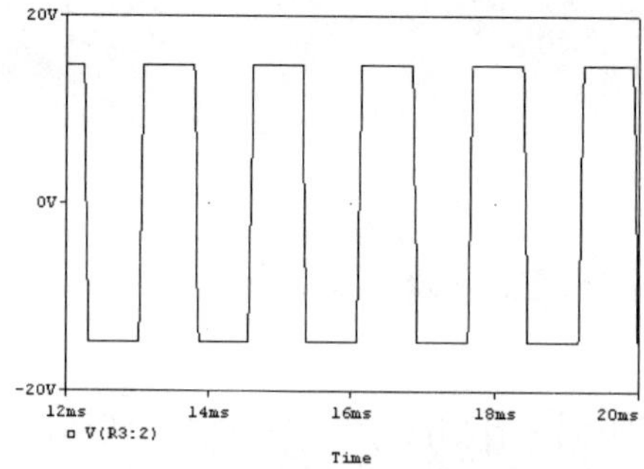

그림 12-10(b) 시뮬레이션 결과

Analysis setup

Parametric	Global Parameter Name		VAL
	Value list		2.2k 3.3k 4.7k
Transient	Transient analysis ☑SKIPBP	Maximum Step	20us
		Run to Time	20ms
		No-Print Delay	12ms

circuit file

```
.TRAN   0 20ms 12ms 20us SKIPBP
.STEP PARAM val LIST 2.2k 3.3k 4.7k
.PROBE V(alias(*)) I(alias(*)) W(alias(*)) D(alias(*)) NOISE(alias(*))
C_C2            N09249 0  0.1u
X_U1            N09249 N10024 N00410 N00429 N07554 uA741
V_V1            N00429 0 -15Vdc
R_R3            N10024 N07554  {val}
V_V2            N00410 0 15Vdc
R_R4            0 N09249  1k
R_R2            N071701 N07554  1k
R_R1            0 N10024  270
C_C1            N071701 N09249  0.1u
.PARAM  VAL=2.2k
.END
```

12.11 윈-브리지 발진기 2

앞 절에서 다룬 윈-브리지 발진기의 루프이득 A·B를 1로 감쇄시키는 일반적인 방법은 저전력 백열램프를 사용하는 경우였지만 저전력 백열램프를 사용하지 않고 루프이득을 1로 하는 방법 중의 하나가 이 회로이다. 이 회로는 출력신호의 진폭을 제한하기 위하여 다이오드를 사용한 윈-브리지 발진기로써, R_3/R_1의 비율이 2보다 크므로 귀환율이 1/3보다 작아 출력신호가 형성된다. 필요한 출력 레벨에 도달한 후 다이오드는 교대로 반 싸이클씩 작동한다. $R_2 = R_3$가 성립되게 값을 지정하면 귀환율이 증가되어 출력 전압이 안정된다. 때

때로 LED가 통상적인 다이오드 대신에 사용되는데, LED가 회로의 발진을 빛으로 나타내 준다.

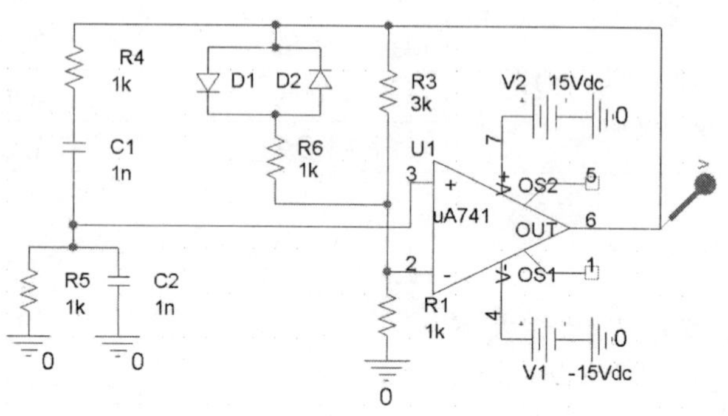

그림 12-11(a) 시뮬레이션 회로

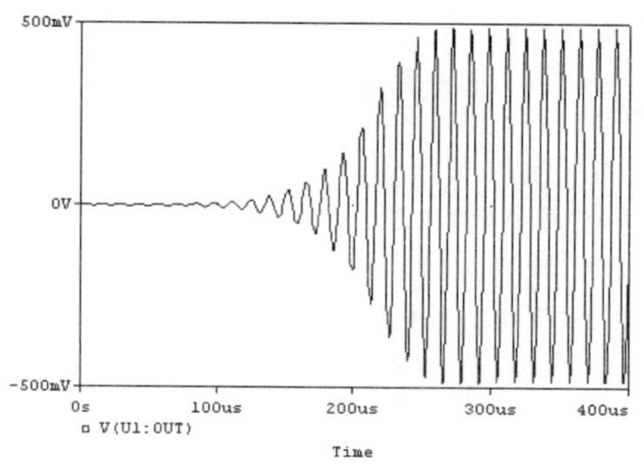

그림 12-11(b) 시뮬레이션 결과

Analysis setup

Transient Analysis ☑Detailed Bias Pt. ☑Skip initial transient solution	Maximum Step	20us
	Run to Time	0.4ms

circuit file

```
.TRAN   0 0.4ms 0 20us SKIPBP
.PROBE V(alias(*)) I(alias(*)) W(alias(*)) D(alias(*)) NOISE(alias(*))
R_R3            N11012 N07554  3k
C_C2            N09272 0   1n
```

```
X_U1        N09272 N11012 N00410 N00429 N07554 uA741
V_V1        N00429 0 -15Vdc
R_R6        N11012 N11161  1k
V_V2        N00410 0 15Vdc
R_R5        0 N09272  1k
D_D1        N07554 N11161 D1N4002
D_D2        N11161 N07554 D1N4002
R_R4        N071701 N07554  1k
R_R1        0 N11012  1k
C_C1        N071701 N09272  1n
.END
```

12.12 윈-브리지 발진기 3

일반적으로 윈-브리지 발진기의 루프이득 A·B를 1로 감쇄시키는 일반적인 방법은 저전력 백열램프를 사용하는 경우였지만 저전력 백열램프를 사용하지 않고 루프이득을 1로 하는 방법 중의 하나가 이 회로이다. 이 회로는 출력신호의 진폭을 제한하기 위하여 제너다이오드를 사용한 윈-브리지 발진기이다. 제너다이오드는 제한요소로서 전압이 상승되었을 때 브리지 다이오드는 차단되고 R_3/R_1의 비율이 2보다 크므로 귀환율이 1/3보다 작아 출력신호가 형성된다. 출력이 형성됨으로써 브리지 다이오드는 순방향으로 바이어스되나 제너 항복 아래서는 아무 것도 발생되지 않는다.

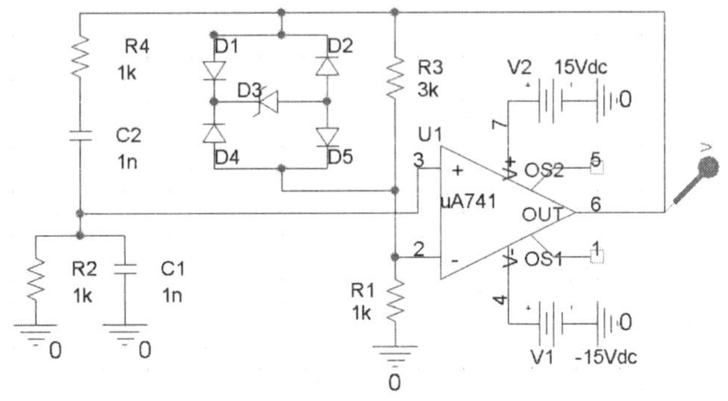

그림 12-12(a) 시뮬레이션 회로

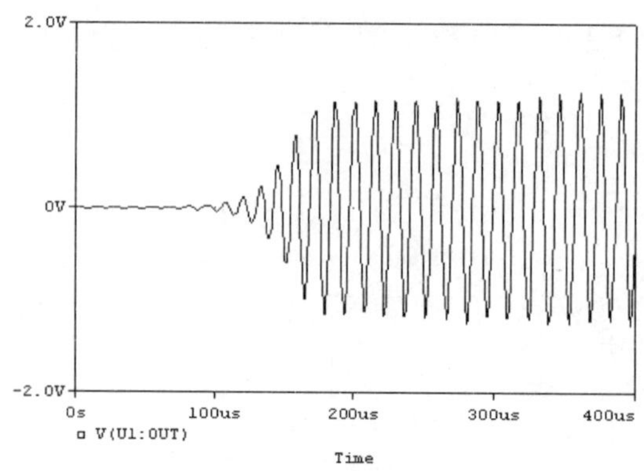

그림 12-12(b) 시뮬레이션 결과

Analysis setup

Transient Analysis ☑Detailed Bias Pt. ☑Skip initial transient solution	Maximum Step	20us
	Run to Time	0.4ms

circuit file

```
.TRAN   0 0.4ms 0 20us SKIPBP
.PROBE V(alias(*)) I(alias(*)) W(alias(*)) D(alias(*)) NOISE(alias(*))
R_R3         N11012 N07554  3k
D_D4         N11012 N12898 D1N4002
D_D5         N12870 N11012 D1N4002
C_C1         N09272 0  1n
X_U1         N09272 N11012 N00410 N00429 N07554 uA741
V_V1         N00429 0 -15Vdc
V_V2         N00410 0 15Vdc
D_D3         N12870 N12898 D1N750
R_R2         0 N09272  1k
D_D1         N07554 N12898 D1N4002
D_D2         N12870 N07554 D1N4002
R_R4         N071701 N07554  1k
R_R1         0 N11012  1k
C_C2         N071701 N09272  1n
.END
```

12.13 윈-브리지 발진기 4

일반적으로 윈-브리지 발진기의 루프이득 A·B를 1로 감쇄시키는 표준적인 방법은 저전력 백열램프를 사용하는 경우였지만 저전력 백열램프를 사용하지 않고 루프이득을 1로 하는 방법 중의 하나가 이 회로이다.

이 회로는 다른 방법을 나타낸 것이다. JFET는 출력진폭을 제한하는 전압-가변 저항값이 작용한다. 전력이 상승되었을 때 JFET는 게이트 전압이 0이므로 최소저항을 갖는다. 설계에 의해 귀환율은 1/3보다 작기 때문에 발진이 시작된다. 출력레벨이 제너 전압과 하나의 다른 다이오드 전압강하를 초과하였을 때 부(−)의 피이크 검출파를 얻으며, 게이트 전압은 부(−)의 값이 된다. 이런 과정이 일어났을 때 JFET의 $r_{ds(on)}$은 궤환율이 1/3이 될 때까지 증가하며 출력 값은 안정된다.

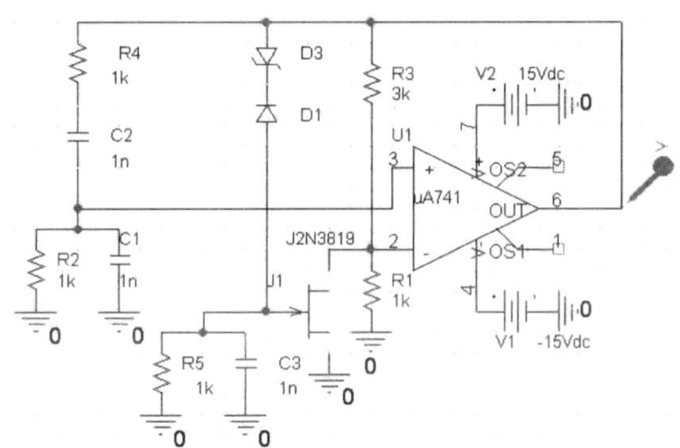

그림 12-13(a) 시뮬레이션 회로

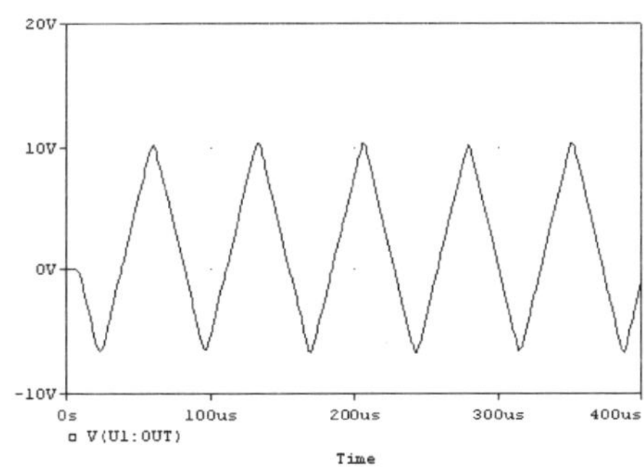

그림 12-13(b) 시뮬레이션 결과

Analysis setup

Transient Analysis ☑Skip initial transient solution	Maximum Step	20us
	Run to Time	0.4ms

circuit file

```
.TRAN   0 0.4ms 0 20us SKIPBP
.PROBE V(alias(*)) I(alias(*)) W(alias(*)) D(alias(*)) NOISE(alias(*))
J_J1          N11012 N13937 0 J2N3819
R_R3          N11012 N07554  3k
C_C1          N09272 0   1n
X_U1          N09272 N11012 N00410 N00429 N07554 uA741
V_V1          N00429 0 -15Vdc
V_V2          N00410 0 15Vdc
D_D3          N07554 N107481 D1N750
R_R2          0 N09272   1k
D_D1          N13937 N107481 D1N4002
R_R5          0 N13937   1k
R_R4          N071701 N07554   1k
C_C3          N13937 0   1n
R_R1          0 N11012   1k
C_C2          N071701 N09272   1n
.END
```

12.14 RC 발진기

트윈-T 발진기는 notch필터를 사용한 것이다. 이 발진기는 높은 주파수 영역까지 쉽게 조정이 안 되므로 1[MHz]까지만 발진할 때 많이 사용된다. R-C 발진기의 공진 주파수는 $f_r = \frac{1}{2\pi RC}$가 되며 lead-lag 회로처럼 동작한다. 공진 주파수보다 낮으면 lag 회로가 되며, 공진 주파수보다 높으면 lead 회로가 된다. 그러므로 출력 이득 곡선을 알기 위해서는 $\frac{v_{out}}{v_{in}}$을 계산하여 나타난다. 전압 이득 곡선을 구하기 위해서는 회로의 Probe에서 Trace → add를 선택한 후, Trace Expression에서 V[out]/V[in]을 선택하여 OK하면 결과가 화면에 출력된다.

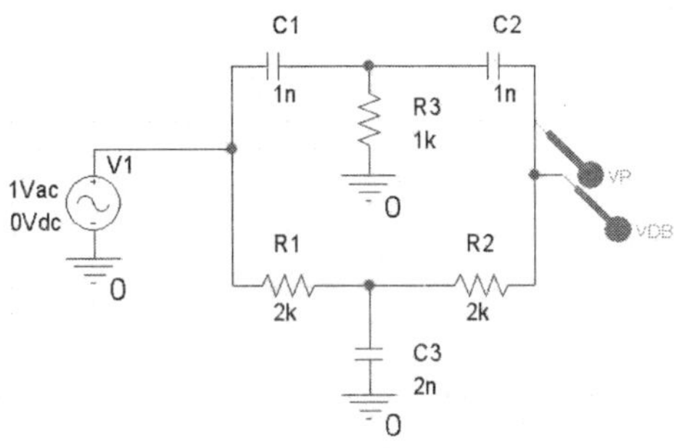

그림 12-14(a) 시뮬레이션 회로

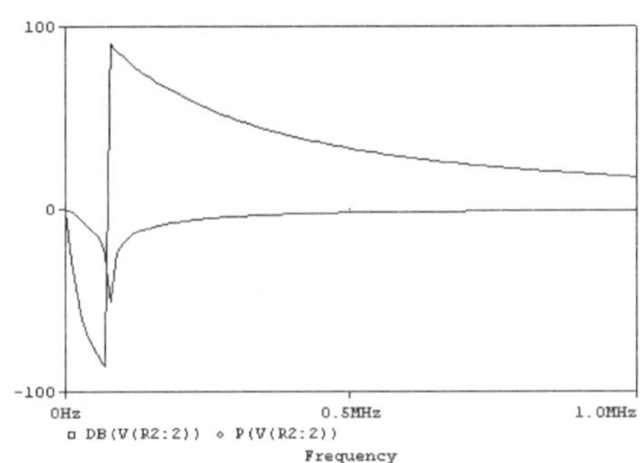

그림 12-14(b) 시뮬레이션 결과

Analysis setup

AC sweep	ac Sweep type • Linear	Total Pts	101
		Start Freq	10
		End Freq	1MEG

circuit file

```
.AC LIN 101 10 1meg
.PROBE V(alias(*)) I(alias(*)) W(alias(*)) D(alias(*)) NOISE(alias(*))
C_C1         N00212 N00234   1n
C_C2         N00234 N00321   1n
C_C3         0 N00261   2n
```

```
R_R1          N00212 N00261  2k
V_V1          N00212 0 DC 0Vdc AC 1Vac
R_R2          N00261 N00321  2k
R_R3          0 N00234  1k
.END
```

12.15 트윈-T 발진기

트윈-T 발진기는 notch필터를 사용한 것이다. 이 발진기는 높은 주파수 영역까지 쉽게 조정이 안 되므로 1[MHz]까지만 발진할 때 많이 사용된다.

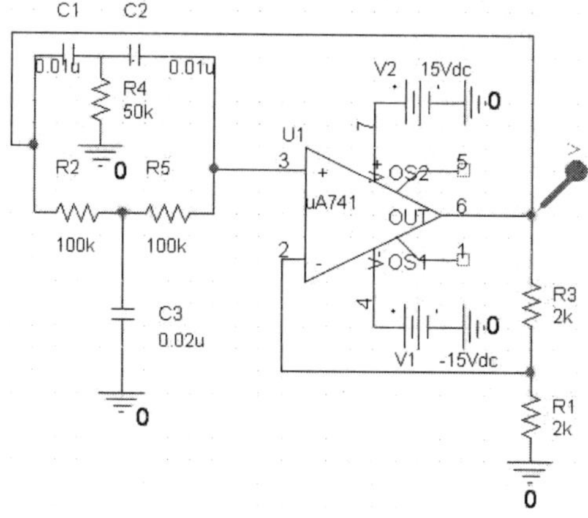

그림 12-15(a) 시뮬레이션 회로

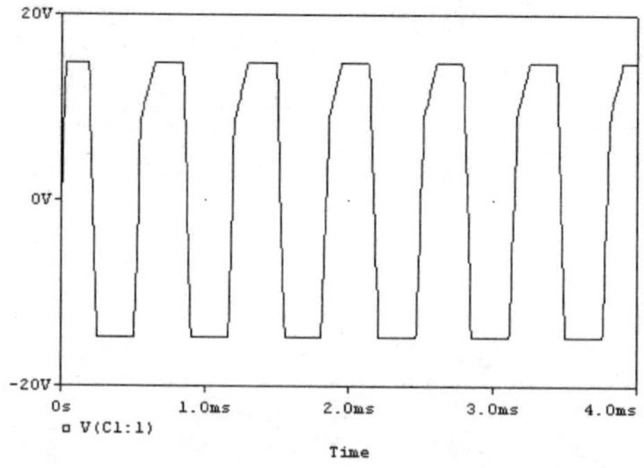

그림 12-15(b) 시뮬레이션 결과

Analysis setup

Transient Analysis ☑Skip Initial transient solution	Maximum Step	20us
	Run to Time	4ms

circuit file

```
.TRAN   0 4ms 0 20us SKIPBP
.PROBE V(alias(*)) I(alias(*)) W(alias(*)) D(alias(*)) NOISE(alias(*))
R_R3         N16077 N07554  2k
C_C1         N07554 N071700  0.01u
X_U1         N15455 N16077 N00410 N00429 N07554 uA741
V_V1         N00429 0 -15Vdc
V_V2         N00410 0 15Vdc
R_R2         N15883 N07554  100k
R_R5         N15455 N15883  100k
R_R4         0 N071700  50k
C_C3         N15883 0  0.02u
R_R1         0 N16077  2k
C_C2         N071700 N15455  0.01u
.END
```

12.16 톱니파 발진기

회로의 첫 단은 정현파를 구형파로 바꾸는 회로이며 가운데 부분은 타이머로써 BJT의 트리거 펄스를 발생시킨다.

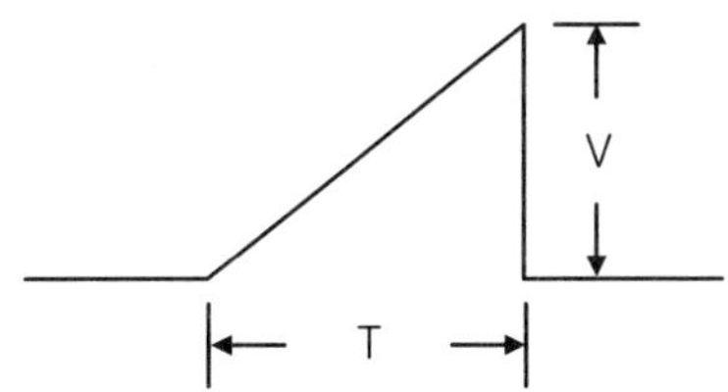

$I_{C_2} = \frac{V_2 - V_E}{R_5}$ 여기서 V_E는 Q_1의 에미터 전압

기울기 $S = \frac{I_{C_2}}{C_2}$

진폭 $V = \frac{2}{3} V_2$

주기 $T = \frac{2V_2}{3S}$

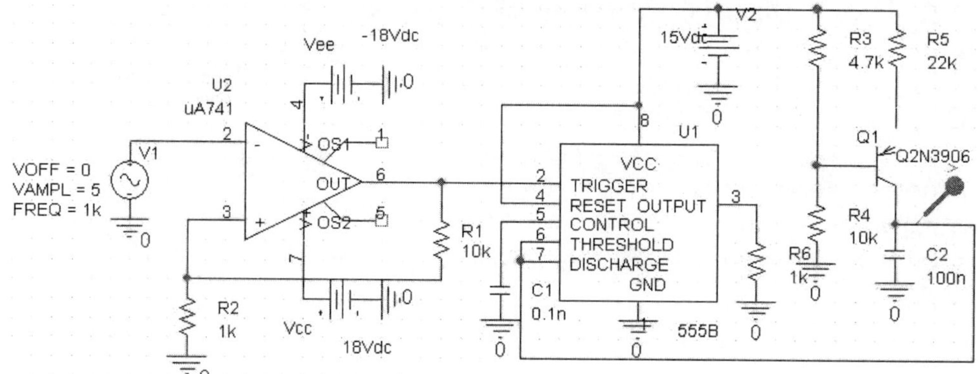

그림 12-16(a) 시뮬레이션 회로

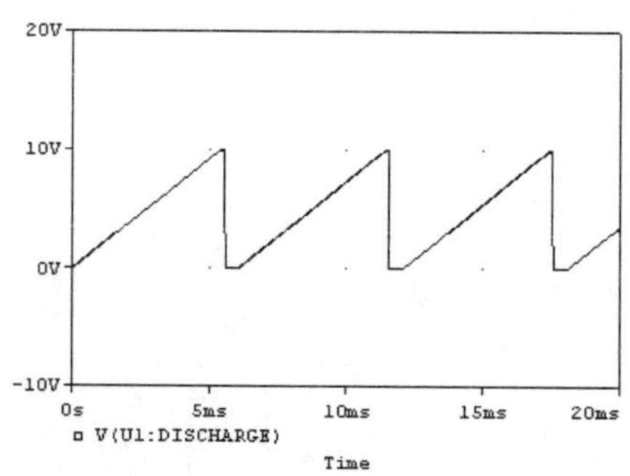

그림 12-16(b) 시뮬레이션 결과

Analysis setup

Transient Analysis ☑Skip Initial transient solution	Maximum Step	20us
	Run to Time	20ms

circuit file

```
.TRAN   0 20ms 0 20us
.PROBE V(alias(*)) I(alias(*)) W(alias(*)) D(alias(*)) NOISE(alias(*))
R_R1          N00900 N00794   10k
R_R2          0 N00900   1k
R_R3          N01085 N00691   4.7k
X_U1          0 N00794 N01043 N00691 N01004 N01175 N01175 N00691 555B
R_R4          0 N01085   10k
R_R5          N01221 N00691   22k
X_U2          N00900 N00872 N00820 N00846 N00794 uA741
Q_Q1          N01175 N01085 N01221 Q2N3906
V_Vee         N00846 0 -18Vdc
V_Vcc         N00820 0 18Vdc
R_R6          0 N01043   1k
C_C1          0 N01004   0.1n
V_V1          N00872 0   SIN 0 5 1k 0 0 0
C_C2          0 N01175   100n
V_V2          N00691 0 15Vdc
.END
```

12.17 슈미트 트리거 발진기

이 회로는 슈미트 트리거 IC인 7414를 이용한 것이다. 저항 값 $R_1 \leq 500\Omega$, $C \geq 100[pF]$이면, 출력 주파수 $f \fallingdotseq \frac{0.8}{RC}$ 가 된다. 저항 값을 가변함으로써 구형파인 출력 주파수를 가변할 수 있다. IC별 발생 주파수에 대하여 다음 표에 나타냈다.

IC No.	Frequency	Remark
7414	0.8/(RC)	$R_1 \leq 500[\Omega]$
74LS14	0.8/(RC)	$R_1 \leq 2[k\Omega]$
74HC14	1.2/(RC)	$R_1 \leq 10[M\Omega]$

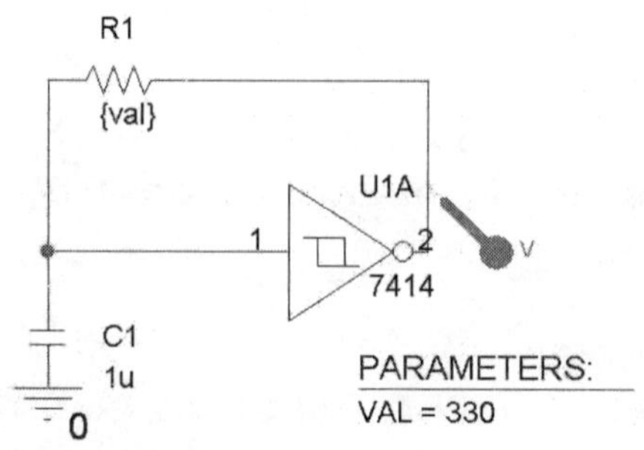

그림 12-17(a) 시뮬레이션 회로

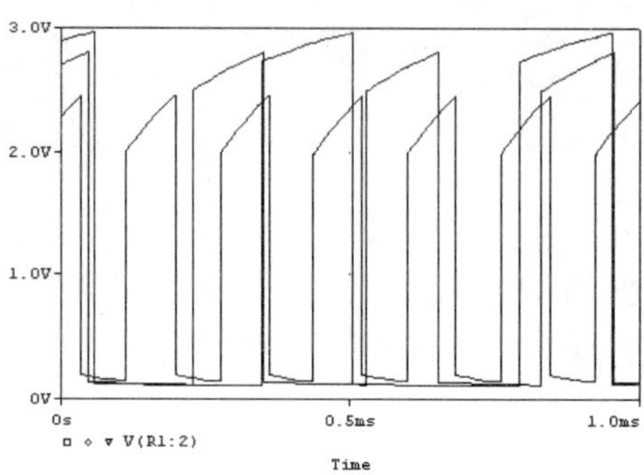

그림 12-17(b) 시뮬레이션 결과

Analysis setup

Parametric	Global Parameter Name		VAL
	Value list		100 220 330
Transient	Transient analysis	Maximum Step	20us
		Run to Time	1ms

circuit file

```
.TRAN  0 1ms 0 20us
.STEP PARAM val LIST 100 220 330
.PROBE V(alias(*)) I(alias(*)) W(alias(*)) D(alias(*)) NOISE(alias(*))
X_U1A        N00125 N00114 $G_DPWR $G_DGND 7414
R_R1         N00125 N00114  {val}
C_C1         0 N00125  1u
.PARAM  VAL=330
.END
```

12.18 수정 발진기

이 회로의 직렬공진 주파수 $f_s = \frac{1}{2\pi\sqrt{L_1 C_2}}$ 이고, 병렬공진 주파수 $f_r = \frac{1}{2\pi\sqrt{LC_{LOOP}}}$ 이다. 이때 $C_{LOOP} = \frac{C_1 C_2}{C_1 + C_2}$ 이다. 수정 진동자는 하루 오차가 0.0001%이하이므로 매우 안정도가 높다. 시뮬레이션이 정상적으로 수행되기 위해서는 Schematic의 메뉴바 중에서 Analysis → Setup → Transient를 선하면 Transient Analysis가 열리게 되며 이때 ☑Skip initial transient solution을 반드시 체크해야 한다. 그렇게 하여야 SKIPBP가 과도해석항(.tran)에 나타난다.

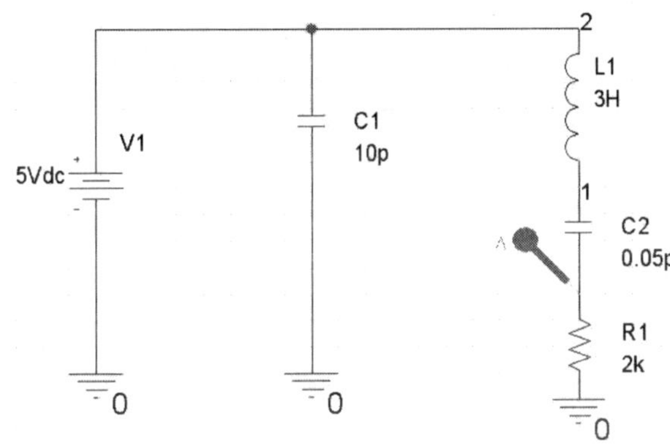

그림 12-18(a) 시뮬레이션 회로

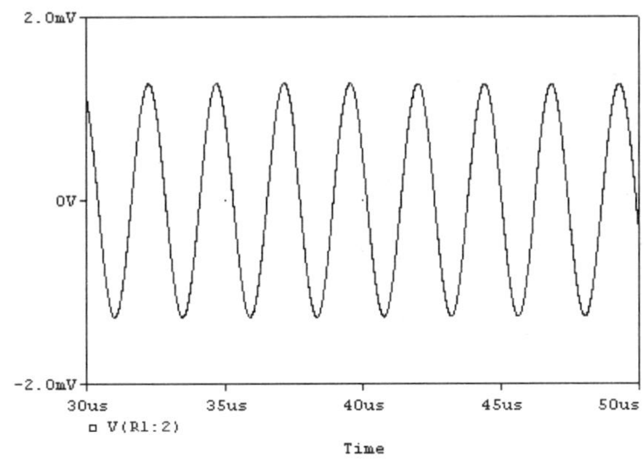

그림 12-18(b) 시뮬레이션 결과

Analysis setup

Transient		
Transient Analysis ☑Skip Initial transient solution	Maximum Step	2ns
	Run to Time	50us
	No-Print Delay	30us

circuit file

```
.TRAN  0 50us 30us 2ns SKIPBP
.PROBE V(alias(*)) I(alias(*)) W(alias(*)) D(alias(*)) NOISE(alias(*))
R_R1          0 N00298  2k
L_L1          N000610 N00195  3H
C_C2          N00298 N000610  0.05p
C_C1          0 N00195  10p
V_V1          N00195 0 5Vdc
.END
```

12.19 콜피츠 발진기 1

공진 주파수 $f_r = \frac{1}{2\pi\sqrt{L_2 C}}$ 이며, $C = \frac{C_3 C_4}{C_3 + C_4}$ 이고 공진이 이루어지려면 트랜지스터의 이득 A와 feedback 이득 B일 때 A·B>1이라는 조건이 성립되어야 발진이 시작된다. 이 발진기는 1~500[MHz] 범위로 높은 주파수 발진에 쓰인다. 시뮬레이션이 정상적으로 수행되기 위해서는 Schematic의 메뉴바 중에서 Analysis→Setup→Transient를 선택하면 Transient Analysis가 열리게 되며 이때 ☑Skip initial transient solution을 반드시 체크해야 한다. 그렇게 하여야 SKIPBP가 과도해석항(.tran)에 나타난다.

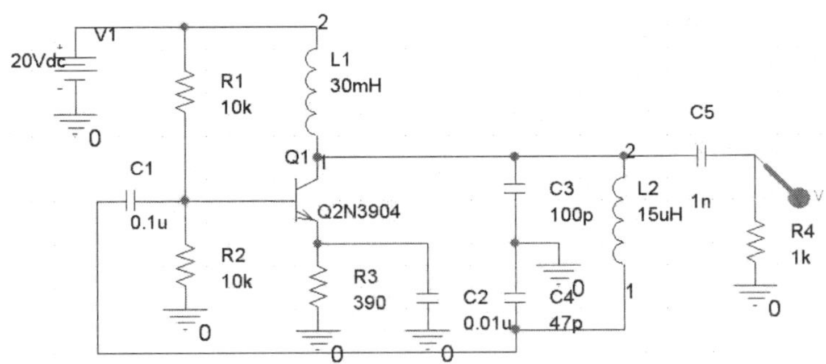

그림 12-19(a) 시뮬레이션 회로

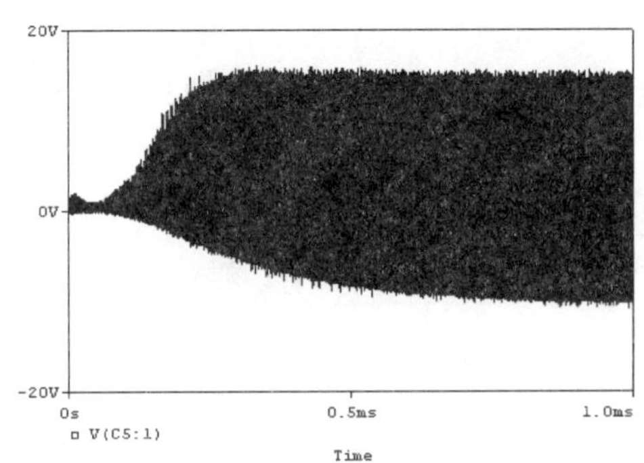

그림 12-19(b) 시뮬레이션 결과

Analysis setup

Transient Analysis	Maximum Step	
☑Skip Initial transient solution	Run to Time	1ms

circuit file

```
.TRAN  0 1ms 0 SKIPBP
.PROBE V(alias(*)) I(alias(*)) W(alias(*)) D(alias(*)) NOISE(alias(*))
C_C5          N00579 N00508   1n
V_V1          N00406 0 20Vdc
Q_Q1          N00508 N00442 N00391 Q2N3904
R_R1          N00442 N00406   10k
R_R2          0 N00442   10k
R_R3          0 N00391   390
R_R4          0 N00579   1k
```

```
L_L1        N00508 N00406  30mH
L_L2        N00637 N00508  15uH
C_C1        N00637 N00442  0.1u
C_C2        0 N00391   0.01u
C_C3        0 N00508   100p
C_C4        N00637 0   47p
.END
```

12.20 콜피츠 발진기 2

능동 소자를 이용한 콜피츠 발진기의 다른 형태에 대하여 살펴본다.

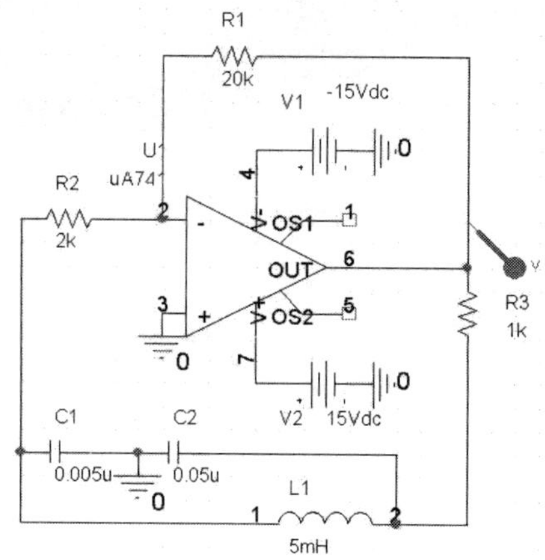

그림 12-20(a) 시뮬레이션 회로

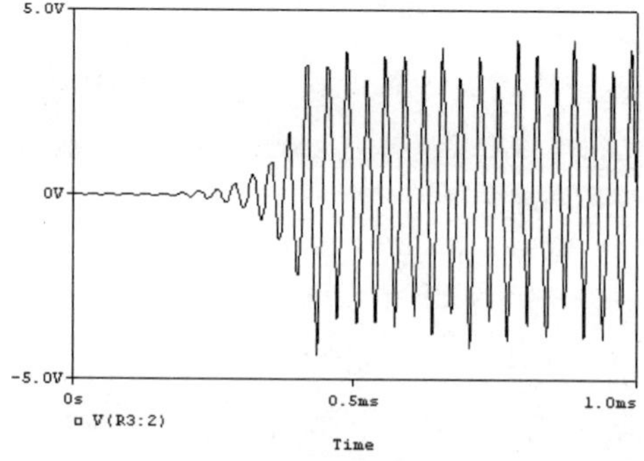

그림 12-20(b) 시뮬레이션 결과

Analysis setup

Transient Analysis ☑Skip Initial transient solution	Maximum Step	20us
	Run to Time	1ms

circuit file

```
.TRAN  0 1ms 0 20us SKIPBP
.PROBE V(alias(*)) I(alias(*)) W(alias(*)) D(alias(*)) NOISE(alias(*))
C_C2          0 N00467  0.05u
X_U1          0 N00423 N00295 N00284 N00307 uA741
V_V1          N00284 0 -15Vdc
V_V2          N00295 0 15Vdc
R_R1          N00423 N00307  20k
R_R2          N00523 N00423  2k
R_R3          N00467 N00307  1k
L_L1          N00523 N00467  5mH
C_C1          N00523 0  0.005u
.END
```

12.21 하틀리 발진기

대부분의 L-C 발진기는 Q가 10 이상인 탱크 회로를 사용하고 있다. 그러므로 공진주파수 $f_r = \frac{1}{\sqrt{2\pi LC}}$ 이 된다. 하틀리발진기의 탱크 회로가 공진할 때 순환전류는 L_1을 통해 직렬로 L_2에 흐른다. 그러므로 등가 순환 $L=L_1+L_2$이다. 하틀리발진기에서 귀환 전압은 인덕티브 분압기 L_1과 L_2에 의해 얻어지는데 L_1을 통하여 출력 전압이 얻어지고 L_2를 통하여 귀환 전압을 얻을 수 있으며 귀환율은 다음과 같다.

$$B = \frac{v_f}{v_{out}} = \frac{X_{L_2}}{X_{L_1}} \text{ 또는 } B = \frac{L_2}{L_1}$$

보통 베이스의 부하효과를 무시하며 발진이 시작되려면 전압 이득은 1/B보다 커야만 한다. 시뮬레이션이 정상적으로 수행되기 위해서는 Schematic의 메뉴바 중에서 Analysis → Setup → Transient를 선택하면 Transient Analysis가 열리게 되며 이때 ☑Skip initial transient solution을 반드시 체크해야 한다. 그렇게 하여야 SKIPBP가 과도해석항(.tran)에 나타난다.

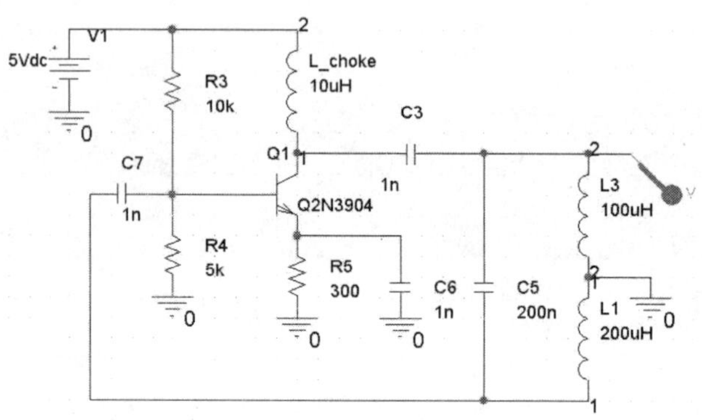

그림 12-21(a) 시뮬레이션 회로

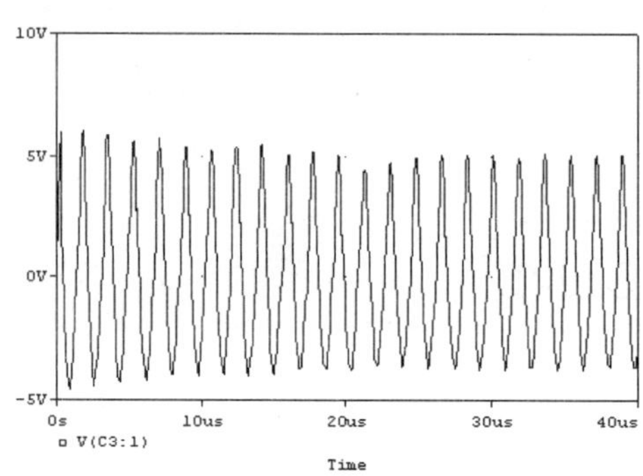

그림 12-21(b) 시뮬레이션 결과

Analysis setup

Transient Analysis ☑Skip Initial transient solution	Maximum Step	10ns
	Run to Time	40us

circuit file

```
.TRAN  0 40us 0 10ns SKIPBP
.PROBE V(alias(*)) I(alias(*)) W(alias(*)) D(alias(*)) NOISE(alias(*))
```

```
R_R3        N01692 N01680  10k
R_R4        0 N01692  5k
R_R5        0 N01672  300
L_L_choke   N02198 N01680  10uH
L_L3        0 N01716  100uH
C_C7        N01732 N01692  1n
C_C6        0 N01672  1n
C_C3        N01716 N02198  1n
C_C5        N01732 N01716  200n
V_V1        N01680 0 5Vdc
L_L1        N01732 0  200uH
Q_Q1        N02198 N01692 N01672 Q2N3904
.END
```

12.22 트랜지스터를 이용한 비안정 발진기

회로에서 커패시터의 충방전에 의하여 외부에서 펄스를 가하지 않아도 펄스를 발생하므로 비안정 회로이며, 발진 주파수는 $f=\dfrac{1}{0.693(R_2C_1+R_3C_2)}$ 이 된다. 시뮬레이션이 정상적으로 수행되기 위해서는 Schematic의 메뉴바 중에서 Analysis → Setup → Transient를 선택하면 Transient Analysis가 열리게 되며 이때 ☑Skip initial transient solution을 반드시 체크해야 한다. 그렇게 하여야 SKIPBP가 과도해석항(.tran)에 나타난다.

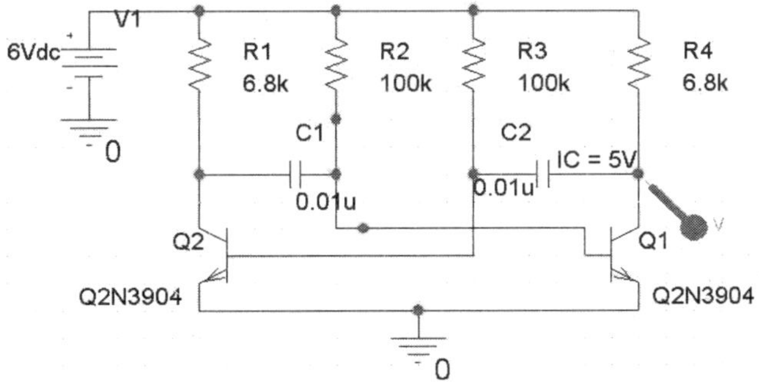

그림 12-22(a) 시뮬레이션 회로

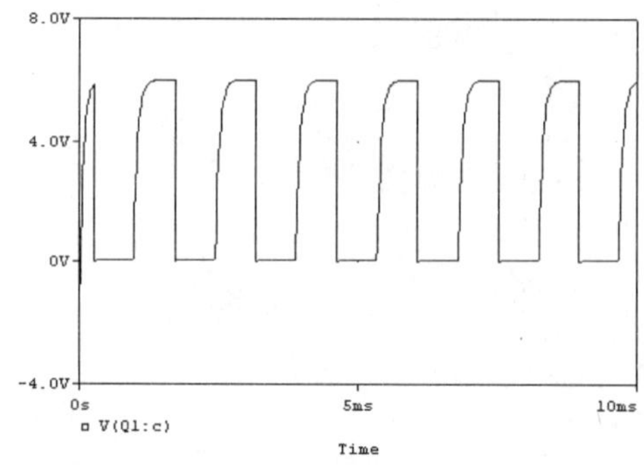

그림 12-22(b) 시뮬레이션 결과

Analysis setup

Transient Analysis	Maximum Step	20us
☑Skip Initial transient solution	Run to Time	3ms

circuit file

```
.TRAN   0 10ms 0 20us SKIPBP
.PROBE V(alias(*)) I(alias(*)) W(alias(*)) D(alias(*)) NOISE(alias(*))
Q_Q1           N00259 N00246 0 Q2N3904
Q_Q2           N00222 N00295 0 Q2N3904
C_C1           N00222 N00246  0.01u
C_C2           N00295 N00259  0.01u IC=5V
R_R1           N00222 N00203  6.8k
R_R2           N00246 N00203  100k
R_R3           N00295 N00203  100k
R_R4           N00259 N00203  6.8k
V_V1           N00203 0 6Vdc
.END
```

12.23 링잉 발진기

이 회로는 트랜지스터가 턴-온되었을 때는 발진을 중단하고 트랜지스터가 턴-오프되었을 때만 정현파를 발생하는 회로로서 Ringing circuit이라고 한다. 정현발진 주파수는 인덕턴스와 커패시터의 용량에 따라 결정되며, 발진 주파수의 주기는 $T=2\pi\sqrt{LC}$가 된다.

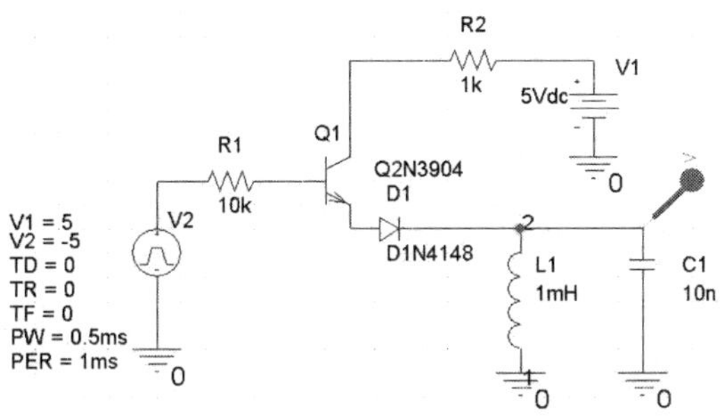

그림 12-23(a) 시뮬레이션 회로

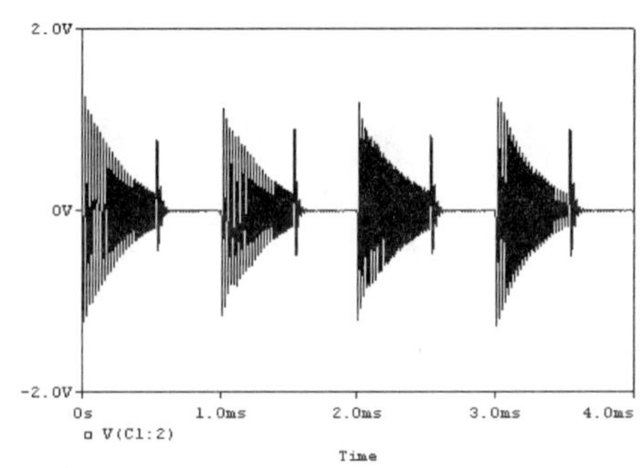

그림 12-23(b) 시뮬레이션 결과

Analysis setup

Transient Analysis	Maximum Step	20us
	Run to Time	4ms

circuit file

```
.TRAN  0 4ms 0 20us
.PROBE V(alias(*)) I(alias(*)) W(alias(*)) D(alias(*)) NOISE(alias(*))
C_C1          0 N00444  10n
Q_Q1          N00406 N00392 N000402 Q2N3904
V_V1          N00425 0 5Vdc
V_V2          N00378 0  PULSE 5 -5 0 0 0 0.5ms 1ms
R_R1          N00378 N00392  10k
```

```
R_R2        N00406 N00425  1k
D_D1        N000402 N00444 D1N4148
L_L1        0 N00444  1mH
.END
```

12.24 PWM(Pulse width modulation) 1

이 회로는 정현파와 삼각파의 전압을 비교하여 PWM 펄스를 발생한다.

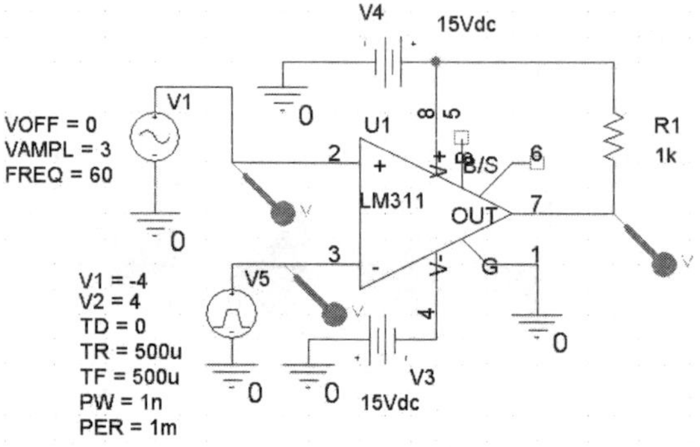

그림 12-24(a) 시뮬레이션 회로

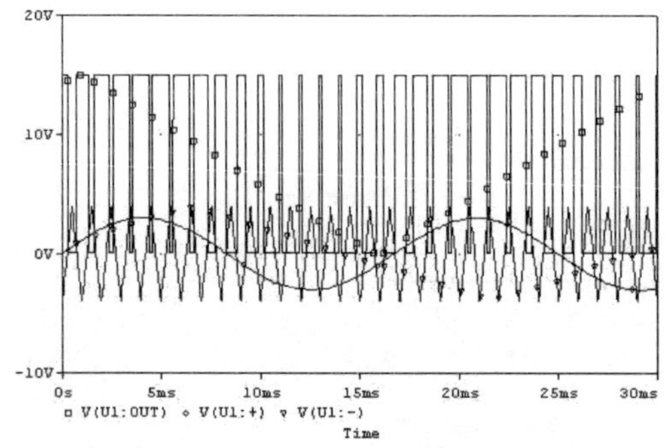

그림 12-24(b) 시뮬레이션 결과

Analysis setup

Transient Analysis	Run to Time	30ms
	Start saving data after	0ms

circuit file

```
.TRAN   0 30ms 0
.PROBE  V(alias(*)) I(alias(*)) W(alias(*)) D(alias(*)) NOISE(alias(*))
X_U1         N00213 N00221 N00310 N00231 N00371 0 LM311
V_V5         N00221 0   PULSE -4 4 0 500u 500u 1n 1m
V_V1         N00213 0   SIN 0 3 60 0 0 0
R_R1         N00371 N00310   1k
V_V3         0 N00231 15Vdc
V_V4         N00310 0 15Vdc
.END
```

12.25 PWM(Pulse width modulation) 2

이 회로는 DC를 ac로 변환하는 PWM 인버터의 게이트 펄스에 쓰일 파형을 발생하기 위하여 정현파와 삼각파의 전압을 비교하여 PWM 펄스를 발생한다. R_1을 가변하면 정현파의 주파수가 바뀌며, C_4를 가변하면 삼각파의 주파수가 바뀌고, R_5를 가변하여 삼각파의 진폭의 크기를 조정할 수 있다.

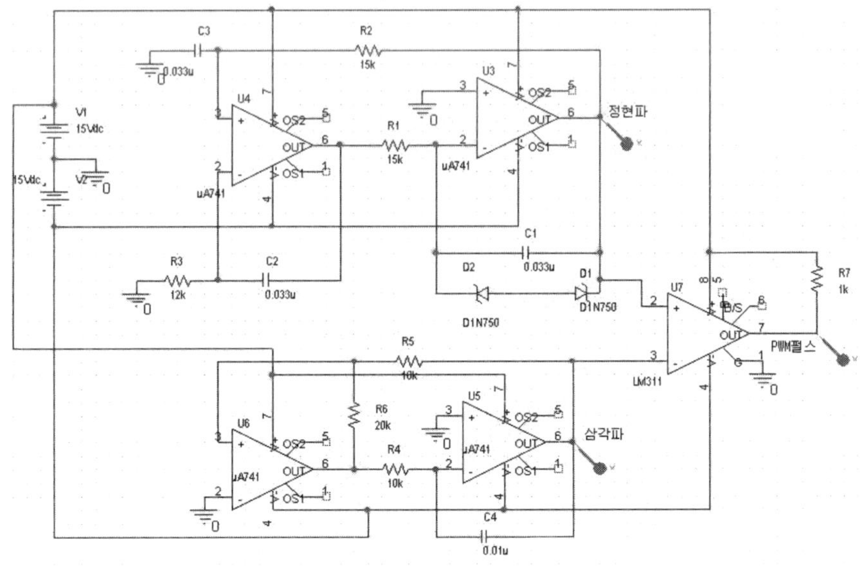

그림 12-25(a) 시뮬레이션 회로

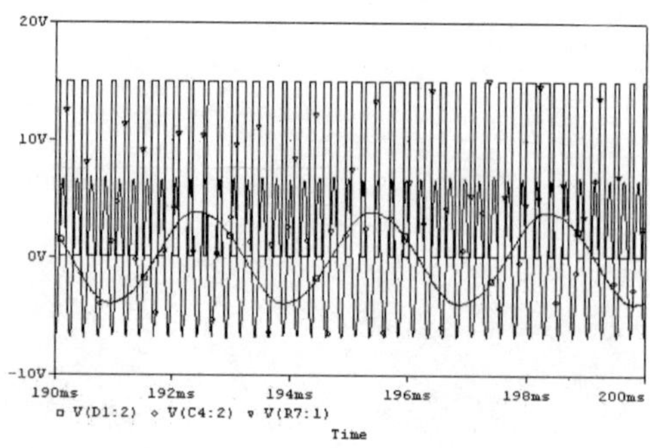

그림 12-25(b) 시뮬레이션 결과

Analysis setup

Transient Analysis	Run to Time	200ms
☑Skip Initial transient solution	Start saving data after	190ms

circuit file

```
.TRAN  0 200m 190m SKIPBP
.PROBE V(alias(*)) I(alias(*)) W(alias(*)) D(alias(*)) NOISE(alias(*))
R_R6        N06585 N06725  20k
V_V1        N00357 0 15Vdc
X_U7        N00654 N06271 N00357 N00389 N13666 0 LM311
R_R1        N00555 N00575  15k
V_V2        0 N00389 15Vdc
C_C1        N00575 N00654  0.033u
X_U6        N06725 0 N00357 N00389 N06585 uA741
C_C2        N01083 N00555  0.033u
X_U3        0 N00575 N00357 N00389 N00654 uA741
R_R4        N06585 N06387  10k
R_R7        N13666 N00357  1k
R_R2        N01014 N00654  15k
X_U4        N01014 N01083 N00357 N00389 N00555 uA741
R_R3        0 N01083  12k
R_R5        N06725 N06271  5k
D_D1        N00597 N00654 D1N750
C_C4        N06387 N06271  0.01u
D_D2        N00597 N00575 D1N750
X_U5        0 N06387 N00357 N00389 N06271 uA741
C_C3        0 N01014  0.033u
.END
```

12.26 PWM 인버터

pulse width modulation 회로를 사용하여 DC를 ac로 변화하는 회로이다. 정현파 발생 회로는 wien 발진기를 사용하며, 반송파인 삼각파는 구형파를 발생하여 적분기를 거쳐서 삼각파로 변환한다.

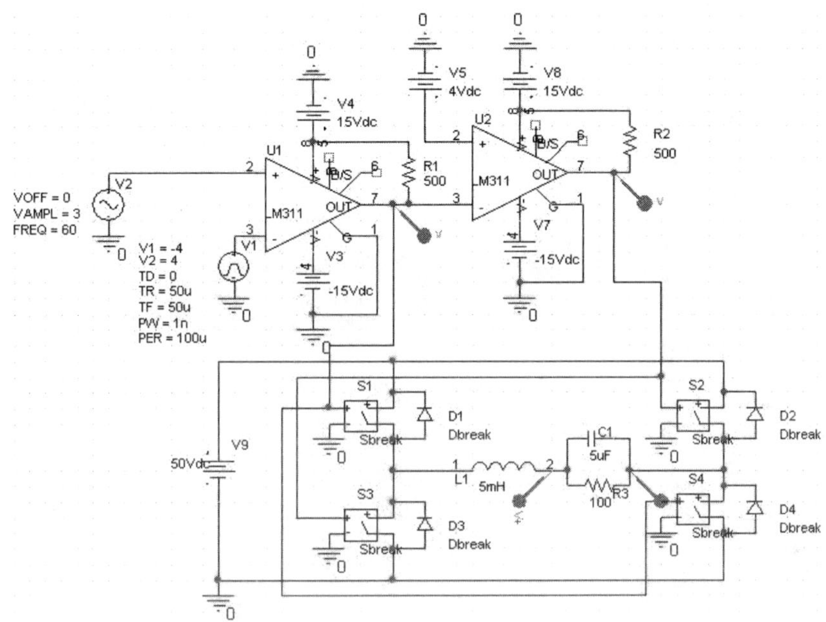

그림 12-26(a) 시뮬레이션 회로

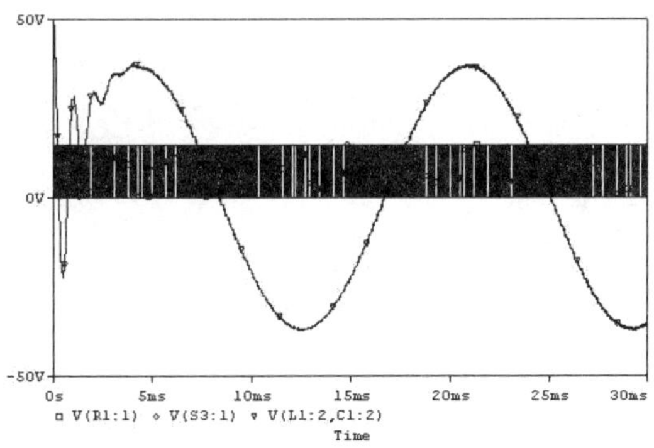

그림 12-26(b) 시뮬레이션 결과

Analysis setup

Transient Analysis ☑Skip Initial transient solution	Run to Time	30ms
	Start saving data after	0ms

circuit file

```
.TRAN  0 30ms  0
.PROBE V(alias(*)) I(alias(*)) W(alias(*)) D(alias(*)) NOISE(alias(*))
V_V7          N013805 0 -15Vdc
L_L1          N03582 N05342  5mH
V_V8          N01564 0 15Vdc
X_U1          N00247 N00255 N00896 N000605 N00416 0 LM311
C_C1          N05342 N03790  5uF
X_S1          N00416 0 N03365 N03582 SCHEMATIC1_S1
R_R1          N00416 N00896  500
R_R2          N01522 N01564  500
V_V1          N00255 0  PULSE -4 4 0 50u 50u 1n 100u
D_D1          N03582 N03365 Dbreak
X_S2          N01522 0 N03365 N03790 SCHEMATIC1_S2
D_D2          N03790 N03365 Dbreak
V_V9          N03365 0 50Vdc
V_V5          N02238 0 4Vdc
V_V2          N00247 0  SIN 0 3 60 0 0 0
X_U2          N02238 N00416 N01564 N013805 N01522 0 LM311
X_S3          N01522 0 N03582 0 SCHEMATIC1_S3
D_D3          0 N03582 Dbreak
V_V3          N000605 0 -15Vdc
R_R3          N05342 N03790  100
X_S4          N00416 0 N03790 0 SCHEMATIC1_S4
V_V4          N00896 0 15Vdc
D_D4          0 N03790 Dbreak

.subckt SCHEMATIC1_S1 1 2 3 4
S_S1          3 4 1 2 Sbreak
RS_S1         1 2 1G
.ends SCHEMATIC1_S1

.subckt SCHEMATIC1_S2 1 2 3 4
S_S2          3 4 1 2 Sbreak
RS_S2         1 2 1G
.ends SCHEMATIC1_S2
```

```
.subckt SCHEMATIC1_S3 1 2 3 4
S_S3         3 4 1 2 Sbreak
RS_S3        1 2 1G
.ends SCHEMATIC1_S3

.subckt SCHEMATIC1_S4 1 2 3 4
S_S4         3 4 1 2 Sbreak
RS_S4        1 2 1G
.ends SCHEMATIC1_S4
.END
```

12.27 구형파-삼각파 발진기

이 회로는 op-amp를 사용하여 구형파와 삼각파를 발생하는 회로이다. 커패시터의 용량을 바꾸면 주파수가 변하며, R_3 저항을 가변하면 삼각파의 진폭이 변한다.

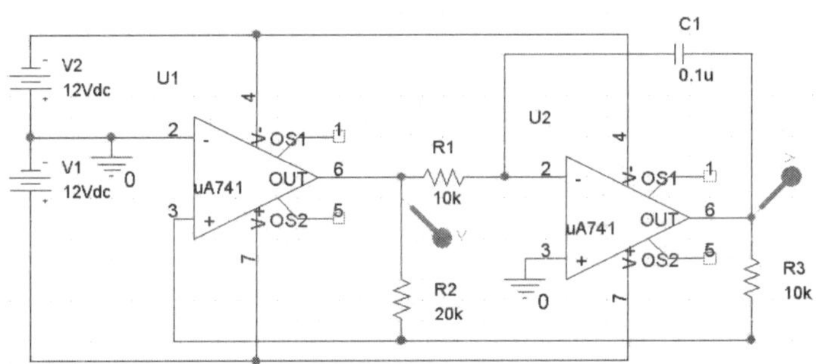

그림 12-27(a) 시뮬레이션 회로

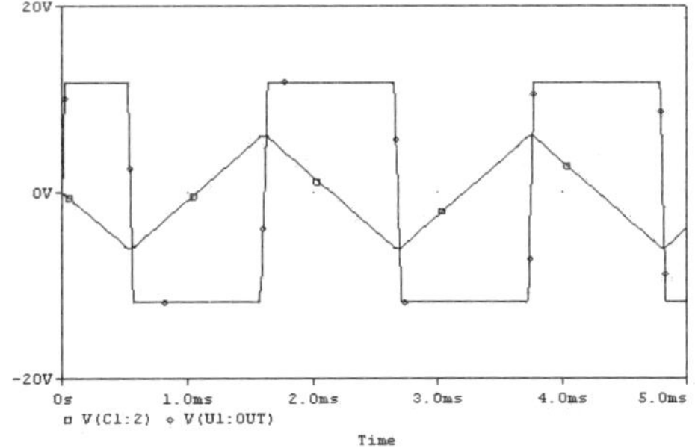

그림 12-27(b) 시뮬레이션 결과

Analysis setup

Transient Analysis ☑Skip Initial transient solution	Run to Time	5ms
	Start saving data after	0ms

circuit file

```
.TRAN  0 5ms 0 SKIPBP
.PROBE V(alias(*)) I(alias(*)) W(alias(*)) D(alias(*)) NOISE(alias(*))
V_V2        0 N00429 12Vdc
X_U1        N00381 0 N00657 N00429 N00344 uA741
X_U2        0 N00311 N00657 N00429 N00288 uA741
R_R1        N00344 N00311  10k
R_R2        N00381 N00344  20k
R_R3        N00381 N00288  10k
C_C1        N00311 N00288  0.1u
V_V1        N00657 0 12Vdc
.END
```

12.28 정현파 발진기(wien 발진기)

이 회로는 op-amp를 사용하여 정현파를 발생하는 회로이다. R_1을 가변하면 주파수가 변한다.

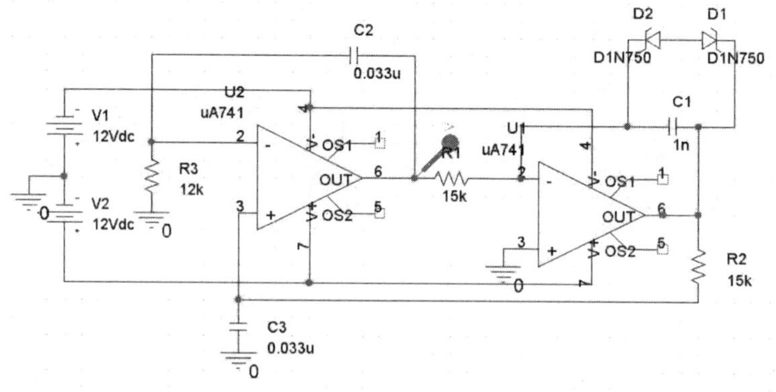

그림 12-28(a) 시뮬레이션 회로

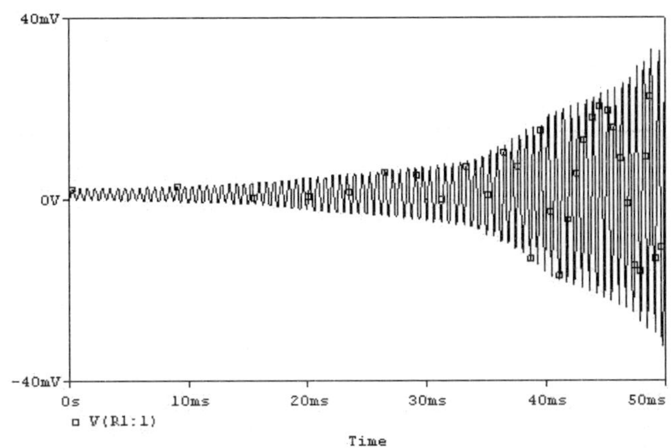

그림 12-28(b) 시뮬레이션 결과

Analysis setup

Transient Analysis ☑Skip Initial transient solution	Run to Time	50ms
	Start saving data after	0ms

circuit file

```
.TRAN   0 50m   0 SKIPBP
.PROBE V(alias(*)) I(alias(*)) W(alias(*)) D(alias(*)) NOISE(alias(*))
D_D1          N002670 N00538 D1N750
D_D2          N002670 N00326 D1N750
X_U1          0 N00326 N01408 N01254 N00538 uA741
X_U2          N00450 N00399 N01408 N01254 N00359 uA741
R_R1          N00359 N00326   15k
R_R2          N00450 N00538   15k
R_R3          0 N00399   12k
V_V1          0 N01254 12Vdc
C_C1          N00326 N00538   1n
C_C2          N00399 N00359   0.033u
V_V2          N01408 0 12Vdc
C_C3          0 N00450   0.033u
.END
```

제 13 장 디지털 회로의 시뮬레이션 I

13.1 AND, OR, NOT, NAND, NOR, XOR 게이트

이 회로는 AND, OR, NOT, NAND, NOR, XOR 게이트에 대한 논리 회로를 구성하고 그에 대한 출력 파형을 확인한다. 이들에 대한 진리표(Truth Table)는 다음 표와 같다.

A	B	AND	NAND	OR	NOR	XOR
0	0	0	1	0	1	0
0	1	0	1	1	0	1
1	0	0	1	1	0	1
1	1	1	0	1	0	0

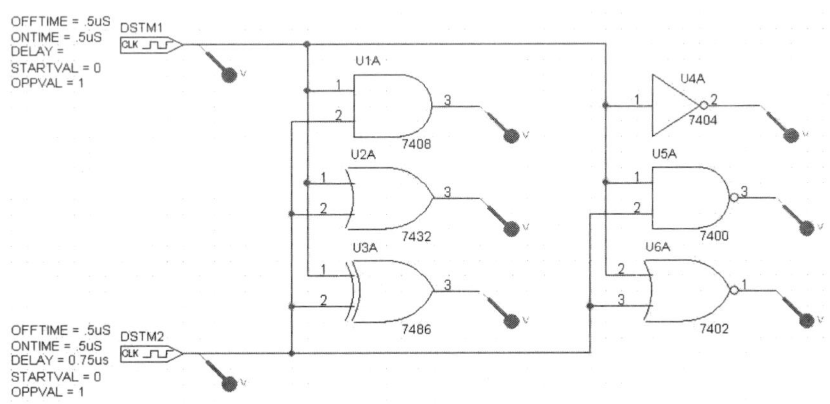

그림 13-1(a) 시뮬레이션 회로

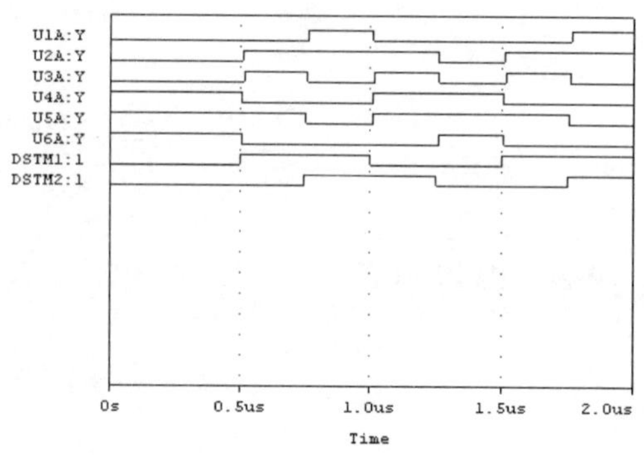

그림 13-1(b) 시뮬레이션 결과

Analysis setup

Transient Analysis	Maximum Step	10ns
	Run to Time	2us

DigClock 설정

	DSTM1	DSTM2
DELAY=		.75us
ONTIME=	.5us	.5us
OFFTIME=	.5us	.5us
STARTVAL=	0	0
OPPVAL=	1	1

circuit file

```
.TRAN   0 2us 0 10ns
.PROBE  V(alias(*)) I(alias(*)) W(alias(*)) D(alias(*)) NOISE(alias(*))
X_U6A        N00346 N00482 N01172 $G_DPWR $G_DGND 7402
X_U1A        N00346 N00482 N00817 $G_DPWR $G_DGND 7408
U_DSTM1      STIM(1,1) $G_DPWR $G_DGND N00346
U_DSTM2      STIM(1,1) $G_DPWR $G_DGND N00482
X_U2A        N00346 N00482 N00882 $G_DPWR $G_DGND 7432
X_U3A        N00346 N00482 N00950 $G_DPWR $G_DGND 7486
X_U4A        N00346 N01021 $G_DPWR $G_DGND 7404
X_U5A        N00346 N00482 N01095 $G_DPWR $G_DGND 7400
.END
```

13.2 TTL NAND 게이트 회로

이 회로는 TTL(Transisitor-Transistor Logic) NAND 게이트의 논리 회로를 구성하고 있는 기본 회로를 나타낸 회로로서 그에 대한 출력 파형을 확인한다.

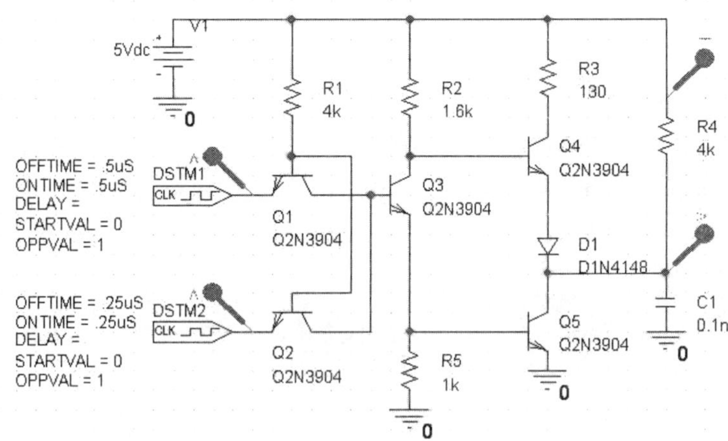

그림 13-2(a) 시뮬레이션 회로

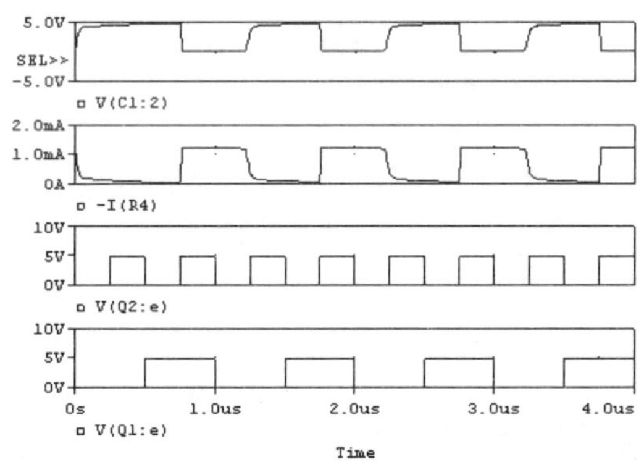

그림 13-2(b) 시뮬레이션 결과

Analysis setup

Transient Analysis	Maximum Step	0.01us
	Run to Time	4us

DigClock 설정

	DSTM1	DSTM2
DELAY=		
ONTIME=	.5ms	.25ms
OFFTIME=	.5ms	.25ms
STARTVAL=	0	0
OPPVAL=	1	1

circuit file

```
.TRAN  0 4us 0 10ns
.PROBE V(alias(*)) I(alias(*)) W(alias(*)) D(alias(*)) NOISE(alias(*))
V_V1          N00483 0 5Vdc
R_R1          N00702 N00483  4k
R_R2          N00569 N00483  1.6k
Q_Q1          N00672 N00702 N000542 Q2N3904
R_R3          N001081 N00483  130
Q_Q2          N00672 N00702 N000722 Q2N3904
R_R4          N00644 N00483  4k
Q_Q3          N00569 N00672 N00870 Q2N3904
Q_Q4          N001081 N00569 N00618 Q2N3904
C_C1          0 N00644  0.1n
Q_Q5          N00644 N00870 0 Q2N3904
D_D1          N00618 N00644 D1N4148
R_R5          0 N00870  1k
U_DSTM1       STIM(1,1) $G_DPWR $G_DGND N000542
U_DSTM2       STIM(1,1) $G_DPWR $G_DGND N000722
.END
```

13.3 TTL NOR 게이트 회로

이 회로는 TTL(Transistor-Transistor Logic) NOR 게이트의 논리 회로를 구성하고 있는 회로로서 그에 대한 출력 파형을 확인한다.

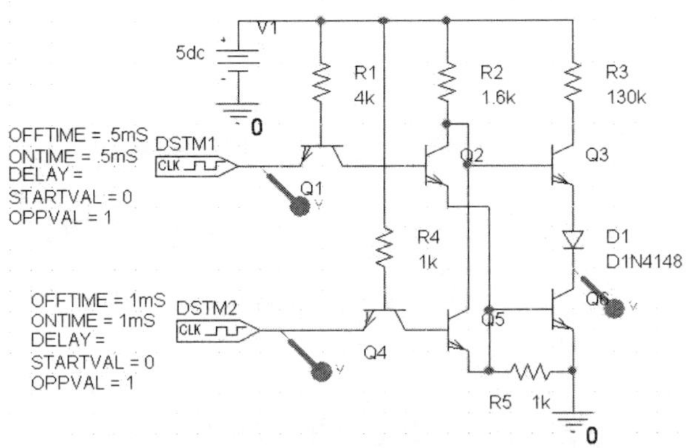

그림 13-3(a) 시뮬레이션 회로

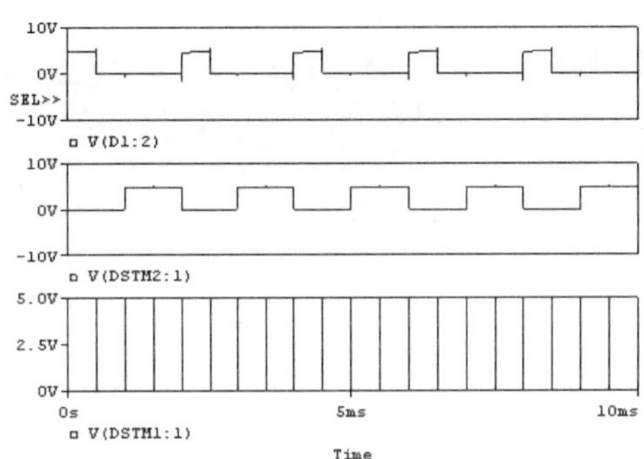

그림 13-3(b) 시뮬레이션 결과

Analysis setup

Transient Analysis	Maximum Step	
	Run to Time	100us

DigClock 설정

	DSTM1	DSTM2
DELAY=		
ONTIME=	0.5ms	1ms
OFFTIME=	0.5ms	1ms
STARTVAL=	0	0
OPPVAL=	1	1

circuit file

```
.TRAN  0 10ms 0
.PROBE V(alias(*)) I(alias(*)) W(alias(*)) D(alias(*)) NOISE(alias(*))
V_V1        N00570 0 5dc
R_R1        N001310 N00570  4k
R_R2        N00971 N00570  1.6k
U_DSTM1     STIM(1,1) $G_DPWR $G_DGND N02248
R_R3        N001731 N00570  130k
R_R4        N001940 N00570  1k
U_DSTM2     STIM(1,1) $G_DPWR $G_DGND N01606
R_R5        0 N00787  1k
Q_Q1        N00670 N001310 N02248 Q2N3904
Q_Q2        N00971 N00670 N00787 Q2N3904
D_D1        N001732 N002381 D1N4148
Q_Q3        N001731 N00971 N001732 Q2N3904
Q_Q4        N001941 N001940 N01606 Q2N3904
Q_Q5        N00971 N001941 N00787 Q2N3904
Q_Q6        N002381 N00787 0 Q2N3904
.END
```

13.4 TTL NOT 게이트 회로

BJT(bipolar junction transistor)로 구성된 인버터 회로의 동작을 이해하고 그 구성을 함께 익힐 수 있는 시뮬레이션 회로이다.

① 입력단에 1이 입력되면, Q_1의 에미터로 전류가 흐르지 않으므로 해서 Q_2의 베이스에 V_{cc}가 걸리므로 Q_2=on되므로 Q_4=off되고 Q_3=on되어 전류는 출력단에 sinking하게 되므로 출력이 없다. 그러므로 0이 된다.

② 반대로 입력단에 0을 입력하면, Q_1=on되고, Q_2=off되므로 Q_4=on, Q_3=off되어 V_{cc} 전압의 일부가 출력단에 나타난다. 일종의 sourcing작용을 한다.

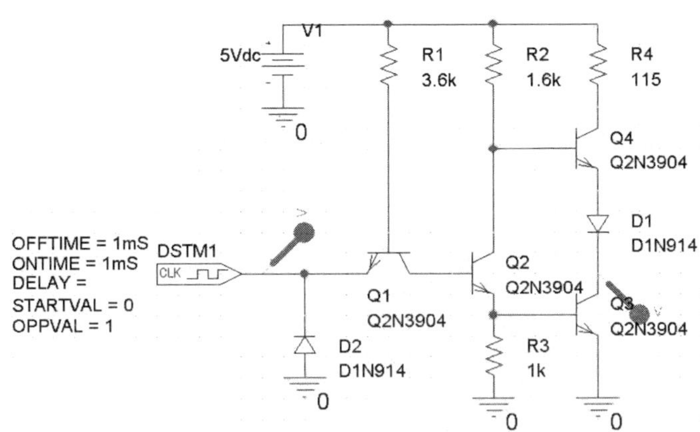

그림 13-4(a) 시뮬레이션 회로

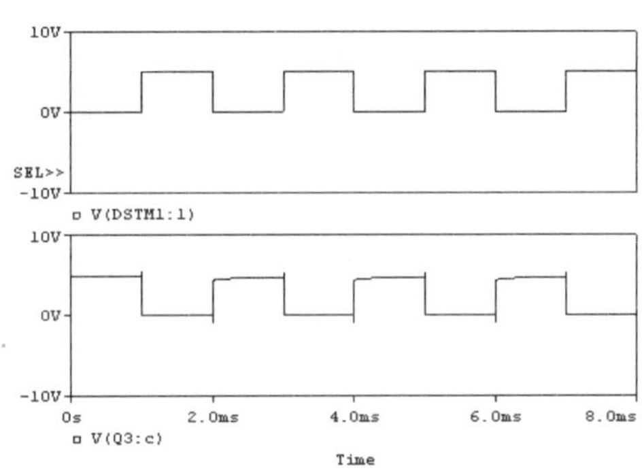

그림 13-4(b) 시뮬레이션 결과

Analysis setup

Transient Analysis	Maximum Step	20us
	Run to Time	8ms

DigClock 설정

	DSTM1
DELAY=	
ONTIME=	1ms
OFFTIME=	1ms
STARTVAL=	0
OPPVAL=	1

circuit file

```
.TRAN   0 8ms 0 20us
.PROBE V(alias(*)) I(alias(*)) W(alias(*)) D(alias(*)) NOISE(alias(*))
R_R1          N00481 N00452  3.6k
R_R2          N00585 N00452  1.6k
Q_Q1          N00557 N00481 N00504 Q2N3904
R_R3          0 N00685   1k
Q_Q2          N00585 N00557 N00685 Q2N3904
R_R4          N000941 N00452  115
Q_Q3          N00651 N00685 0 Q2N3904
Q_Q4          N000941 N00585 N000942 Q2N3904
D_D1          N000942 N00651 D1N914
D_D2          0 N00504 D1N914
V_V1          N00452 0 5Vdc
U_DSTM1       STIM(1,1) $G_DPWR $G_DGND N00504
.END
```

13.5 짝수 패러티 발생기 회로

이 회로는 입력되는 데이터에 따라서 패러티 비트를 발생시키는 회로의 시뮬레이션이다. 만약 데이터가 $D_3 \sim D_0$=1011이 입력된다면, 게이트 U1C의 출력=1, 게이트 U1A의 출력=0, 그리고 최종적인 짝수 패러티의 출력=1이 만들어져 전송되며, 수신 단에서는 다시 even-parity checker를 구동시켜서 전송되어온 데이터의 에러 유무를 판단한다. even-parity이므로 데이터가 갖는 1의 총 숫자가 홀수 개이면 even-parity는 1이 되며, 데이터가 갖는 1의 총 숫자가 짝수 개이면 even-parity=0이 됨을 의미한다. 즉 패러티 비트까지 포함해서 짝수 개의 1을 가져야 한다.

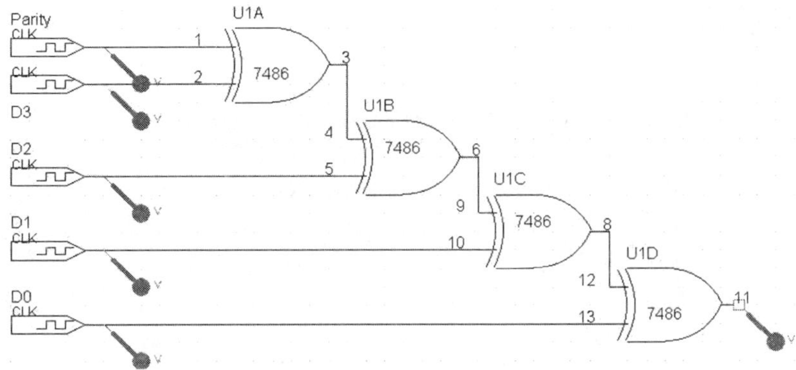

그림 13-5(a) 시뮬레이션 회로

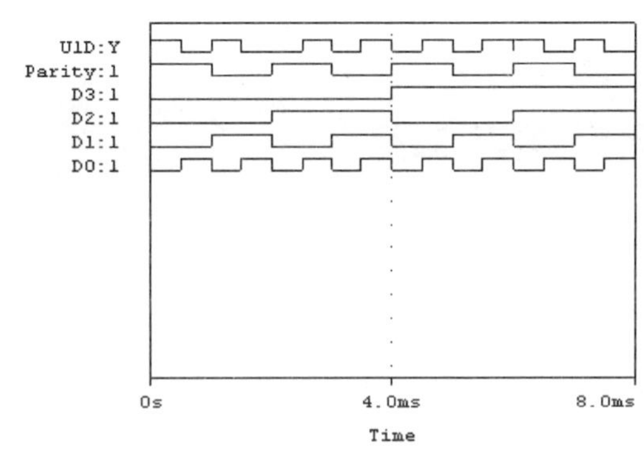

그림 13-5(b) 시뮬레이션 결과

Analysis setup

Transient Analysis	Maximum Step	20us
	Run to Time	8ms

DigClock 설정

	D3	D2	D1	D0
DELAY=				
ONTIME=	4ms	2ms	1ms	.5ms
OFFTIME=	4ms	2ms	1ms	.5ms
STARTVAL=	0	0	0	0
OPPVAL=	1	1	1	1

circuit file

```
.TRAN    0 8ms 0 20us
.PROBE V(alias(*)) I(alias(*)) W(alias(*)) D(alias(*)) NOISE(alias(*))
X_U1A         N00217 N00225 N00235 $G_DPWR $G_DGND 7486
X_U1B         N00235 N00247 N00261 $G_DPWR $G_DGND 7486
X_U1C         N00261 N00277 N00295 $G_DPWR $G_DGND 7486
X_U1D         N00295 N00315 M_UN0001 $G_DPWR $G_DGND 7486
U_Parity      STIM(1,1) $G_DPWR $G_DGND N00217
U_D3          STIM(1,1) $G_DPWR $G_DGND N00225
U_D2          STIM(1,1) $G_DPWR $G_DGND N00247
U_D1          STIM(1,1) $G_DPWR $G_DGND N00277
U_D0          STIM(1,1) $G_DPWR $G_DGND N00315
.END
```

13.6 짝수 패러티 체커 회로

전송되어온 데이터와 짝수 패러티를 체크하여 데이터의 에러 유무를 판단하는 회로의 시뮬레이션이다. 출력 단에 1이면 에러를 의미하고, 0이면 에러가 아님을 의미한다. 예를 들어, 패러티 데이터=1, D_0~D_3=1101이라면 게이트 U1A의 출력=0, 게이트 U1B=0, 게이트 U1C=1이 되어 최종출력은 0이 되므로 에러가 아님을 의미한다. 만약 패러티 데이터=1, D_0~D_3=0110이라면 게이트 U1A의 출력=1, 게이트 U1B의 출력=0, 게이트 U1C의 출력=1이 되고 최종 출력은 1이 되어 에러임을 의미하게 된다.

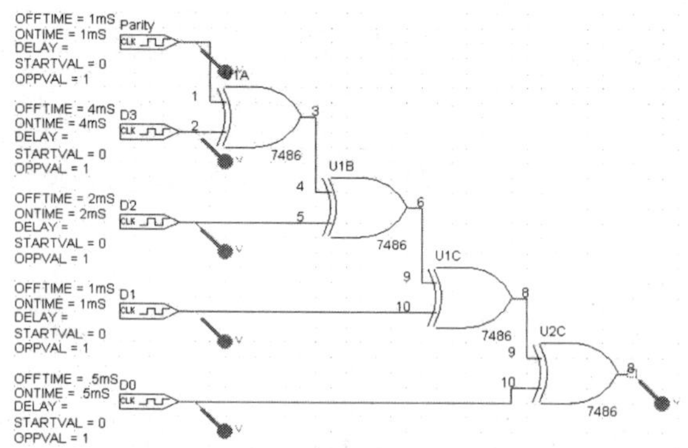

그림 13-6(a) 시뮬레이션 회로

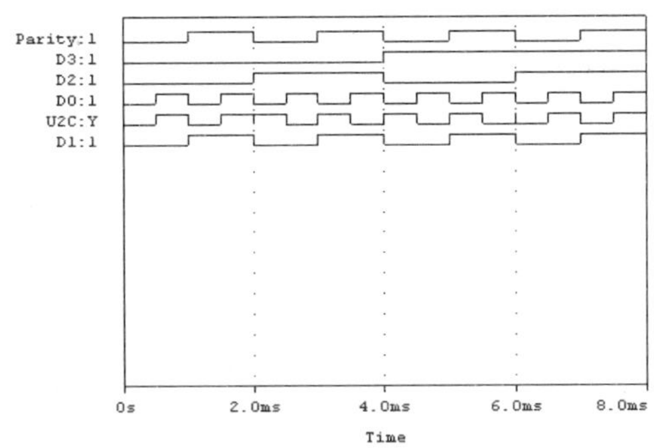

그림 13-6(b) 시뮬레이션 결과

Analysis setup

Transient Analysis	Maximum Step	20us
	Run to Time	8ms

DigClock 설정

	Parity	D3	D2	D1	D0
DELAY=					
ONTIME=	1ms	4ms	2ms	1ms	.5ms
OFFTIME=	1ms	4ms	2ms	1ms	.5ms
STARTVAL=	1	0	0	0	0
OPPVAL=	0	1	1	1	1

circuit file

```
.TRAN  0 8ms 0 20us
.PROBE V(alias(*)) I(alias(*)) W(alias(*)) D(alias(*)) NOISE(alias(*))
U_D1          STIM(1,1) $G_DPWR $G_DGND N00450
X_U2C         N00771 N00546 M_UN0001 $G_DPWR $G_DGND 7486
X_U1A         N00826 N00609 N00336 $G_DPWR $G_DGND 7486
U_D0          STIM(1,1) $G_DPWR $G_DGND N00546
X_U1B         N00336 N00352 N00468 $G_DPWR $G_DGND 7486
X_U1C         N00468 N00450 N00771 $G_DPWR $G_DGND 7486
U_Parity      STIM(1,1) $G_DPWR $G_DGND N00826
U_D3          STIM(1,1) $G_DPWR $G_DGND N00609
U_D2          STIM(1,1) $G_DPWR $G_DGND N00352
.END
```

13.7 ECL 기본 회로

이 회로는 ECL(Emtter-coupled logic)를 구성하고 있는 회로이며, 차동증폭기의 원리를 이용한 회로로서 고속 스위칭에 이용한다. 그 동작 상태는 다음과 같다.

Vin	Outputs
-1.7V (logic 0)	Vc1=0V, Vc2=-0.9V, Q2 conducts
-0.8V (logic 1)	Vc1=-0.9V, Vc2=0V, Q1 conducts

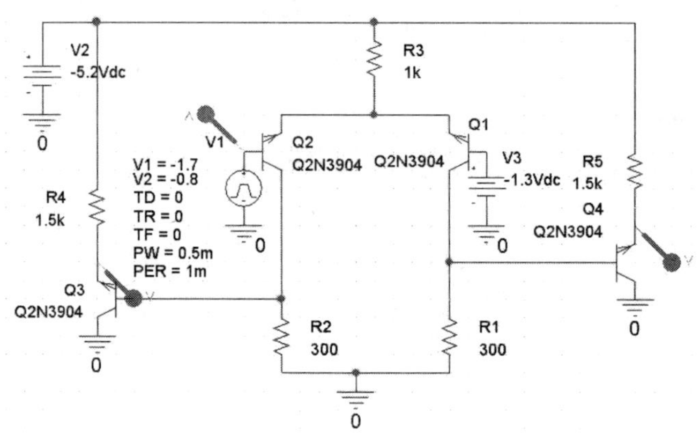

그림 13-7(a) 시뮬레이션 회로

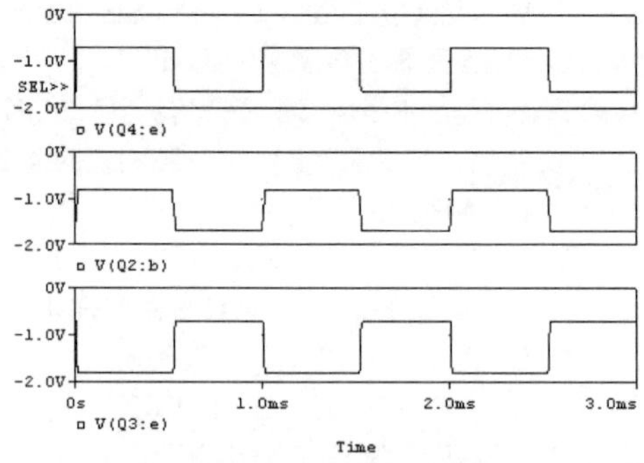

그림 13-7(b) 시뮬레이션 결과

Analysis setup

Transient Analysis	Maximum Step	20us
	Run to Time	3ms

circuit file

```
.TRAN   0 3ms 0 20us
.PROBE  V(alias(*)) I(alias(*)) W(alias(*)) D(alias(*)) NOISE(alias(*))
V_V2          N04515 0 -5.2Vdc
Q_Q1          N04669 N000400 N03406 Q2N3904
Q_Q2          N04604 N000580 N03406 Q2N3904
V_V3          N000400 0 -1.3Vdc
Q_Q3          0 N04604 N00538 Q2N3904
Q_Q4          0 N04669 N00701 Q2N3904
R_R1          N04669 0   300
R_R2          N04604 0   300
R_R3          N03406 N04515   1k
R_R4          N04515 N00538   1.5k
R_R5          N04515 N00701   1.5k
V_V1          N000580 0   PULSE -1.7 -0.8 0 0 0 0.5m 1m
.END
```

13.8 N-MOS INVERTER 회로

이 회로는 인버터 논리 회로를 구성하고 있는 회로로서 N-MOS를 이용하여 회로를 구성하여 그 동작 상태를 확인한다. 이들에 대한 진리표(Truth Table)는 다음 표와 같다.

Vin	Q1	Q2	Vout
0V (logic 0)	Ron= 100[kΩ]	Roff= 10^{10}[Ω]	+5V (logic 1)
+5V (logic 1)	Ron= 100[kΩ]	Ron= 1[kΩ]	+0.05V (logic 0)

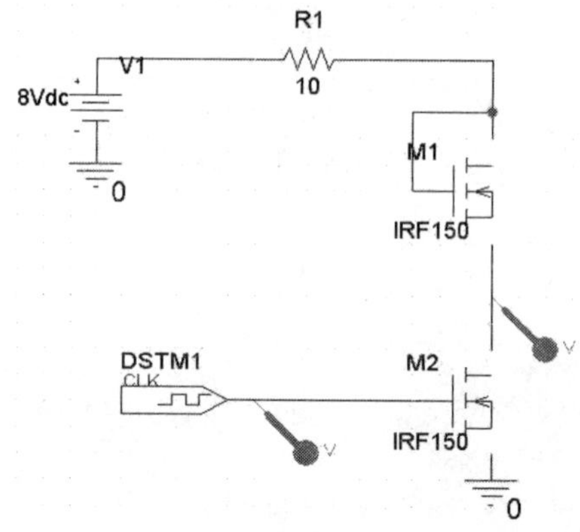

그림 13-8(a) 시뮬레이션 회로

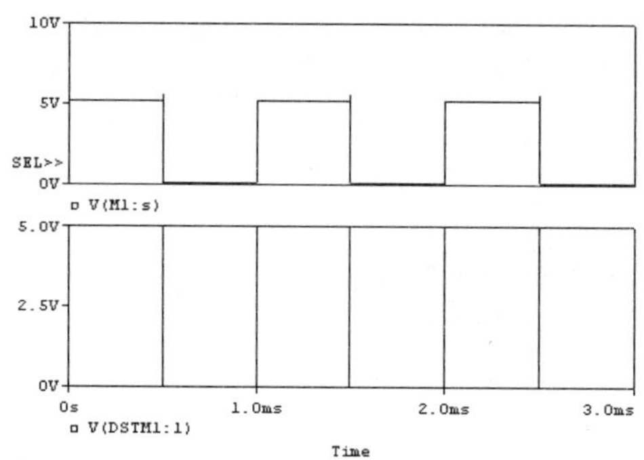

그림 13-8(b) 시뮬레이션 결과

Analysis setup

Transient Analysis	Maximum Step	20us
	Run to Time	3ms

DigClock 설정

	DSTM1
DELAY=	
ONTIME=	0.5ms
OFFTIME=	0.5ms
STARTVAL=	0
OPPVAL=	1

circuit file

```
.TRAN   0 3ms 0 20us
.PROBE V(alias(*)) I(alias(*)) W(alias(*)) D(alias(*)) NOISE(alias(*))
M_M1          N00181 N00181 N00230 N00230 IRF150
M_M2          N00230 N00249 0 0 IRF150
V_V1          N00213 0 8Vdc
R_R1          N00213 N00181  10
U_DSTM1       STIM(1,1) $G_DPWR $G_DGND N00249
.END
```

13.9 N-MOS NAND 게이트

이 회로는 NAND 게이트를 구성하고 있는 회로로서 N-MOS를 이용하여 회로를 구성하여 그 동작 상태를 확인한다.

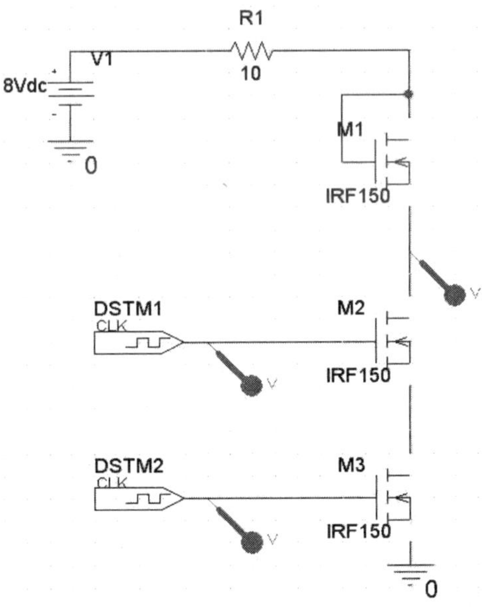

그림 13-9(a) 시뮬레이션 회로

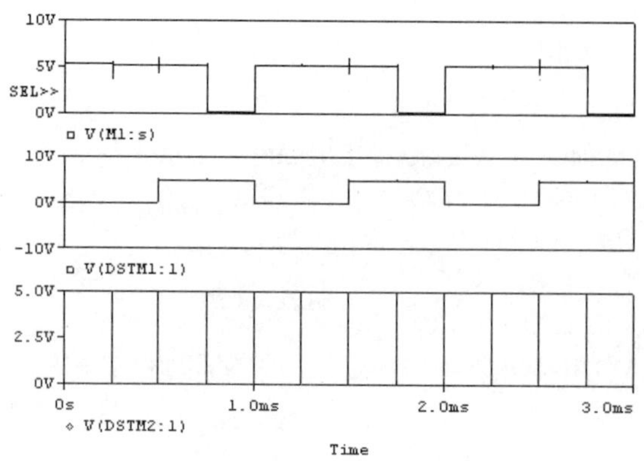

그림 13-9(b) 시뮬레이션 결과

Analysis setup

Transient Analysis	Maximum Step	20us
	Run to Time	3ms

DigClock 설정

	DSTM1	DSTM2
DELAY=		
ONTIME=	.5ms	.25ms
OFFTIME=	.5ms	.25ms
STARTVAL=	0	0
OPPVAL=	1	1

circuit file

```
.TRAN  0 3ms 0 20us
.PROBE V(alias(*)) I(alias(*)) W(alias(*)) D(alias(*)) NOISE(alias(*))
M_M1        N00181 N00181 N00230 N00230 IRF150
M_M2        N00230 N00249 N00790 N00790 IRF150
V_V1        N00213 0 8Vdc
R_R1        N00213 N00181  10
U_DSTM1     STIM(1,1) $G_DPWR $G_DGND N00249
M_M3        N00790 N00709 0 0 IRF150
U_DSTM2     STIM(1,1) $G_DPWR $G_DGND N00709
.END
```

13.10 N-MOS NOR 게이트

이 회로는 NOR 게이트를 구성하고 있는 회로로서 N-MOS를 이용하여 회로를 구성하여 그 동작 상태를 확인한다.

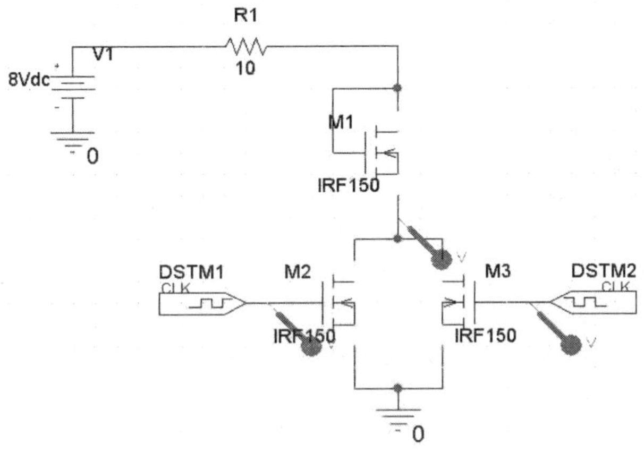

그림 13-10(a) 시뮬레이션 회로

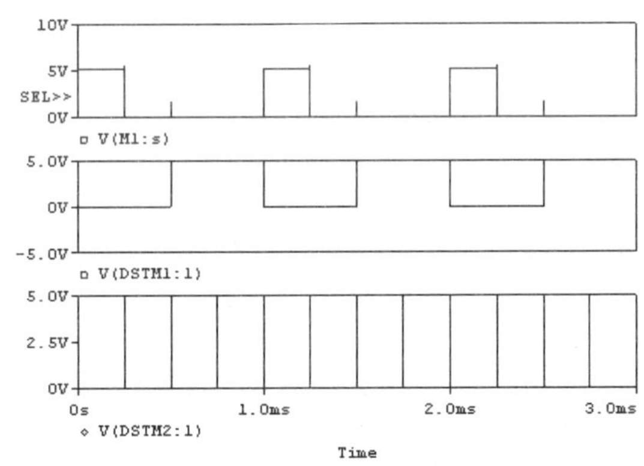

그림 13-10(b) 시뮬레이션 결과

Analysis setup

Transient Analysis	Maximum Step	20us
	Run to Time	3ms

DigClock 설정

	DSTM1	DSTM2
DELAY=		
ONTIME=	.5ms	.25ms
OFFTIME=	.5ms	.25ms
STARTVAL=	0	0
OPPVAL=	1	1

circuit file

```
.TRAN   0 3ms 0 20us
.PROBE  V(alias(*)) I(alias(*)) W(alias(*)) D(alias(*)) NOISE(alias(*))
M_M1        N00181 N00181 N01357 N01357 IRF150
M_M2        N01357 N00249 0 0 IRF150
V_V1        N00213 0 8Vdc
M_M3        N01357 N01096 0 0 IRF150
R_R1        N00213 N00181  10
U_DSTM2     STIM(1,1) $G_DPWR $G_DGND N01096
U_DSTM1     STIM(1,1) $G_DPWR $G_DGND N00249
.END
```

13.11 C-MOS INVERTER

이 회로는 인버터를 구성하고 있는 회로로서 C-MOS를 이용하여 회로를 구성하여 그 동작 상태를 확인한다.

Vin	M_1	M_2	Vout
+Vdd (logic 1)	off Roff=10^{10}[Ω]	on Ron=1[kΩ]	0V (logic 0)
0V (logic 0)	on Ron=1[kΩ]	off Ron=10^{10}[Ω]	+Vdd (logic 1)

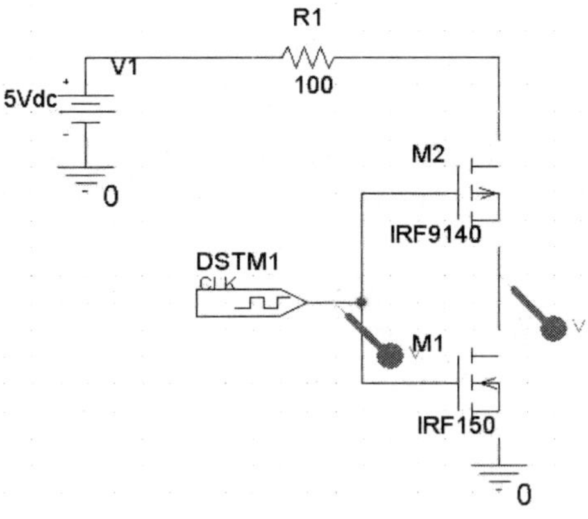

그림 13-11(a) 시뮬레이션 회로

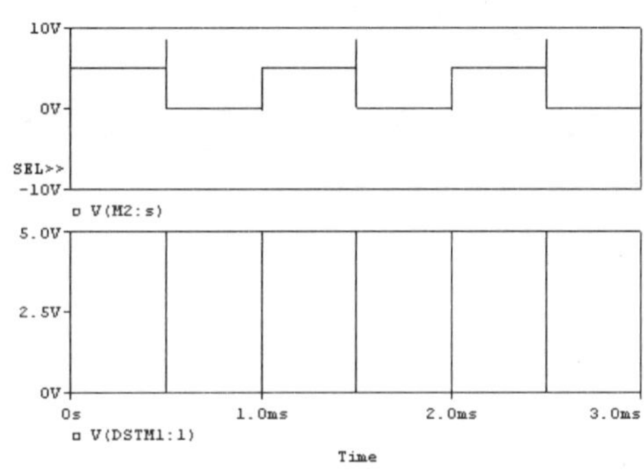

그림 13-11(b) 시뮬레이션 결과

Analysis setup

Transient Analysis	Maximum Step	20us
	Run to Time	3ms

DigClock 설정

	DSTM1
DELAY=	
ONTIME=	0.5ms
OFFTIME=	0.5ms
STARTVAL=	0
OPPVAL=	1

circuit file

```
.TRAN   0 3ms 0 20us
.PROBE V(alias(*)) I(alias(*)) W(alias(*)) D(alias(*)) NOISE(alias(*))
M_M1        N02045 N00249 0 0 IRF150
V_V1        N00213 0 5Vdc
M_M2        N00196 N00249 N02045 N02045 IRF9140
R_R1        N00213 N00196  100
U_DSTM1     STIM(1,1) $G_DPWR $G_DGND N00249
.END
```

13.12 C-MOS NAND 게이트

이 회로는 NAND 게이트를 구성하고 있는 회로로서 C-MOS를 이용하여 회로를 구성하여 그 동작 상태를 확인한다.

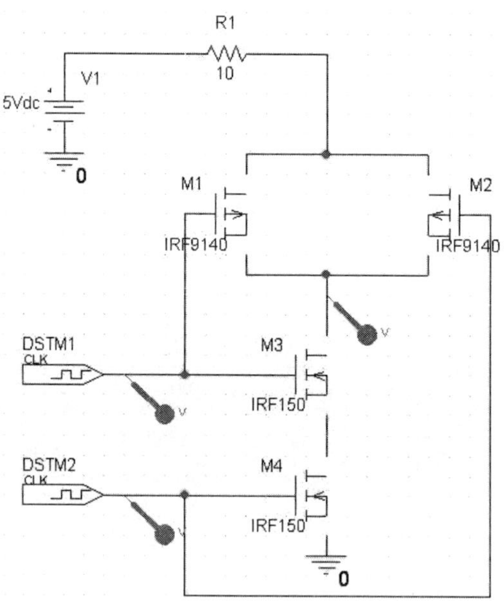

그림 13-12(a) 시뮬레이션 회로

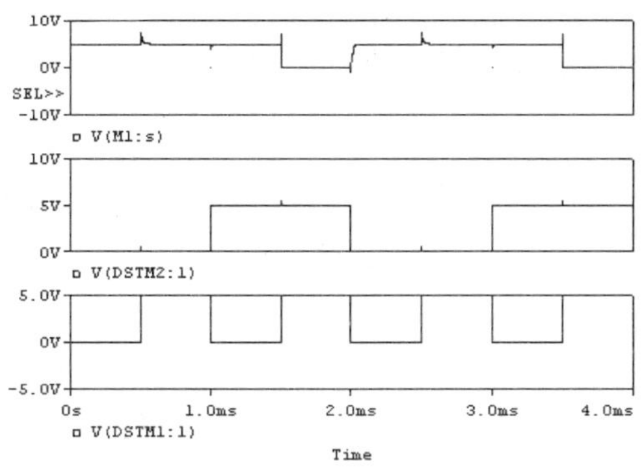

그림 13-12(b) 시뮬레이션 결과

Analysis setup

Transient Analysis	Maximum Step	1us
	Run to Time	4ms

DigClock 설정

	DSTM1	DSTM2
DELAY=		
ONTIME=	0.5ms	1ms
OFFTIME=	0.5ms	1ms
STARTVAL=	0	0
OPPVAL=	1	1

circuit file

```
.TRAN  0 4ms 0 1us
.PROBE V(alias(*)) I(alias(*)) W(alias(*)) D(alias(*)) NOISE(alias(*))
M_M1          N00251 N00370 N00292 N00292 IRF9140
M_M2          N00251 N00426 N00292 N00292 IRF9140
M_M3          N00292 N00370 N000870 N000870 IRF150
M_M4          N000870 N00426 0 0 IRF150
V_V1          N00235 0 5Vdc
R_R1          N00235 N00251  10
U_DSTM1       STIM(1,1) $G_DPWR $G_DGND N00370
U_DSTM2       STIM(1,1) $G_DPWR $G_DGND N00426
.END
```

13.13 C-MOS NOR 게이트

이 회로는 NOR 게이트를 구성하고 있는 회로로서 C-MOS를 이용하여 회로를 구성하여 그 동작 상태를 확인한다.

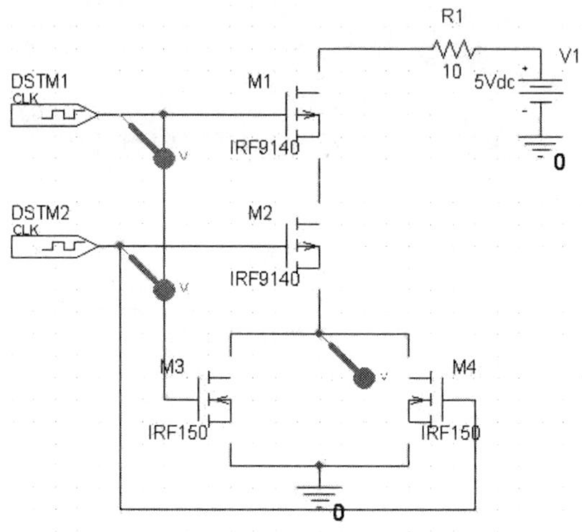

그림 13-13(a) 시뮬레이션 회로

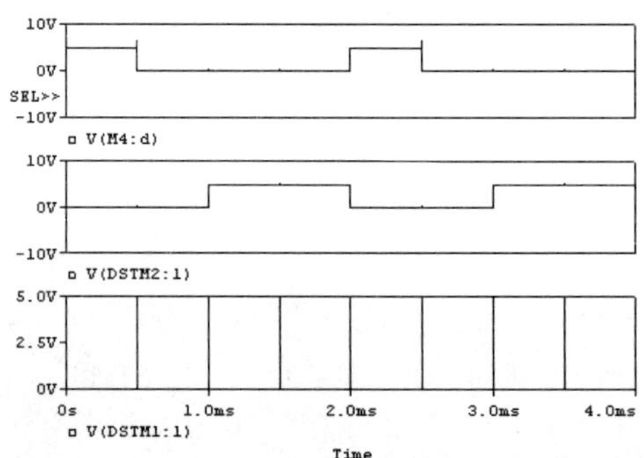

그림 13-13(b) 시뮬레이션 결과

Analysis setup

Transient Analysis	Maximum Step	1us
	Run to Time	3ms

DigClock 설정

	DSTM1	DSTM2
DELAY=		
ONTIME=	0.5ms	1ms
OFFTIME=	0.5ms	1ms
STARTVAL=	0	0
OPPVAL=	1	1

circuit file

```
.TRAN   0 4ms 0 1us
.PROBE  V(alias(*)) I(alias(*)) W(alias(*)) D(alias(*)) NOISE(alias(*))
M_M1        N01396 N01411 N000401 N000401 IRF9140
M_M2        N000401 N01428 N01447 N01447 IRF9140
M_M3        N01447 N01411 0 0 IRF150
M_M4        N01447 N01428 0 0 IRF150
V_V1        N01383 0 5Vdc
R_R1        N01396 N01383  10
U_DSTM1     STIM(1,1) $G_DPWR $G_DGND N01411
U_DSTM2     STIM(1,1) $G_DPWR $G_DGND N01428
.END
```

13.14 클럭 R-S 래취

이 회로는 Edge-Triggered Reset-Set 래취 회로의 동작을 확인하는 회로이다. 이 회로는 클럭 펄스의 NGT(Negative Going Transition)에서 트리거링이 발생하며 이에 대한 진리표는 다음과 같다.

Inputs			Output
S	C	Ck	Q
0	0	↓	Q_0(No Change)
1	0	↓	1
0	1	↓	0
1	1	↓	Ambiguous

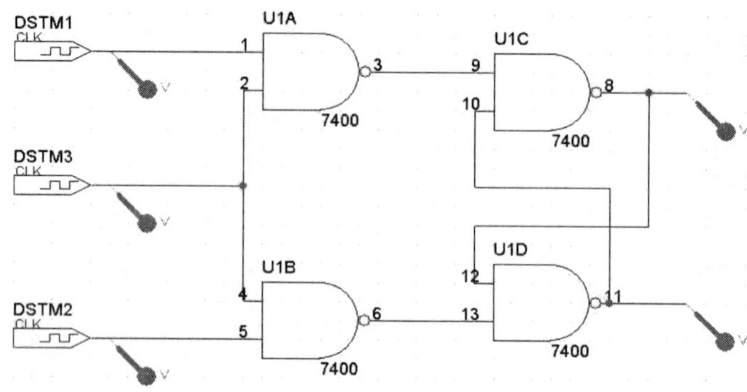

그림 13-14(a) 시뮬레이션 회로

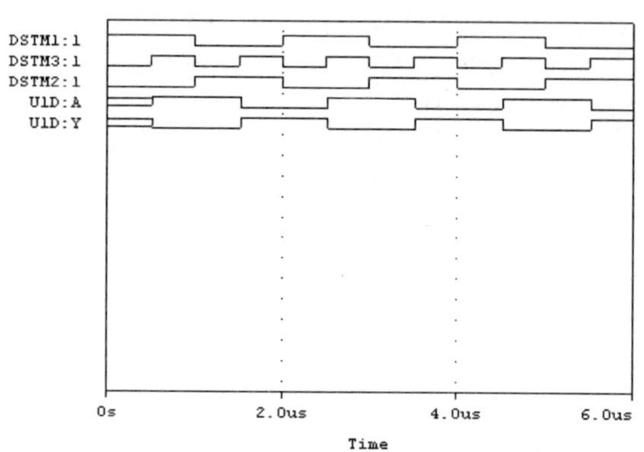

그림 13-14(b) 시뮬레이션 결과

Analysis setup

Transient Analysis	Maximum Step	0.01us
	Run to Time	6us

DigClock 설정

	DSTM1	DSTM2	DSTM3
DELAY=	1ns	1u	0.5us
ONTIME=	1us	1us	0.5us
OFFTIME=	1us	1us	0.5us
STARTVAL=	0	0	0
OPPVAL=	1	1	1

circuit file

```
.TRAN  0 6us 0 0.01us
.PROBE V(alias(*)) I(alias(*)) W(alias(*)) D(alias(*)) NOISE(alias(*))
X_U1A       N00185 N00207 N00274 $G_DPWR $G_DGND 7400
X_U1B       N00207 N00810 N00233 $G_DPWR $G_DGND 7400
X_U1C       N00274 N00307 N00352 $G_DPWR $G_DGND 7400
X_U1D       N00352 N00233 N00307 $G_DPWR $G_DGND 7400
U_DSTM1     STIM(1,1) $G_DPWR $G_DGND N00185
U_DSTM2     STIM(1,1) $G_DPWR $G_DGND N00810
U_DSTM3     STIM(1,1) $G_DPWR $G_DGND N00207
.END
```

13.15 클럭 D-래취

이 회로는 클럭 펄스에 의해서 작동하는 D-래취 회로이다. 이 래취 회로는 PGT (Positive Going Transition)에서 토글이 발생한다. 클럭 펄스가 상승할 때 그 때의 D 입력 값이 그대로 출력단에 나타난다. 이에 대한 진리표는 다음과 같다.

Inputs		Output
D	Ck	Q
X	0	Q_0(No Change)
0	1	0
1	1	1

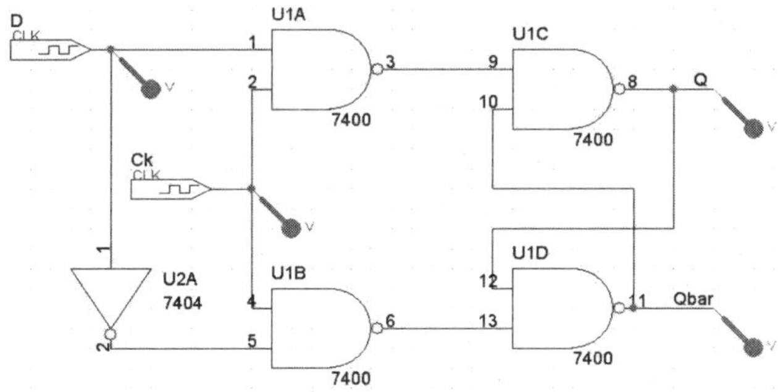

그림 13-15(a) 시뮬레이션 회로

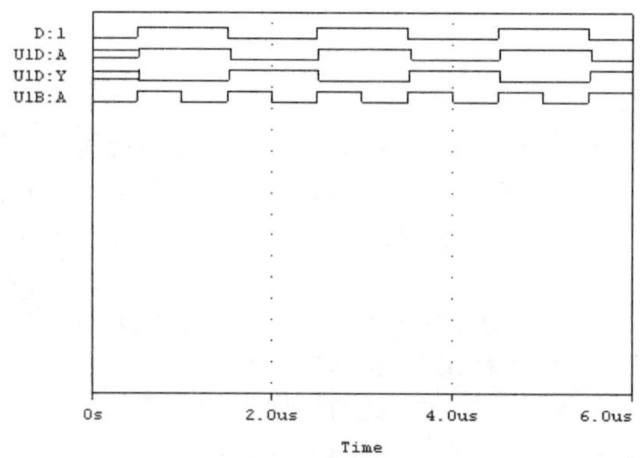

그림 13-15(b) 시뮬레이션 결과

Analysis setup

Transient Analysis	Maximum Step	0.01us
	Run to Time	6us

DigClock 설정

	Ck	D
DELAY=	0.5us	0.5us
ONTIME=	0.5us	1us
OFFTIME=	0.5us	1us
STARTVAL=	0	0
OPPVAL=	1	1

circuit file

```
.TRAN  0 6us 0 0.01us
.PROBE V(alias(*)) I(alias(*)) W(alias(*)) D(alias(*)) NOISE(alias(*))
X_U1A       N00185 N00783 N00274 $G_DPWR $G_DGND 7400
X_U1B       N00783 N01295 N00233 $G_DPWR $G_DGND 7400
X_U1C       N00274 N00307 N00352 $G_DPWR $G_DGND 7400
X_U2A       N00185 N01295 $G_DPWR $G_DGND 7404
X_U1D       N00352 N00233 N00307 $G_DPWR $G_DGND 7400
U_D         STIM(1,1) $G_DPWR $G_DGND N00185
U_Ck        STIM(1,1) $G_DPWR $G_DGND N00783
.END
```

13.16 클럭 J-K 플립-플롭

이 회로는 클럭을 가지는 J-K 플립-플롭 회로이다. 플립-플롭이 NGT(Negative Going Transition)이므로 클럭 펄스가 아래로 내려갈 때 토글이 생긴다. 플립-플롭의 J-K의 입력이 모두 1이므로 클럭이 가해질 때마다 NGT에서 토글이 발생되어 클럭 펄스의 한 주기가 플립-플롭의 반주기가 된다. 일종의 2진 카운터와 같으며, 또한 듀티 주기(Duty cycle)가 50%가 못되는 경우의 듀티 사이클을 50%로 만들 때 사용한다. 이에 대한 진리표는 다음과 같다.

Inputs	Output
J K Ck	Q
0 0 ↓	Q_0(No Change)
1 0 ↓	1
0 1 ↓	0
1 1 ↓	Toggle

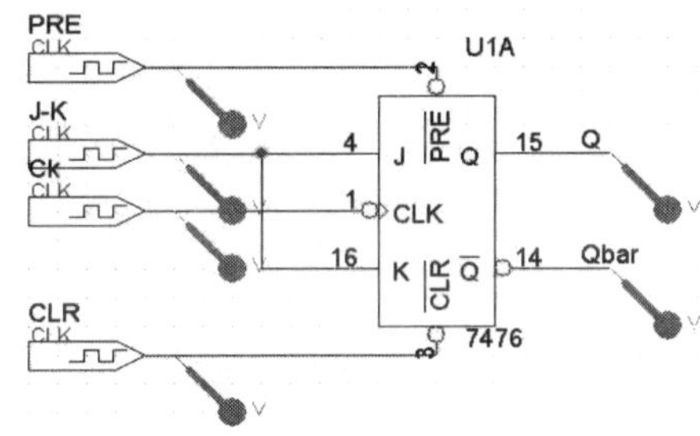

그림 13-16(a) 시뮬레이션 회로

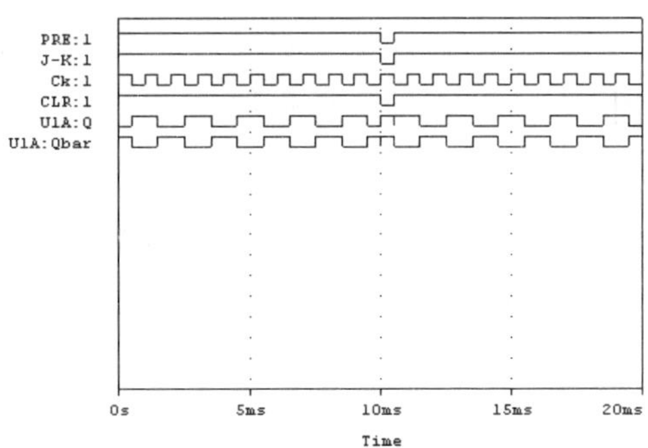

그림 13-16(b) 시뮬레이션 결과

Analysis setup

Transient	Transient Analysis	Maximum Step	
		Run to Time	20ms

DigClock 설정

	PRE	CLR	J-K	Ck
DELAY=	1us	1.1us	1.11us	1.2us
ONTIME=	0.5ms	0.5ms	0.5ms	0.5ms
OFFTIME=	10ms	10ms	10ms	0.5ms
STARTVAL=	0	0	0	0
OPPVAL=	1	1	1	1

circuit file

```
.TRAN   0 20ms 0
.PROBE V(alias(*)) I(alias(*)) W(alias(*)) D(alias(*)) NOISE(alias(*))
X_U1A        N00164  N04649  N04686  N03504  N03504  N00180  N00209
+ $G_DPWR   $G_DGND  7476
U_PRE        STIM(1,1) $G_DPWR $G_DGND N04649
U_CLR        STIM(1,1) $G_DPWR $G_DGND N04686
U_J-K        STIM(1,1) $G_DPWR $G_DGND N03504
.END
```

예제 다음 예제는 pspice 구 버전에서 가능한 예제이다

이 회로는 클럭을 가지는 J-K 플립-플롭 회로이다. 플립-플롭을 시뮬레이션하기 위해서는 Analysis\Setup\Digital Setup에서 Flip-Flop Initialization은 All=0 또는 All=1을 반드시 선택하여 주어야 하면 만일 디폴트로 돼 있는 All=X를 정정하지 않으면 에러가 발생한다.

시뮬레이션이 정상적으로 수행되기 위해서는 Schematic의 메뉴바 중에서 Analysis → Setup → Transient를 선택하면 Transient Analysis가 열리게 되며 이때 ☑Skip initial transient solution을 반드시 체크해야 한다. 그렇게 하여야 SKIPBP가 과도해석항(.tran)에 나타난다.

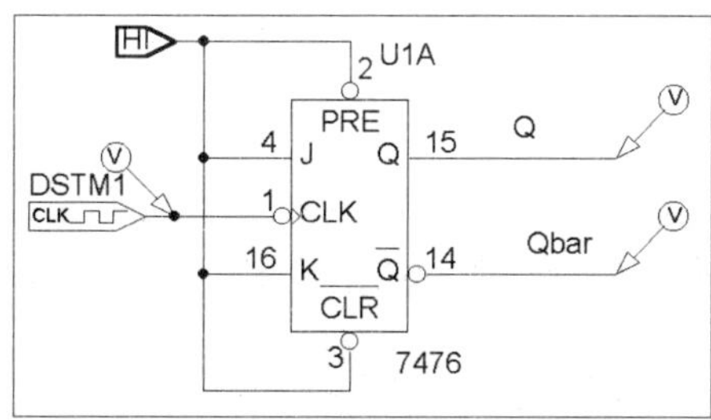

그림 13-16(c) 예제 시뮬레이션 회로

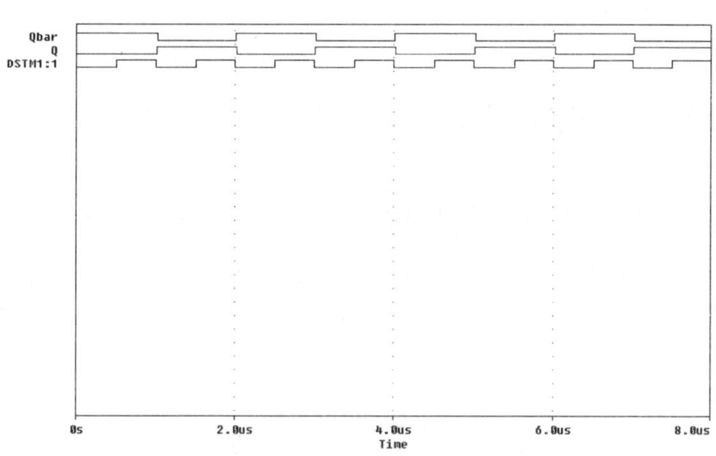

그림 13-16(d) 예제 시뮬레이션 결과

Analysis setup

Transient	Transient Analysis ☑ Skip Initial transient solution	Maximum Step	20ns
		Run to Time	8us
Digital Setup	Flip-flop Initialization	• All 0	

DigClock 설정

	DSTM1
DELAY=	
ONTIME=	0.5ms
OFFTIME=	0.5ms
STARTVAL=	0
OPPVAL=	1

circuit file

```
.tran 20ns 8us SKIPBP
.OPTIONS DIGINITSTATE=0
X_U1A        N0002  $D_HI  $D_HI  $D_HI  $D_HI  Q  Qbar  $G_DPWR
+$G_DGND 7476
U_DSTM1      STIM(1,1) $G_DPWR $G_DGND N0002
.probe
.END
```

13.17 클럭 D 플립-플롭

이 회로는 클럭 펄스에 의해서 작동하는 D 플립-플롭 회로이다. 플립-플롭은 PGT(Positive Going Transition)에서 토글이 발생한다. 클럭 펄스가 상승할 때 그 때의 D 입력 값이 그대로 출력단에 나타난다. 이에 대한 진리표는 다음과 같다.

Inputs		Output
D	Ck	Q
0	↑	0
1	↑	1

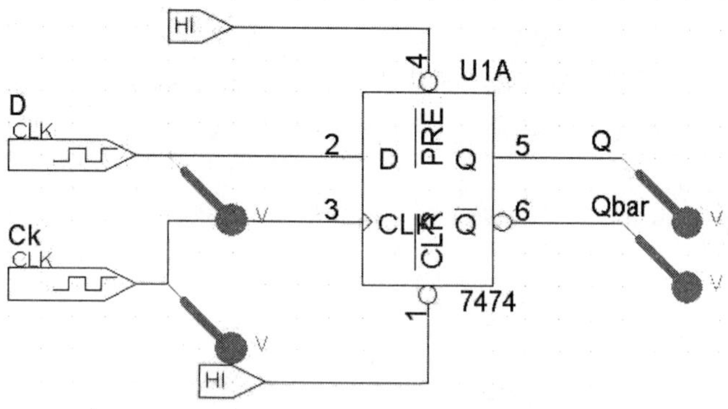

그림 13-17(a) 시뮬레이션 회로

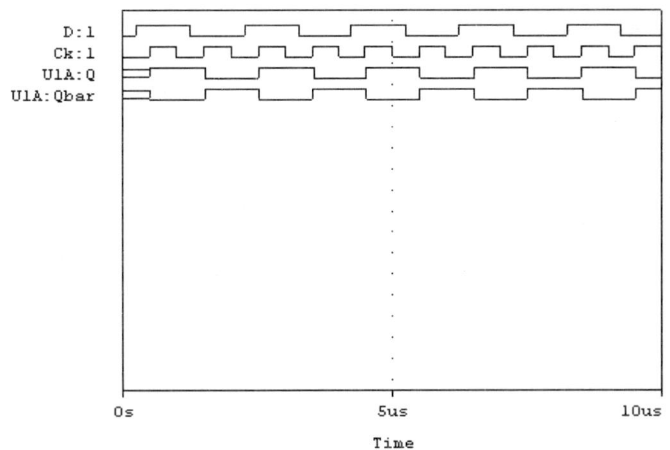

그림 13-17(b) 시뮬레이션 결과

Analysis setup

Transient	Transient Analysis	Maximum Step	20ns
		Run to Time	10us

DigClock 설정

	Ck	D
DELAY=		0.25us
ONTIME=	0.5us	1us
OFFTIME=	0.5us	1us
STARTVAL=	0	0
OPPVAL=	1	1

circuit file

```
.TRAN  0 10us 0 20ns
.PROBE V(alias(*)) I(alias(*)) W(alias(*)) D(alias(*)) NOISE(alias(*))
X_U1A        $D_HI  N00155  N00168  $D_HI  N00186  N00237  $G_DPWR
+$G_DGND 7474
U_D          STIM(1,1) $G_DPWR $G_DGND N00155
U_Ck         STIM(1,1) $G_DPWR $G_DGND N00168
.END
```

13.18 반 가산기

이 회로는 반 가산기 회로이다. 두 입력 중 하나만 1이면 sum이 발생하고, 둘 다 1이면 carry가 발생한다. 이에 대한 진리표는 다음과 같다.

Inputs		Output	
A	B	Carry	Sum
0	0	0	0
0	1	0	1
1	0	0	1
1	1	1	0

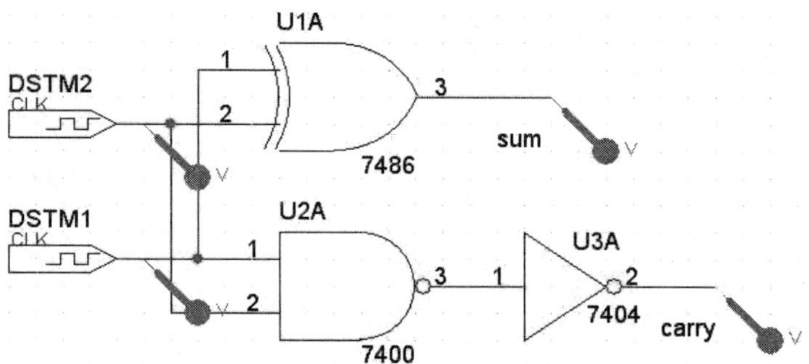

그림 13-18(a) 시뮬레이션 회로

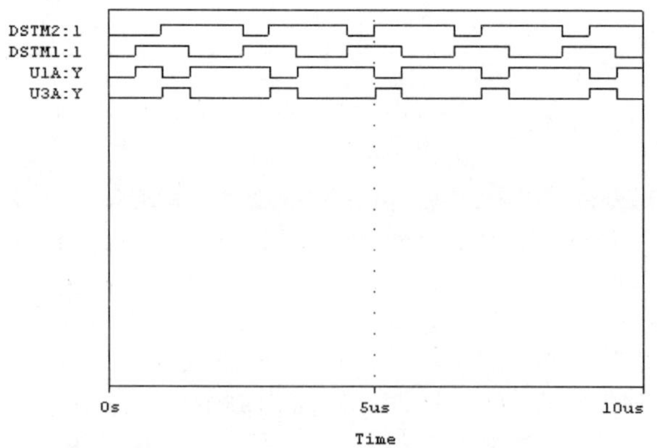

그림 13-18(b) 시뮬레이션 결과

Analysis setup

Transient Analysis	Maximum Step	20ns
	Run to Time	10us

DigClock 설정

	DSTM1	DSTM2
DELAY=	0.5us	1us
ONTIME=	1us	0.5us
OFFTIME=	1us	1.5us
STARTVAL=	0	0
OPPVAL=	1	1

circuit file

```
.TRAN  0 10us 0 20ns
.PROBE V(alias(*)) I(alias(*)) W(alias(*)) D(alias(*)) NOISE(alias(*))
X_U1A        N00191 N00183 N01166 $G_DPWR $G_DGND 7486
X_U2A        N00191 N00183 N00242 $G_DPWR $G_DGND 7400
X_U3A        N00242 N01186 $G_DPWR $G_DGND 7404
U_DSTM1      STIM(1,1) $G_DPWR $G_DGND N00191
U_DSTM2      STIM(1,1) $G_DPWR $G_DGND N00183
.END
```

13.19 전 가산기

이 회로는 반 가산기 2개와 1개의 OR 게이트로 구성한 전 가산기 회로이다. 두 입력과 하위 비트에서 발생한 캐리까지 생각하는 것이 전 가산기이다. 그러므로 3개의 입력 중 하나만 1이면 sum만 발생하고, 두개의 입력이 1이면 carry만 발생하며, 세 개의 입력이 1이면 sum과 carry가 발생된다. 이에 대한 진리표는 다음과 같다.

Inputs			Output	
A	B	C	Carry	Sum
0	0	0	0	0
0	0	1	0	1
0	1	0	0	1
0	1	1	1	0
1	0	0	0	1
1	0	1	1	0
1	1	0	1	0
1	1	1	1	1

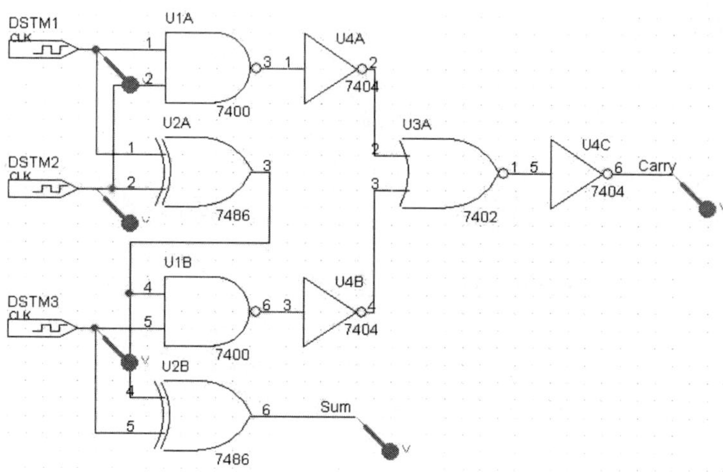

그림 13-19(a) 시뮬레이션 회로

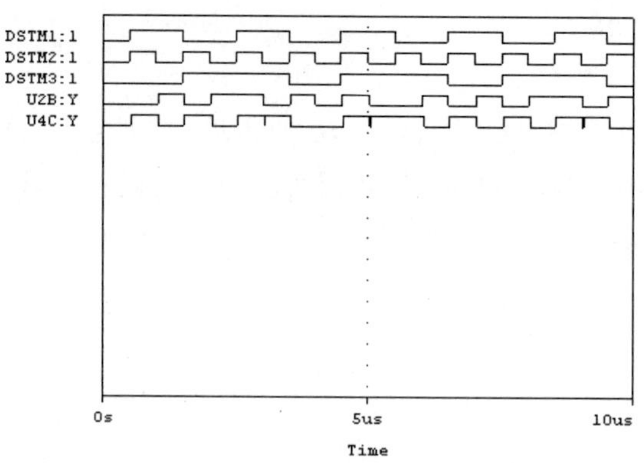

그림 13-19(b) 시뮬레이션 결과

Analysis setup

Transient Analysis	Maximum Step	20ns
	Run to Time	10us

DigClock 설정

	DSTM1	DSTM2	Car
DELAY=	0.5us	0.5us	1.5us
ONTIME=	1us	0.5us	1us
OFFTIME=	1us	0.5us	2us
STARTVAL=	0	0	0
OPPVAL=	1	1	1

circuit file

```
.TRAN  0 10us 0 20ns
.PROBE V(alias(*)) I(alias(*)) W(alias(*)) D(alias(*)) NOISE(alias(*))
X_U4C       N00496 N00770 $G_DPWR $G_DGND 7404
U_DSTM1     STIM(1,1) $G_DPWR $G_DGND N00330
X_U1A       N00330 N00338 N00399 $G_DPWR $G_DGND 7400
U_DSTM2     STIM(1,1) $G_DPWR $G_DGND N00338
X_U1B       N00525 N00348 N00469 $G_DPWR $G_DGND 7400
U_DSTM3     STIM(1,1) $G_DPWR $G_DGND N00348
X_U2A       N00330 N00338 N00525 $G_DPWR $G_DGND 7486
X_U2B       N00525 N00348 N00704 $G_DPWR $G_DGND 7486
X_U3A       N00418 N00442 N00496 $G_DPWR $G_DGND 7402
X_U4A       N00399 N00418 $G_DPWR $G_DGND 7404
X_U4B       N00469 N00442 $G_DPWR $G_DGND 7404
.END
```

13.20 반 감산기

이 회로는 반 감산기 회로이다. 이 논리는 A에서 B를 빼는 경우이다. 또한 이에 대한 진리표는 다음과 같다.

Inputs		Output	
A	B	Borrow	Difference
0	0	0	0
0	1	1	1
1	0	0	1
1	1	0	0

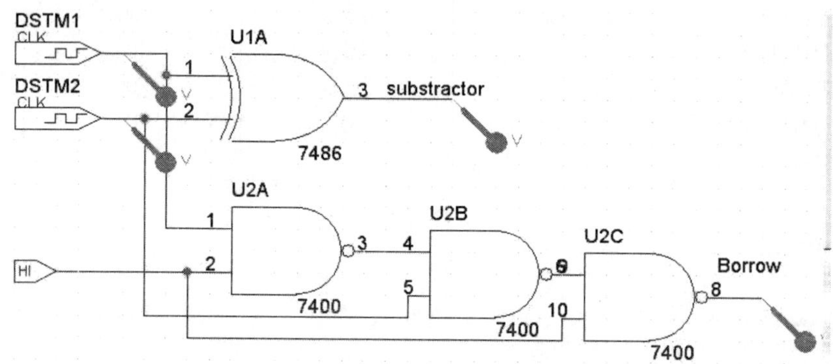

그림 13-20(a) 시뮬레이션 회로

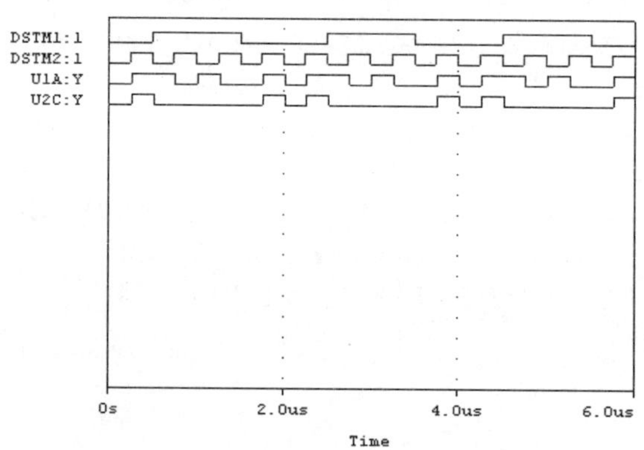

그림 13-20(b) 시뮬레이션 결과

Analysis setup

Transient Analysis	Maximum Step	20ns
	Run to Time	6us

DigClock 설정

	DSTM1	DSTM2
DELAY=	0.5us	0.25us
ONTIME=	1us	0.25us
OFFTIME=	1us	0.25us
STARTVAL=	0	0
OPPVAL=	1	1

circuit file

```
.TRAN  0 6us 0 20ns
.PROBE V(alias(*)) I(alias(*)) W(alias(*)) D(alias(*)) NOISE(alias(*))
X_U1A        N00201 N02077 N01166 $G_DPWR $G_DGND 7486
X_U2A        N00201 $D_HI N00242 $G_DPWR $G_DGND 7400
X_U2B        N00242 N02077 N017822 $G_DPWR $G_DGND 7400
U_DSTM1      STIM(1,1) $G_DPWR $G_DGND N00201
X_U2C        N017822 $D_HI N02463 $G_DPWR $G_DGND 7400
U_DSTM2      STIM(1,1) $G_DPWR $G_DGND N02077
.END
```

13.21 전 감산기

이 회로는 반 감산기 2개와 한 개의 OR 게이트로 구성한 전 감산기 회로이다.

Inputs			Output	
B	A	Bi	Difference	Borrow
0	0	0	0	0
0	0	1	1	1
0	1	0	1	0
0	1	1	0	0
1	0	0	1	1
1	0	1	0	1
1	1	0	0	0
1	1	1	1	1

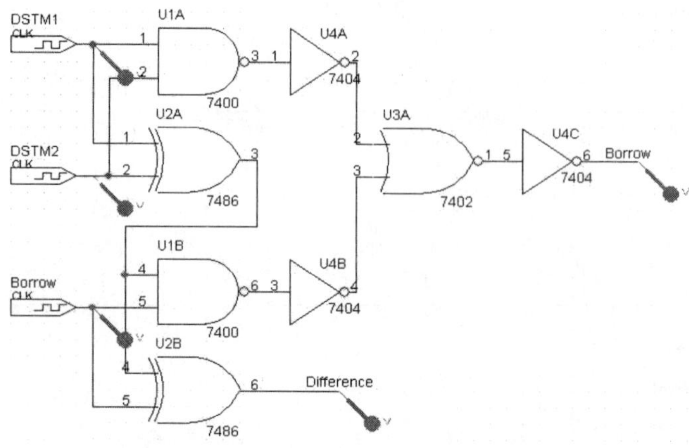

그림 13-21(a) 시뮬레이션 회로

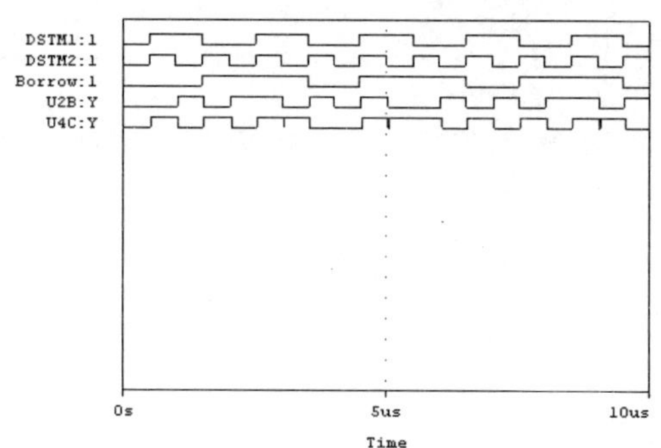

그림 13-21(b) 시뮬레이션 결과

Analysis setup

Transient Analysis	Maximum Step	20ns
	Run to Time	10us

DigClock 설정

	DSTM1	DSTM2	Bor
DELAY=	0.5us	0.5us	1.5us
ONTIME=	1us	0.5us	1us
OFFTIME=	1us	0.5us	2us
STARTVAL=	0	0	0
OPPVAL=	1	1	1

circuit file

```
.TRAN   0 10us 0 20ns
.PROBE V(alias(*)) I(alias(*)) W(alias(*)) D(alias(*)) NOISE(alias(*))
X_U4C        N00496 N00770 $G_DPWR $G_DGND 7404
U_DSTM1      STIM(1,1) $G_DPWR $G_DGND N00330
X_U1A        N00330 N00338 N00399 $G_DPWR $G_DGND 7400
U_DSTM2      STIM(1,1) $G_DPWR $G_DGND N00338
X_U1B        N00525 N00348 N00469 $G_DPWR $G_DGND 7400
U_Borrow     STIM(1,1) $G_DPWR $G_DGND N00348
X_U2A        N00330 N00338 N00525 $G_DPWR $G_DGND 7486
X_U2B        N00525 N00348 N00704 $G_DPWR $G_DGND 7486
X_U3A        N00418 N00442 N00496 $G_DPWR $G_DGND 7402
X_U4A        N00399 N00418 $G_DPWR $G_DGND 7404
X_U4B        N00469 N00442 $G_DPWR $G_DGND 7404
.END
```

13.22 2비트 곱셈기 회로

2비트로 구성된 두 개의 바이너리 곱셈기를 설계하는 회로이다. 두 수 X, Y는 각각 x_0, x_1과 y_0, y_1로 구성되었다고 할 때 두 수를 곱셈하는 곱셈기의 출력을 z_0, z_1, z_2, z_3라고 하면 캐리까지 생각한 곱셈기의 출력 논리식은 다음과 같다.

$$z_3 = y_1 y_0 x_1 x_0 \quad z_2 = y_1 x_1 (y_0' + x_0') \quad z_1 = y_0 x_1 (y_1' + x_0') \quad z_0 = x_0 y_0$$

출력 파형에서 3[μs] 시간대에서 01과 10을 곱하면 0010이 되고, 5[μs] 시간대에서 10과 10을 곱하면 0100이 됨을 알 수 있다.

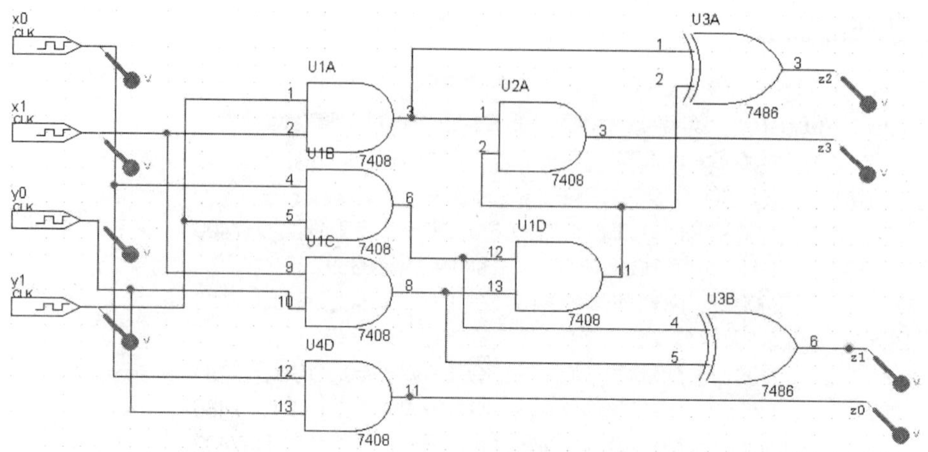

그림 13-22(a) 시뮬레이션 회로

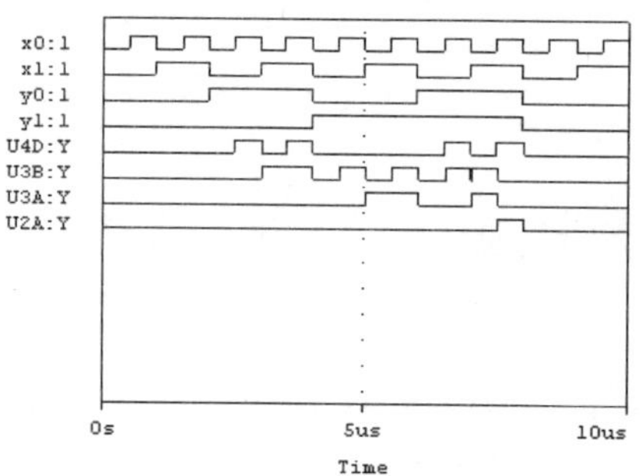

그림 13-22(b) 시뮬레이션 결과

Analysis setup

Transient Analysis	Maximum Step	20ns
	Run to Time	10us

DigClock 설정

	y1	y0	x1	x0
DELAY=				
ONTIME=	4us	2us	1us	.5us
OFFTIME=	4us	2us	1us	.5us
STARTVAL=	0	0	0	0
OPPVAL=	1	1	1	1

circuit file

```
.TRAN   0 10us 0 20ns
.PROBE V(alias(*)) I(alias(*)) W(alias(*)) D(alias(*)) NOISE(alias(*))
X_U4D        N00454 N00535 N02395 $G_DPWR $G_DGND 7408
U_x0         STIM(1,1) $G_DPWR $G_DGND N00454
U_x1         STIM(1,1) $G_DPWR $G_DGND N00390
X_U2A        N00713 N00783 N01113 $G_DPWR $G_DGND 7408
U_y0         STIM(1,1) $G_DPWR $G_DGND N00535
U_y1         STIM(1,1) $G_DPWR $G_DGND N00398
X_U3A        N00713 N00783 N00864 $G_DPWR $G_DGND 7486
X_U1A        N00398 N00390 N00713 $G_DPWR $G_DGND 7408
X_U3B        N00653 N00683 N02292 $G_DPWR $G_DGND 7486
X_U1B        N00454 N00398 N00653 $G_DPWR $G_DGND 7408
X_U1C        N00390 N00535 N00683 $G_DPWR $G_DGND 7408
X_U1D        N00653 N00683 N00783 $G_DPWR $G_DGND 7408
.END
```

13.23 오픈-콜렉터형 IC

일반적으로 상당수의 IC는 출력단 개방형 IC가 아니므로 출력단에서 곧바로 다음 단의 입력으로 사용할 수 있지만 두개의 IC를 연결해야 할 경우 Sink형과 Source형이 서로 일치하지 않다면 직접 연결이 곤란하다. 이 회로는 Open-collector형 IC의 출력단에 pull-up 저항을 전원측에 연결하지 않으면 출력되지 않음을 이해한다.

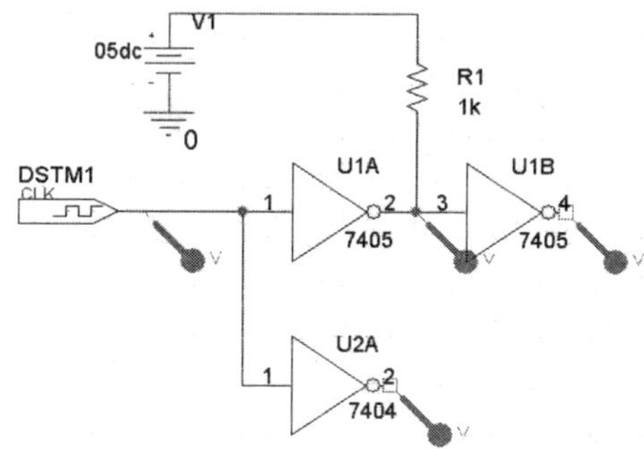

그림 13-23(a) 시뮬레이션 회로

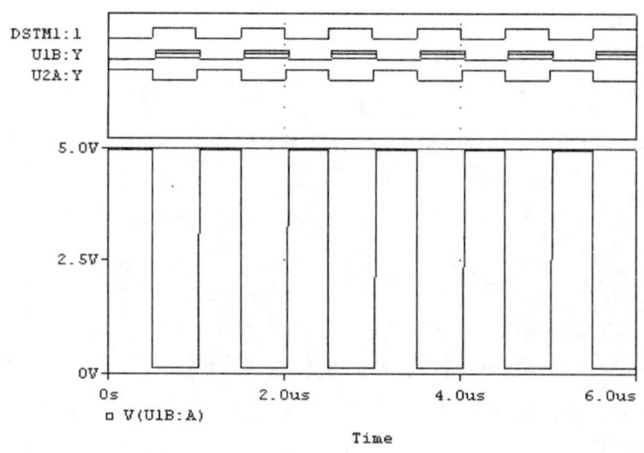

그림 13-23(b) 시뮬레이션 결과

Analysis setup

Transient Analysis	Maximum Step	20ns
	Run to Time	6us

DigClock 설정

	DSTM1
DELAY=	
ONTIME=	0.5us
OFFTIME=	0.5us
STARTVAL=	0
OPPVAL=	1

circuit file

```
.TRAN  0 6us 0 20ns
.PROBE V(alias(*)) I(alias(*)) W(alias(*)) D(alias(*)) NOISE(alias(*))
X_U1A      N00134 N00142 $G_DPWR $G_DGND 7405
X_U1B      N00142 M_UN0001 $G_DPWR $G_DGND 7405
X_U2A      N00134 M_UN0002 $G_DPWR $G_DGND 7404
U_DSTM1    STIM(1,1) $G_DPWR $G_DGND N00134
V_V1       N00282 0 05dc
R_R1       N00142 N00282  1k
.END
```

13.24 풀업(pullup) 저항

이 회로는 풀업 저항(Pullup register) 회로이다. 출력단에 R_{pullup}을 접속하지 않으면 출력 전압이 나타나지 않게 되므로 반드시 풀업 저항을 접속하여야 한다. 일반적으로 풀업 저항을 접속하여야 출력을 구할 수 있는 IC 칩을 오픈 콜렉터(Open collector)형이라고 한다.

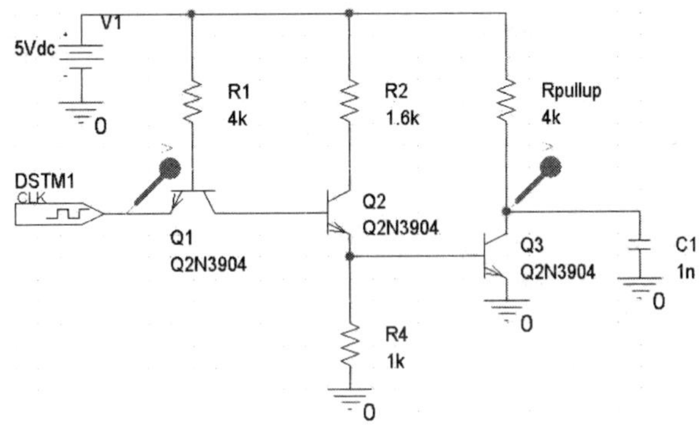

그림 13-24(a) 시뮬레이션 회로

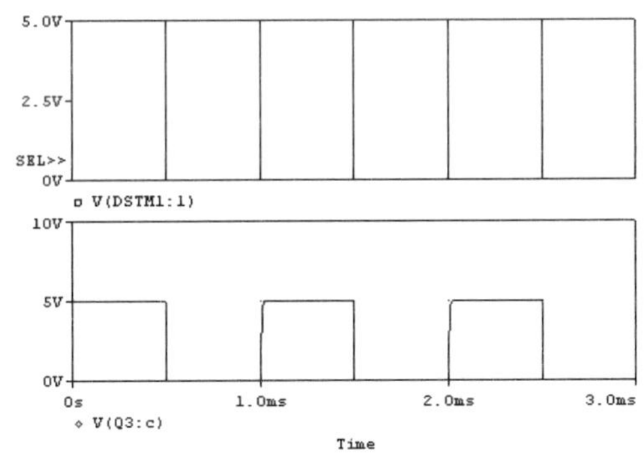

그림 13-24(b) 시뮬레이션 결과

Analysis setup

Transient Analysis	Maximum Step	20us
	Run to Time	3ms

circuit file

```
.TRAN   0 3ms 0 20us
.PROBE V(alias(*)) I(alias(*)) W(alias(*)) D(alias(*)) NOISE(alias(*))
Q_Q1         N00468 N00334 N00496 Q2N3904
Q_Q2         N00352 N00468 N00417 Q2N3904
U_DSTM1      STIM(1,1) $G_DPWR $G_DGND N00496
Q_Q3         N00372 N00417 0 Q2N3904
V_V1         N00282 0 5Vdc
R_R1         N00334 N00282  4k
R_R2         N00352 N00282  1.6k
R_Rpullup    N00372 N00282  4k
R_R4         0 N00417  1k
C_C1         0 N00372  1n
.END
```

디지털 회로의 시뮬레이션 Ⅱ

14.1 아날로그-디지털 변환기

이 회로는 아날로그 입력을 디지털로 변환하는 기능을 수행하는 것으로써 이 회로가 원만하게 진행되기 위해서는 다음사항을 준수해야 한다.

① V_{ref}는 V_{in}보다 진폭 값이 커야 한다.

② OVER과 STAT는 High, Low 또는 어떠한 전압에도 상관이 없다.

③ CNVRT는 가능하면 작은 시간의 클럭을 넣는다(1[μs] 이하).

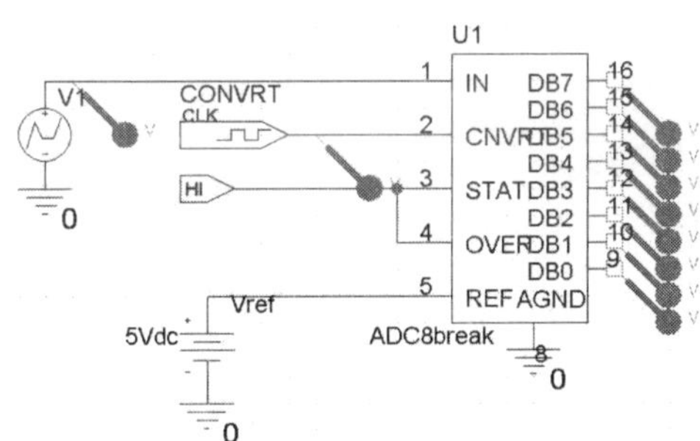

그림 14-1(a)
시뮬레이션 회로

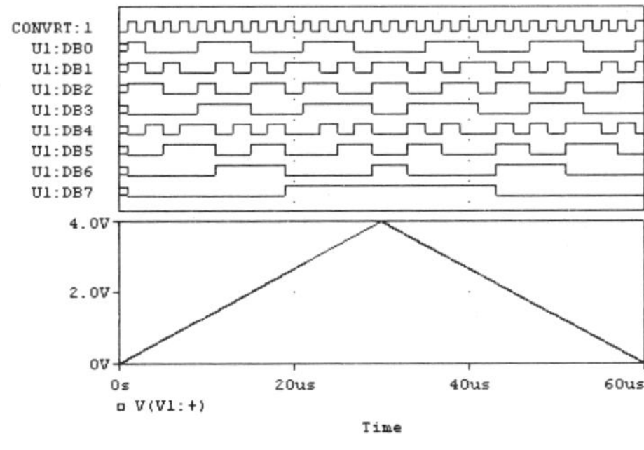

그림 14-1(b)
시뮬레이션 결과

Analysis setup

Transient Analysis	Maximum Step	20ns
	Run to Time	60us

DigClock 설정

	CNVRT
DELAY=	
ONTIME=	1us
OFFTIME=	1us
STARTVAL=	0
OPPVAL=	1

circuit file

```
.TRAN   0 60us 0 20ns
.PROBE V(alias(*)) I(alias(*)) W(alias(*)) D(alias(*)) NOISE(alias(*))
X_U1          N00245 N00316 0 N00259 $D_HI $D_HI
+ M_UN0001  M_UN0002  M_UN0003  M_UN0004  M_UN0005  M_UN0006
+M_UN0007 M_UN0008 $G_DPWR $G_DGND ADC8break
U_CONVRT      STIM(1,1) $G_DPWR $G_DGND N00259
V_V1          N00245 0  PWL 0 0 30u 4 60u 0 90u 4 120u 0
V_Vref        N00316 0 5Vdc
.END
```

14.2 디지털-아날로그 변환기 1

이 회로는 디지털-아날로그 변환 회로로서 4비트 데이터가 입력되면 $2^4=16$이라는 step size로 분해(resolution)하게 된다. 만약 5비트라면 $2^5=32$의 분해를 갖게 된다. 이 회로에서는 Ck 입력을 0과 1(+5볼트)인 경우만 고려했지만 실제로는 0에서 5볼트로 변화가 안 되므로 Ck에 의해서 동작되는 스위치를 사용하여 정밀도를 높일 수 있다. 입력 논리에 따른 출력 전압을 다음 표에 나타냈다.

D	C	B	A	OUT[V]
0	0	0	0	0
0	0	0	1	-0.625
0	0	1	0	-1.250
0	0	1	1	-1.875
0	1	0	0	-2.500
0	1	0	1	-3.125
0	1	1	0	-3.750
0	1	1	1	-4.375
1	0	0	0	-5.000
1	0	0	1	-5.625
1	0	1	0	-6.250
1	0	1	1	-6.875
1	1	0	0	-7.500
1	1	0	1	-8.125
1	1	1	0	-8.750
1	1	1	1	-9.375

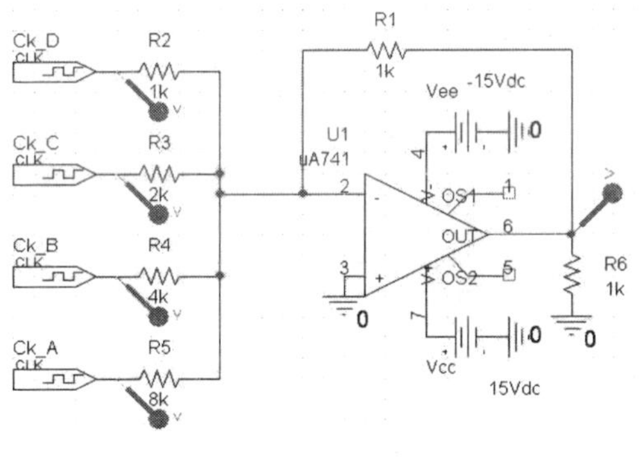

그림 14-2(a)
시뮬레이션 회로

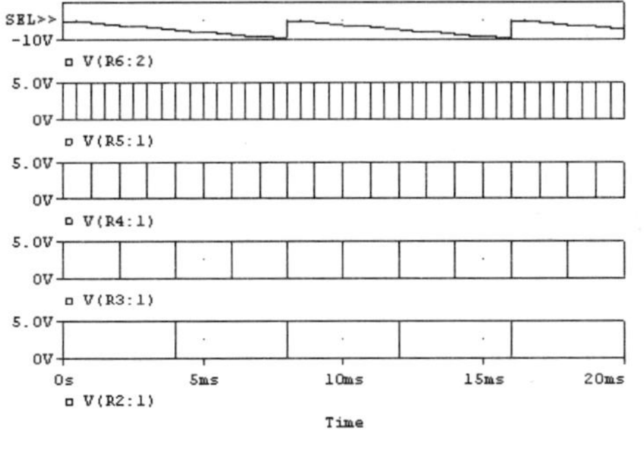

그림 14-2(b)
시뮬레이션 결과

Analysis setup

Transient Analysis	Maximum Step	10us
	Run to Time	20ms

DigClock 설정

	Ck_A	Ck_B	Ck_C	Ck_D
DELAY=				
ONTIME=	0.5ms	1ms	2ms	4ms
OFFTIME=	0.5ms	1ms	2ms	4ms
STARTVAL=	1	1	1	1
OPPVAL=	0	0	0	0

circuit file

```
.TRAN   0 20ms 0 10us
.PROBE  V(alias(*)) I(alias(*)) W(alias(*)) D(alias(*)) NOISE(alias(*))
R_R3          N001460 N00549  2k
R_R4          N001640 N00549  4k
R_R5          N001820 N00549  8k
X_U1          0 N00549 N01510 N01470 N00509 uA741
R_R6          0 N00509  1k
V_Vee         N01470 0 -15Vdc
V_Vcc         N01510 0 15Vdc
U_Ck_D        STIM(1,1) $G_DPWR $G_DGND N001280
U_Ck_C        STIM(1,1) $G_DPWR $G_DGND N001460
U_Ck_B        STIM(1,1) $G_DPWR $G_DGND N001640
U_Ck_A        STIM(1,1) $G_DPWR $G_DGND N001820
R_R1          N00549 N00509  1k
R_R2          N001280 N00549  1k
.END
```

14.3 디지털-아날로그 변환기 2

이 회로는 디지털 신호원의 0~5[V] 사이를 정확히 발생하지 못하므로 정밀도를 높이기 위해 Sbreak를 사용한다. Sbreak는 전압제어 스위치이며 본 회로에서는 Sbreak가 없어도 시뮬레이션은 가능하다. 이와 같은 회로는 정밀도를 높이기 위해서 만약 12비트를 사용한 경우 MSB 저항을 1[kΩ]이라 하더라도 LSB 저항은 무려 2[MΩ]이나 된다. 그런 관계로 다음에 기술하는 R/2R ladder 회로를 사용함이 좋다.

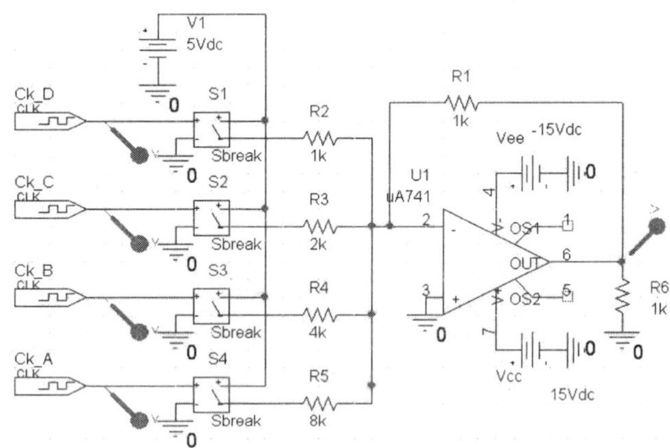

그림 14-3(a) 시뮬레이션 회로

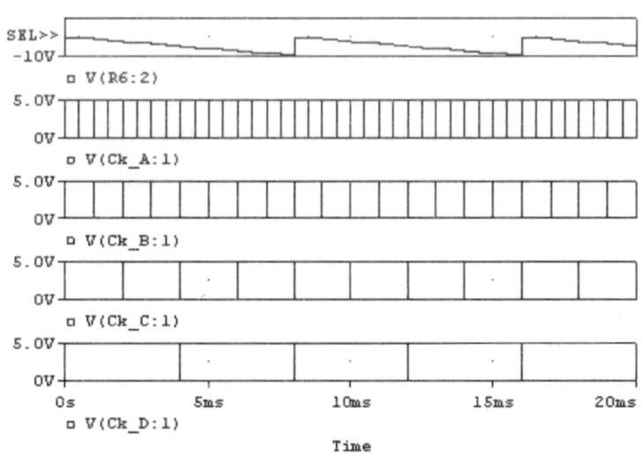

그림 14-3(b) 시뮬레이션 결과

Analysis setup

Transient Analysis	Maximum Step	10us
	Run to Time	20ms

DigClock 설정

	Ck_A	Ck_B	Ck_C	Ck_D
DELAY=				
ONTIME=	0.5ms	1ms	2ms	4ms
OFFTIME=	0.5ms	1ms	2ms	4ms
STARTVAL=	1	1	1	1
OPPVAL=	0	0	0	0

circuit file

```
.TRAN  0 20ms 0 10us
.PROBE V(alias(*)) I(alias(*)) W(alias(*)) D(alias(*)) NOISE(alias(*))
R_R3          N02320 N00549  2k
R_R4          N02362 N00549  4k
X_S1          N03430 0 N02452 N02280 SCHEMATIC1_S1
R_R5          N02406 N00549  8k
X_U1          0 N00549 N01510 N01470 N00509 uA741
R_R6          0 N00509  1k
X_S2          N03432 0 N02452 N02320 SCHEMATIC1_S2
V_Vee         N01470 0 -15Vdc
V_Vcc         N01510 0 15Vdc
X_S3          N03434 0 N02452 N02362 SCHEMATIC1_S3
U_Ck_D        STIM(1,1) $G_DPWR $G_DGND N03430
U_Ck_C        STIM(1,1) $G_DPWR $G_DGND N03432
X_S4          N03436 0 N02452 N02406 SCHEMATIC1_S4
U_Ck_B        STIM(1,1) $G_DPWR $G_DGND N03434
U_Ck_A        STIM(1,1) $G_DPWR $G_DGND N03436
V_V1          N02452 0 5Vdc
R_R1          N00549 N00509  1k
R_R2          N02280 N00549  1k

.subckt SCHEMATIC1_S1 1 2 3 4
S_S1          3 4 1 2 Sbreak
RS_S1         1 2 1G
.ends SCHEMATIC1_S1

.subckt SCHEMATIC1_S2 1 2 3 4
S_S2          3 4 1 2 Sbreak
RS_S2         1 2 1G
.ends SCHEMATIC1_S2

.subckt SCHEMATIC1_S3 1 2 3 4
```

```
S_S3          3 4 1 2 Sbreak
RS_S3         1 2 1G
.ends SCHEMATIC1_S3

.subckt SCHEMATIC1_S4 1 2 3 4
S_S4          3 4 1 2 Sbreak
RS_S4         1 2 1G
.ends SCHEMATIC1_S4
.END
```

14.4 R/2R Ladder 디지털-아날로그 변환기

DAC 회로는 앞 절과 같이 하면 이론적으로 가능하지만 데이터를 12비트로 처리한다면 LSB의 저항 값을 1[kΩ]이라 하더라도 MSB의 저항은 무려 4.096[MΩ]이 되며, 16비트로 처리한다면 $2^{16}\times1$[kΩ]=65536[kΩ]이 된다. 이렇게 하면 LSB와 MSB의 저항 값의 차이가 너무 지나쳐서 high-resolution에 문제가 있고, 또한 IC의 제작 공정에서 광범위 저항(큰 저항 값)을 만든다는 것은 매우 어려우므로 이를 극복하는 방법 중의 하나가 R/2R ladder 방법이다. 본 회로에서는 Sbreak 스위치가 없어서 비슷한 기능을 발휘하는 것으로 사용하였기 때문에 출력 파형에서 약간의 Step size가 균일하지 못하다. 그러므로 Sbreak는 SPDT 스위치로 대치하기 바란다. 즉, SPDT 스위치가 없어서 다음 그림과 같이 Sbreak를 사용하여 시뮬레이션을 수행하면 정확한 출력이 나온다.

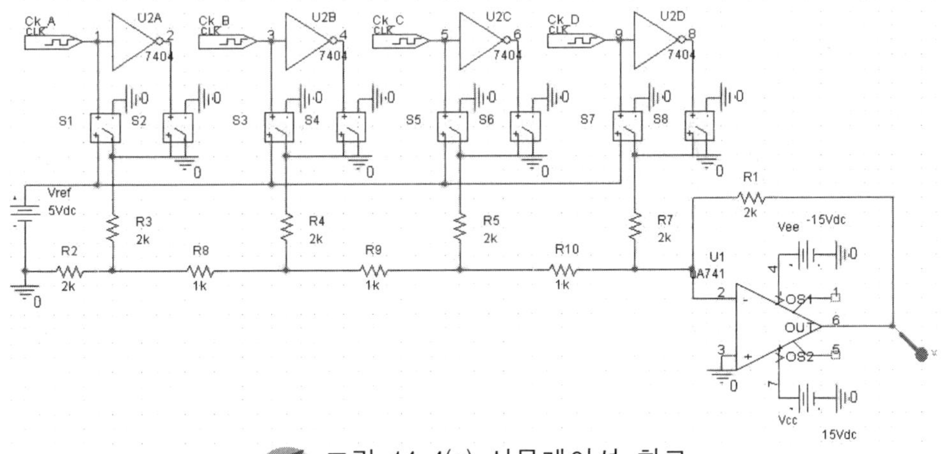

그림 14-4(a) 시뮬레이션 회로

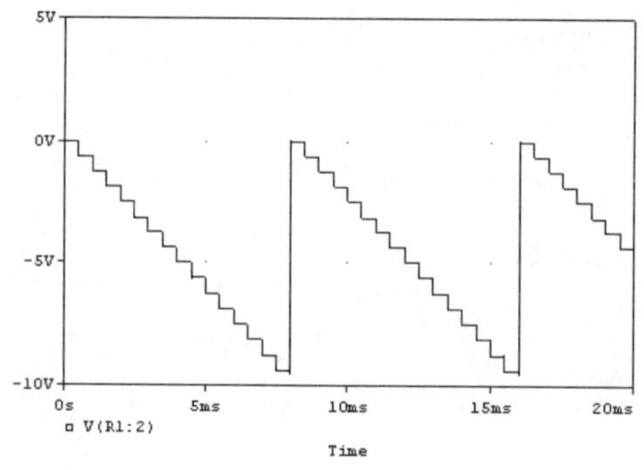

그림 14-4(b) 시뮬레이션 결과

Analysis setup

Transient Analysis	Maximum Step	10us
	Run to Time	20ms

DigClock 설정

	Ck_A	Ck_B	Ck_C	Ck_D
DELAY=				
ONTIME=	0.5ms	1ms	2ms	4ms
OFFTIME=	0.5ms	1ms	2ms	4ms
STARTVAL=	1	1	1	1
OPPVAL=	0	0	0	0

circuit file

```
.TRAN  0 20ms 0 10us
.PROBE V(alias(*)) I(alias(*)) W(alias(*)) D(alias(*)) NOISE(alias(*))
R_R3        N08059 N07119  2k
R_R10       N11410 N08257  1k
R_R8        N08059 N08123  1k
X_S1        N06248 0 N06584 N07119 SCHEMATIC1_S1
R_R7        N08257 N07454  2k
X_U1        0 N08257 N01510 N01470 N00509 uA741
X_S2        N06321 0 N07119 0 SCHEMATIC1_S2
V_Vee       N01470 0 -15Vdc
R_R4        N08123 N07224  2k
```

```
V_Vcc        N01510 0 15Vdc
X_U2A        N06248 N06321 $G_DPWR $G_DGND 7404
X_S3         N06356 0 N06584 N07224 SCHEMATIC1_S3
U_Ck_D       STIM(1,1) $G_DPWR $G_DGND N06504
X_S5         N06428 0 N06584 N07335 SCHEMATIC1_S5
R_R9         N08123 N11410  1k
R_R2         0 N08059  2k
X_U2B        N06356 N06391 $G_DPWR $G_DGND 7404
U_Ck_C       STIM(1,1) $G_DPWR $G_DGND N06428
X_S4         N06391 0 N07224 0 SCHEMATIC1_S4
X_S6         N06465 0 N07335 0 SCHEMATIC1_S6
U_Ck_B       STIM(1,1) $G_DPWR $G_DGND N06356
X_U2C        N06428 N06465 $G_DPWR $G_DGND 7404
U_Ck_A       STIM(1,1) $G_DPWR $G_DGND N06248
X_S7         N06504 0 N06584 N07454 SCHEMATIC1_S7
R_R5         N11410 N07335  2k
V_Vref       N06584 0 5Vdc
R_R1         N08257 N00509  2k
X_S8         N06543 0 N07454 0 SCHEMATIC1_S8
X_U2D        N06504 N06543 $G_DPWR $G_DGND 7404

.subckt SCHEMATIC1_S1 1 2 3 4
S_S1         3 4 1 2 Sbreak
RS_S1        1 2 1G
.ends SCHEMATIC1_S1

.subckt SCHEMATIC1_S2 1 2 3 4
S_S2         3 4 1 2 Sbreak
RS_S2        1 2 1G
.ends SCHEMATIC1_S2

.subckt SCHEMATIC1_S3 1 2 3 4
S_S3         3 4 1 2 Sbreak
RS_S3        1 2 1G
.ends SCHEMATIC1_S3

.subckt SCHEMATIC1_S5 1 2 3 4
S_S5         3 4 1 2 Sbreak
RS_S5        1 2 1G
.ends SCHEMATIC1_S5
```

```
.subckt SCHEMATIC1_S4 1 2 3 4
S_S4          3 4 1 2 Sbreak
RS_S4         1 2 1G
.ends SCHEMATIC1_S4

.subckt SCHEMATIC1_S6 1 2 3 4
S_S6          3 4 1 2 Sbreak
RS_S6         1 2 1G
.ends SCHEMATIC1_S6

.subckt SCHEMATIC1_S7 1 2 3 4
S_S7          3 4 1 2 Sbreak
RS_S7         1 2 1G
.ends SCHEMATIC1_S7

.subckt SCHEMATIC1_S8 1 2 3 4
S_S8          3 4 1 2 Sbreak
RS_S8         1 2 1G
.ends SCHEMATIC1_S8
.END
```

14.5 DAC8break을 이용한 DAC 회로

이 회로는 라이브러리의 DAC8break를 사용하여 DAC를 수행한 것으로써 Ck를 2진 카운트하여 MOD-2, MOD-4 등등과 같이하여 입력으로 넣었다. REF 전압을 10[V]로 주었기 때문에 출력은 10[V]까지 카운트 하다가 다시 리셋된다.

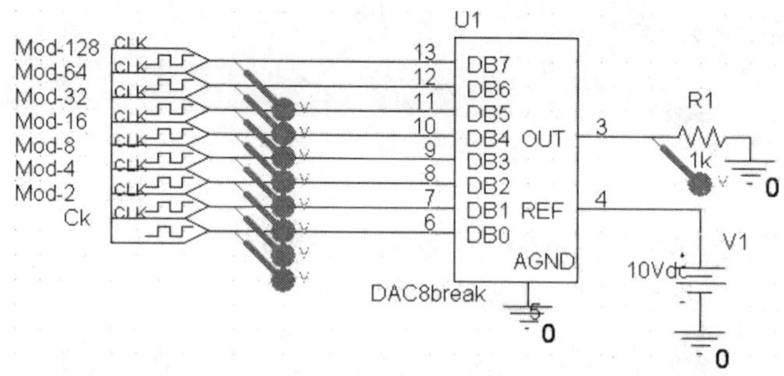

그림 14-5(a) 시뮬레이션 회로

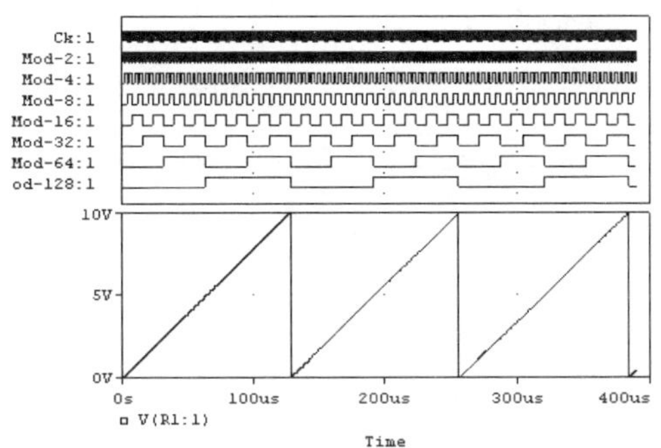

그림 14-5(b) 시뮬레이션 결과

Analysis setup

Transient Analysis	Maximum Step	10ns
	Run to Time	390us

DigClock 설정

	Ck	Mod-2	Mod-4	Mod-8	Mod-16	Mod-32	Mod-64	Mod-128
DELAY=								
ONTIME=	0.5us	1us	2us	4us	8us	16us	32us	64us
OFFTIME=	0.5us	1us	2us	4us	8us	16us	32us	64us
STARTVAL=	0	0	0	0	0	0	0	0
OPPVAL=	1	1	1	1	1	1	1	1

circuit file

```
.TRAN  0 390us 0 10ns
.PROBE V(alias(*)) I(alias(*)) W(alias(*)) D(alias(*)) NOISE(alias(*))
X_U1          N00651 N00622 0
+  N00307  N00315  N00325  N00337  N00351  N00367  N00385  N00405
+  $G_DPWR $G_DGND DAC8break
U_Ck          STIM(1,1) $G_DPWR $G_DGND N00405
U_Mod-2       STIM(1,1) $G_DPWR $G_DGND N00385
U_Mod-4       STIM(1,1) $G_DPWR $G_DGND N00367
U_Mod-8       STIM(1,1) $G_DPWR $G_DGND N00351
U_Mod-16      STIM(1,1) $G_DPWR $G_DGND N00337
U_Mod-32      STIM(1,1) $G_DPWR $G_DGND N00325
U_Mod-64      STIM(1,1) $G_DPWR $G_DGND N00315
```

```
V_V1          N00622 0 10Vdc
U_Mod-128     STIM(1,1) $G_DPWR $G_DGND N00307
R_R1          N00651 0  1k
.END
```

14.6 4비트 비교기

이 회로는 4비트 비교기이다. 예를 들어 설명하면 다음과 같다. 비트 값이 A_3, A_2, A_1, A_0=0110=6이고, B_3, B_2, B_1, B_0=0101=5를 비교할 때 $Q_{A>B}=1$, $Q_{A<B}=0$, $Q_{A=B}=0$을 나타내어 A>B임을 알 수 있다. 처음 비교이기 때문에(cascade 연결이 아님) 세 가지 입력단자는 A<B_IN=0, A>B_IN=0, A=B_IN=1로 시작해야 한다. 출력 핀5, 6, 7의 전압이 High, Low, Low임을 알 수 있다.

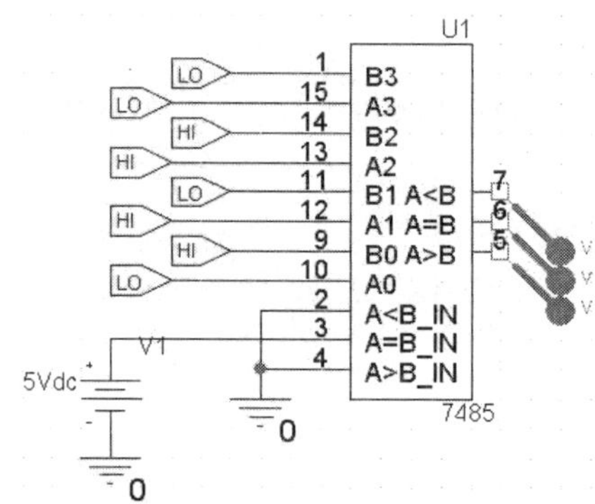

그림 14-6(a) 시뮬레이션 회로

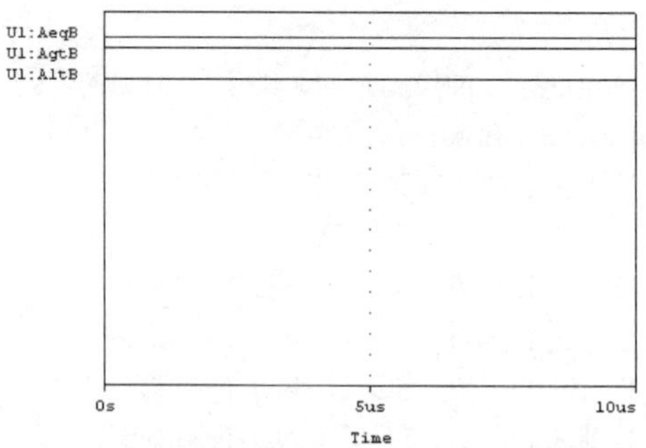

그림 14-6(b) 시뮬레이션 결과

Analysis setup

Transient Analysis	Maximum Step	20ns
	Run to Time	10us

circuit file

```
.TRAN  0 10us 0 20ns
.PROBE V(alias(*)) I(alias(*)) W(alias(*)) D(alias(*)) NOISE(alias(*))
X_U1         $D_LO $D_HI $D_HI $D_LO $D_LO $D_HI $D_LO $D_HI 0
+N00225 0 M_UN0001 M_UN0002 M_UN0003 $G_DPWR $G_DGND 7485
V_V1         N00225 0 5Vdc
.END
```

14.7 8비트 비교기

이 회로는 4비트 비교기를 cascade하게 접속하여 8비트를 비교할 수 있게 된다. 예를 들어 설명하면 다음과 같다. 비트 값이 $A_7 \sim A_0 = 10101111$이고, $B_7 \sim B_0 = 10110001$을 비교할 때 먼저 하위 비트만 비교하면 $A_3 \sim A_0 = 1111$이고, $B_3 \sim B_0 = 0001$이므로 $Q_{A>B} = 1$, $Q_{A<B} = 0$, $Q_{A=B} = 0$을 나타내며, 8비트를 비교할 때 이미 하위 비트는 A가 크므로 상위 비트를 비교해 본다. $A_7 \sim A_4 = 1010$이고, $B_7 \sim B_4 = 1011$이므로 $Q_{A>B} = 0$, $Q_{A<B} = 1$, $Q_{A=B} = 0$을 나타내어 비록 하위 비트는 A가 크더라도 상위 비트에서 B가 크므로 전체적으로 B가 A보다 크다.

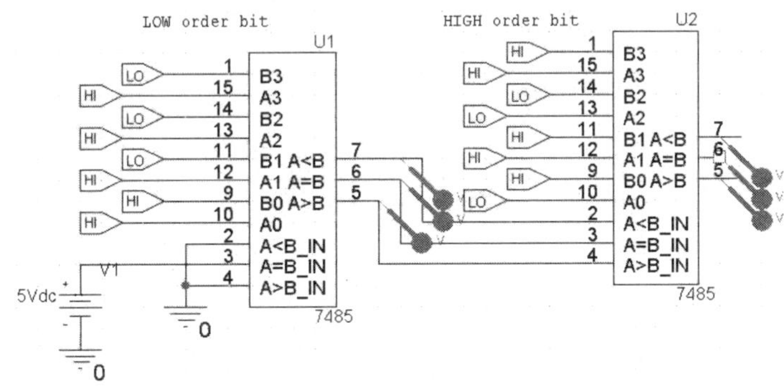

그림 14-7(a) 시뮬레이션 회로

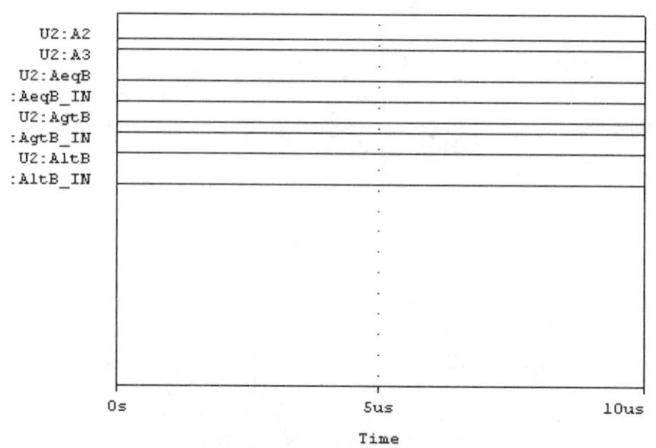

그림 14-7(b) 시뮬레이션 결과

Analysis setup

Transient Analysis	Maximum Step	20ns
	Run to Time	10us

circuit file

```
.TRAN   0 10us 0 20ns
.PROBE V(alias(*)) I(alias(*)) W(alias(*)) D(alias(*)) NOISE(alias(*))
X_U2          $D_HI $D_LO $D_HI $D_LO $D_HI $D_LO $D_HI $D_HI
+ N00752 N03799 N00663 N03101 M_UN0001 N03095 $G_DPWR $G_DGND
7485
X_U1          $D_HI $D_HI $D_HI $D_HI $D_LO $D_LO $D_LO $D_HI 0
+ N00225 0 N00752 N03799 N00663 $G_DPWR $G_DGND 7485
V_V1      N00225 0 5Vdc
.END
```

14.8 두 이진수 X=Y 비교 회로 설계

2비트로 구성된 2진수를 비교하는 것으로 바이너리 수 X는 x_0, x_1로 구성되고, 바이너리수 Y는 y_0, y_1로 구성된다. 바이너리 수 X와 Y가 같은 경우에만 출력 1이 나오는 회로를 설계해 보자. 바이너리 수 X, Y가 같은 경우는 모두 4가지이다. 즉 아래 진리표의 예에서 알 수 있듯이 00, 01, 10, 11인 경우 일 것이다. 진리표로부터 논리식을 다음과 같다.

$$z = x_o x_1 y_0 y_1 + x_0' x_1 y_0' y_1 + x_0 x_1' y_0 y_1' + x_0' \ x_1' \ y_0' \ y_1'$$

시뮬레이션 결과를 보면 XeqY의 파형은 X와 Y가 같은 경우만 출력됨을 알 수 있다.

x0	x1	y0	y1	z
0	0	0	0	1
0	0	0	1	0
0	0	1	0	0
0	0	1	0	0
0	1	0	0	0
0	1	0	1	1
0	1	1	0	0
0	1	1	1	0
1	0	0	0	0
1	0	0	1	0
1	0	1	0	1
1	0	1	1	0
1	1	0	0	0
1	1	0	1	0
1	1	1	0	0
1	1	1	1	1

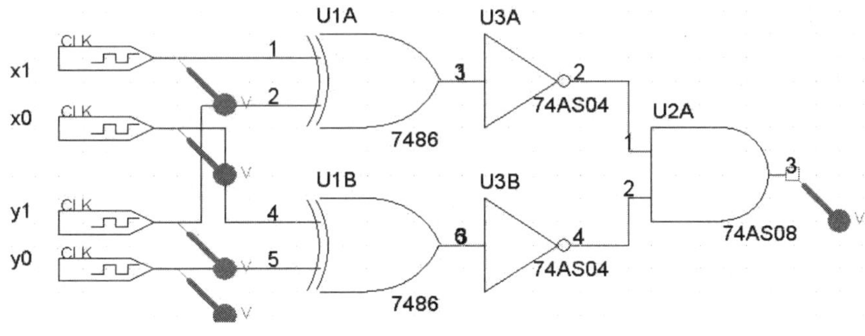

그림 14-8(a) 시뮬레이션 회로

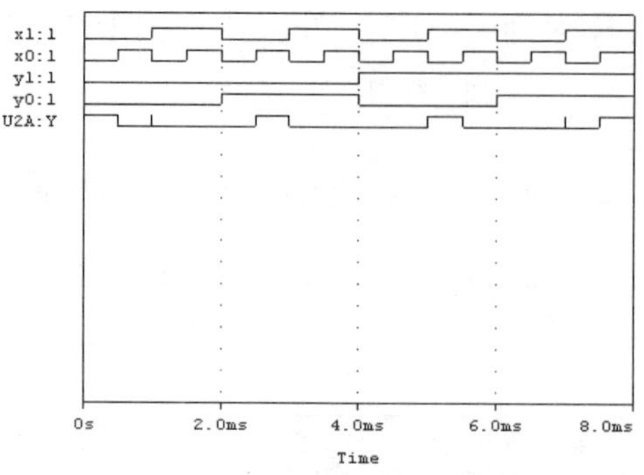

그림 14-8(b) 시뮬레이션 결과

Analysis setup

Transient Analysis	Maximum Step	20us
	Run to Time	8ms

DigClock 설정

	x0	x1	y0	y1
DELAY=				
ONTIME=	0.5ms	1ms	2ms	4ms
OFFTIME=	0.5ms	1ms	2ms	4ms
STARTVAL=	0	0	0	0
OPPVAL=	1	1	1	1

circuit file

```
.TRAN   0 8ms 0 20us
.PROBE V(alias(*)) I(alias(*)) W(alias(*)) D(alias(*)) NOISE(alias(*))
U_y0        STIM(1,1) $G_DPWR $G_DGND N00319
X_U1A       N00304 N00437 N000482 $G_DPWR $G_DGND 7486
X_U1B       N00401 N00319 N000722 $G_DPWR $G_DGND 7486
X_U2A       N00566 N00593 M_UN0001 $G_DPWR $G_DGND 74AS08
X_U3A       N000482 N00566 $G_DPWR $G_DGND 74AS04
X_U3B       N000722 N00593 $G_DPWR $G_DGND 74AS04
U_x1        STIM(1,1) $G_DPWR $G_DGND N00304
U_x0        STIM(1,1) $G_DPWR $G_DGND N00401
U_y1        STIM(1,1) $G_DPWR $G_DGND N00437
.END
```

14.9 두 이진수 X>Y 비교 회로 설계

2비트로 구성된 2진수를 비교하는 것으로 바이너리 X는 x_1, x_0로 구성되고, 바이너리 수 Y는 y_1, y_0로 구성되어 있다. 바이너리 수 X>Y인 경우에만 출력 1이 나오는 회로를 설계해 보자. 바이너리 수 X>Y인 경우는 모두 6가지가 있다. 즉 아래 진리표에서 알 수 있는 바와 같이 논리식은

$$z = x_1'x_0y_1'y_0' + x_1x_0'y_1'y_0' + x_1x_0'y_1'y_0 + x_1x_0y_1'y_0' + x_1x_0y_1'y_0 + x_1x_0y_1y_0'$$

$$= x_1y_1' + x_0y_1'y_0' + x_1x_0y_0'$$

시뮬레이션 결과를 보면 XgtY의 파형은 X>Y인 경우만 출력됨을 알 수 있다.

x0	x1	y0	y1	z
0	0	0	0	0
0	0	0	1	0
0	0	1	0	0
0	0	1	1	0
0	1	0	0	1
0	1	0	1	0
0	1	1	0	0
0	1	1	1	0
1	0	0	0	1
1	0	0	1	1
1	0	1	0	0
1	0	1	1	0
1	1	0	0	1
1	1	0	1	1
1	1	1	0	1
1	1	1	1	0

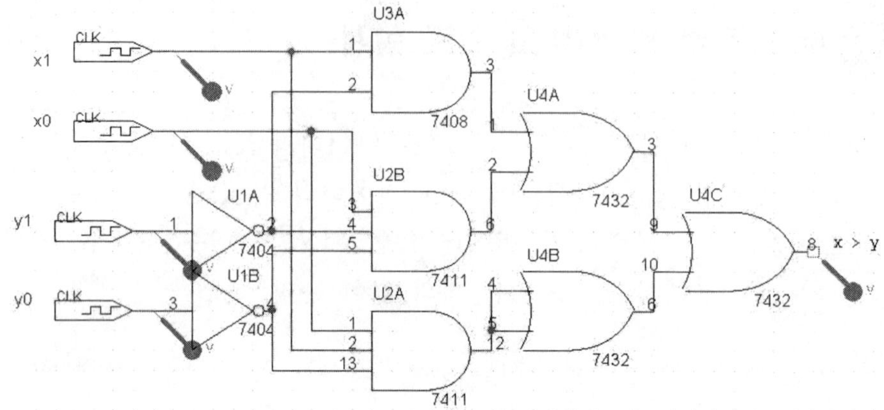

그림 14-9(a) 시뮬레이션 회로

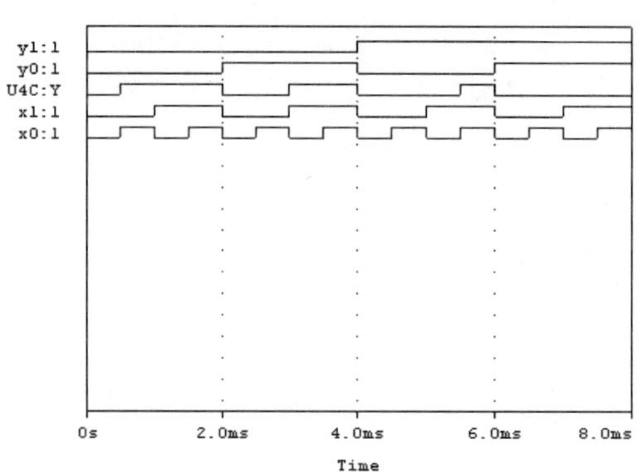

그림 14-9(b) 시뮬레이션 결과

Analysis setup

Transient Analysis	Maximum Step	20us
	Run to Time	8ms

DigClock 설정

	x0	x1	y0	y1
DELAY=				
ONTIME=	0.5ms	1ms	2ms	4ms
OFFTIME=	0.5ms	1ms	2ms	4ms
STARTVAL=	0	0	0	0
OPPVAL=	1	1	1	1

circuit file

```
.TRAN  0 8mns 0 20us
.PROBE V(alias(*)) I(alias(*)) W(alias(*)) D(alias(*)) NOISE(alias(*))
U_y0         STIM(1,1) $G_DPWR $G_DGND N02103
X_U2A        N01264 N01122 N01148 N01563 $G_DPWR $G_DGND 7411
X_U2B        N01264 N01134 N01148 N01525 $G_DPWR $G_DGND 7411
X_U3A        N01122 N01134 N01490 $G_DPWR $G_DGND 7408
X_U4A        N01490 N01525 N01649 $G_DPWR $G_DGND 7432
X_U4B        N01563 N01563 N01695 $G_DPWR $G_DGND 7432
U_x1         STIM(1,1) $G_DPWR $G_DGND N01122
X_U1A        N02069 N01134 $G_DPWR $G_DGND 7404
U_x0         STIM(1,1) $G_DPWR $G_DGND N01264
U_y1         STIM(1,1) $G_DPWR $G_DGND N02069
X_U4C        N01649 N01695 M_UN0001 $G_DPWR $G_DGND 7432
X_U1B        N02103 N01148 $G_DPWR $G_DGND 7404
.END
```

14.10 두 이진수 X<Y 비교 회로 설계

2비트로 구성된 2진수를 비교하는 것으로 바이너리 X는 x_1, x_0로 구성되고, 바이너리 수 Y는 y_1, y_0로 구성되어 있다. 바이너리 수 X<Y인 경우에만 출력 1이 나오는 회로를 설계해 보자. 바이너리 수 X<Y인 경우는 모두 6가지가 있다. 즉 아래 진리표에서 알 수 있는 바와 같이 논리식은

$$z = x_1' x_0' \; y_1' y_0 + x_0' x_0' y_1 y_0' + x_1' x_0' y_1 y_0 + x_1' x_0 y_1 y_0' + x_1' x_0 y_1 y_0 + x_1 x_0' y_1 y_0$$

$$= x_1' y_1 + x_0' \; x_0' y_0 + x_0' y_1 y_0$$

시뮬레이션 결과를 보면 XleY의 파형은 X<Y인 경우만 출력됨을 알 수 있다.

x0	x1	y0	y1	z
0	0	0	0	0
0	0	0	1	1
0	0	1	0	1
0	0	1	1	1
0	1	0	0	0
0	1	0	1	0
0	1	1	0	1
0	1	1	1	1
1	0	0	0	0
1	0	0	1	0
1	0	1	0	0
1	0	1	1	1
1	1	0	0	0
1	1	0	1	0
1	1	1	0	0
1	1	1	1	0

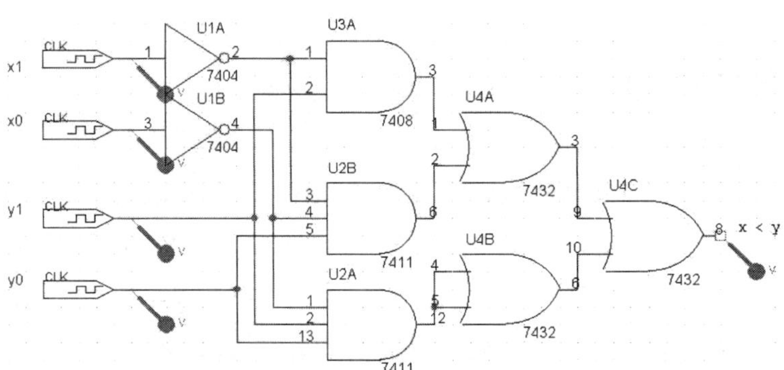

그림 14-10(a) 시뮬레이션 회로

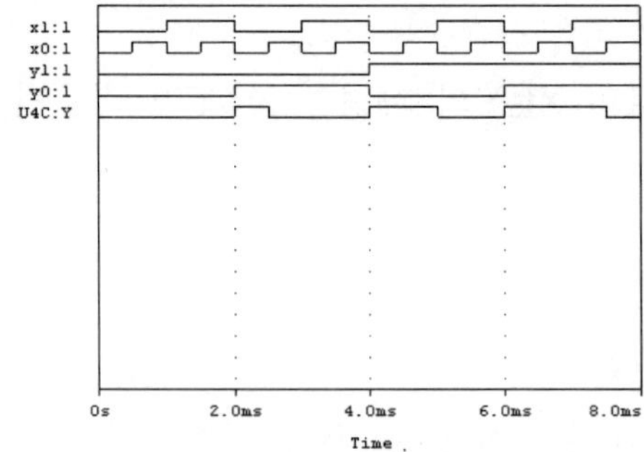

그림 14-10(b) 시뮬레이션 결과

Analysis setup

Transient Analysis	Maximum Step	20us
	Run to Time	8ms

DigClock 설정

	x0	x1	y0	y1
DELAY=				
ONTIME=	0.5ms	1ms	2ms	4ms
OFFTIME=	0.5ms	1ms	2ms	4ms
STARTVAL=	0	0	0	0
OPPVAL=	1	1	1	1

circuit file

```
.TRAN  0 8ms 0 20us
.PROBE V(alias(*)) I(alias(*)) W(alias(*)) D(alias(*)) NOISE(alias(*))
U_y0          STIM(1,1) $G_DPWR $G_DGND N03410
X_U2A         N02940 N03290 N03410 N01563 $G_DPWR $G_DGND 7411
X_U2B         N02881 N02940 N03410 N01525 $G_DPWR $G_DGND 7411
X_U3A         N02881 N03290 N01490 $G_DPWR $G_DGND 7408
X_U4A         N01490 N01525 N01649 $G_DPWR $G_DGND 7432
X_U4B         N01563 N01563 N01695 $G_DPWR $G_DGND 7432
U_x1          STIM(1,1) $G_DPWR $G_DGND N03637
X_U1A         N03637 N02881 $G_DPWR $G_DGND 7404
U_x0          STIM(1,1) $G_DPWR $G_DGND N03589
U_y1          STIM(1,1) $G_DPWR $G_DGND N03290
X_U4C         N01649 N01695 M_UN0001 $G_DPWR $G_DGND 7432
X_U1B         N03589 N02940 $G_DPWR $G_DGND 7404
.END
```

14.11 4비트 트리스테이트 레지스터

이 Tri-state 회로는 Output-Enable이 Low이면 입력 데이터가 출력되고, High이면 High-Impedance 상태가 되어 데이터가 출력되지 않음을 확인할 수 있다.

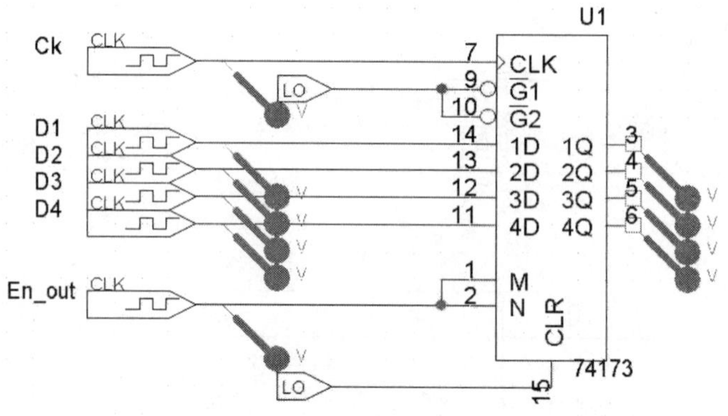

그림 14-11(a) 시뮬레이션 회로

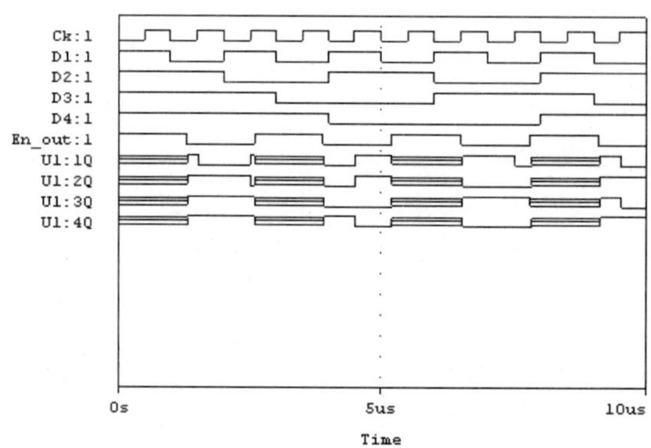

그림 14-11(b) 시뮬레이션 결과

Analysis setup

Transient Analysis	Maximum Step	20ns
	Run to Time	10us

DigClock 설정

	Ck	En_OUT	D1	D2	D3	D4
DELAY=		0	0	0	0	0
ONTIME=	0.5us	1.3us	1us	2us	3us	4us
OFFTIME=	0.5us	1.3us	1us	2us	3us	4us
STARTVAL=	0	1	1	1	1	1
OPPVAL=	1	0	0	0	0	0

circuit file

```
.TRAN  0 10us 0 20ns
.PROBE V(alias(*)) I(alias(*)) W(alias(*)) D(alias(*)) NOISE(alias(*))
X_U1        $D_LO  N00265  $D_LO   $D_LO   N00376   N00376   N00304
+ N00319  N00336  N00355  M_UN0001  M_UN0002  M_UN0003  M_UN0004
+ $G_DPWR $G_DGND 74173
U_Ck        STIM(1,1) $G_DPWR $G_DGND N00265
U_D1        STIM(1,1) $G_DPWR $G_DGND N00304
U_D2        STIM(1,1) $G_DPWR $G_DGND N00319
U_D3        STIM(1,1) $G_DPWR $G_DGND N00336
U_D4        STIM(1,1) $G_DPWR $G_DGND N00355
U_En_out    STIM(1,1) $G_DPWR $G_DGND N00376
.END
```

14.12 BCD-to-7 세그먼트 엔코더

이 회로는 BCD-to-7 세그먼트 엔코더이다. BCD로 입력되는 데이터 값을 7 세그먼트로 나타나게 된다. 출력의 예에서 보면 0을 표시하기 위해서 세분 세그먼트의 a, b, c, d, e, f가 턴-온되고, 1을 나타내기 위해서는 세그먼트의 b와 c만 턴-온되면 된다. 십진수 0에서 9까지만 표시되고 나머지 부분은 무효하다.

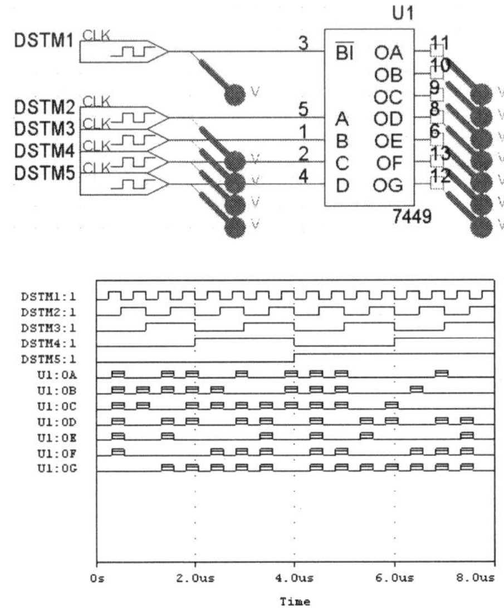

그림 14-12(a) 시뮬레이션 회로

그림 14-12(b) 시뮬레이션 결과

Analysis setup

Transient Analysis	Maximum Step	10ns
	Run to Time	8us

DigClock 설정

	DSTM1	DSTM2	DSTM3	DSTM4	DSTM5
DELAY=					
ONTIME=	0.25us	0.5us	1us	2us	4us
OFFTIME=	0.25us	0.5us	1us	2us	4us
STARTVAL=	0	1	1	1	1
OPPVAL=	1	0	0	0	0

circuit file

```
.TRAN  0 8us  0 10ns
.PROBE V(alias(*)) I(alias(*)) W(alias(*)) D(alias(*)) NOISE(alias(*))
U_DSTM1      STIM(1,1) $G_DPWR $G_DGND N01173
U_DSTM2      STIM(1,1) $G_DPWR $G_DGND N01181
U_DSTM3      STIM(1,1) $G_DPWR $G_DGND N01191
U_DSTM4      STIM(1,1) $G_DPWR $G_DGND N01203
X_U1         N01181 N01191 N01203 N01217 N01173 M_UN0001 M_UN0002
+ M_UN0003 M_UN0004 M_UN0005 M_UN0006 M_UN0007 $G_DPWR
+ $G_DGND 7449
U_DSTM5       STIM(1,1) $G_DPWR $G_DGND N01217
.END
```

14.13 직렬 입력-병렬 출력

이 회로는 데이터가 직렬로 입력하면 출력은 병렬로 나오게 하는 회로이다. 데이터의 직-병렬 변환에 이용되는 회로이다.

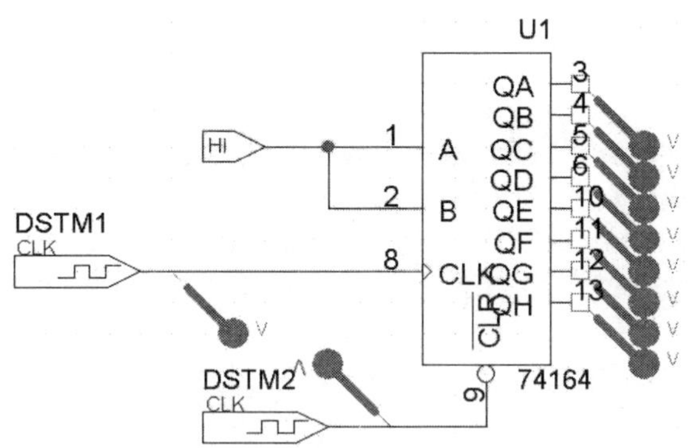

그림 14-13(a) 시뮬레이션 회로

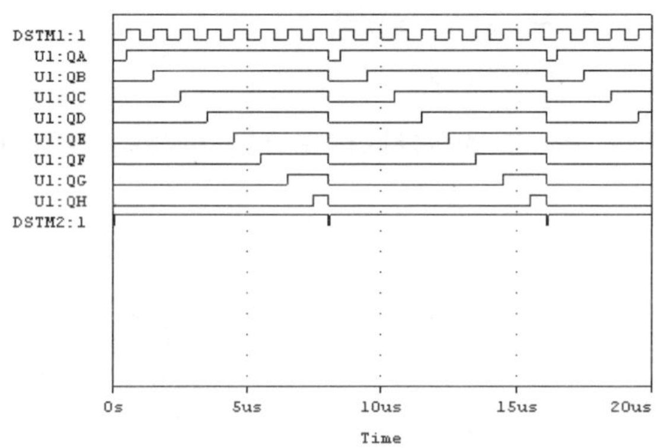

그림 14-13(b) 시뮬레이션 결과

Analysis setup

Transient Analysis	Maximum Step	
	Run to Time	20us

DigClock 설정

	DSTM1	DSTM2
DELAY=		
ONTIME=	0.5us	0.05us
OFFTIME=	0.5us	8us
STARTVAL=	0	0
OPPVAL=	1	1

circuit file

```
.TRAN   0 20us 0
.PROBE V(alias(*)) I(alias(*)) W(alias(*)) D(alias(*)) NOISE(alias(*))
U_DSTM2       STIM(1,1) $G_DPWR $G_DGND N01731
X_U1          N01731 N00192 $D_HI $D_HI M_UN0001 M_UN0002 M_UN0003
+ M_UN0004 M_UN0005 M_UN0006 M_UN0007 M_UN0008 $G_DPWR
+ $G_DGND 74164
U_DSTM1        STIM(1,1) $G_DPWR $G_DGND N00192
.END
```

14.14 병렬 입력 - 병렬 출력

이 회로는 데이터가 병렬로 입력하면 출력도 병렬로 나오게 하는 회로이다.

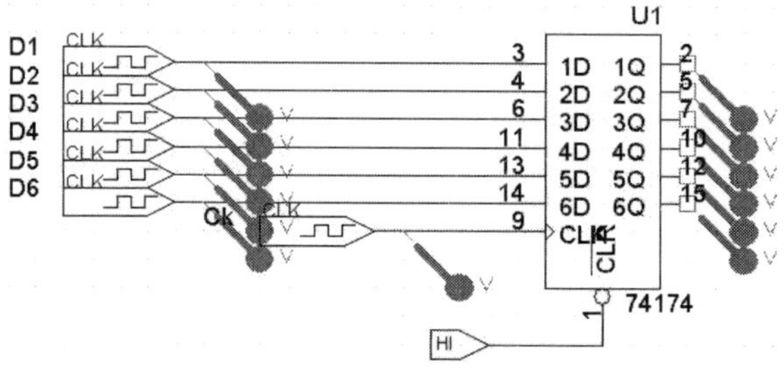

그림 14-14(a) 시뮬레이션 회로

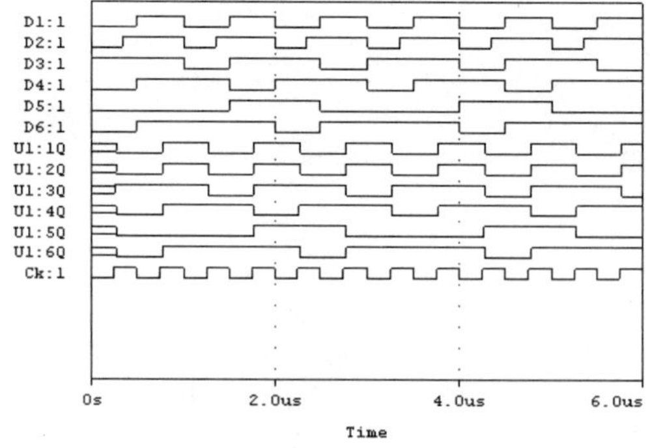

그림 14-14(b) 시뮬레이션 결과

Analysis setup

Transient	Transient Analysis	Maximum Step	20ns
		Run to Time	6us

DigClock 설정

	Ck	D1_in	D2_in	D3_in	D4_in	D5_in	D6_in
DELAY=							0.5us
ONTIME=	0.25us	0.5us	0.35us	1us	0.5us	1.5us	0.5us
OFFTIME=	0.25us	0.5us	0.65us	0.5us	1us	0.5us	1.5us
STARTVAL=	0	0	0	1	0	0	0
OPPVAL=	1	1	1	0	1	1	1

circuit file

```
.TRAN  0 6us 0 20ns
.PROBE V(alias(*)) I(alias(*)) W(alias(*)) D(alias(*)) NOISE(alias(*))
U_D1          STIM(1,1) $G_DPWR $G_DGND N00295
X_U1          $D_HI N00583 N00295 N00306 N00332 N00347 N00492 N00530
+ M_UN0001 M_UN0002 M_UN0003 M_UN0004 M_UN0005 M_UN0006
+ $G_DPWR $G_DGND 74174
U_D2          STIM(1,1) $G_DPWR $G_DGND N00306
U_D3          STIM(1,1) $G_DPWR $G_DGND N00332
U_D4          STIM(1,1) $G_DPWR $G_DGND N00347
U_D5          STIM(1,1) $G_DPWR $G_DGND N00492
U_D6          STIM(1,1) $G_DPWR $G_DGND N00530
U_Ck          STIM(1,1) $G_DPWR $G_DGND N00583
.END
```

14.15 병렬 입력-직렬 출력

이 회로는 데이터가 병렬로 입력하면 출력은 직렬로 나오게 하는 회로이다. 데이터의 병-직렬 변환에 이용되는 회로이다.

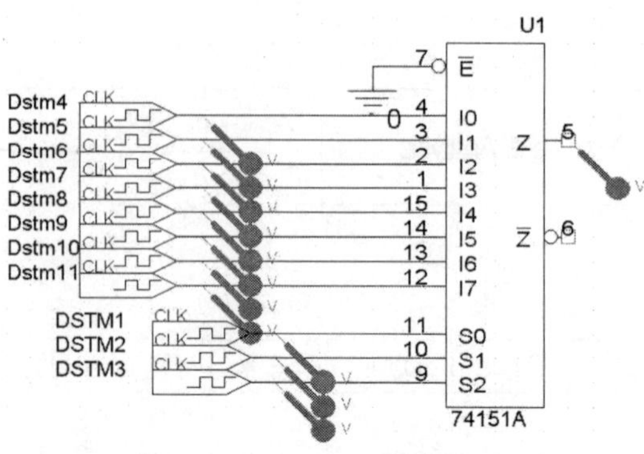

그림 14-15(a) 시뮬레이션 회로

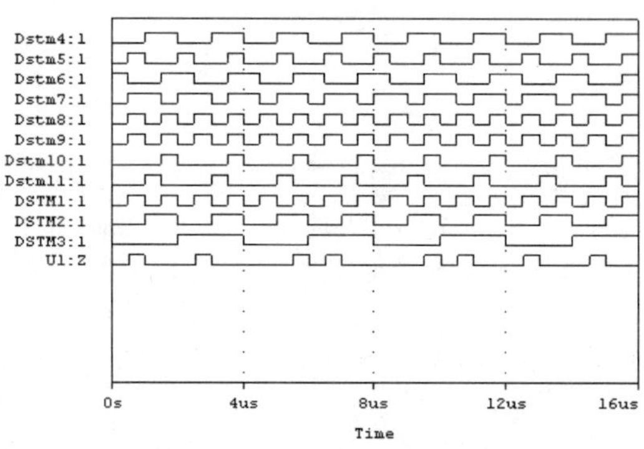

그림 14-15(b) 시뮬레이션 결과

Analysis setup

Transient Analysis	Maximum Step	20ns
	Run to Time	16us

DigClock 설정

	DSTM 1	DSTM 2	DSTM 3	DSTM 4	DSTM 5	DSTM 6	DSTM 7	DSTM 8	DSTM 9	DSTM 10	DSTM 11
DELAY=					0.5us	0.5us			0.5us		1us
ONTIME=	.5us	1us	2us	1us	1us	1us	0.5us	0.5us	0.5us	1.5us	1.5us
OFFTIME=	.5us	1us	2us	1us	0.5us	1us	1us	0.5us	0.5us	0.5us	0.5us
STARTVAL=	0	0	0	1	0	0	0	0	1	0	1
OPPVAL=	1	1	1	0	1	1	1	1	0	1	0

circuit file

```
.TRAN   0 16us 0 20ns
.PROBE V(alias(*)) I(alias(*)) W(alias(*)) D(alias(*)) NOISE(alias(*))
X_U1          0 N00658 N00685 N00714 N00514 N00525 N00538 N00553 N00570
+ N00589 N00610 N00633 M_UN0001 M_UN0002 $G_DPWR $G_DGND 74151A
U_DSTM1       STIM(1,1) $G_DPWR $G_DGND N00658
U_DSTM3       STIM(1,1) $G_DPWR $G_DGND N00714
U_DSTM2       STIM(1,1) $G_DPWR $G_DGND N00685
U_Dstm4       STIM(1,1) $G_DPWR $G_DGND N00514
U_Dstm5       STIM(1,1) $G_DPWR $G_DGND N00525
U_Dstm6       STIM(1,1) $G_DPWR $G_DGND N00538
U_Dstm7       STIM(1,1) $G_DPWR $G_DGND N00553
U_Dstm8       STIM(1,1) $G_DPWR $G_DGND N00570
U_Dstm11      STIM(1,1) $G_DPWR $G_DGND N00633
U_Dstm9       STIM(1,1) $G_DPWR $G_DGND N00589
U_Dstm10      STIM(1,1) $G_DPWR $G_DGND N00610
.END
```

14.16 병렬 데이터 전송

이 회로는 병렬 데이터 전송(Parallel data transfer)이다. Q출력은 D입력과 같게 나타나기 때문에 혹자는 D 플립-플롭의 사용용도에 대하여 의구심을 가질 수도 있다. 그러나 주의할 사항은 출력 Q의 논리상태가 공통 Ck입력에 따라 D입력의 논리상태를 갖고 D와 똑같지는 않다. D 플립-플롭의 여러 응용중의 하나로써, 논리 회로의 출력 X, Y, Z가 기억을 위해 플립-플롭의 출력 Q_1, Q_2, Q_3에 전달된다. 플립-플롭은 차후의 처리를 위해 이 값들을 저장한다. 이것은 2진 데이터 X, Y, Z의 3비트가 동시에 모두 전송되는 병렬전송의 한 예이다. 출력 파형은 Ck가 Positive-going transition(PGT)이므로 즉 Ck에 버블(Bubble)이 없으므로 클럭이 위로 올라갈 때 파형의 변화를 가져옴을 이해할 수 있다.

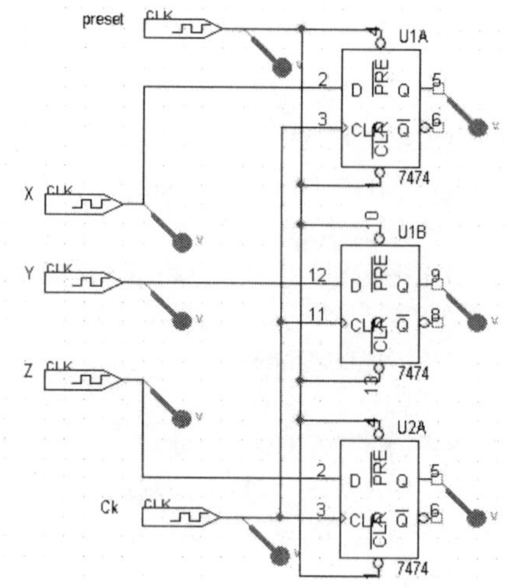

그림 14-16(a) 시뮬레이션 회로

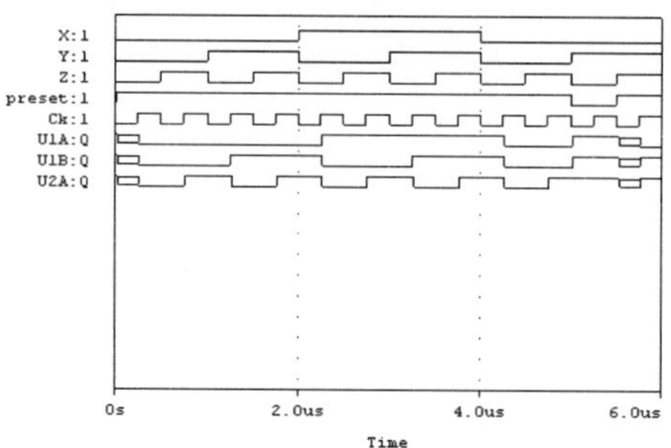

그림 14-16(b) 시뮬레이션 결과

Analysis setup

Transient Analysis	Maximum Step	20ns
	Run to Time	6us

DigClock 설정

	X	Y	Z	Ck	Preset
DELAY=					0.01us
ONTIME=	2us	1us	0.5us	0.25us	0.5s
OFFTIME=	2us	1us	0.5us	0.25us	5us
STARTVAL=	0	0	0	0	0
OPPVAL=	1	1	1	1	1

circuit file

```
.TRAN  0 6us 0 20ns
.PROBE V(alias(*)) I(alias(*)) W(alias(*)) D(alias(*)) NOISE(alias(*))
X_U1A    N00221 N00579 N00322 N00221 M_UN0001 M_UN0002 $G_DPWR
+ $G_DGND 7474
X_U1B    N00221 N00610 N00322 N00221 M_UN0003 M_UN0004 $G_DPWR
+ $G_DGND 7474
X_U2A    N00221 N00641 N00322 N00221 M_UN0005 M_UN0006 $G_DPWR
+ $G_DGND 7474
U_preset      STIM(1,1) $G_DPWR $G_DGND N00221
U_Ck          STIM(1,1) $G_DPWR $G_DGND N00322
U_X           STIM(1,1) $G_DPWR $G_DGND N00579
U_Y           STIM(1,1) $G_DPWR $G_DGND N00610
U_Z           STIM(1,1) $G_DPWR $G_DGND N00641
.END
```

14.17 4-to-10 디코더

이 회로는 4-line-to-10-line 디코더로서 BCD-to-Decimal 디코더라고도 한다. 입력단 ABCD의 BCD 값에 따라 그에 상응하는 10진수의 출력단이 active-low가 된다. 예를 들면, 8-4-2-1코드로 0110이라면 Y(6)는 Active-low가 된다.

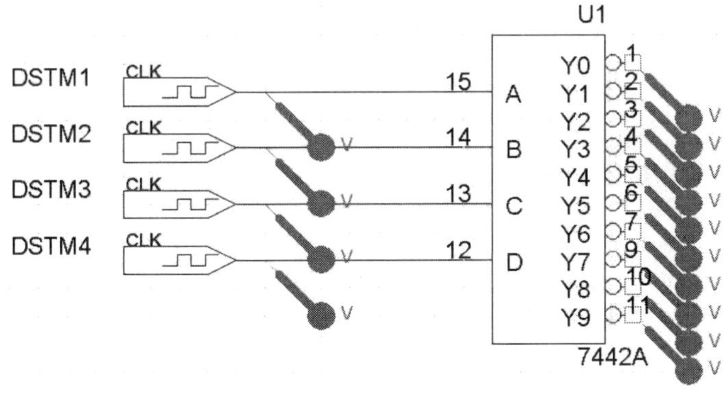

그림 14-17(a) 시뮬레이션 회로

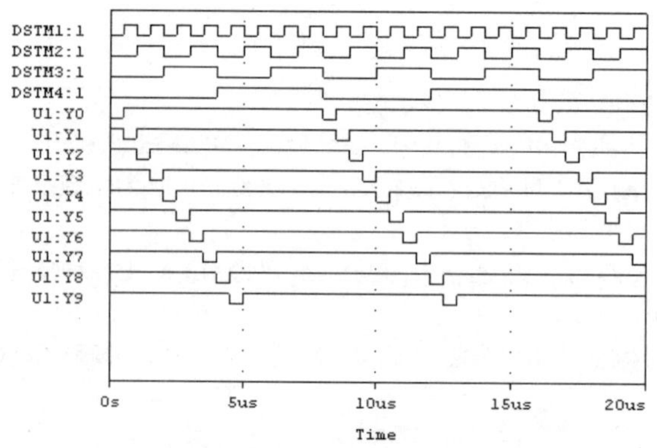

그림 14-17(b) 시뮬레이션 결과

Analysis setup

Transient Analysis	Maximum Step	20ns
	Run to Time	20us

DigClock 설정

	DSTM1	DSTM2	DSTM3	DSTM4
DELAY=				
ONTIME=	.5us	1us	2us	4us
OFFTIME=	.5us	1us	2us	4us
STARTVAL=	0	0	0	0
OPPVAL=	1	1	1	1

circuit file

```
.TRAN  0 20us 0 20ns
.PROBE V(alias(*)) I(alias(*)) W(alias(*)) D(alias(*)) NOISE(alias(*))
U_DSTM1      STIM(1,1) $G_DPWR $G_DGND N00201
U_DSTM2      STIM(1,1) $G_DPWR $G_DGND N00209
U_DSTM3      STIM(1,1) $G_DPWR $G_DGND N00219
U_DSTM4      STIM(1,1) $G_DPWR $G_DGND N00231
X_U1     N00201 N00209 N00219 N00231 M_UN0001 M_UN0002 M_UN0003
+ M_UN0004 M_UN0005 M_UN0006 M_UN0007 M_UN0008 M_UN0009
+ M_UN0010 $G_DPWR $G_DGND 7442A
.END
```

14.18 MOD-4 카운터의 글리치(Glitch)

이 회로는 MOD-4 카운터의 글리치를 해결하는 회로이다. 2-입력 AND 게이트를 사용하면 출력 파형에서 보인 바와 같이 글리치(Glitch)가 발생하므로 3-입력 AND 게이트를 사용하여 Strobe를 입력하여 글리치를 제거할 수 있다.

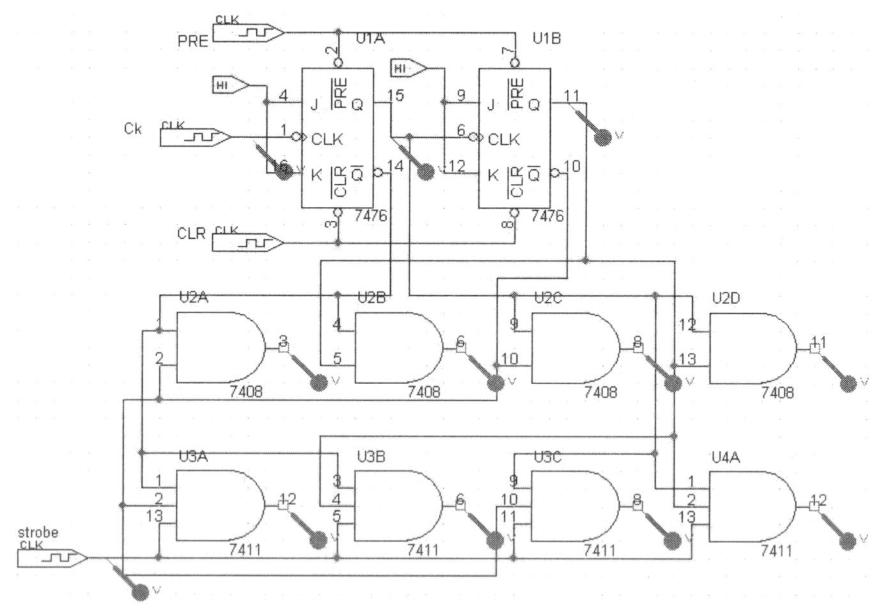

그림 14-18(a) 시뮬레이션 회로

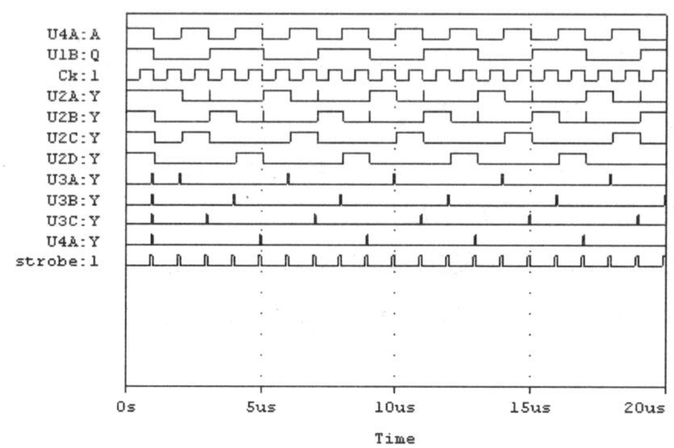

그림 14-18(b) 시뮬레이션 결과

Analysis setup

Transient Analysis	Maximum Step	
	Run to Time	12us

DigClock 설정

	Ck	Strobe
DELAY=		
ONTIME=	0.5us	0.9us
OFFTIME=	0.5us	0.1us
STARTVAL=	0	0
OPPVAL=	1	1

circuit file

```
.TRAN   0 12us 0
.PROBE V(alias(*)) I(alias(*)) W(alias(*)) D(alias(*)) NOISE(alias(*))
X_U2D       N00357 N01942 M_UN0001 $G_DPWR $G_DGND 7408
X_U1A       N00384 N00874 N00959 $D_HI $D_HI N00357 N01461
+ $G_DPWR $G_DGND 7476
U_PRE       STIM(1,1) $G_DPWR $G_DGND N00874
X_U3A       N01461 N01703 N03334 M_UN0002 $G_DPWR $G_DGND 7411
U_CLR       STIM(1,1) $G_DPWR $G_DGND N00959
X_U1B       N00357 N00874 N00959 $D_HI $D_HI N01942 N01703 $G_DPWR
+ $G_DGND  7476
X_U3B       N01461 N01942 N03334 M_UN0003 $G_DPWR $G_DGND 7411
X_U2A       N01461 N01703 M_UN0004 $G_DPWR $G_DGND 7408
X_U3C       N00357 N01703 N03334 M_UN0005 $G_DPWR $G_DGND 7411
X_U2B       N01461 N01942 M_UN0006 $G_DPWR $G_DGND 7408
U_Ck        STIM(1,1) $G_DPWR $G_DGND N00384
U_strobe    STIM(1,1) $G_DPWR $G_DGND N03334
X_U4A       N00357 N01942 N03334 M_UN0007 $G_DPWR $G_DGND 7411
X_U2C       N00357 N01703 M_UN0008 $G_DPWR $G_DGND 7408
.END
```

14.19 디코더-엔코더 결합 회로

이 회로는 4-line-to-10-line 디코더와 decimal-to-BCD 엔코더 회로를 직렬로 접속한 경우이며 입력단 ABCD 데이터가 출력단에 나타나는 것을 알 수 있지만 디코더의 출력이 0~9를 벗어나면 무효 상태이므로 엔코더에 출력이 나타나지 않음을 알 수 있다.

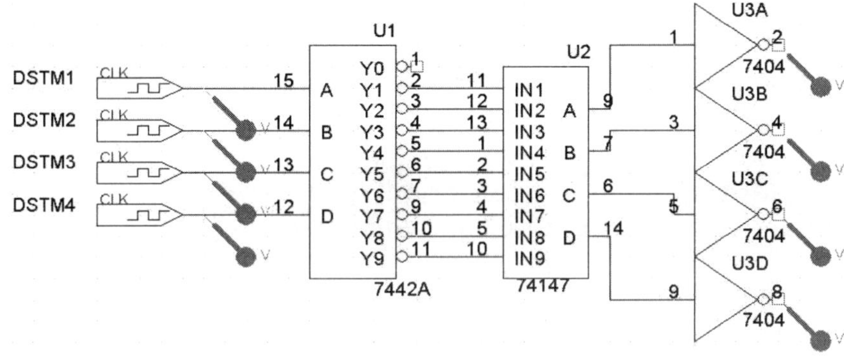

그림 14-19(a) 시뮬레이션 회로

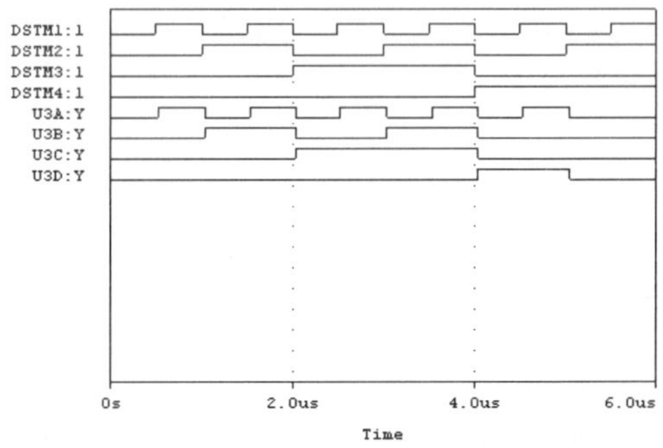

그림 14-19(b) 시뮬레이션 결과

Analysis setup

Transient Analysis	Maximum Step	20ns
	Run to Time	6us

DigClock 설정

	DSTM1	DSTM2	DSTM3	DSTM4
DELAY=				
ONTIME=	.5us	1us	2us	4us
OFFTIME=	.5us	1us	2us	4us
STARTVAL=	0	0	0	0
OPPVAL=	1	1	1	1

circuit file

```
.TRAN  0 6us 0 20ns
.PROBE V(alias(*)) I(alias(*)) W(alias(*)) D(alias(*)) NOISE(alias(*))
X_U3C         N00973 M_UN0001 $G_DPWR $G_DGND 7404
X_U3D         N00885 M_UN0002 $G_DPWR $G_DGND 7404
U_DSTM1       STIM(1,1) $G_DPWR $G_DGND N00375
U_DSTM2       STIM(1,1) $G_DPWR $G_DGND N00383
U_DSTM3       STIM(1,1) $G_DPWR $G_DGND N00393
X_U1     N00375 N00383 N00393 N00405 M_UN0003 N00615 N00631 N00649
+ N00669 N00691 N00704 N00718 N00746 N00776 $G_DPWR $G_DGND 7442A
U_DSTM4       STIM(1,1) $G_DPWR $G_DGND N00405
X_U2          N00615 N00631 N00649 N00669 N00691 N00704 N00718 N00746
+ N00776   N00808 N00845 N00973 N00885 $G_DPWR $G_DGND 74147
X_U3A         N00808 M_UN0004 $G_DPWR $G_DGND 7404
X_U3B         N00845 M_UN0005 $G_DPWR $G_DGND 7404
.END
```

14.20 10진-to-BCD 우선순위 엔코더

이 회로는 입력단에 10진수를 입력하면 출력단에 그에 상응하는 BCD 값이 나오며, 하위보다 상위에 우선권이 있으므로 입력단에 두개가 동시에 입력되어도 출력은 상위 값이 출력된다. 예를 들어, IN_1이 Active-low이면 출력단의 값은 001이 돼야 하지만 Active-low이므로 110이 나타난다.

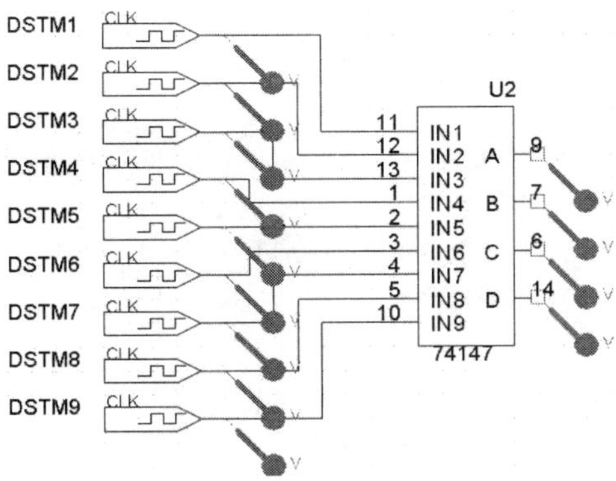

그림 14-20(a) 시뮬레이션 회로

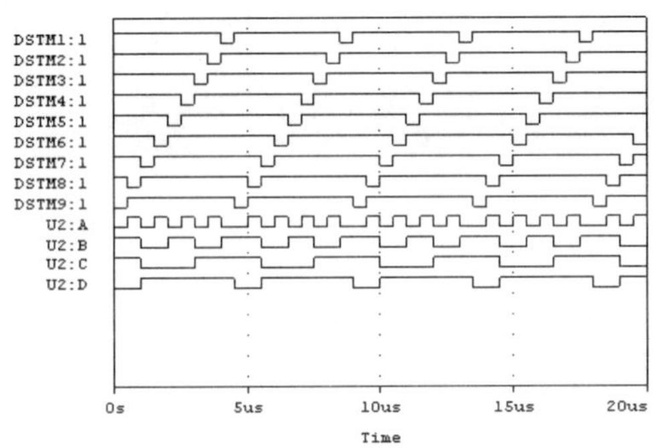

그림 14-20(b) 시뮬레이션 결과

Analysis setup

Transient Analysis	Maximum Step	20ns
	Run to Time	20us

DigClock 설정

	DSTM 1	DSTM 2	DSTM 3	DSTM 4	DSTM 5	DSTM 6	DSTM 7	DSTM 8	DSTM 9
DELAY=	4us	3.5us	3us	2.5us	2us	1.5us	1us	0.5us	0us
ONTIME=	4us	4us	4us	4us	4us	4us	4us	4us	4us
OFFTIME=	0.5us	0.5us	0.5us	0.5us	0.5us	0.5us	0.5us	0.5us	0.5us
STARTVAL=	0	0	0	0	0	0	0	0	0
OPPVAL=	1	1	1	1	1	1	1	1	1

circuit file

```
.TRAN   0 20us 0 20ns
.PROBE V(alias(*)) I(alias(*)) W(alias(*)) D(alias(*)) NOISE(alias(*))
U_DSTM5      STIM(1,1) $G_DPWR $G_DGND N00691
U_DSTM6      STIM(1,1) $G_DPWR $G_DGND N00704
U_DSTM1      STIM(1,1) $G_DPWR $G_DGND N00615
U_DSTM7      STIM(1,1) $G_DPWR $G_DGND N00718
U_DSTM2      STIM(1,1) $G_DPWR $G_DGND N00631
U_DSTM8      STIM(1,1) $G_DPWR $G_DGND N00746
U_DSTM3      STIM(1,1) $G_DPWR $G_DGND N00649
U_DSTM4      STIM(1,1) $G_DPWR $G_DGND N00669
U_DSTM9      STIM(1,1) $G_DPWR $G_DGND N00776
X_U2         N00615 N00631 N00649 N00669 N00691 N00704 N00718
+ N00746 N00776 M_UN0001 M_UN0002 M_UN0003 M_UN0004 $G_DPWR
+ $G_DGND 74147
.END
```

14.21 8-to-3 우선순위 엔코더

이 회로는 8-to-3 우선순위를 가지는 엔코더이다. 원래는 IN_0~IN_7 중에서 하나만 Low가 되고 나머지는 High가 되어야 되지만 만약 둘 이상이 동시에 Low 상태로 변하면 Low 입력 중에서 가장 높은 수의 값이 출력된다. 출력 그림에서 첫 번째 칼럼에서 IN_0과 IN_3이 Low이므로 IN_3의 값이 출력되어 100이 되어 Low 상태로 출력 값을 나타낸다. 둘째 예를 보면, IN_1, IN_2, IN_6, IN_4가 동시에 Low 상태로 입력되므로 가장 높은 수 6을 출력하게 되어 001을 나타낸다.

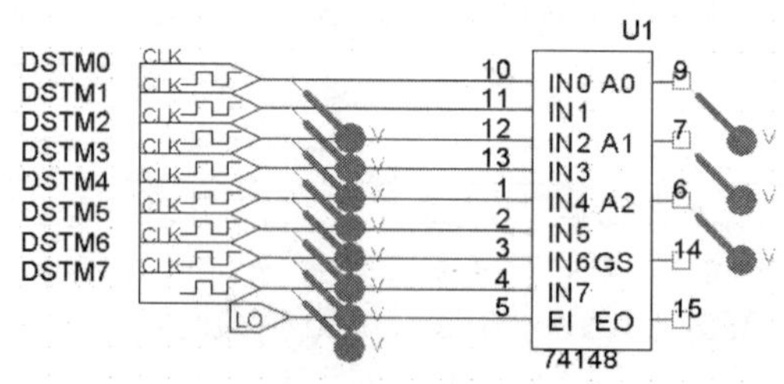

그림 14-21(a) 시뮬레이션 회로

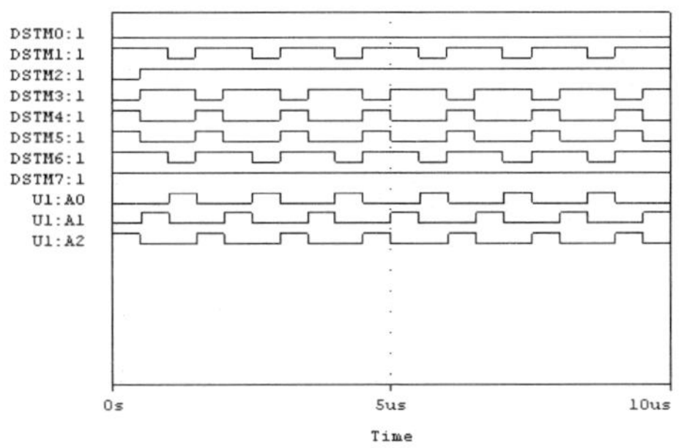

그림 14-21(b) 시뮬레이션 결과

Analysis setup

Transient Analysis	Maximum Step	20ns
	Run to Time	10us

DigClock 설정

	DSTM0	DSTM1	DSTM2	DSTM3	DSTM4	DSTM5	DSTM6	DSTM7
DELAY=			0.5us			0.5us		
ONTIME=	1us	1us	0.5us	0.5us	0.5us	0.5us	1us	1us
OFFTIME=	0.5us	0.5us	1us	1us	1us	1us	0.5us	0.5us
STARTVAL=	0	1	0	0	1	1	1	1
OPPVAL=	0	0	1	1	0	0	0	1

circuit file

```
.TRAN  0 10us 0 20ns
.PROBE V(alias(*)) I(alias(*)) W(alias(*)) D(alias(*)) NOISE(alias(*))
X_U1          N00615 N00631 N00649 N00669 N00691 N00704 N00718
+ N00746 $D_LO M_UN0001 M_UN0002 M_UN0003 M_UN0004 M_UN0005
+ $G_DPWR $G_DGND 74148
U_DSTM4      STIM(1,1) $G_DPWR $G_DGND N00691
U_DSTM5      STIM(1,1) $G_DPWR $G_DGND N00704
U_DSTM0      STIM(1,1) $G_DPWR $G_DGND N00615
U_DSTM6      STIM(1,1) $G_DPWR $G_DGND N00718
U_DSTM1      STIM(1,1) $G_DPWR $G_DGND N00631
U_DSTM7      STIM(1,1) $G_DPWR $G_DGND N00746
U_DSTM2      STIM(1,1) $G_DPWR $G_DGND N00649
U_DSTM3      STIM(1,1) $G_DPWR $G_DGND N00669
.END
```

14.22 8-to-3 엔코더

이 회로는 8개의 입력선 중에서 3선만 선택하는 회로이다. A_1이 High이므로 동작상태(activate)가 되면 그에 상응하는 BCD 코드 값 110이 출력된다. 001이 나오지 않는 이유는 7425의 출력단이 Active Low이기 때문이다.

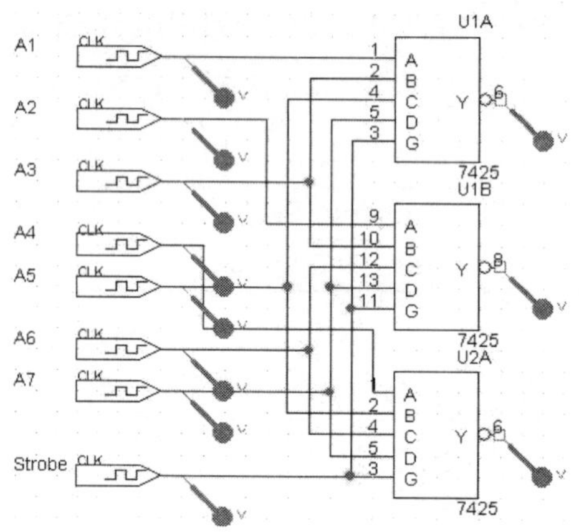

그림 14-22(a) 시뮬레이션 회로

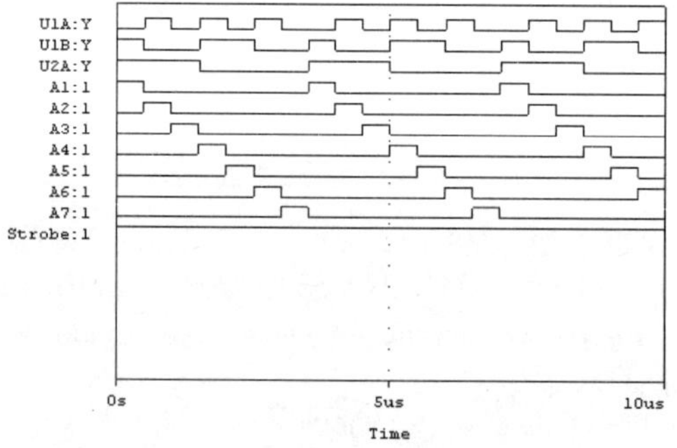

그림 14-22(b) 시뮬레이션 결과

Analysis setup

Transient Analysis	Maximum Step	20ns
	Run to Time	10us

DigClock 설정

	Strobe	A1	A2	A3	A4	A5	A6	A7
DELAY=	0us	0us	0.5us	1us	1.5us	2us	2.5us	3us
ONTIME=	0.5us	3us	3us	3us	3us	3us	3us	3us
OFFTIME=	0us	0.5us	0.5us	0.5us	0.5us	0.5us	0.5us	0.5us
STARTVAL=	1	0	0	0	0	0	0	0
OPPVAL=	0	1	1	1	1	1	1	1

circuit file

```
.TRAN  0 10us 0 20ns
.PROBE V(alias(*)) I(alias(*)) W(alias(*)) D(alias(*)) NOISE(alias(*))
U_A1         STIM(1,1) $G_DPWR $G_DGND N06972
U_A2         STIM(1,1) $G_DPWR $G_DGND N06876
U_A3         STIM(1,1) $G_DPWR $G_DGND N06744
U_A4         STIM(1,1) $G_DPWR $G_DGND N06567
U_A5         STIM(1,1) $G_DPWR $G_DGND N06305
U_A6         STIM(1,1) $G_DPWR $G_DGND N06157
U_A7         STIM(1,1) $G_DPWR $G_DGND N06077
U_Strobe     STIM(1,1) $G_DPWR $G_DGND N06012
X_U1A        N06972 N06744 N06305 N06077 N06012 M_UN0001 $G_DPWR
+ $G_DGND 7425
X_U1B        N06876 N06744 N06157 N06077 N06012 M_UN0002 $G_DPWR
+$G_DGND 7425
X_U2A        N06567 N06305 N06157 N06077 N06012 M_UN0003 $G_DPWR
+ $G_DGND 7425
.END
```

14.23 4-to-16 디멀티플렉서

이 회로는 입력선 4선로를 이용하여 출력단 16선로를 제어한다. 입력 A, B, C, D의 weight에 따라서 그에 상응하는 출력단이 Active-Low가 됨을 알 수 있다.

INPUTS						OUTPUTS															
G1	G2	D	C	B	A	0	1	2	3	4	5	6	7	8	9	10	11	12	13	14	15
L	L	L	L	L	L	L	H	H	H	H	H	H	H	H	H	H	H	H	H	H	H
L	L	L	L	L	H	H	L	H	H	H	H	H	H	H	H	H	H	H	H	H	H
L	L	L	L	H	L	H	H	L	H	H	H	H	H	H	H	H	H	H	H	H	H
L	L	L	L	H	H	H	H	H	L	H	H	H	H	H	H	H	H	H	H	H	H
L	L	L	H	L	L	H	H	H	H	L	H	H	H	H	H	H	H	H	H	H	H
L	L	L	H	L	H	H	H	H	H	H	L	H	H	H	H	H	H	H	H	H	H
L	L	L	H	H	L	H	H	H	H	H	H	L	H	H	H	H	H	H	H	H	H
L	L	L	H	H	H	H	H	H	H	H	H	H	L	H	H	H	H	H	H	H	H
L	L	H	L	L	L	H	H	H	H	H	H	H	H	L	H	H	H	H	H	H	H
L	L	H	L	L	H	H	H	H	H	H	H	H	H	H	L	H	H	H	H	H	H
L	L	H	L	H	L	H	H	H	H	H	H	H	H	H	H	L	H	H	H	H	H
L	L	H	L	H	H	H	H	H	H	H	H	H	H	H	H	H	L	H	H	H	H
L	L	H	H	L	L	H	H	H	H	H	H	H	H	H	H	H	H	L	H	H	H
L	L	H	H	L	H	H	H	H	H	H	H	H	H	H	H	H	H	H	L	H	H
L	L	H	H	H	L	H	H	H	H	H	H	H	H	H	H	H	H	H	H	L	H
L	L	H	H	H	H	H	H	H	H	H	H	H	H	H	H	H	H	H	H	H	L
L	H	X	X	X	X	H	H	H	H	H	H	H	H	H	H	H	H	H	H	H	H
H	L	X	X	X	X	H	H	H	H	H	H	H	H	H	H	H	H	H	H	H	H
H	H	X	X	X	X	H	H	H	H	H	H	H	H	H	H	H	H	H	H	H	H

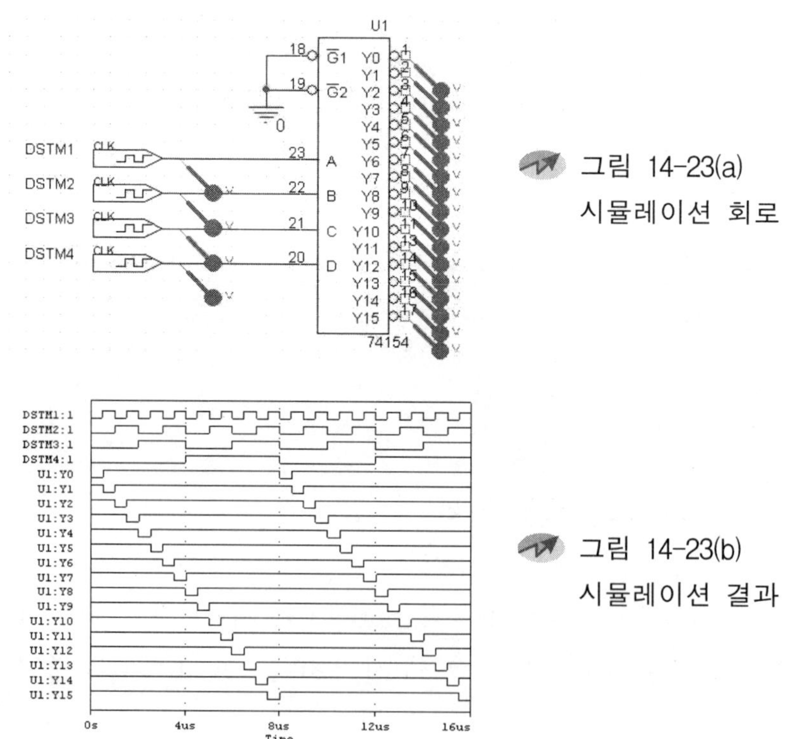

그림 14-23(a)
시뮬레이션 회로

그림 14-23(b)
시뮬레이션 결과

Analysis setup

Transient Analysis	Maximum Step	20ns
	Run to Time	16us

DigClock 설정

	DSTM1	DSTM2	DSTM3	DSTM4
DELAY=				
ONTIME=	.5us	1us	2us	4us
OFFTIME=	.5us	1us	2us	4us
STARTVAL=	0	0	0	0
OPPVAL=	1	1	1	1

circuit file

```
.TRAN  0 16us 0 20ns
.PROBE V(alias(*)) I(alias(*)) W(alias(*)) D(alias(*)) NOISE(alias(*))
U_DSTM1      STIM(1,1) $G_DPWR $G_DGND N08220
U_DSTM2      STIM(1,1) $G_DPWR $G_DGND N08230
U_DSTM3      STIM(1,1) $G_DPWR $G_DGND N08242
U_DSTM4      STIM(1,1) $G_DPWR $G_DGND N08256
X_U1         0 0 N08220 N08230 N08242 N08256 M_UN0001 M_UN0002
+ M_UN0003 M_UN0004 M_UN0005 M_UN0006 M_UN0007 M_UN0008 M_UN0009
+ M_UN0010 M_UN0011 M_UN0012 M_UN0013 M_UN0014 M_UN0015 M_UN0016
+ $G_DPWR $G_DGND 74154
.END
```

14.24 1-to-4 디멀티플렉서

이 회로는 이력선 1선로를 4선로로 분배하는 회로이다. 그 동작은 다음과 같다. S_1, S_2의 선택여부에 따라 DataIn의 데이터가 해당 라인에 출력된다. 또한 출력 파형에서 알 수 있는 바와 같이 일종의 Clock demultiplexer처럼 수행된다.

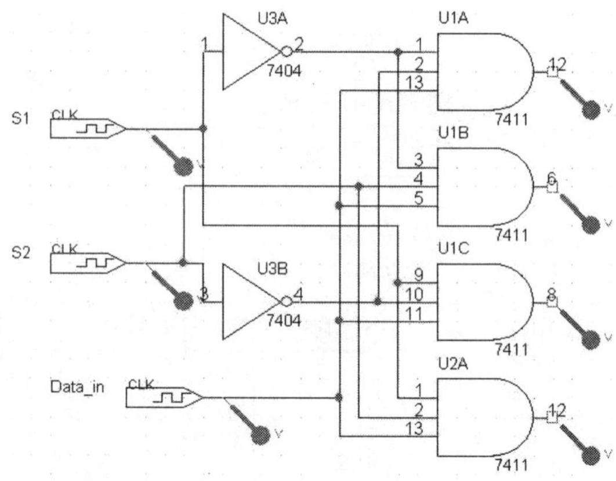

그림 14-24(a) 시뮬레이션 회로

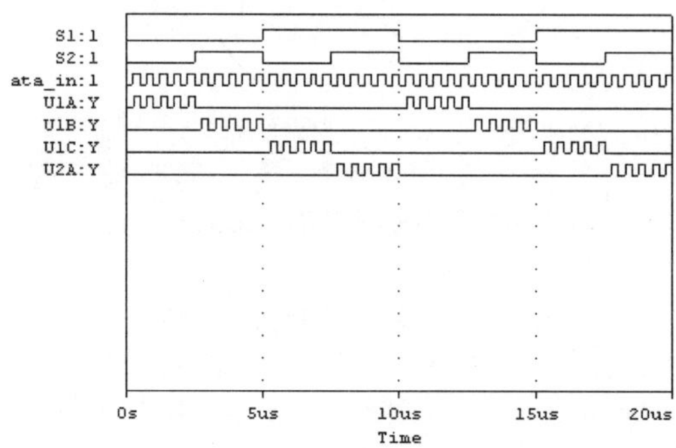

그림 14-24(b) 시뮬레이션 결과

Analysis setup

Transient Analysis	Maximum Step	20ns
	Run to Time	20us

DigClock 설정

	DATAIN	S1	S2
DELAY=			
ONTIME=	0.25us	5us	2.5us
OFFTIME=	0.25us	5us	2.5us
STARTVAL=	0	0	0
OPPVAL=	1	1	1

circuit file

```
.TRAN   0 20us 0 20ns
.PROBE V(alias(*)) I(alias(*)) W(alias(*)) D(alias(*)) NOISE(alias(*))
X_U3B        N00472 N00394 $G_DPWR $G_DGND 7404
X_U1A        N00276 N00394 N00638 M_UN0001 $G_DPWR $G_DGND 7411
X_U1B        N00276 N00472 N00638 M_UN0002 $G_DPWR $G_DGND 7411
X_U1C        N00301 N00394 N00638 M_UN0003 $G_DPWR $G_DGND 7411
X_U2A        N00301 N00472 N00638 M_UN0004 $G_DPWR $G_DGND 7411
U_S1         STIM(1,1) $G_DPWR $G_DGND N00301
U_S2         STIM(1,1) $G_DPWR $G_DGND N00472
U_Data_in    STIM(1,1) $G_DPWR $G_DGND N00638
X_U3A        N00301 N00276 $G_DPWR $G_DGND 7404
.END
```

14.25 74151 멀티플렉서

이 회로는 입력이 1, 2, 7만 High이므로 그 때만 출력 High이다. 진리표에서 ABC는 BCD의 번지를 의미하며 그 때 번지의 값이 출력에 나타난다. 예를 들어, 101은 5번지를 의미하지만, 5번째의 입력은 0이므로 출력으로 0이 나타난다. 또한 011은 BCD로 3번지를 의미하므로 입력이 0이므로 출력도 0이 된다. 출력의 논리식 $Z=AB'C'+A'BC'+ABC$가 되며 이에 대한 진리표는 다음과 같다.

INPUTS	OUTPUT
C B A	Z
0 0 0	0
0 0 1	1
0 1 0	1
0 1 1	0
1 0 0	0
1 0 1	0
1 1 0	0
1 1 1	1

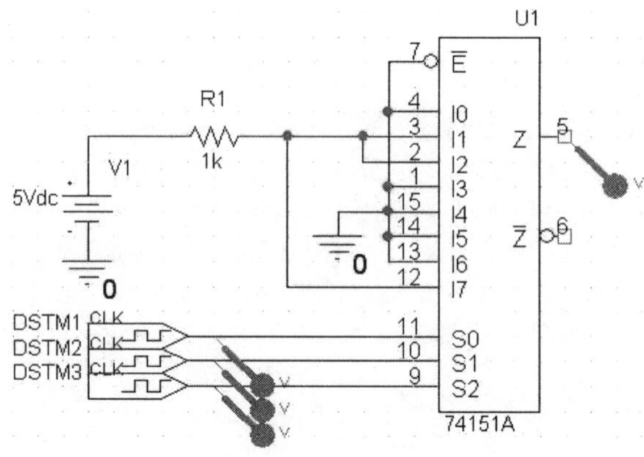

그림 14-25(a) 시뮬레이션 회로

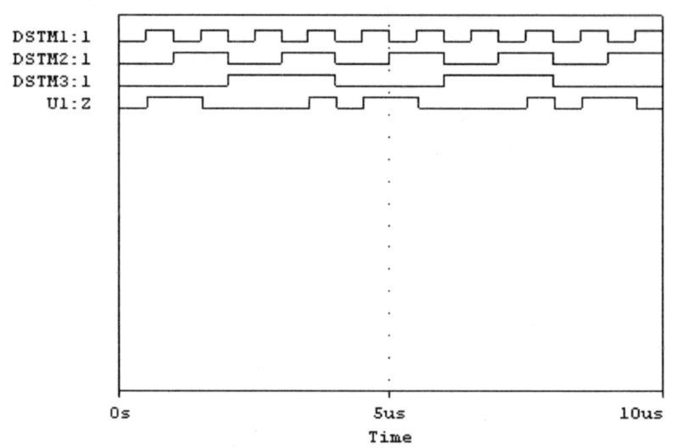

그림 14-25(b) 시뮬레이션 결과

Analysis setup

Transient Analysis	Maximum Step	20ns
	Run to Time	10us

DigClock 설정

	DSTM1	DSTM2	DSTM3
DELAY=			
ONTIME=	0.5us	1us	2us
OFFTIME=	0.5us	1us	2us
STARTVAL=	0	0	0
OPPVAL=	1	1	1

circuit file

```
.TRAN   0 10us 0 20ns
.PROBE V(alias(*)) I(alias(*)) W(alias(*)) D(alias(*)) NOISE(alias(*))
X_U1          0 N01906 N01917 N01930 0 N01965 N01965 0 0 0 0 N01965
+ M_UN0001 M_UN0002 $G_DPWR $G_DGND 74151A
V_V1          N01945 0 5Vdc
R_R1          N01945 N01965  1k
U_DSTM1       STIM(1,1) $G_DPWR $G_DGND N01906
U_DSTM2       STIM(1,1) $G_DPWR $G_DGND N01917
U_DSTM3       STIM(1,1) $G_DPWR $G_DGND N01930
.END
```

14.26 4비트 2-입력 멀티플렉서

이 회로는 4비트를 가지는 A, B 두개의 입력선을 가지는 회로이다. A, B입력 선택에 따라 출력단에 해당되는 출력이 나타난다. 예를 들어 SEL_AB=Low이면 A가 출력되고, SEL_AB=High이면 B가 출력된다.

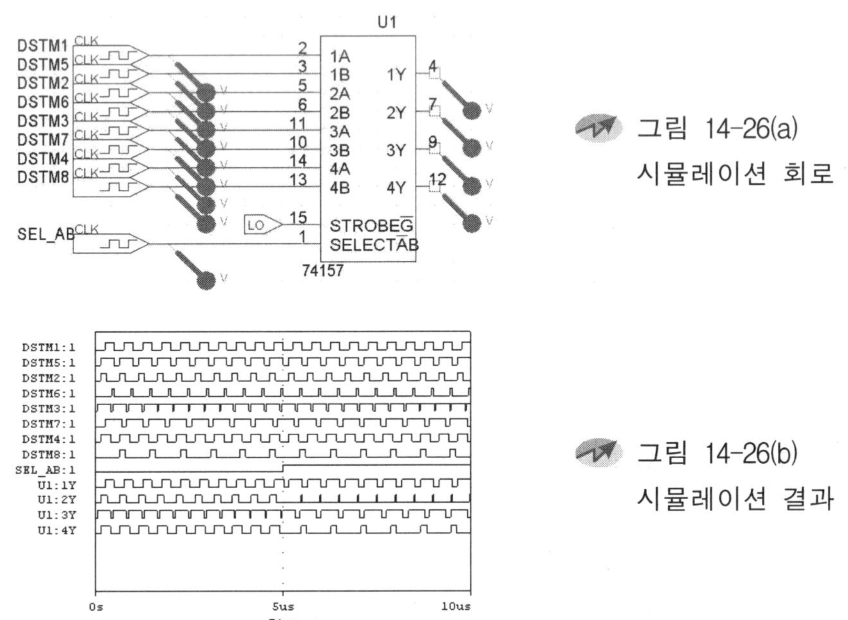

그림 14-26(a) 시뮬레이션 회로

그림 14-26(b) 시뮬레이션 결과

Analysis setup

Transient Analysis	Maximum Step	20ns
	Run to Time	10us

DigClock 설정

	DSTM 1	DSTM 2	DSTM 3	DSTM 4	DSTM 5	DSTM 6	DSTM 7	DSTM 8	SEL_AB
DELAY=		.15us		.15us			.25us		
ONTIME=	.25us	.35us	.05us	.25us	.15us	.45us	.125u	.65us	5us
OFFTIME=	.25us	.15us	.35us	.25us	.35us	.05us	.45us	.15us	5us
STARTVAL=	0	0	0	0	0	0	0	0	0
OPPVAL=	1	1	1	1	1	1	1	1	1

circuit file

```
.TRAN  0 10us 0 20ns
.PROBE V(alias(*)) I(alias(*)) W(alias(*)) D(alias(*)) NOISE(alias(*))
U_DSTM6      STIM(1,1) $G_DPWR $G_DGND N03113
U_DSTM7      STIM(1,1) $G_DPWR $G_DGND N03077
U_DSTM8      STIM(1,1) $G_DPWR $G_DGND N03049
U_SEL_AB     STIM(1,1) $G_DPWR $G_DGND N03038
X_U1         $D_LO N03182 N03157 N03134 N03113 N03094 N03077
+ N03062 N03049 N03038 M_UN0001 M_UN0002 M_UN0003 M_UN0004
+ $G_DPWR $G_DGND 74157
U_DSTM1      STIM(1,1) $G_DPWR $G_DGND N03182
U_DSTM2      STIM(1,1) $G_DPWR $G_DGND N03134
U_DSTM4      STIM(1,1) $G_DPWR $G_DGND N03062
U_DSTM3      STIM(1,1) $G_DPWR $G_DGND N03094
U_DSTM5      STIM(1,1) $G_DPWR $G_DGND N03157
.END
```

14.27 8-입력 멀티플렉서

이 회로는 8개의 입력선을 가지는 멀티플렉서로서 A, B, C의 제어에 따라 8개중의 하나가 선택되어 그 데이터가 출력된다. 예를 들어 ABC 값이 000이면 입력 D_0 값이 High이므로 출력단 Y에 High가 나타난다.

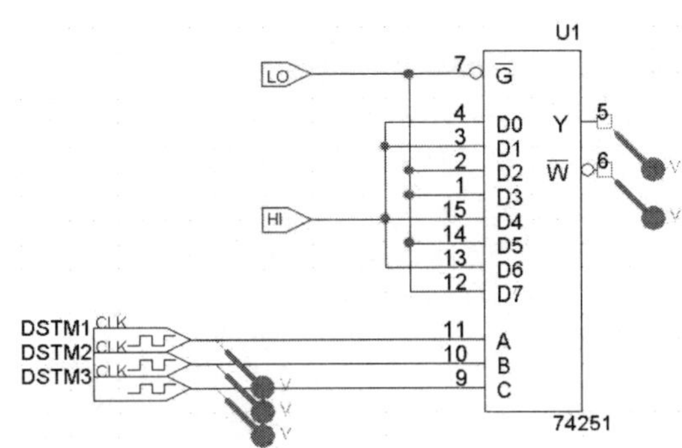

그림 14-27(a) 시뮬레이션 회로

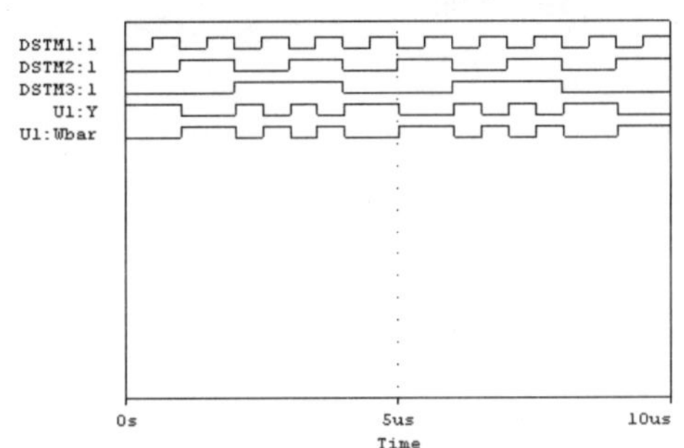

그림 14-27(b) 시뮬레이션 결과

Analysis setup

Transient Analysis	Maximum Step	20ns
	Run to Time	10us

DigClock 설정

	DSTM1	DSTM2	DSTM3
DELAY=			
ONTIME=	0.5us	1us	2us
OFFTIME=	0.5us	1us	2us
STARTVAL=	0	0	0
OPPVAL=	1	1	1

circuit file

```
.TRAN   0 10us 0 20ns
.PROBE V(alias(*)) I(alias(*)) W(alias(*)) D(alias(*)) NOISE(alias(*))
X_U1          $D_LO N04234 N04262 N04292 $D_HI $D_HI $D_LO $D_LO
+ $D_HI $D_LO $D_HI $D_LO M_UN0001 M_UN0002 $G_DPWR $G_DGND
+ 74251
U_DSTM1       STIM(1,1) $G_DPWR $G_DGND N04234
U_DSTM2       STIM(1,1) $G_DPWR $G_DGND N04262
U_DSTM3       STIM(1,1) $G_DPWR $G_DGND N04292
.END
```

14.28 2-입력 멀티플렉서

이 회로는 두 입력선을 가지는 멀티플렉서로서 Set-input이 Low이면 DATA_B의 데이터가 출력되고, Set-input이 High이면 DATA_A의 데이터가 출력된다.

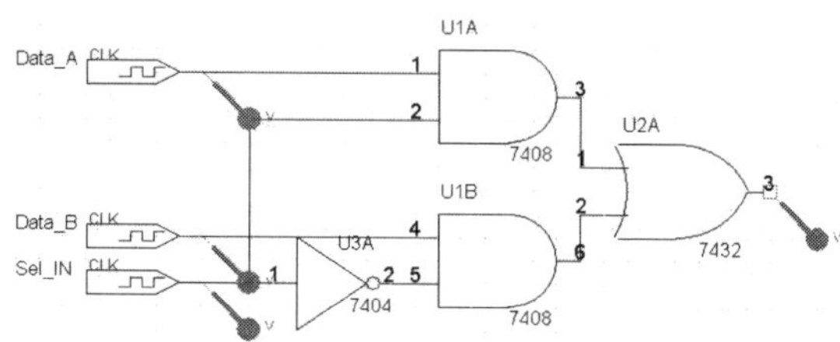

그림 14-28(a) 시뮬레이션 회로

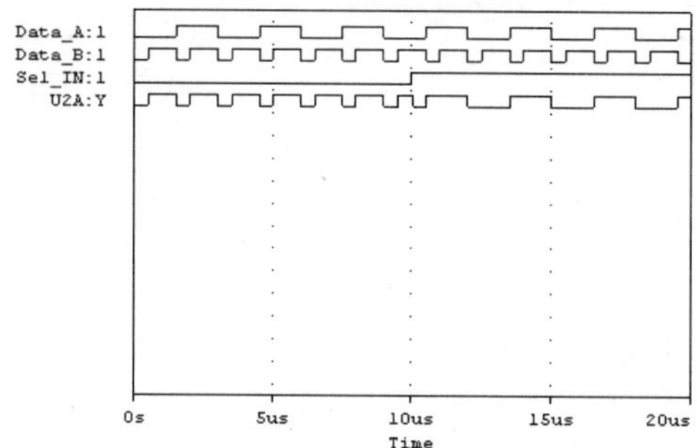

그림 14-28(b) 시뮬레이션 결과

Analysis setup

Transient Analysis	Maximum Step	20ns
	Run to Time	20us

DigClock 설정

	DATA_A	DATA_B	Sel_In
DELAY=			
ONTIME=	1.5us	0.5us	10us
OFFTIME=	1.5us	1us	10us
STARTVAL=	0	0	0
OPPVAL=	1	1	1

circuit file

```
.TRAN  0 20us 0 20ns
.PROBE V(alias(*)) I(alias(*)) W(alias(*)) D(alias(*)) NOISE(alias(*))
X_U1A          N04992 N05010 N05059 $G_DPWR $G_DGND 7408
X_U1B          N05000 N05022 N05081 $G_DPWR $G_DGND 7408
X_U2A          N05059 N05081 M_UN0001 $G_DPWR $G_DGND 7432
X_U3A          N05010 N05022 $G_DPWR $G_DGND 7404
U_Data_A       STIM(1,1) $G_DPWR $G_DGND N04992
U_Data_B       STIM(1,1) $G_DPWR $G_DGND N05000
U_Sel_IN       STIM(1,1) $G_DPWR $G_DGND N05010
.END
```

14.29 16-입력 멀티플렉서

이 회로는 8개의 입력선을 가지는 멀티플렉서를 병렬로 연결하여 16개의 입력선을 갖는 것으로 사용한다. 회로에서 74151을 사용하였다면 출력 파형에서 바이너리로 정확히 나오겠지만 74251을 사용하였기 때문에 Enable이 High이면 Z(High-Impedance)상태이기 때문에 다음과 같이 출력된다. Enable이 High이면 U_2의 칩이 선택되고, Enable이 Low이면 U_1의 칩이 선택된다.

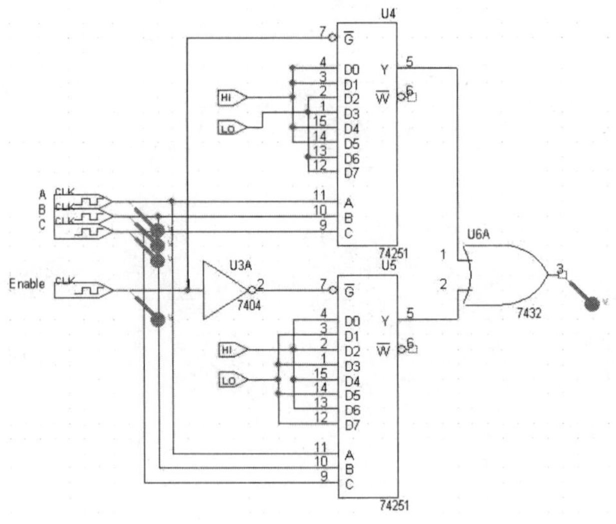

그림 14-29(a) 시뮬레이션 회로

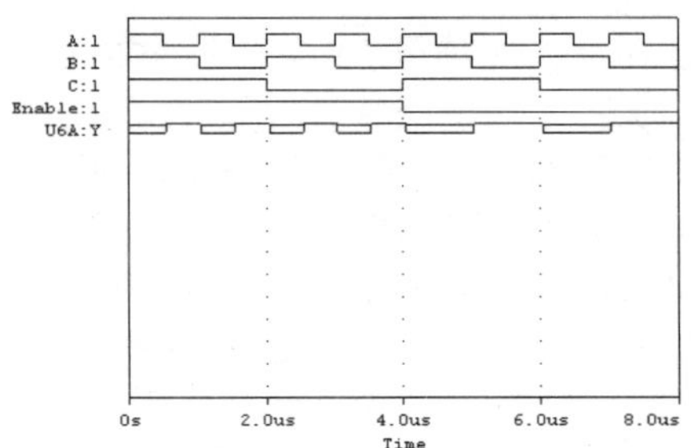

그림 14-29(b) 시뮬레이션 결과

Analysis setup

Transient Analysis	Maximum Step	20ns
	Run to Time	8us

DigClock 설정

	A	B	C	ENABLE
DELAY=	0us	0us	0us	0us
ONTIME=	0.5us	1us	2us	4us
OFFTIME=	0.5us	1us	2us	4us
STARTVAL=	0	0	0	0
OPPVAL=	1	1	1	1

circuit file

```
.TRAN   0 8us 0 20ns
.PROBE V(alias(*)) I(alias(*)) W(alias(*)) D(alias(*)) NOISE(alias(*))
X_U5          N06617 N06988 N07111 N07244 $D_HI $D_LO $D_HI $D_LO
+ $D_HI $D_LO $D_HI $D_LO N06769 M_UN0001 $G_DPWR $G_DGND 74251
X_U6A         N06715 N06769 M_UN0002 $G_DPWR $G_DGND 7432
U_C           STIM(1,1) $G_DPWR $G_DGND N07244
X_U3A         N05010 N06617 $G_DPWR $G_DGND 7404
U_A           STIM(1,1) $G_DPWR $G_DGND N06988
U_B           STIM(1,1) $G_DPWR $G_DGND N07111
U_Enable      STIM(1,1) $G_DPWR $G_DGND N05010
X_U4          N05010 N06988 N07111 N07244 $D_HI $D_HI $D_LO $D_LO
+ $D_HI $D_HI $D_LO $D_LO N06715 M_UN0003 $G_DPWR $G_DGND 74251
.END
```

제 15 장 디지털 회로의 시뮬레이션 Ⅲ

15.1 동기 MOD-8 업 카운터

이 회로는 동기 MOD-8 업 카운터이다. Ck가 NGT(Negative Going Transient)이므로 클럭 펄스가 내려갈 때 카운터의 토글이 생긴다. 카운트가 000→001→010→011→100→101→110→111과 같이 오름차순으로 계수가 이루어지므로 업 카운터라 한다.

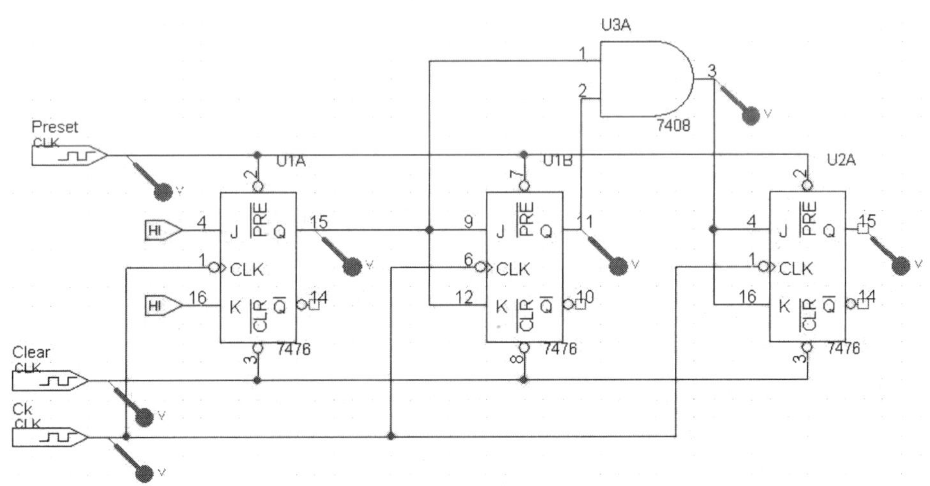

그림 15.1(a) 시뮬레이션 회로

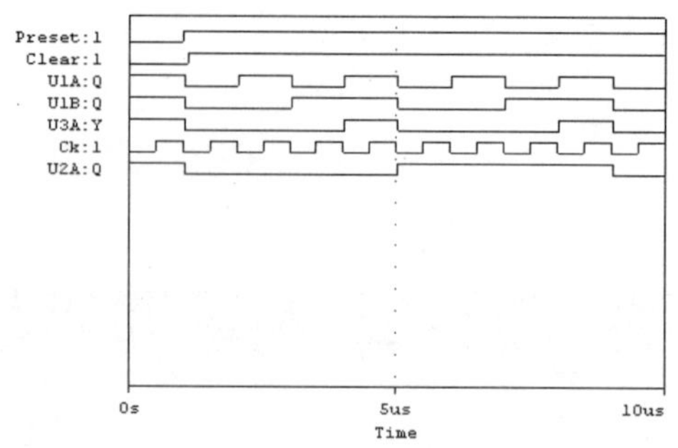

그림 15-1(b) 시뮬레이션 결과

Analysis setup

Transient Analysis	Maximum Step	20ns
	Run to Time	10us

DigClock 설정

	Ck	Preset	Clear
DELAY=			
ONTIME=	0.5us	1us	1.1us
OFFTIME=	0.5us	10ms	10ms
STARTVAL=	0	0	0
OPPVAL=	1	1	1

circuit file

```
.TRAN  0 10us 0 20ns
.PROBE V(alias(*)) I(alias(*)) W(alias(*)) D(alias(*)) NOISE(alias(*))
X_U1A        N00594 N00322 N00374 $D_HI $D_HI N01006 M_UN0001
+ $G_DPWR $G_DGND 7476
X_U1B        N00594 N00322 N00374 N01006 N01006 N01130 M_UN0002
+ $G_DPWR $G_DGND 7476
X_U2A        N00594 N00322 N00374 N01173 N01173 M_UN0003
+ M_UN0004 $G_DPWR $G_DGND 7476
X_U3A        N01006 N01130 N01173 $G_DPWR $G_DGND 7408
U_Ck         STIM(1,1) $G_DPWR $G_DGND N00594
U_Preset     STIM(1,1) $G_DPWR $G_DGND N00322
U_Clear      STIM(1,1) $G_DPWR $G_DGND N00374
.END
```

15.2 동기 MOD-8 다운 카운터

이 회로는 동기 MOD-8 다운 카운터이다. Ck가 NGT(Negative Going Transient)이므로 클럭 펄스가 내려갈 때 카운터의 토글이 생긴다. 카운트가 111 →110→101→100→011→010→001→000과 같이 내림차로 계수가 이루어지므로 다운 카운터라 한다.

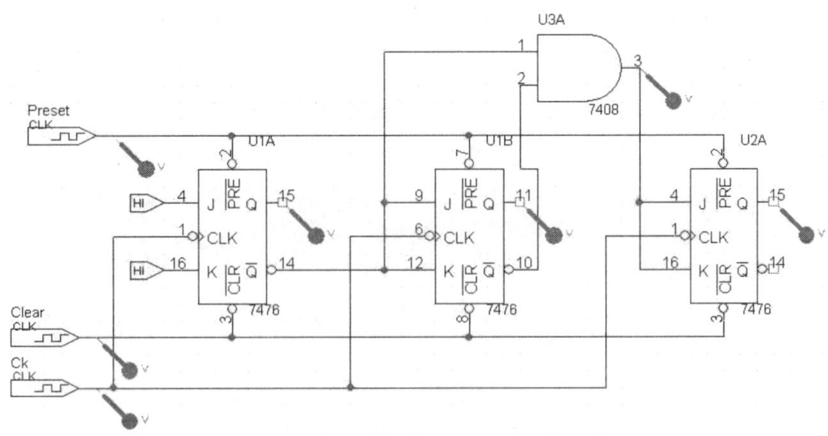

그림 15-2(a) 시뮬레이션 회로

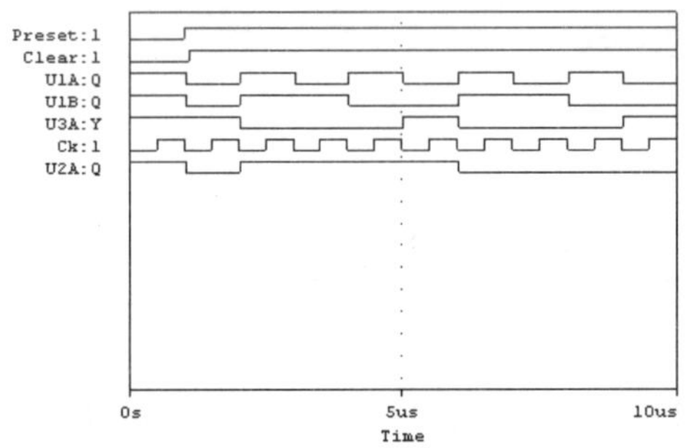

그림 15-2(b) 시뮬레이션 결과

Analysis setup

Transient Analysis	Maximum Step	20ns
	Run to Time	10us

DigClock 설정

	Ck	Preset	Clear
DELAY=			
ONTIME=	0.5us	1us	1.1us
OFFTIME=	0.5us	10ms	10ms
STARTVAL=	0	0	0
OPPVAL=	1	1	1

circuit file

```
.TRAN  0 10us 0 20ns
.PROBE V(alias(*)) I(alias(*)) W(alias(*)) D(alias(*)) NOISE(alias(*))
X_U1A       N00594 N00322 N00374 $D_HI $D_HI M_UN0001 N01042
+ $G_DPWR $G_DGND 7476
X_U1B       N00594 N00322 N00374 N01042 N01042 M_UN0002 N02030
+ $G_DPWR $G_DGND 7476
X_U2A       N00594 N00322 N00374 N01173 N01173 M_UN0003 M_UN0004
+ $G_DPWR $G_DGND 7476
X_U3A       N01042 N02030 N01173 $G_DPWR $G_DGND 7408
U_Ck        STIM(1,1) $G_DPWR $G_DGND N00594
U_Preset    STIM(1,1) $G_DPWR $G_DGND N00322
U_Clear     STIM(1,1) $G_DPWR $G_DGND N00374
.END
```

15.3 동기 MOD-16 업 카운터

이 회로는 동기 MOD-16 업 카운터이다. Ck가 NGT(Negative Going Transient)이므로 클럭 펄스가 내려갈 때 카운터의 토글이 생긴다. 카운트가 0000 →0001→......→1101→1111과 같이 오름차순으로 계수가 이루어지므로 업 카운터라 한다. 또한 이 카운터의 A, B, C 대신에 A′, B′, C′출력을 AND 게이트에 연결함으로써 다운 카운터로 전환할 수 있다.

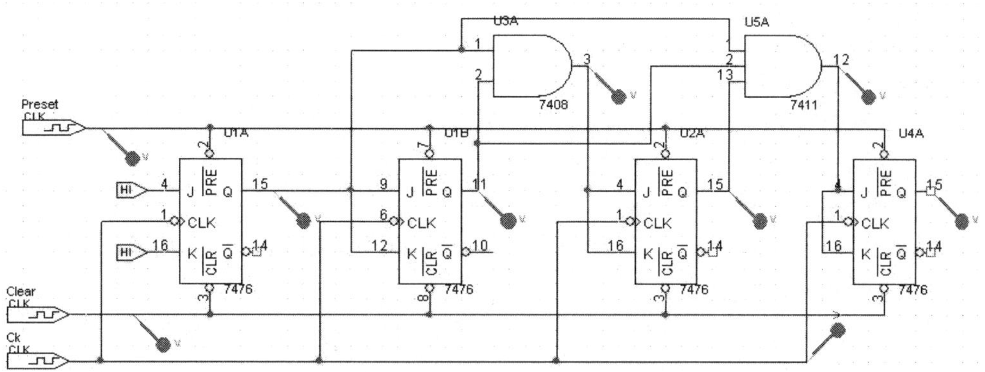

그림 15-3(a) 시뮬레이션 회로

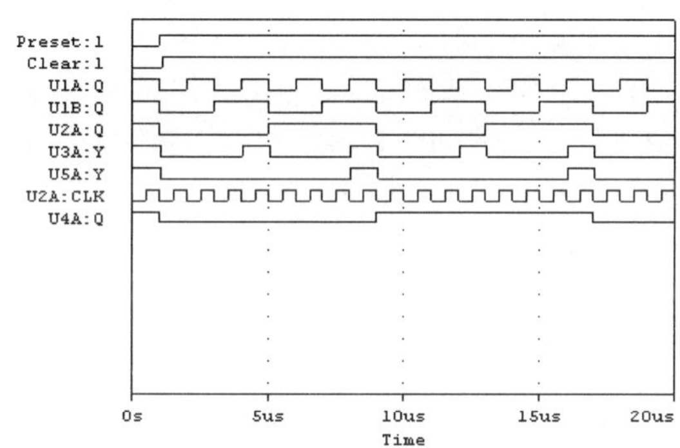

그림 15-3(b) 시뮬레이션 결과

Analysis setup

Transient Analysis	Maximum Step	20ns
	Run to Time	20us

DigClock 설정

	Ck	Preset	Clear
DELAY=			
ONTIME=	0.5us	1us	1.1us
OFFTIME=	0.5us	10ms	10ms
STARTVAL=	0	0	0
OPPVAL=	1	1	1

circuit file

```
.TRAN   0 20us 0 20ns
.PROBE V(alias(*)) I(alias(*)) W(alias(*)) D(alias(*)) NOISE(alias(*))
X_U1A       N00594 N00322 N00374 $D_HI $D_HI N01042 M_UN0001
+ $G_DPWR $G_DGND 7476
X_U1B       N00594 N00322 N00374 N01042 N01042 N02030 N02354
+ $G_DPWR $G_DGND 7476
X_U4A       N00594 N00322 N00374 N03467 N03467 M_UN0002 M_UN0003
+ $G_DPWR $G_DGND 7476
X_U2A       N00594 N00322 N00374 N01173 N01173 N03405 M_UN0004
+ $G_DPWR $G_DGND 7476
X_U3A       N01042 N02030 N01173 $G_DPWR $G_DGND 7408
U_Ck        STIM(1,1) $G_DPWR $G_DGND N00594
U_Preset    STIM(1,1) $G_DPWR $G_DGND N00322
X_U5A       N01042 N02030 N03405 N03467 $G_DPWR $G_DGND 7411
U_Clear     STIM(1,1) $G_DPWR $G_DGND N00374
.END
```

15.4 쉬프트 레지스터

이 회로는 동기 쉬프트 레지스터 회로이다. 플립-플롭이 NGT(Negative-Going Transition)이므로 클럭 펄스가 아래로 내려갈 때 토글이 생긴다. 첫 번째 플립-플롭의 J-K입력이 클럭 펄스를 받아 한 주기의 펄스씩 쉬프트 된다.

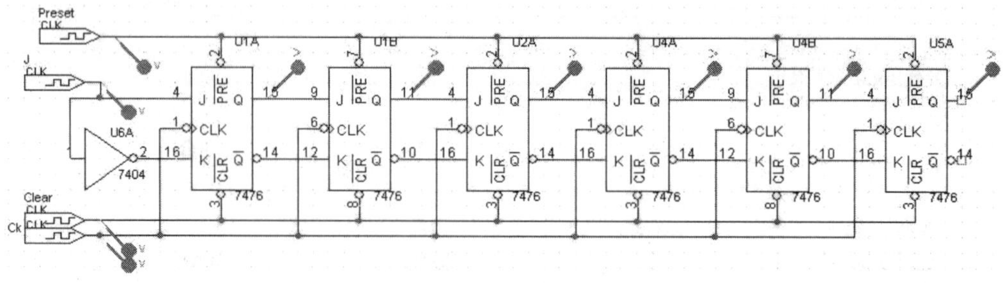

그림 15-4(a) 시뮬레이션 회로

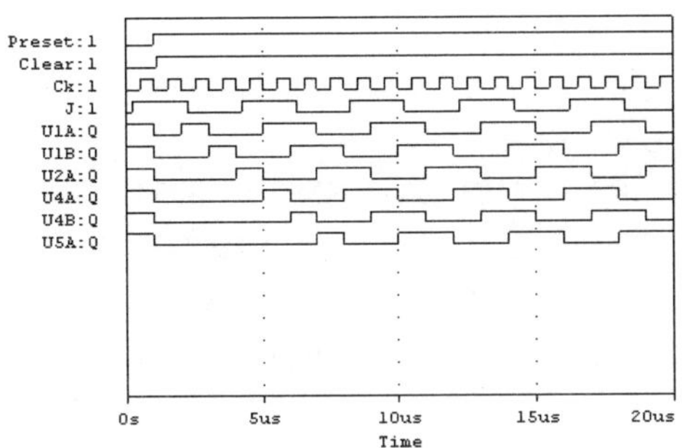

그림 15-4(b) 시뮬레이션 결과

Analysis setup

Transient Analysis	Maximum Step	20ns
	Run to Time	20us

DigClock 설정

	Ck	J	Preset	Clear
DELAY=		.25us		
ONTIME=	0.5us	2us	1us	1.1us
OFFTIME=	0.5us	2us	10ms	10ms
STARTVAL=	0	0	0	0
OPPVAL=	1	1	1	1

circuit file

```
.TRAN  0 20us 0 20ns
.PROBE V(alias(*)) I(alias(*)) W(alias(*)) D(alias(*)) NOISE(alias(*))
U_J           STIM(1,1) $G_DPWR $G_DGND N05610
X_U1A         N00684 N00322 N00374 N05610 N05676 N06692 N06753
+ $G_DPWR $G_DGND 7476
X_U1B         N00684 N00322 N00374 N06692 N06753 N06816 N06881
+ $G_DPWR $G_DGND 7476
X_U4B         N00684 N00322 N00374 N07088 N07161 N07236 N07313
+ $G_DPWR $G_DGND 7476
X_U4A         N00684 N00322 N00374 N06948 N07017 N07088 N07161
+ $G_DPWR $G_DGND 7476
X_U2A         N00684 N00322 N00374 N06816 N06881 N06948 N07017
```

```
+ $G_DPWR $G_DGND 7476
X_U5A        N00684 N00322 N00374 N07236 N07313 M_UN0001 M_UN0002
+ $G_DPWR $G_DGND 7476
U_Ck         STIM(1,1) $G_DPWR $G_DGND N00684
X_U6A        N05610 N05676 $G_DPWR $G_DGND 7404
U_Preset     STIM(1,1) $G_DPWR $G_DGND N00322
U_Clear      STIM(1,1) $G_DPWR $G_DGND N00374
.END
```

15.5 MOD-3 카운터

이 회로는 MOD-3 카운터이다. Ck가 NGT(Negative Going Transient)이므로 클럭 펄스가 내려갈 때 카운터의 토글이 생긴다. 정상적이라면 MOD-4 카운터가 되어 00→01→10→11이 되겠지만 NAND 게이트를 통해서 MOD-3으로 바꾸어 준다. 그러므로 00→01→10으로 11단계를 거치지 않게 되어 MOD-3이 된다.

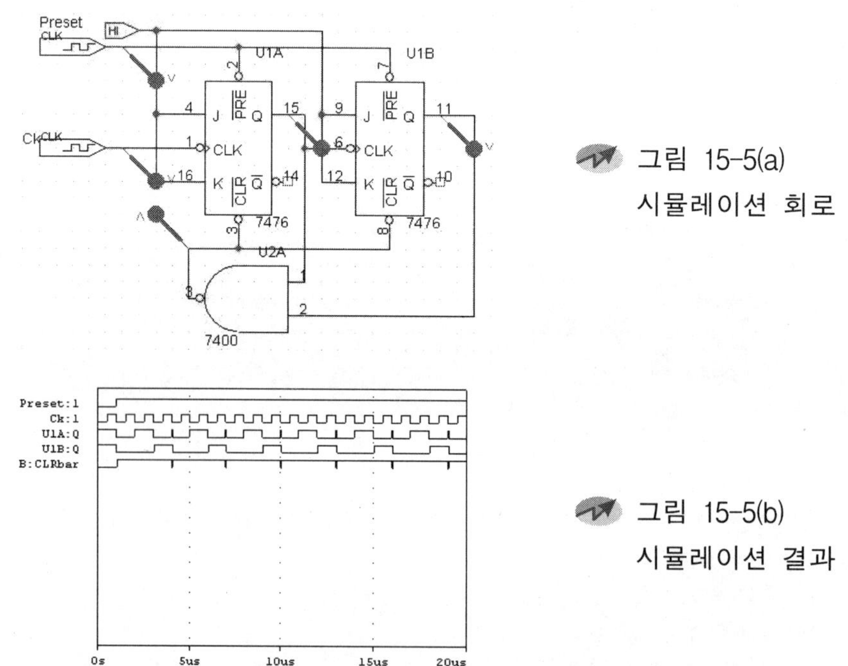

그림 15-5(a) 시뮬레이션 회로

그림 15-5(b) 시뮬레이션 결과

Analysis setup

Transient Analysis	Maximum Step	20ns
	Run to Time	20us

DigClock 설정

	Ck	Preset
DELAY=		
ONTIME=	0.5us	1us
OFFTIME=	0.5us	10ms
STARTVAL=	0	0
OPPVAL=	1	1

circuit file

```
.TRAN   0 20us 0 20ns
.PROBE V(alias(*)) I(alias(*)) W(alias(*)) D(alias(*)) NOISE(alias(*))
X_U2A        N06627 N09959 N00374 $G_DPWR $G_DGND 7400
X_U1A        N00684 N00322 N00374 $D_HI $D_HI N06627 M_UN0001
+ $G_DPWR $G_DGND 7476
X_U1B        N06627 N00322 N00374 $D_HI $D_HI N09959 M_UN0002
+ $G_DPWR $G_DGND 7476
U_Ck         STIM(1,1) $G_DPWR $G_DGND N00684
U_Preset     STIM(1,1) $G_DPWR $G_DGND N00322
.END
```

15.6 MOD-4 카운터

이 회로는 MOD-4 카운터이다. Ck가 NGT(Negative Going Transient)이므로 클럭 펄스가 내려갈 때 카운터의 토글이 생긴다. MOD-4 카운터는 00→01→10→11이 된다.

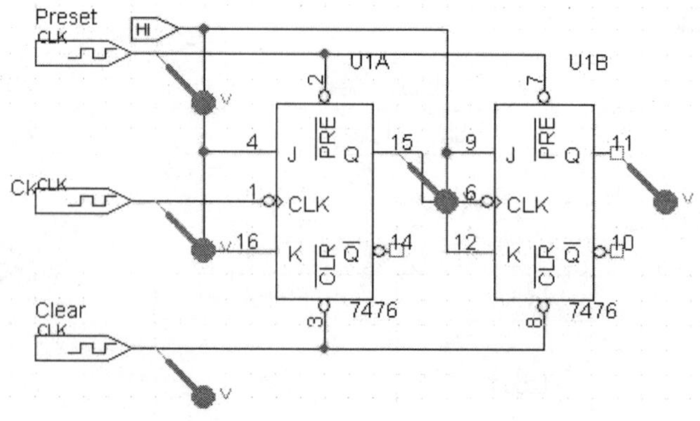

그림 15-6(a) 시뮬레이션 회로

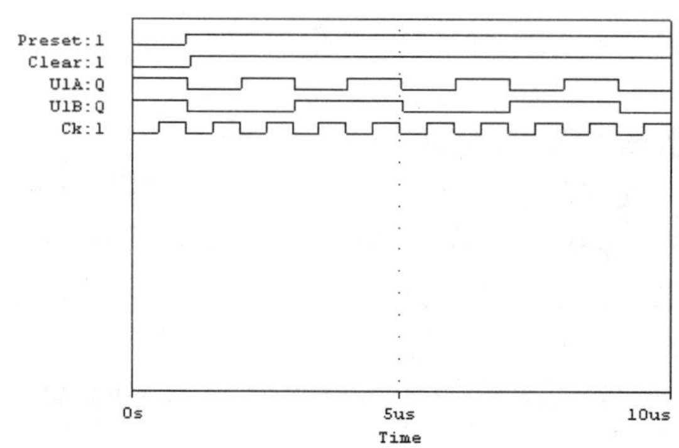

그림 15-6(b) 시뮬레이션 결과

Analysis setup

Transient Analysis	Maximum Step	20ns
	Run to Time	10us

DigClock 설정

	Ck	Preset	Clear
DELAY=			
ONTIME=	0.5us	1us	1.1us
OFFTIME=	0.5us	10ms	10ms
STARTVAL=	0	0	0
OPPVAL=	1	1	1

circuit file

```
.TRAN   0 10us 0 20ns
.PROBE V(alias(*)) I(alias(*)) W(alias(*)) D(alias(*)) NOISE(alias(*))
X_U1A        N00684 N00322 N00374 $D_HI $D_HI N06627 M_UN0001
+ $G_DPWR $G_DGND 7476
X_U1B        N06627 N00322 N00374 $D_HI $D_HI M_UN0002 M_UN0003
+ $G_DPWR $G_DGND 7476
U_Clear      STIM(1,1) $G_DPWR $G_DGND N00374
U_Ck         STIM(1,1) $G_DPWR $G_DGND N00684
U_Preset     STIM(1,1) $G_DPWR $G_DGND N00322
.END
```

15.7 MOD-6 카운터

이 회로는 MOD-6 카운터이다. Ck가 NGT(Negative Going Transient)이므로 클럭 펄스가 내려갈 때 카운터의 토글이 생긴다. 정상적이라면 MOD-8 카운터가 되어 000→001→010→011→100→101→110→111이 되겠지만 NAND 게이트를 통해서 MOD-6으로 바꾸어 준다. 그러므로 000→001→010→011→100→101로 되어 110→111의 단계를 거치지 않게 되어 MOD-6이 된다.

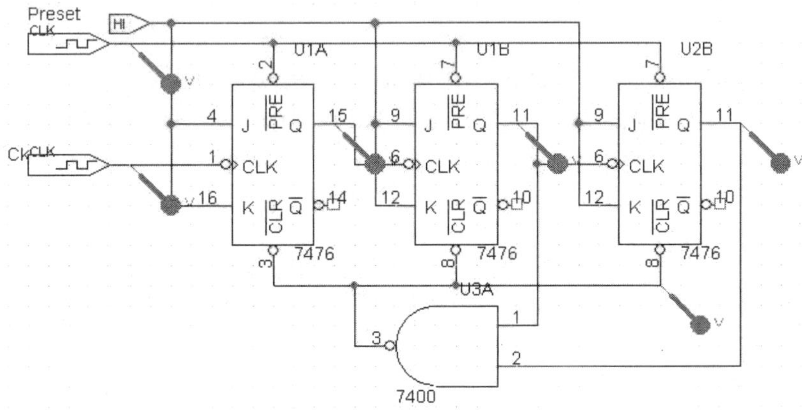

그림 15-7(a) 시뮬레이션 회로

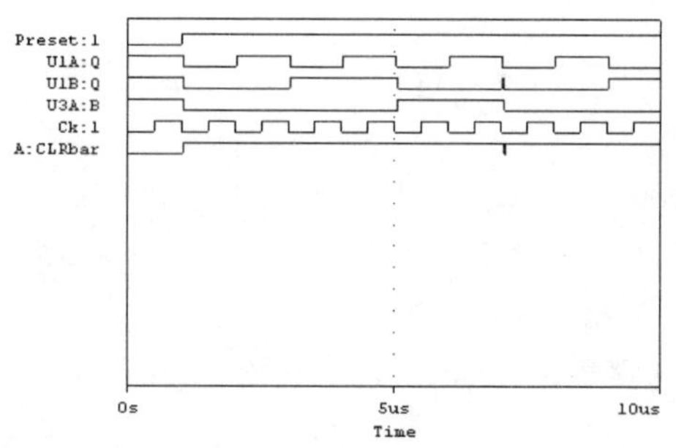

그림 15-7(b) 시뮬레이션 결과

Analysis setup

Transient Analysis	Maximum Step	20ns
	Run to Time	10us

DigClock 설정

	Ck	Preset
DELAY=		
ONTIME=	0.5us	1us
OFFTIME=	0.5us	10ms
STARTVAL=	0	0
OPPVAL=	1	1

circuit file

```
.TRAN  0 10us 0 20ns
.PROBE V(alias(*)) I(alias(*)) W(alias(*)) D(alias(*)) NOISE(alias(*))
X_U1A       N00684 N00322 N00395 $D_HI $D_HI N06627 M_UN0001
+ $G_DPWR $G_DGND 7476
X_U1B       N06627 N00322 N00395 $D_HI $D_HI N11081 M_UN0002
+ $G_DPWR $G_DGND 7476
X_U3A       N11081 N11537 N00395 $G_DPWR $G_DGND 7400
X_U2B       N11081 N00322 N00395 $D_HI $D_HI N11537 M_UN0003
+ $G_DPWR $G_DGND 7476
U_Ck        STIM(1,1) $G_DPWR $G_DGND N00684
U_Preset    STIM(1,1) $G_DPWR $G_DGND N00322
.END
```

15.8 MOD-10 카운터

이 회로는 MOD-10 카운터이다. Ck가 NGT(Negative Going Transient)이므로 클럭 펄스가 내려갈 때 카운터의 토글이 생긴다. 정상적이라면 MOD-16 카운터가 되어 0000→0001→0010→0011→0100→0101→0110→0111→1000→1001→1010→1011→1100→1101→1110→1111이 되겠지만 NAND 게이트를 통해서 MOD-10으로 바꾸어 준다. 그러므로 0000→0001→0010→0011→0100→0101→0110→0111→1000→1001로 되어 1010→1011→1100→1101→1110→1111의 단계를 거치지 않게 되어 MOD-10이 된다.

예제 74293을 이용하여 MOD-10을 구현하여 그 결과를 비교하시오.

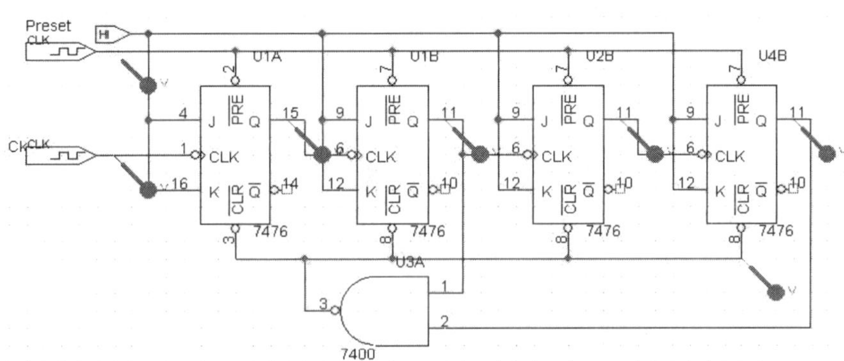

그림 15-8(a) 시뮬레이션 회로

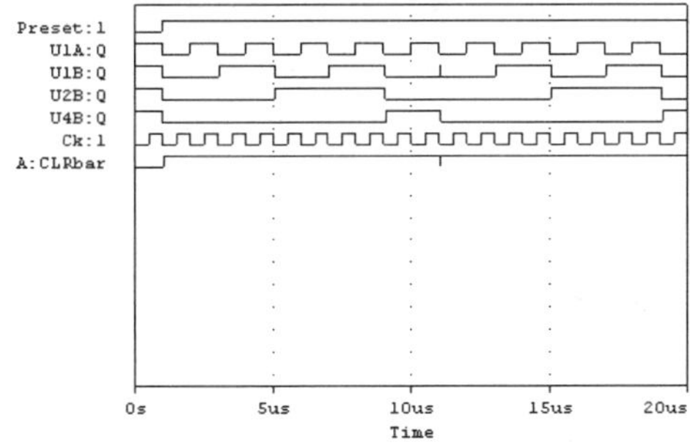

그림 15-8(b) 시뮬레이션 결과

Analysis setup

Transient Analysis	Maximum Step	20ns
	Run to Time	20us

DigClock 설정

	Ck	Preset
DELAY=		
ONTIME=	0.5us	1us
OFFTIME=	0.5us	10ms
STARTVAL=	0	0
OPPVAL=	1	1

circuit file

```
.TRAN  0 20us 0 20ns
.PROBE V(alias(*)) I(alias(*)) W(alias(*)) D(alias(*)) NOISE(alias(*))
X_U1A       N00684 N00322 N00395 $D_HI $D_HI N06627 M_UN0001
+ $G_DPWR $G_DGND 7476
X_U1B       N06627 N00322 N00395 $D_HI $D_HI N11081 M_UN0002
+ $G_DPWR $G_DGND 7476
X_U3A       N11081 N11589 N00395 $G_DPWR $G_DGND 7400
X_U2B       N11081 N00322 N00395 $D_HI $D_HI N11537 M_UN0003
+ $G_DPWR $G_DGND 7476
X_U4B       N11537 N00322 N00395 $D_HI $D_HI N11589 M_UN0004
+ $G_DPWR $G_DGND 7476
U_Ck        STIM(1,1) $G_DPWR $G_DGND N00684
U_Preset    STIM(1,1) $G_DPWR $G_DGND N00322
.END
```

15.9 MOD-14 카운터

이 회로는 MOD-14 카운터이다. Ck가 NGT(Negative Going Transient)이므로 클럭 펄스가 내려갈 때 카운터의 토글이 생긴다. 정상적이라면 MOD-16

카운터가 되어 0000→0001→0010→0011→0100→0101→0110→0111→1000→1001→1010→1011→1100→1101→1110→1111이 되겠지만 NAND 게이트를 통해서 MOD-14로 바꾸어 준다. 그러므로 0000→0001→0010→0011→0100→0101→0110→0111→1000→1001→1010→1011→1100→1101로 되어 1110→1111의 단계를 거치지 않게 되어 MOD-14가 된다. 74293을 이용하여 MOD-14를 구현하여 그 결과를 비교하시오.

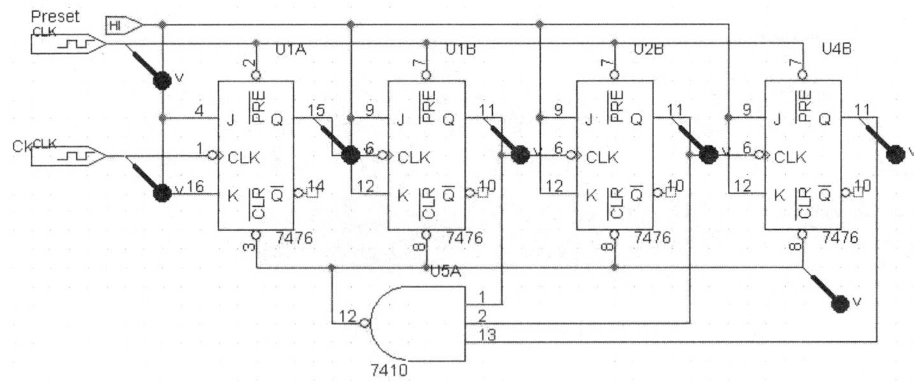

그림 15-9(a) 시뮬레이션 회로

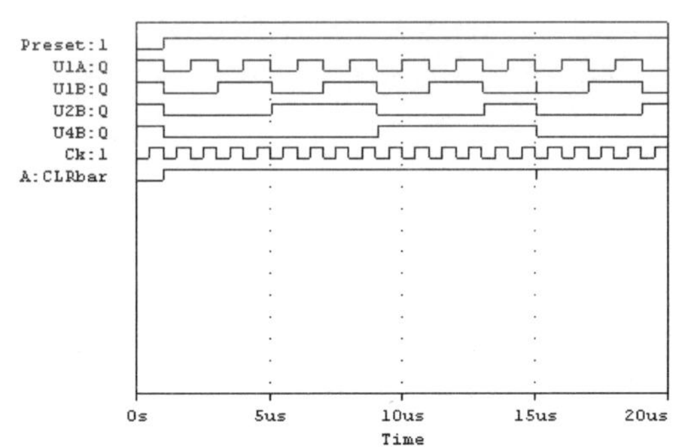

그림 15-9(b) 시뮬레이션 결과

Analysis setup

Transient Analysis	Maximum Step	20ns
	Run to Time	20us

DigClock 설정

	Ck	Preset
DELAY=		
ONTIME=	0.5us	1us
OFFTIME=	0.5us	10ms
STARTVAL=	0	0
OPPVAL=	1	1

circuit file

```
.TRAN  0 20us 0 20ns
.PROBE V(alias(*)) I(alias(*)) W(alias(*)) D(alias(*)) NOISE(alias(*))
X_U1A        N00684 N00322 N00395 $D_HI $D_HI N06627 M_UN0001
+ $G_DPWR $G_DGND 7476
X_U1B        N06627 N00322 N00395 $D_HI $D_HI N11081 M_UN0002
+ $G_DPWR $G_DGND 7476
X_U2B        N11081 N00322 N00395 $D_HI $D_HI N11537 M_UN0003
+ $G_DPWR $G_DGND 7476
X_U4B        N11537 N00322 N00395 $D_HI $D_HI N11589 M_UN0004
+ $G_DPWR $G_DGND 7476
X_U5A        N11081 N11537 N11589 N00395 $G_DPWR $G_DGND 7410
U_Ck         STIM(1,1) $G_DPWR $G_DGND N00684
U_Preset     STIM(1,1) $G_DPWR $G_DGND N00322
.END
```

15.10 MOD-16 카운터

이 회로는 MOD-16 카운터이다. Ck가 NGT(Negative Going Transient)이므로 클럭 펄스가 내려갈 때 카운터의 토글이 생긴다. 정상적으로 카운트가 되어 0000→0001→0010→0011→0100→0101→0110→0111→1000→1001→1010→1011→1100→1101→1110→1111이 된다. 74293을 이용하여 MOD-14를 구현하여 그 결과를 비교하시오.

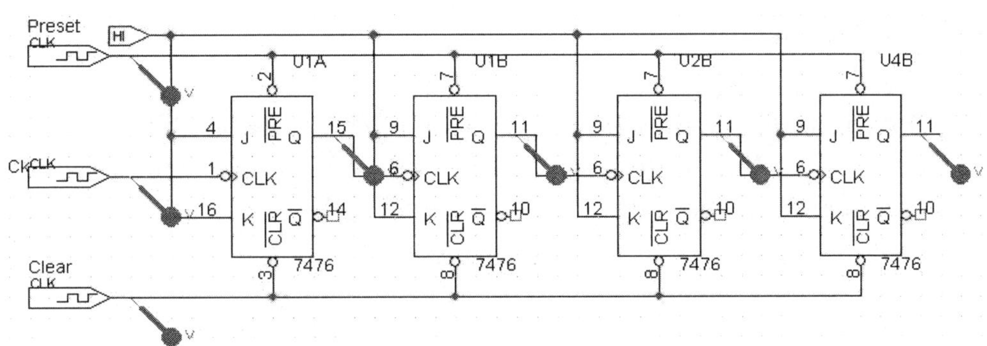

그림 15-10(a) 시뮬레이션 회로

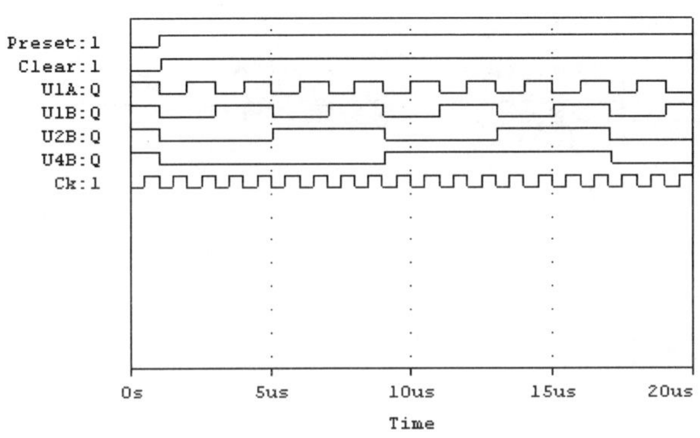

그림 15-10(b) 시뮬레이션 결과

Analysis setup

Transient Analysis	Maximum Step	20ns
	Run to Time	20us

DigClock 설정

	Ck	Preset	Clear
DELAY=			
ONTIME=	0.5us	1us	1.1us
OFFTIME=	0.5us	10ms	10ms
STARTVAL=	0	0	0
OPPVAL=	1	1	1

circuit file

```
.TRAN   0 20us 0 20ns
.PROBE V(alias(*)) I(alias(*)) W(alias(*)) D(alias(*)) NOISE(alias(*))
X_U1A        N00684 N00322 N00395 $D_HI $D_HI N06627 M_UN0001
+ $G_DPWR $G_DGND + 7476
X_U1B        N06627 N00322 N00395 $D_HI $D_HI N11081 M_UN0002
+ $G_DPWR $G_DGND 7476
X_U2B        N11081 N00322 N00395 $D_HI $D_HI N11537 M_UN0003
+ $G_DPWR $G_DGND 7476
U_Clear      STIM(1,1) $G_DPWR $G_DGND N00395
X_U4B        N11537 N00322 N00395 $D_HI $D_HI N12206 M_UN0004
+ $G_DPWR $G_DGND 7476
U_Ck         STIM(1,1) $G_DPWR $G_DGND N00684
U_Preset     STIM(1,1) $G_DPWR $G_DGND N00322
.END
```

15.11 74393 MOD-16 카운터

이 회로는 MOD-16 카운터이다. Ck가 NGT(Negative Going Transient)이므로 클럭 펄스가 내려갈 때 카운터의 토글이 생긴다. 16진 카운터로서 74293과 같은 기능이지만 74393은 16진 이하의 MOD 변경은 곤란하다.

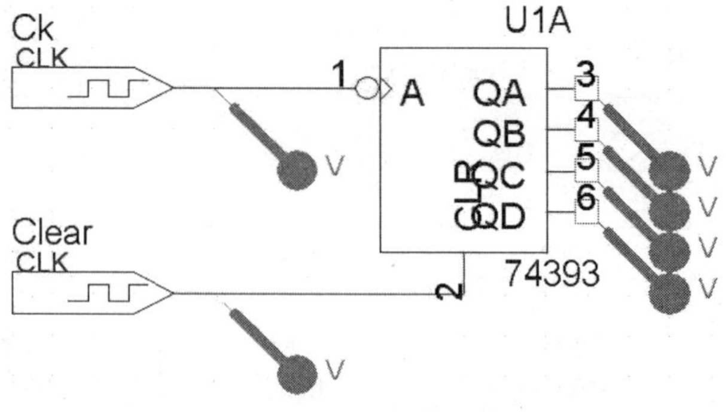

그림 15-11(a) 시뮬레이션 회로

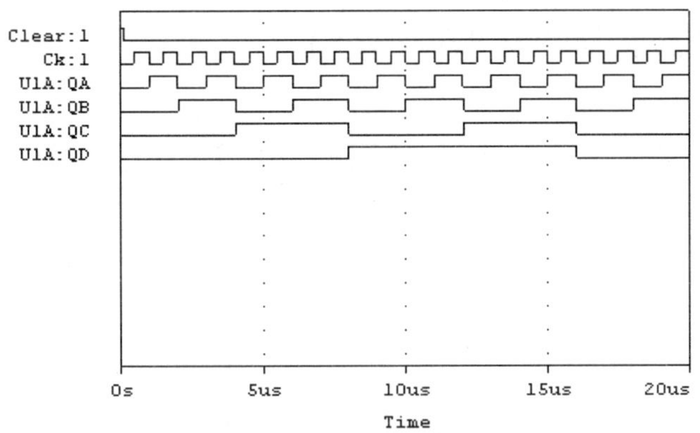

그림 15-11(b) 시뮬레이션 결과

Analysis setup

Transient Analysis	Maximum Step	20ns
	Run to Time	20us

DigClock 설정

	Ck	Clear
DELAY=		
ONTIME=	0.5us	0.1us
OFFTIME=	0.5us	10ms
STARTVAL=	0	0
OPPVAL=	1	1

circuit file

```
.TRAN  0 20us 0 20ns
.PROBE V(alias(*)) I(alias(*)) W(alias(*)) D(alias(*)) NOISE(alias(*))
X_U1A   N00117 N00125 M_UN0001 M_UN0002 M_UN0003 M_UN0004
+ $G_DPWR $G_DGND 74393
U_Ck     STIM(1,1) $G_DPWR $G_DGND N00117
U_Clear  STIM(1,1) $G_DPWR $G_DGND N00125
.END
```

15.12 74293 MOD-16 카운터

이 회로는 JK 플립-플롭의 2진 카운터와 8진 카운터가 하나의 칩으로 구성되어 있다. 회로의 구성은 다음과 같다.

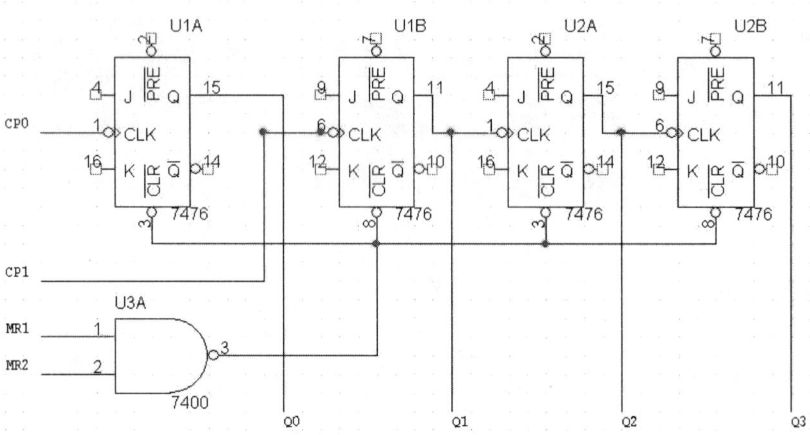

Master reset을 의미하는 MR_1, MR_2는 0000으로 카운터를 클리어하기 위하여 사용된다. 즉 리셋 입력이다.

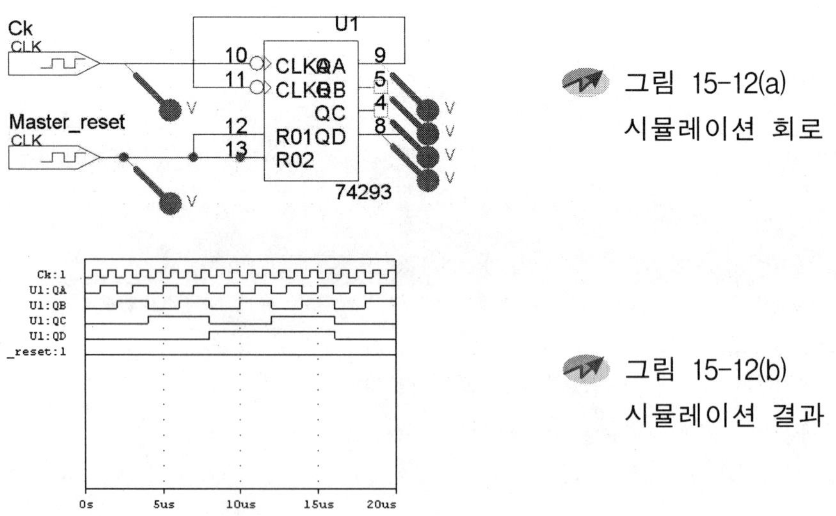

그림 15-12(a) 시뮬레이션 회로

그림 15-12(b) 시뮬레이션 결과

Analysis setup

Transient Analysis	Maximum Step	20ns
	Run to Time	20us

DigClock 설정

	Ck	Master_Reset
DELAY=		1ns
ONTIME=	0.5us	0.5us
OFFTIME=	0.5us	10ms
STARTVAL=	0	1
OPPVAL=	1	0

circuit file

```
.TRAN  0 20us 0 20ns
.PROBE V(alias(*)) I(alias(*)) W(alias(*)) D(alias(*)) NOISE(alias(*))
X_U1            N00119 N00129 N00186 N00186 N00129 M_UN0001
+ M_UN0002 N00379 $G_DPWR $G_DGND 74293
U_Ck            STIM(1,1) $G_DPWR $G_DGND N00119
U_Master_reset  STIM(1,1) $G_DPWR $G_DGND N00186
.END
```

예제 1 MOD-10 회로

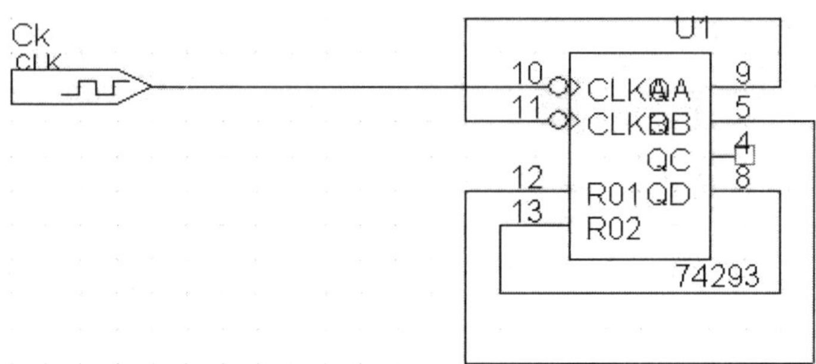

예제 2 MOD-14 회로

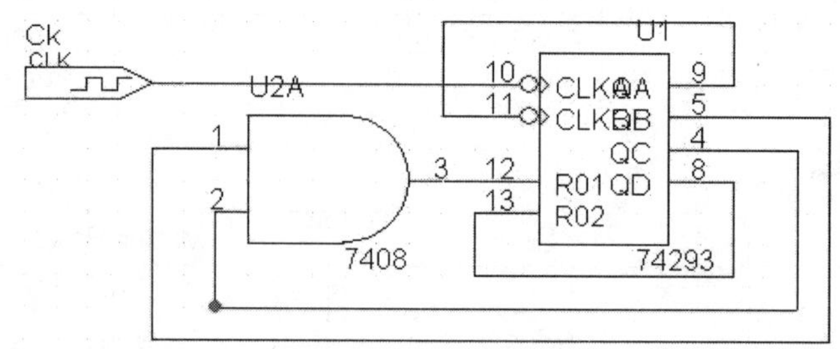

15.13 MOD-60 카운터 1

이 회로는 MOD-60 카운터이다. Ck가 NGT(Negative Going Transient)이므로 클럭 펄스가 내려갈 때 카운터의 토글이 생긴다. 이 회로는 74293을 사용하여 MOD-10으로 사용하였고, 다른 하나는 MOD-6으로 사용하여 전체적으로 MOD-60으로 동작한다. 플립-플롭을 시뮬레이션하기 위해서는 Analysis\Setup\Digital Setup에서 Flip-Flop Initialization은 All=0 또는 All=1을 반드시 선택하여 주어야 하며, 만일 디폴트로 되어 있는 All=X를 정정하지 않으면 에러가 발생한다.

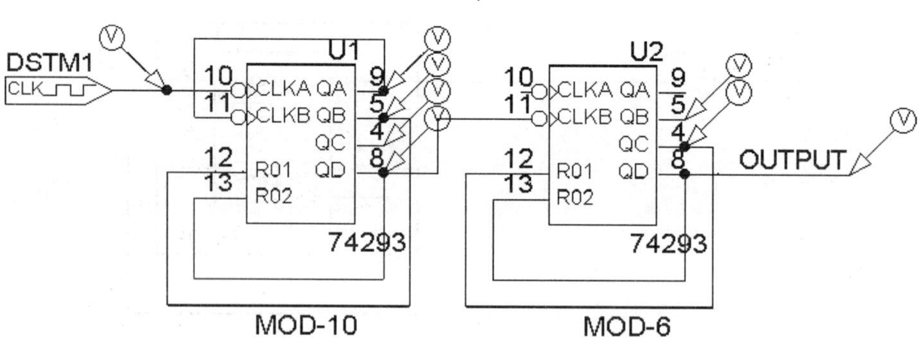

그림 15-13(a) 시뮬레이션 회로

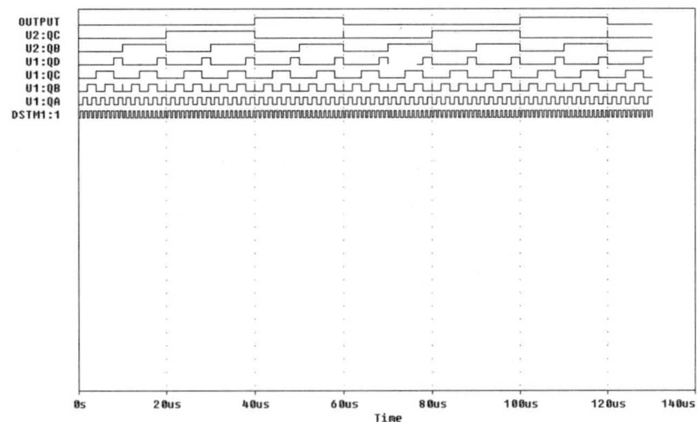

그림 15-13(b) 시뮬레이션 결과

Analysis setup

Transient	Transient Analysis	Maximum Step	10ns
		Run to Time	140us
Digital Setup	Flip-flop Initialization	• All 0	

DigClock 설정

	DSTM1
DELAY=	
ONTIME=	0.5us
OFFTIME=	0.5us
STARTVAL=	0
OPPVAL=	1

circuit file

```
.tran 10ns 140us
.OPTIONS DIGINITSTATE=0
X_U1          N0001 N0002 N0003 N0004 N0002 N0003 N0005 N0004
+ $G_DPWR $G_DGND 74293
U_DSTM1       STIM(1,1) $G_DPWR $G_DGND N0001
X_U2          N0006 N0004 N0007 OUTPUT N0008 N0009 N0007 OUTPUT
+ $G_DPWR $G_DGND 74293
.probe
.END
```

15.14 MOD-60 카운터 2

이 회로는 MOD-60 카운터이다. Ck가 NGT(Negative Going Transient)이므로 클럭 펄스가 내려갈 때 카운터의 토글이 생긴다. 정상적으로 카운트가 되면 $2^6=64$ 카운터가 되어야 하지만 NAND 게이트를 이용하여 MOD-60으로 바꿨다.

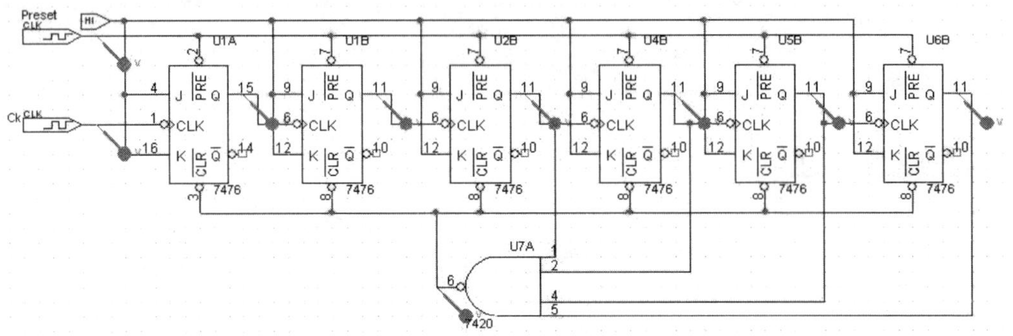

그림 15-14(a) 시뮬레이션 회로

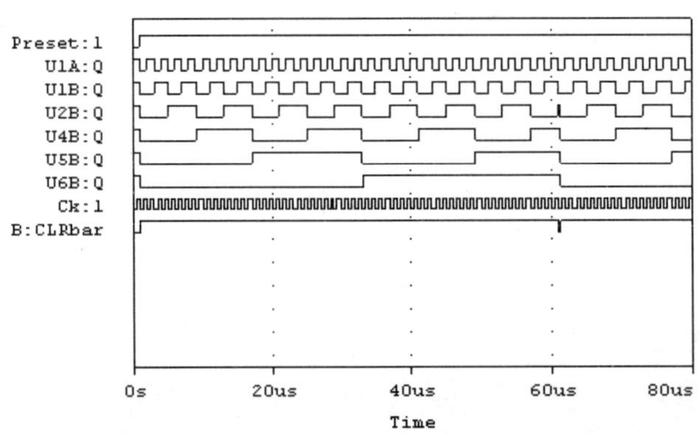

그림 15-14(b) 시뮬레이션 결과

Analysis setup

Transient Analysis	Maximum Step	20ns
	Run to Time	80us

DigClock 설정

	Ck	Preset
DELAY=		
ONTIME=	0.5us	1us
OFFTIME=	0.5us	10ms
STARTVAL=	0	0
OPPVAL=	1	1

circuit file

```
.TRAN  0 80us 0 20ns
.PROBE V(alias(*)) I(alias(*)) W(alias(*)) D(alias(*)) NOISE(alias(*))
X_U5B        N16907 N00322 N00395 $D_HI $D_HI N15962 M_UN0001
+ $G_DPWR $G_DGND 7476
X_U1A        N00684 N00322 N00395 $D_HI $D_HI N06627 M_UN0002
+ $G_DPWR $G_DGND 7476
X_U7A        N11537 N16907 N15962 N16000 N00395 $G_DPWR $G_DGND
+ 7420
X_U6B        N15962 N00322 N00395 $D_HI $D_HI N16000 M_UN0003
+ $G_DPWR $G_DGND 7476
X_U1B        N06627 N00322 N00395 $D_HI $D_HI N11081 M_UN0004
+ $G_DPWR $G_DGND 7476
X_U2B        N11081 N00322 N00395 $D_HI $D_HI N11537 M_UN0005
+ $G_DPWR $G_DGND 7476
X_U4B        N11537 N00322 N00395 $D_HI $D_HI N16907 M_UN0006
+ $G_DPWR $G_DGND 7476
U_Ck         STIM(1,1) $G_DPWR $G_DGND N00684
U_Preset     STIM(1,1) $G_DPWR $G_DGND N00322
.END
```

15.15 RC 지연 회로 링 카운터

이 회로는 RC 시간지연을 이용한 링 카운터이다. 링 카운터는 이론대로 회로를 구성하면 출력이 되지 않는다. 이유는 첫 번째 플립-플롭은 1로 세트하고,

그 나머지 플립-플롭은 0으로 리셋이라는 초기 조건이 만족되어야 정상 동작하게 된다. 그런 조건을 임의로 만족시킬 수 없으므로 RC 회로를 이용하여 그 조건을 만족시킨다.

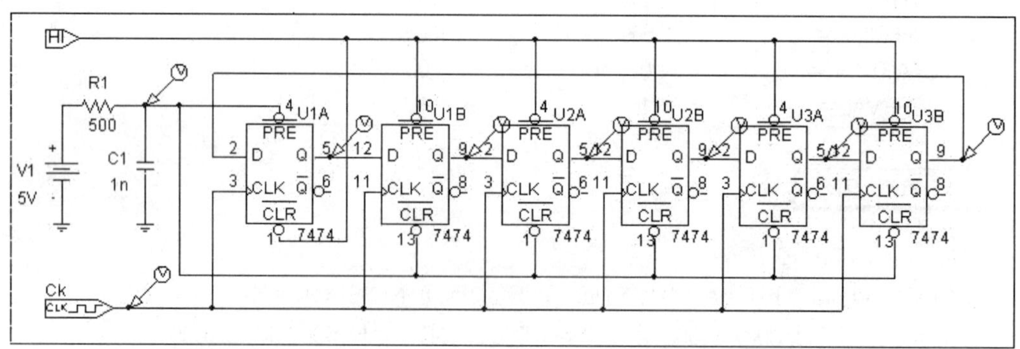

그림 15-15(a) 시뮬레이션 회로

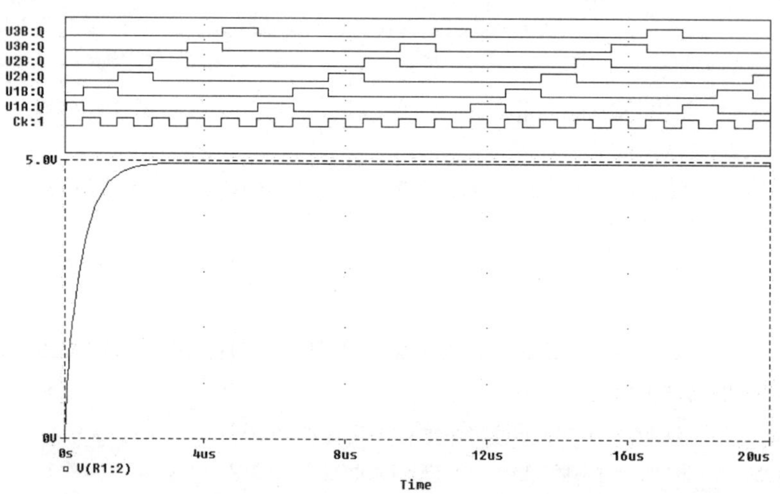

그림 15-15(b) 시뮬레이션 결과

Analysis setup

<table>
<tr><td rowspan="2">Transient</td><td rowspan="2">Transient Analysis
☑ Skip Initial transient solution</td><td>Maximum Step</td><td>20ns</td></tr>
<tr><td>Run to Time</td><td>20us</td></tr>
<tr><td>Digital Setup</td><td>Flip-flop Initialization</td><td colspan="2">• All 0</td></tr>
</table>

DigClock 설정

	Ck
DELAY=	
ONTIME=	0.5us
OFFTIME=	0.5us
STARTVAL=	0
OPPVAL=	1

circuit file

```
.tran 20ns 20us SKIPBP
.OPTIONS DIGINITSTATE=0
U_Ck      STIM(1,1) $G_DPWR $G_DGND N0001
X_U1A     $D_HI N0003 N0001 N0004 N0005 N0006 $G_DPWR $G_DGND 7474
X_U1B     N0004 N0005 N0001 $D_HI N0007 N0008 $G_DPWR $G_DGND 7474
X_U2A     N0004 N0007 N0001 $D_HI N0009 N0010 $G_DPWR $G_DGND 7474
X_U2B     N0004 N0009 N0001 $D_HI N0011 N0012 $G_DPWR $G_DGND 7474
V_V1      N0013 0 5V
C_C1      N0004 0  1n
R_R1      N0013 N0004  500
X_U3A     N0004 N0011 N0001 $D_HI N0014 N0015 $G_DPWR $G_DGND 7474
X_U3B     N0004 N0014 N0001 $D_HI N0003 N0016 $G_DPWR $G_DGND 7474
.probe
.END
```

15.16 D 플립-플롭 링 카운터

이 회로는 D 플립-플롭을 이용하여 Ring 카운터를 구성하였으며, NOR 게이트 없이 이론대로 회로를 구성하면 첫 번째의 플립-플롭은 1, 그 외의 모든 플립-플롭은 0으로 시작돼야 하지만 그 조건을 만족하지 못하므로 정상적으로 동작하지 않게 된다. 이러한 문제점을 해결하는 방법 중의 하나가 NOR 게이트(또는 다른 게이트도 좋다)를 삽입하면 모든 플립-플롭이 1이라는 가정하에서 회로가 정상 동작을 하게 된다.

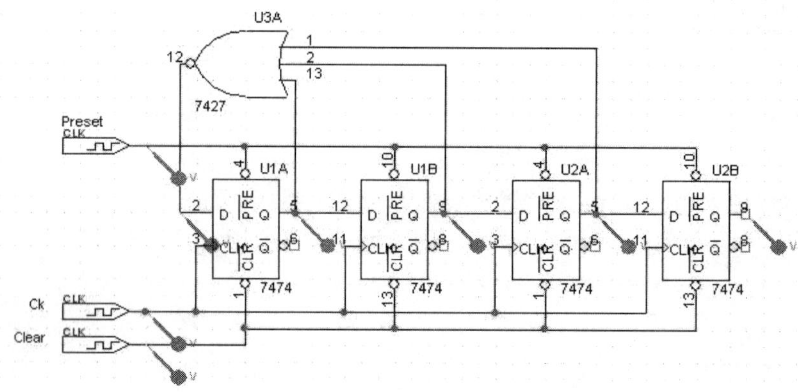

그림 15-16(a) 시뮬레이션 회로

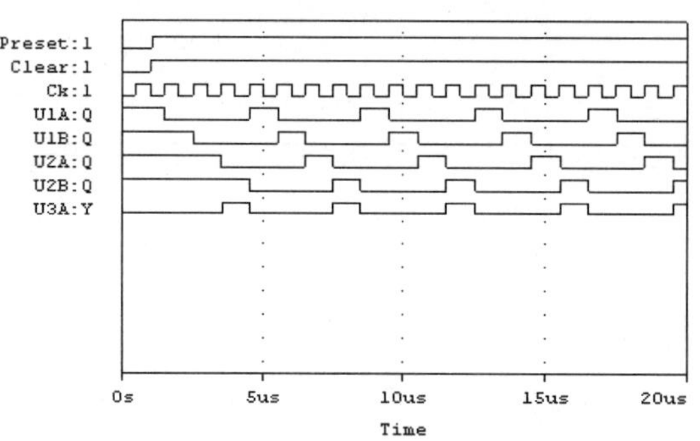

그림 15-16(b) 시뮬레이션 결과

Analysis setup

Transient Analysis	Maximum Step	
	Run to Time	20us

DigClock 설정

	Ck	Preset	Clear
DELAY=			
ONTIME=	0.5us	1us	1.1us
OFFTIME=	0.5us	10ms	10ms
STARTVAL=	0	0	0
OPPVAL=	1	1	1

circuit file

```
.TRAN  0 20us 0
.PROBE V(alias(*)) I(alias(*)) W(alias(*)) D(alias(*)) NOISE(alias(*))
U_Ck          STIM(1,1) $G_DPWR $G_DGND N01677
U_Preset      STIM(1,1) $G_DPWR $G_DGND N00904
X_U3A         N02833 N02777 N02723 N05687 $G_DPWR $G_DGND 7427
X_U1A         N01793 N05687 N01677 N00904 N02723 M_UN0001 $G_DPWR
+ $G_DGND 7474
X_U1B         N01793 N02723 N01677 N00904 N02777 M_UN0002 $G_DPWR
+ $G_DGND 7474
U_Clear       STIM(1,1) $G_DPWR $G_DGND N01793
X_U2A         N01793 N02777 N01677 N00904 N02833 M_UN0003 $G_DPWR
+ $G_DGND 7474
X_U2B         N01793 N02833 N01677 N00904 M_UN0004 M_UN0005
+ $G_DPWR $G_DGND 7474
.END
```

15.17 J-K 플립-플롭 링 카운터

이 회로는 J-K 플립-플롭을 이용하여 Ring 카운터를 구성하였으며, NOR 게이트 없이 이론대로 회로를 구성하면 첫 번째의 플립-플롭은 1, 그 외의 모든 플립-플롭은 0으로 시작돼야 하지만 그 조건을 만족하지 못하므로 정상적으로 동작하지 않게 된다. 이러한 문제점을 해결하는 방법 중의 하나가 NOR 게이트(또는 다른 게이트도 좋다)를 삽입하면 모든 플립-플롭이 1이라는 가정하에서 회로가 정상 동작을 하게 된다.

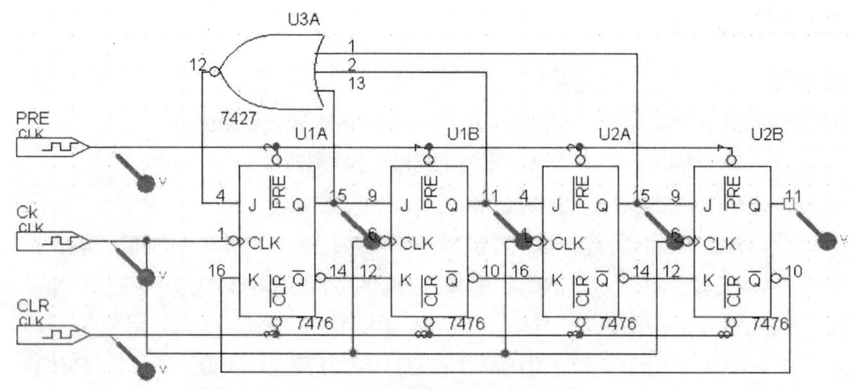

그림 15-17(a) 시뮬레이션 회로

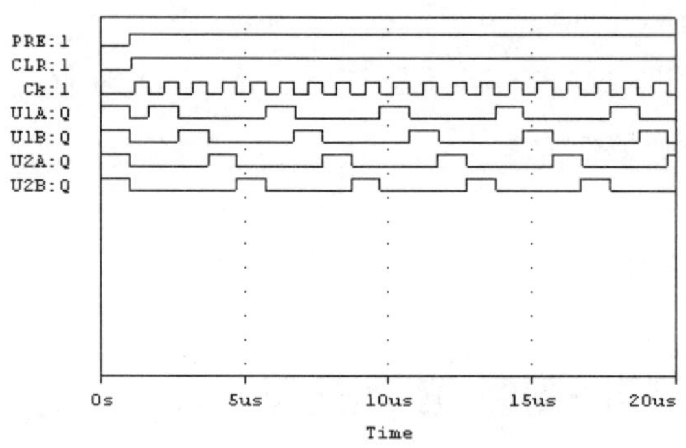

그림 15-17(b) 시뮬레이션 결과

Analysis setup

Transient Analysis	Maximum Step	20ns
	Run to Time	20us

DigClock 설정

	Ck	Preset	Clear
DELAY=			
ONTIME=	0.5us	1us	1.1us
OFFTIME=	0.5us	10ms	10ms
STARTVAL=	0	0	0
OPPVAL=	1	1	1

circuit file

```
.TRAN  0 20us 0 20ns
.PROBE V(alias(*)) I(alias(*)) W(alias(*)) D(alias(*)) NOISE(alias(*))
X_U1B         N00164 N04649 N04686 N05656 N05851 N05889 N05929
+ $G_DPWR $G_DGND 7476
X_U2A         N00164 N04649 N04686 N05889 N05929 N05971 N06015
+ $G_DPWR $G_DGND 7476
X_U1A         N00164 N04649 N04686 N06604 N06061 N05656 N05851
+ $G_DPWR $G_DGND 7476
X_U2B         N00164 N04649 N04686 N05971 N06015 M_UN0001 N06061
+ $G_DPWR $G_DGND 7476
U_Ck          STIM(1,1) $G_DPWR $G_DGND N00164
U_PRE         STIM(1,1) $G_DPWR $G_DGND N04649
X_U3A         N05971 N05889 N05656 N06604 $G_DPWR $G_DGND 7427
U_CLR         STIM(1,1) $G_DPWR $G_DGND N04686
.END
```

15.18 4비트 쉬프트 레지스터 링 카운터

이 회로는 4비트 쉬프트 레지스터(74178)를 이용하여 Ring 카운터를 구성하였다. 쉬프트 입력 펄스 전압 V_1의 주기를 잘 조절하여야 된다. Serial 단자와 Qd 단자 사이를 NOT 게이트를 삽입하면 존슨 카운터가 된다.

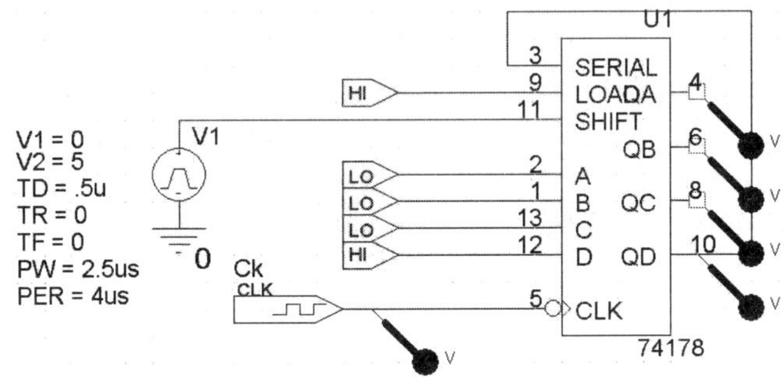

그림 15-18(a) 시뮬레이션 회로

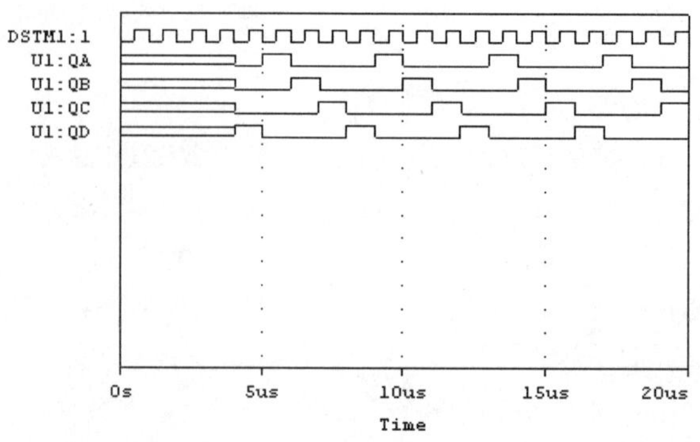

그림 15-18(b) 시뮬레이션 결과

Analysis setup

Transient Analysis	Maximum Step	20ns
	Run to Time	20us

DigClock 설정

	Ck
DELAY=	
ONTIME=	0.5us
OFFTIME=	0.5us
STARTVAL=	0
OPPVAL=	1

circuit file

```
.TRAN  0 20us 0 20ns
.PROBE V(alias(*)) I(alias(*)) W(alias(*)) D(alias(*)) NOISE(alias(*))
X_U1         N00446 $D_HI N00422 N00341 $D_LO $D_LO $D_LO $D_HI
+ M_UN0001 M_UN0002 M_UN0003 N00341 $G_DPWR $G_DGND 74178
U_Ck         STIM(1,1) $G_DPWR $G_DGND N00422
V_V1         N00446 0  PULSE 0 5 .5u 0 0 2.5us 4us
.END
```

15.19 D 플립-플롭 존슨 카운터

이 회로는 D 플립-플롭으로 구성한 존슨 카운터이다. D 플립-플롭이 동기 클럭 펄스가 PGT(Positive-Going Transition)에서 출력의 토글이 발생한다.

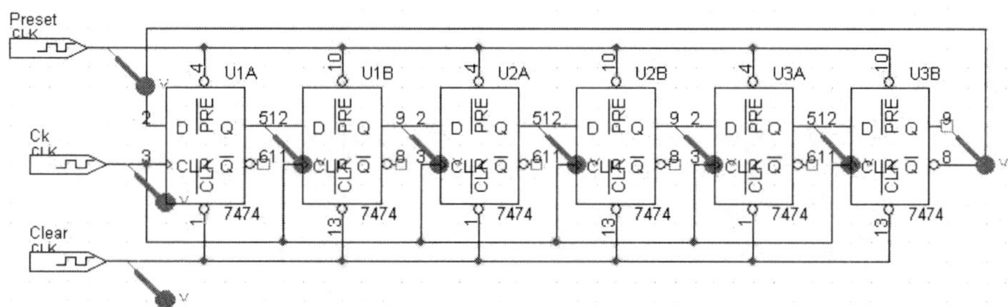

그림 15-19(a) 시뮬레이션 회로

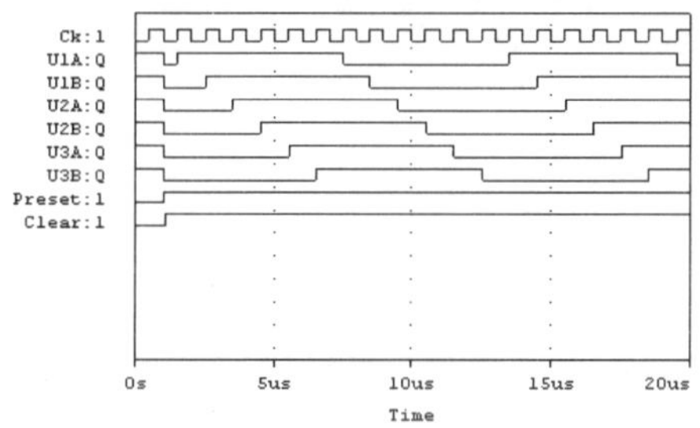

그림 15-19(b) 시뮬레이션 결과

Analysis setup

Transient Analysis	Maximum Step	20ns
	Run to Time	20us

DigClock 설정

	Ck	Preset	Clear
DELAY= ONTIME= OFFTIME= STARTVAL= OPPVAL=	 0.5us 0.5us 0 1	 1us 10ms 0 1	 1.1us 10ms 0 1

circuit file

```
.TRAN   0 20us 0 20ns
.PROBE V(alias(*)) I(alias(*)) W(alias(*)) D(alias(*)) NOISE(alias(*))
X_U2B       N00142 N00998 N01502 N00131 N01224 M_UN0001 $G_DPWR
+ $G_DGND 7474
X_U1A       N00142 N01276 N01502 N00131 N00807 M_UN0002 $G_DPWR
+ $G_DGND 7474
X_U1B       N00142 N00807 N01502 N00131 N01201 M_UN0003 $G_DPWR
+ $G_DGND 7474
U_Preset    STIM(1,1) $G_DPWR $G_DGND N00131
U_Ck        STIM(1,1) $G_DPWR $G_DGND N01502
X_U3A       N00142 N01224 N01502 N00131 N01129 M_UN0004 $G_DPWR
+ $G_DGND 7474
X_U3B       N00142 N01129 N01502 N00131 M_UN0005 N01276 $G_DPWR
+ $G_DGND 7474
U_Clear     STIM(1,1) $G_DPWR $G_DGND N00142
X_U2A       N00142 N01201 N01502 N00131 N00998 M_UN0006 $G_DPWR
+ $G_DGND 7474
.END
```

15.20 J-K 플립-플롭 존슨 카운터

이 회로는 J-K 플립-플롭으로 구성한 존슨 카운터이다. J-K 플립-플롭이 동기 클럭 펄스가 NGT(Negative-Going Transition)에서 출력의 토글이 발생한다.

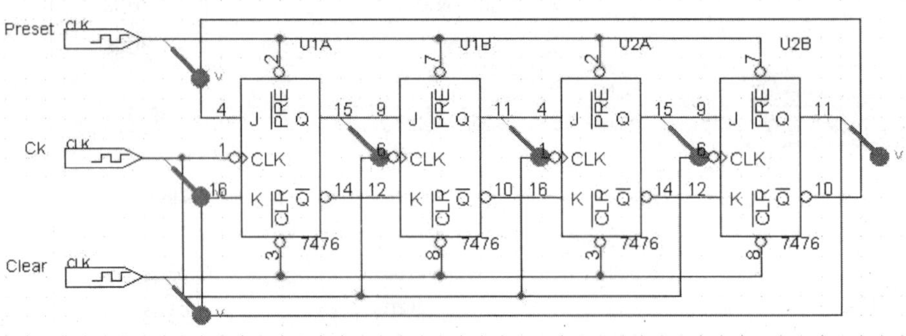

그림 15-20(a) 시뮬레이션 회로

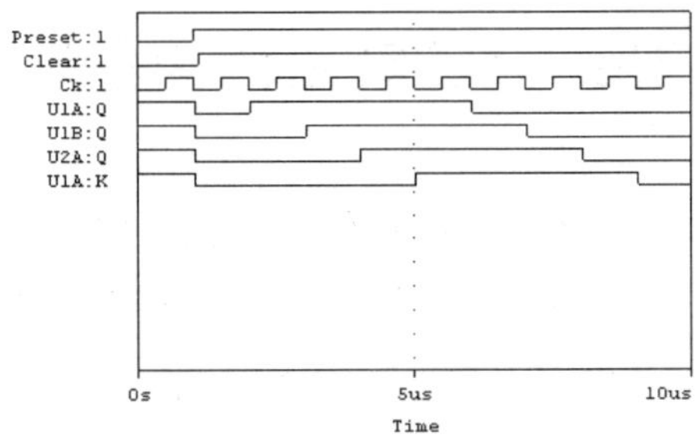

그림 15-20(b) 시뮬레이션 결과

Analysis setup

Transient Analysis	Maximum Step	20ns
	Run to Time	10us

DigClock 설정

	Ck	Preset	Clear
DELAY=			
ONTIME=	0.5us	1us	1.1us
OFFTIME=	0.5us	10ms	10ms
STARTVAL=	0	0	0
OPPVAL=	1	1	1

circuit file

```
.TRAN   0 10us 0 20ns
.PROBE V(alias(*)) I(alias(*)) W(alias(*)) D(alias(*)) NOISE(alias(*))
X_U1A       N00453 N00243 N00355 N00821 N00656 N01136 N01187
+ $G_DPWR $G_DGND 7476
X_U1B       N00453 N00243 N00355 N01136 N01187 N01240 N01295
+ $G_DPWR $G_DGND 7476
X_U2A       N00453 N00243 N00355 N01240 N01295 N01352 N01411
+ $G_DPWR $G_DGND 7476
X_U2B       N00453 N00243 N00355 N01352 N01411 N00656 N00821
+ $G_DPWR $G_DGND 7476
U_Ck        STIM(1,1) $G_DPWR $G_DGND N00453
U_Preset    STIM(1,1) $G_DPWR $G_DGND N00243
U_Clear     STIM(1,1) $G_DPWR $G_DGND N00355
.END
```

15.21 4비트 쉬프트 레지스터 존슨 카운터

이 회로는 4비트 쉬프트 레지스터(74178)를 이용하여 존슨 카운터를 구성하였다. 링 카운터로 만들려면 Qd와 Serial 사이를 직접 연결하면 된다. 쉬프트 입력 펄스 전압 V_1의 주기를 잘 조절하여야 된다.

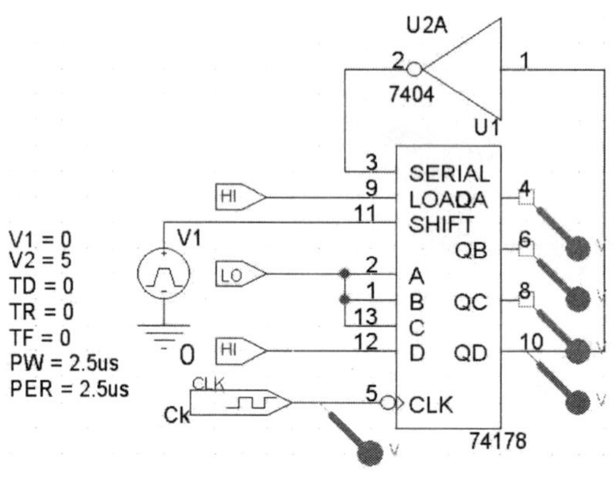

그림 15-21(a) 시뮬레이션 회로

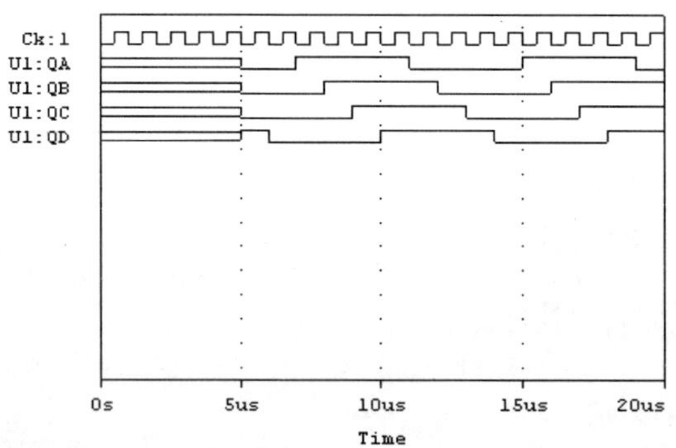

그림 15-21(b) 시뮬레이션 결과

Analysis setup

Transient Analysis	Maximum Step	20ns
☑ Skip Initial transient solution	Run to Time	20us

DigClock 설정

	Ck
DELAY=	
ONTIME=	0.5us
OFFTIME=	0.5us
STARTVAL=	0
OPPVAL=	1

circuit file

```
.TRAN  0 20us 0 20ns SKIPBP
.PROBE V(alias(*)) I(alias(*)) W(alias(*)) D(alias(*)) NOISE(alias(*))
X_U1          N00532 $D_HI N00282 N00463 $D_LO $D_LO $D_LO $D_HI
+ M_UN0001 M_UN0002 M_UN0003 N00409 $G_DPWR $G_DGND 74178
X_U2A         N00409 N00463 $G_DPWR $G_DGND 7404
U_Ck          STIM(1,1) $G_DPWR $G_DGND N00282
V_V1          N00532 0  PULSE 0 5 0 0 0 2.5us 2.5us
.END
```

15.22 8K×1bit RAM

이 회로는 입력 데이터의 반주기는 0000번지에 다른 반주기는 FFFF번지에 기록 및 읽기를 수행한다. WE가 High에서 RAM에 데이터가 저장되고 RE가 High에서 RAM에 저장된 데이터를 fetch한다. 출력 파형에 쓰기 동작에서는 출력이 나타날 수 없으므로 High-Impedance 상태를 나타난다.

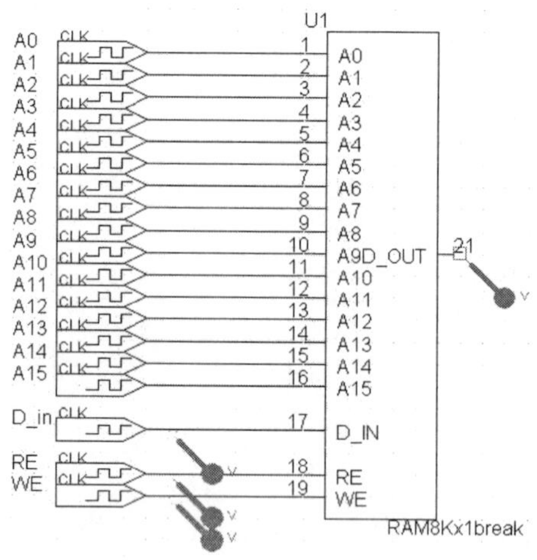

그림 15-22(a) 시뮬레이션 회로

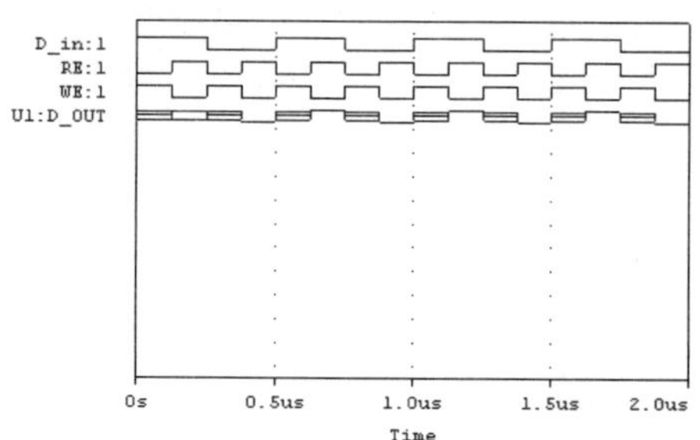

그림 15-22(b) 시뮬레이션 결과

Analysis setup

Transient Analysis	Maximum Step	1ns
	Run to Time	2us

DigClock 설정

	A0～A15	D_IN	RE	WE
DELAY=		0.001ns	0.01ps	0.01ps
ONTIME=	0.5us	0.25us	0.125us	0.125us
OFFTIME=	0.5us	0.25us	0.125us	0.125us
STARTVAL=	0	0	1	0
OPPVAL=	1	1	0	1

circuit file

```
.TRAN   0 2us 0 1ns
.PROBE  V(alias(*)) I(alias(*)) W(alias(*)) D(alias(*)) NOISE(alias(*))
U_A12          STIM(1,1) $G_DPWR $G_DGND N00901
U_A4           STIM(1,1) $G_DPWR $G_DGND N00717
U_A13          STIM(1,1) $G_DPWR $G_DGND N00933
U_A5           STIM(1,1) $G_DPWR $G_DGND N00733
U_A14          STIM(1,1) $G_DPWR $G_DGND N00967
U_A6           STIM(1,1) $G_DPWR $G_DGND N00751
U_A15          STIM(1,1) $G_DPWR $G_DGND N01003
U_A7           STIM(1,1) $G_DPWR $G_DGND N00771
U_D_in         STIM(1,1) $G_DPWR $G_DGND N01041
X_U1           N01081 N01123 N01003 N00967 N00933 N00901 N00871 N00843
+ N00817 N00793 N00771 N00751 N00733 N00717 N00703 N00691 N00681
+ N00673 N01041 M_UN0001 $G_DPWR $G_DGND RAM8Kx1break
U_A8           STIM(1,1) $G_DPWR $G_DGND N00793
U_RE           STIM(1,1) $G_DPWR $G_DGND N01081
U_A0           STIM(1,1) $G_DPWR $G_DGND N00673
U_A9           STIM(1,1) $G_DPWR $G_DGND N00817
U_WE           STIM(1,1) $G_DPWR $G_DGND N01123
U_A1           STIM(1,1) $G_DPWR $G_DGND N00681
U_A10          STIM(1,1) $G_DPWR $G_DGND N00843
U_A2           STIM(1,1) $G_DPWR $G_DGND N00691
U_A11          STIM(1,1) $G_DPWR $G_DGND N00871
U_A3           STIM(1,1) $G_DPWR $G_DGND N00703
.END
```

15.23 8K×8bit RAM

8K×8비트의 RAM으로서 주어진 주소 번지에 WE 신호가 High에서 데이터를 저장하고 다시 RE 신호가 High에서 저장된 데이터를 fetch하는 것을 알 수 있다. 출력 파형에서 WE 신호가 High에서는 데이터를 저장하는 과정이므로 사선으로 나타난다.

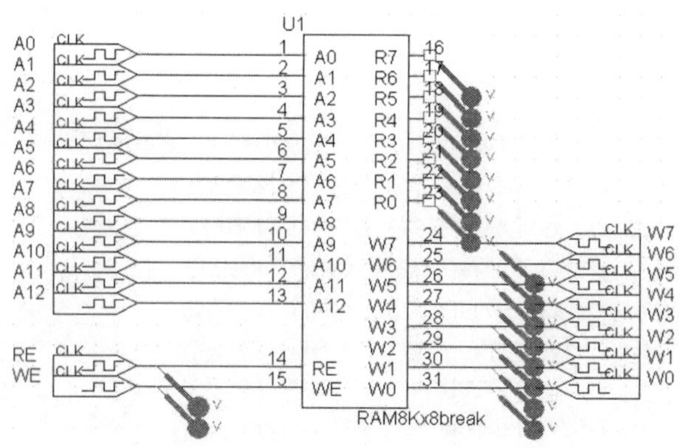

그림 15-23(a) 시뮬레이션 회로

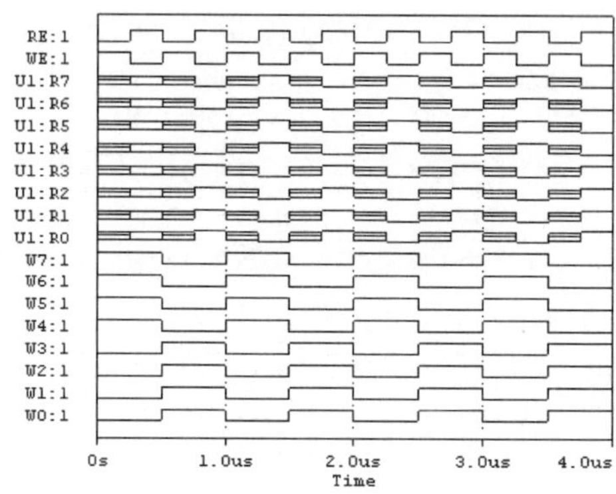

그림 15-23(b) 시뮬레이션 결과

Analysis setup

Transient Analysis	Maximum Step	20ns
	Run to Time	4us

DigClock 설정

	A0~A3	A4~A11	A12	W0~W3	W4~W7	RE	WE
DELAY=							
ONTIME=	1us	0.5us	0.5us	0.5us	0.5us	0.25us	0.25us
OFFTIME=	1us	0.5us	0.5us	0.5us	0.5us	0.25us	0.25us
STARTVAL=	1	0	1	0	1	0	1
OPPVAL=	0	1	1	1	0	1	0

circuit file

```
.TRAN   0 4us 0 20ns
.PROBE  V(alias(*)) I(alias(*)) W(alias(*)) D(alias(*)) NOISE(alias(*))
U_A12          STIM(1,1) $G_DPWR $G_DGND N00901
U_W2           STIM(1,1) $G_DPWR $G_DGND N03119
U_A4           STIM(1,1) $G_DPWR $G_DGND N00717
U_W6           STIM(1,1) $G_DPWR $G_DGND N02947
U_A5           STIM(1,1) $G_DPWR $G_DGND N00733
U_A6           STIM(1,1) $G_DPWR $G_DGND N00751
U_W0           STIM(1,1) $G_DPWR $G_DGND N03217
U_W3           STIM(1,1) $G_DPWR $G_DGND N03073
U_W7           STIM(1,1) $G_DPWR $G_DGND N02909
U_A7           STIM(1,1) $G_DPWR $G_DGND N00771
U_A8           STIM(1,1) $G_DPWR $G_DGND N00793
U_RE           STIM(1,1) $G_DPWR $G_DGND N01081
U_A0           STIM(1,1) $G_DPWR $G_DGND N00673
U_W4           STIM(1,1) $G_DPWR $G_DGND N03029
U_A9           STIM(1,1) $G_DPWR $G_DGND N00817
X_U1           N01081 N01123 N00901 N00871 N00843 N00817 N00793
+ N00771 N00751 N00733 N00717 N00703 N00691 N00681 N00673 N02909
+ N02947 N02987 N03029 N03073 N03119 N03167 N03217 M_UN0001
+ M_UN0002 M_UN0003 M_UN0004 M_UN0005 M_UN0006 M_UN0007
+ M_UN0008 $G_DPWR $G_DGND RAM8Kx8break
U_WE           STIM(1,1) $G_DPWR $G_DGND N01123
U_A1           STIM(1,1) $G_DPWR $G_DGND N00681
U_A10          STIM(1,1) $G_DPWR $G_DGND N00843
U_W1           STIM(1,1) $G_DPWR $G_DGND N03167
U_A2           STIM(1,1) $G_DPWR $G_DGND N00691
U_W5           STIM(1,1) $G_DPWR $G_DGND N02987
U_A11          STIM(1,1) $G_DPWR $G_DGND N00871
U_A3           STIM(1,1) $G_DPWR $G_DGND N00703
.END
```

참고문헌

1. Albert Paul MALVINO, "*Electronic Principles*", 6th. ed., McGraw-Hill, 1999
2. John KEOWN, "*PSpice and Circuit Analysis*", 2nd. ed., Merrill, 1993
3. Ronald J. TOCCI, "*Digital Systems : Principles and Applications*", 5th. ed., Prentice-Hall, 1991
4. Muhammad H. RASHID, "*SPICE for Power Electronics and Electric Power*", Prentice-Hall, 1993
5. Muhammad H. RASHID, "*SPICE for Circuits and Electronics using PSpice*", Prentice-Hall, 1993
6. Paul W. TUINENGA, "*SPICE : A guide to circuit simulation & analysis using PSpice*", 2nd. ed., Prentice-Hall, 1992